全国中等职业技术学校机械类通用教材

模具钳工工艺与技能训练

（第 二 版）

人力资源社会保障部教材办公室组织编写

中国劳动社会保障出版社

简介

本书主要内容包括：模具钳工基础知识、模具钳工常用测量器具、模具钳工基本操作、孔与螺纹加工、模具钳工精加工、装配、固定连接的装配与修理、机床夹具、冷冲压模具的装配与调试、塑料成型模具的装配与调试等。

本书由赵孔祥主编，张鑫任副主编，刘贞国、尤石、刘伟佳、刘昆、扈子扬参编。

图书在版编目（CIP）数据

模具钳工工艺与技能训练／人力资源社会保障部教材办公室组织编写. --2版. --北京：中国劳动社会保障出版社，2018

全国中等职业技术学校机械类通用教材

ISBN 978-7-5167-2734-8

Ⅰ.①模… Ⅱ.①人… Ⅲ.①模具-钳工-中等专业学校-教材 Ⅳ.①TG76

中国版本图书馆CIP数据核字（2018）第132352号

中国劳动社会保障出版社出版发行

（北京市惠新东街1号 邮政编码：100029）

*

三河市燕山印刷有限公司印刷装订 新华书店经销

787毫米×1092毫米 16开本 22印张 520千字

2018年7月第2版 2020年12月第2次印刷

定价：39.00元

读者服务部电话：（010）64929211/84209101/64921644

营销中心电话：（010）64962347

出版社网址：http://www.class.com.cn

http://zyjy.class.com.cn

前 言

为了更好地适应全国中等职业技术学校机械类专业的教学要求，全面提升教学质量，人力资源社会保障部教材办公室组织有关学校的骨干教师和行业、企业专家，在充分调研企业生产和学校教学情况、广泛听取教师对现有教材使用情况的反馈意见的基础上，吸收和借鉴各地职业技术院校教学改革的成功经验，对现有全国中等职业技术学校机械类通用教材中所包含的车工、钳工、模具钳工、工具钳工、铣工、焊工、冷作工、磨工、铸工等工艺（理论）与技能训练（实践）一体化教材进行了修订。

本次教材修订工作的重点主要体现在以下几个方面：

第一，科学构建理实一体化教学单元。

根据学校实际教学开展情况，吸收和借鉴一体化课程教学改革成果，在考虑教学可操作性前提下，进一步梳理了工艺理论与技能训练的配合关系，将二者有机地融为一体，科学构建“做中学”“学中做”的一体化教学单元，以适应学校理实一体化教学的需要。

第二，及时更新教材内容。

根据企业岗位的需要和教学实际情况的变化，确定学生应具备的能力与知识结构，对部分教材内容及其深度、难度做了适当调整；根据相关专业领域的最新发展，在教材中充实新知识、新技术、新设备、新材料等方面的内容，体现教材的先进性；采用最新的国家技术标准，使教材更加科学和规范。

第三，紧密衔接职业技能鉴定要求。

教材编写以相关国家职业标准为依据，涵盖国家职业标准（中级）的知识和技能要求，并在与教材配套的习题册中增加了针对相关职业技能鉴定考试的练习题。

第四，精心设计教材形式。

在教材内容的呈现形式上，尽可能使用图片、实物照片和表格等形式将知识点生动地展示出来，力求让学生更直观地理解和掌握所学内容。尤其是在教材插图的制作中采用了立体造型技术，增强了教材的表现力。

第五，提供全方位教学服务。

本套教材配有习题册和方便教师上课使用的电子课件，电子课件等教学资源可通过职业教育教学资源和数字学习中心（http：//zyjy. class. com. cn）下载。

本次教材的修订工作得到了辽宁、江苏、山东、河南、湖北、湖南等省人力资源和社会保障厅及有关学校的大力支持，在此我们表示诚挚的谢意。

人力资源社会保障部教材办公室

2017 年 9 月

目录

第一单元

模具钳工基础知识

模具是工业生产的基础工艺装备，涉及机械、汽车、轻工、电子、化工、冶金、建材等各个行业，应用范围十分广泛，被称为“工业之母”。例如，在汽车生产中，90% 以上的零部件需要依靠模具成型，制造一辆普通轿车需 1 500 多套模具。在新车型的开发中，约有 90% 的工作量是围绕车身型面的改变而进行的，在开发费用中，约有 60% 用于车身和冲压工艺及装备的开发。在整车制造成本中，约有 40% 为车身冲压件及其装配的费用。模具制造技术已成为现代制造业的重要组成部分，是衡量一个国家科技与产品制造水平的重要标志，它在很大程度上决定着产品的质量、效益以及新产品的开发能力，决定着一个国家制造业的国际竞争力。

课题一 模具制造基础知识

一、模具制造的生产过程及特点

1. 生产过程

模具制造的生产过程和其他工业产品一样，都是指由原材料开始，经过加工转变为成品的过程。它包括技术准备，生产准备，原材料的采购、运输、保管，毛坯的再加工和改制，产品零部件的加工和检验，产品的装配、调试、检验，产品的包装、运输等工作。

2. 生产特点

模具作为一种寿命较长的专用工艺装备，具有以下生产特点：

（1）属于单件、多品种生产。每副模具只能生产某一特定形状、尺寸和精度的制件，这就决定了模具生产具有单件、多品种生产的性质。

（2）客观要求模具生产周期短。由于当前产品更新换代的加快和市场竞争，客观上要求模具生产周期越来越短，模具的生产管理、设计和工艺工作都应该适应这个客观要求。

（3）模具生产具有成套性。当某个制件需要多副模具来加工时，各副模具之间往往互相牵连和影响，只有最终制件合格，这一系列模具才算合格。因此，在生产和计划安排上必须充分考虑这一特点。

（4）必须试模，部分试修。由于模具生产的上述特点和模具设计的经验性，模具在装配后必须通过试冲或试压才能最后确定是否合格；同时，有些部位需要在试模时配合试修才能完成。因此，在生产进度安排上必须留有一定的试模周期。

（5）模具加工向机械化、精密化和自动化方向发展。目前产品零件对模具精度的要求越来越高，高精度、使用寿命长、高效率的模具越来越多。加工精度主要取决于机床精度、加工工艺条件、测量方法等。目前，精密成型磨床、CNC 高精度平面磨床、精密数控电火花线切割机床、高精度连续轨迹坐标磨床以及三坐标测量机的使用越来越普遍，使模具加工向高技术密集型发展。

二、影响模具精度的主要因素

我国经济的高速发展对模具行业提出了越来越高的要求，尤其是对模具精度的要求不断提高。影响模具精度的主要因素如下：

1. 产品制件精度

产品制件的精度越高，对模具工作零件的精度要求就越高。模具精度的高低不仅直接影响产品制件的精度，而且对模具的生产周期、生产成本都有很大的影响。

2. 模具加工技术水平

模具加工设备的加工精度和设备的自动化程度是保证模具精度的基本条件。今后，模具精度将更大程度地依赖模具加工技术的水平。

3. 模具钳工的技术水平

模具的最终精度在很大程度上依靠装配、调试来保证，模具工作表面的表面粗糙度值主要依靠模具钳工来保证，因此，模具钳工的技术水平是影响模具精度的重要因素。

4. 模具制造的生产方式和管理模式

生产方式和管理模式的不同会影响模具精度。例如，在模具设计和生产时，模具工作刃口尺寸采用实配法还是分别制造法，是影响模具装配精度的重要因素；同时，建立完善的质量管理体系和检测手段，也是提高模具精度的有效途径。

三、模具钳工的工作任务及技能要求

模具钳工是以手工操作为主，主要从事模具生产的一个工种。作为机械制造行业不可或缺的工种，其工作任务如下：使用各种工、量、刃具及辅助设备，对模具进行加工、装配、调试、安装与修理等，以保证模具正常使用。为此，模具钳工不但应掌握相关的装配知识和技能，还应具备熟练的钳工基本操作技能，如划线、錾削、锯削、锉削、钻孔、扩孔、锪孔、铰孔、攻螺纹、套螺纹、粘接、刮削、研磨、抛光等。钳工部分基本操作如图 1—1—1 所示。

a）

b）

c）

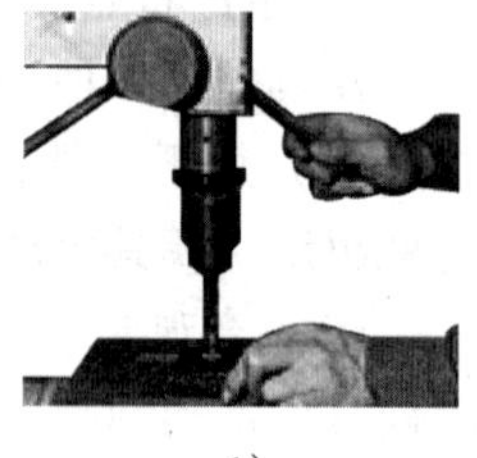

d）

图 1—1—1　钳工部分基本操作

a）錾削　b）锯削　c）锉削　d）钻孔

随着高精度、高自动化、多功能、高效率的先进设备不断涌现，要求模具钳工具有更准、更快、更强的分析和判断能力，扎实的理论基础，丰富的专业知识和高超的操作技能。

目前，《中华人民共和国职业分类大典（2015 年版）》将钳工划分为机修钳工、装配钳工、工具钳工、模具钳工等几类，共设五个等级，分别为初级（国家职业资格五级）、中级（国家职业资格四级）、高级（国家职业资格三级）、技师（国家职业资格二级）、高级技师（国家职业资格一级）。

四、学习模具钳工工艺与技能训练的方法

模具钳工工艺与技能训练是模具制造和模具设计专业的一门核心专业课程，在学习中应注意以下几点：

（1）坚持理论联系实际的原则，认真观察，积极思考，勤于动手，用所学理论去分析问题和指导生产、实习。

（2）本课程与其他相关课程联系密切，是知识的综合运用，要利用已学知识进一步学好本课程。

（3）作为从事模具制造或模具设计的专业人员，应具有强烈的责任感和使命感，要不断地学习新技术、新工艺、新材料和新设备知识。

课题二 模具钳工现场管理

一、模具钳工的工作场地和安全文明生产

1. 工作场地

模具钳工的工作场地应满足安全文明生产和提高生产效率的总要求，即场地要有合理的工作面积，常用设备布局安全、合理，工作场地远离振源，照明符合要求，场地通道畅通，起重、运输设施安全可靠。

2. 安全文明生产

模具钳工要牢固树立“安全第一，质量第一”的意识，养成良好的安全文明生产习惯，做到以下几点：

（1）复杂、大型模具装配及调试前，在制定工艺方案的同时，必须制定相应的安全措施。

（2）使用电动工具前，应检查接地线是否可靠接地，同时应戴绝缘手套并穿绝缘鞋。使用手持照明灯时，电压必须低于 36 V。

（3）模具安装、调试或修理时，如需要多人操作，必须有专人指挥，密切配合。

（4）使用起重设备时，应遵守起重工安全操作规程。

（5）高空作业时必须戴安全帽，系安全带，不得投掷工具或零件。

（6）试车前要检查电源接法是否正确，各部分的手柄、行程开关、撞块等是否灵敏、可靠，传动系统的安全防护装置是否齐全，确认无误后方可开车运行。

（7）使用的工具、量具应分类依次整齐摆放。常用的工具、量具应放在工作位置附近，但不要放在钳工工作台的边缘。精密量具要检验后使用，轻取轻放，用后擦净并涂油保护。

工具在工具箱内应固定良好，整齐安放。

（8）工作场地应保持整洁、安全。

二、6S 管理

“6S”由日本企业的“5S”扩展而来，是指在生产现场中对人员、机器、材料、方法等生产要素进行有效的管理。当前，我国部分企业已借鉴此管理理念和方法，效果显著。“6S”代表整理（Seiri）、整顿（Seiton）、清扫（Seiso）、清洁（Seiketsu）、素养（Shitsuke）、安全（Security）。

1. 基本内容与要求

（1）整理

整理是对停滞物的管理，重点是区分要与不要的物品，现场不需要的物品坚决清除，做到生产现场无不用之物。整理时，在每个工位、每台设备（包括工具箱）周围进行彻底搜寻，不需要的物品务必清理出现场。通过整理，可以有效地提高场地的利用率，确保行道通畅，消除混乱现象。

（2）整顿

整顿是对整理后所需物品的整治，使必要的物品在使用时能随时找到，减少寻找时间。其要点如下：需要的物品定位摆放，做到过目知数；用完的物品归还原位；工装、器具要按类别、规格摆放整齐。其核心如下：每个人都参加整顿，在整顿过程中制定各种管理规范，人人遵守，贵在坚持。通过整顿，现场整齐，一目了然，没有不安全因素，没有“跑、冒、滴、漏”现象，为提高工作效率打下基础。

（3）清扫

清扫是将工作场地的灰尘、油污、垃圾清除干净，提高设备以及工装的清洁度和润滑度，保证工作场地整洁、干净。其要点如下：每个人把自己用的物品清扫干净，不是单靠清洁工来完成。通过清扫，使生产时弄脏的现场恢复干净。

（4）清洁

整理、整顿、清扫这三项的坚持与深入就是清洁，同时包括根除对人体有害的油、尘、噪声、有毒气体。其要点如下：坚持和保持，不搞突击。通过清洁，美化现场，保证员工愉快地工作，消除隐患根源。

（5）素养

培养现场作业人员执行作业规程、遵守现场规章制度的习惯，提高人员的素质。素养是6S 管理的核心，没有人员素质的提高，6S 管理不能顺利开展，即使开展了也不能坚持。因此，6S 管理要始终着眼于提高人员的素质。

（6）安全

重视安全教育，每时每刻都有安全第一的观念，每个人都必须按照安全操作规程作业，防患于未然，从而建立起安全生产的环境，使所有的工作都以安全为前提。

2. 目的

6S 管理是通过规范现场，为企业员工提供一个安全的作业场所，创造一个干净、整洁、舒适的工作场所和空间环境，营造企业特有的文化氛围，培养员工遵章守纪，养成良好的工作习惯，其最终目的是提高员工素养、企业整体形象和管理水平，从而实现规范化管理。

技能训练

任务一　参观模具钳工工作场地

1. 训练要求

（1）通过参观模具钳工工作场地，熟悉场地内的主要工具及设备。

（2）通过学习模具钳工实训规章制度，掌握模具钳工安全文明生产基本要求及工作规范。

2. 训练准备

（1）模具钳工标准化工作场地。

（2）模具钳工实训规章制度。

3. 训练要点

（1）学生穿戴好劳动保护用品，在教师的引领下，有秩序地进入模具钳工工作场地进行参观。

（2）学生集中学习模具钳工实训规章制度，养成懂规矩、守纪律的好习惯。

（3）加强安全意识教育，熟记车间常见安全标识。

安全标识由安全色、几何图形和图形符号构成，用来表达特定的安全信息。安全标识的作用是引起人们对不安全因素的注意，预防事故的发生。车间常见安全标识见表1—2—1。

表1—2—1　　车间常见安全标识

标识	禁止通行 NO THOROUGHFARE	禁止饮用 NO DRINKING	禁止乘人 NO RIDING	禁止戴手套 NO PUTTING ON GLOVES	禁止堆放 NO STACKING
含义	此处禁止行人通过	不是饮用水，禁止饮用	吊栏或货梯不允许人乘坐	在操作时，不允许戴手套	禁止堆放物品
标识	修理时禁止转动	禁止抛物 NO TOSSING	禁止吊钻杆时过人	禁止伸入 NO REACHING IN	禁止携带金属物或手表
含义	维修时，禁止转动方向盘	禁止从高空向下抛扔物品	吊钻杆时，禁止人通过	在危险地方，禁止将手伸入	禁止携带金属物或手表进入

标识	禁止翻滚	注意安全 CAUTION DANGER	当心吊物 CAUTION HANGING	当心烫伤 CAUTION SCALD	当心机械绞伤
含义	禁止翻滚物品	车间等处设立的警示标志，提醒人们注意安全	在有起重机起吊物品时，应注意安全	在高温区，应注意安全，以免烫伤	在机械加工区，应注意安全，以免被机械绞伤
标识	当心弧光 CAUTION ARC	当心伤手 CAUTION INJURE HAND	当心绊倒 CAUTION STUMBLING	进入厂区请佩戴员工证 WEAR IDENTIFICATION BADGE AT THE FACTORY	PPE 个人防护用品存放处
含义	在焊接加工区，应佩戴防护眼镜，以免弧光灼伤眼睛	在机械加工区，应避免伤手	在堆放物品区，应避免绊倒	在厂区门口设立的提示标志，提醒员工佩戴员工证进入厂区	标示个人防护用品存放的地方
标识	货梯 FREIGHT ELEVATOR	禁止用水灭火 NO WATERING TO PUT OUT THE FIRE	禁止合闸 NO SWITCHING ON	当心触电 DANGER ELECTRIC SHOCK	禁止合闸 有人工作
含义	专门供搬运货物的电梯	不允许用水灭火	不允许合闸操作	带电区域，谨防触电	有人工作，不允许合闸

4. 训练评价

训练评分标准见表1—2—2。

表1—2—2　　训练评分标准

训练课题	参观模具钳工工作场地				
姓名		班级		总得分	
序号	项目	配分	评分标准	评价结果	得分
1	劳动保护用品穿戴规范	20	每处不规范扣5分		
2	安全标识的识别正确	20	每处错误扣2分		
3	遵守实训规章制度	50	酌情扣分		
4	遵守参观秩序	10	酌情扣分		
现场记录					

任务二　模具钳工常用工具、设备的维护及保养

1. 训练要求

（1）熟悉台虎钳的规格、结构及工作原理，能正确、规范地维护及保养台虎钳。

（2）能正确、规范地维护及保养划线平板、台式钻床。

（3）能正确、规范地操作砂轮机。

2. 训练准备

（1）设备：台虎钳、划线平板、台式钻床、砂轮机等。

（2）工具、量具：锉刀、手锯、锤子、錾子、游标卡尺、千分尺等。

（3）材料：毛刷、棉纱、防锈油（或润滑油）等物品。

3. 训练要点

（1）结合6S管理内容合理布置实训工位，工具、量具布置示例如图1—2—1所示。

（2）维护及保养台虎钳之前，应先掌握其结构与工作原理。台虎钳的结构如图1—2—2所示。

（3）维护及保养台式钻床时，应关闭钻床总开关，并悬挂“禁止合闸”标识。

（4）操作砂轮机时，应在教师或安全员的监督下进行，砂轮机的使用注意事项如下：

1）砂轮的旋转方向应正确，使磨屑向下飞离砂轮。

2）启动后，待砂轮转速达到正常后再进行磨削。

图 1—2—1　工具、量具布置示例

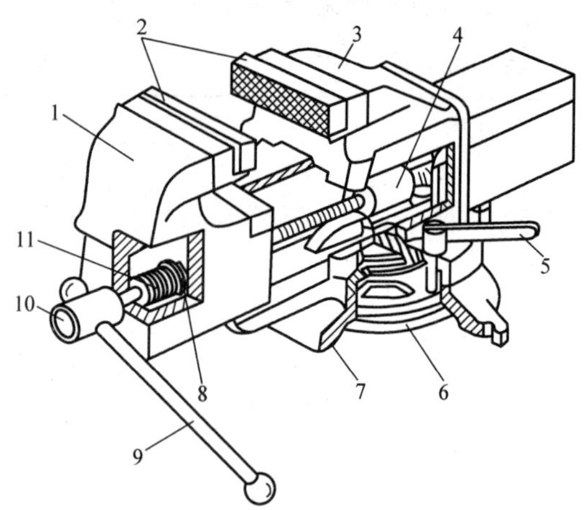

图 1—2—2　台虎钳的结构

1—活动钳身　2—钳口　3—固定钳身　4—螺母
5—锁紧手柄　6—锁紧盘　7—转座　8—挡圈
9—夹紧手柄　10—丝杠　11—弹簧

3）磨削时要防止磨削件与砂轮发生剧烈的撞击或施加过大的压力。砂轮跳动严重时应及时修整。

4）砂轮机的搁架与砂轮间的距离一般应保持在 3 mm 以内，否则容易造成磨削件轧入的事故。

5）操作者应站在砂轮的侧面或斜侧位置，不可站在砂轮的对面。

4. 训练评价

训练评分标准见表 1—2—3。

表 1—2—3　　**训练评分标准**

训练课题	模具钳工常用工具、设备的维护及保养				
姓名		班级		总得分	
序号	项目	配分	评分标准	评价结果	得分
1	实训工位的布置合理	20	每处不合理扣 5 分		
2	台虎钳的维护及保养正确	40	酌情扣分		
3	台式钻床的维护及保养正确	20	酌情扣分		
4	砂轮机的操作正确、规范	20	每处不正确扣 5 分		
现场记录					

第二单元

模具钳工常用测量器具

为了保证工件和产品的质量，在生产中必须用相关测量器具对工件或产品的尺寸及形状进行有效的测量和检验。根据国家标准《几何量测量器具术语　产品术语》（GB/T 17164—2008），测量器具分为长度测量器具、角度测量器具、几何误差测量器具、表面结构质量测量器具、齿轮测量器具、螺纹测量器具以及其他测量器具七大类。

课题一　长度测量器具

长度测量器具分为量具类、卡尺类、千分尺类和指示表类等。模具钳工常用的有光滑极限量规（塞规、环规、卡规）、塞尺、游标卡尺和外径千分尺等。

一、塞规

塞规是指用于检验孔径的光滑极限量规（光滑极限量规是以孔径或轴径的上极限尺寸和下极限尺寸为标准测量面，能以包容原则反映被检孔或轴边界条件的实物量具），其测量面为外圆柱面，如图 2—1—1 所示。其中，圆柱直径具有被检孔径下极限尺寸的为孔用通规，具有被检孔径上极限尺寸的为孔用止规。

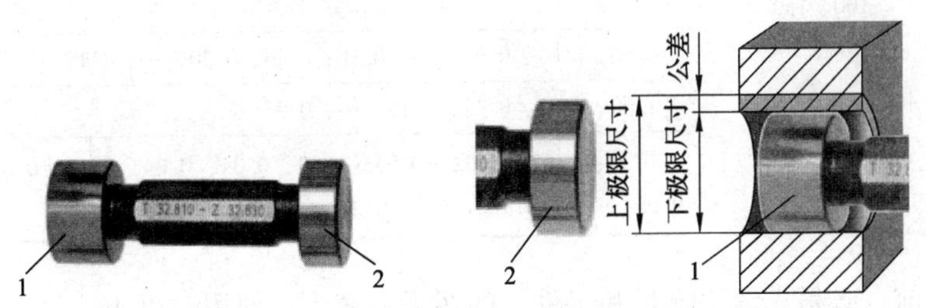

图 2—1—1　塞规

1—通规　2—止规

塞规是一种专用测量器具，它不能读出被测工件的实际尺寸值，但是能判断被测工件的尺寸是否合格。当用塞规检验工件时，如果通规能通过，止规不能通过，说明这个工件尺寸是合格的；否则为不合格。

二、塞尺

塞尺是指具有准确厚度尺寸的单片或成组的薄片，是用于检验间隙的实物量具，如图 2—1—2 所示，其厚度尺寸系列见表 2—1—1。成组塞尺由多片厚度不同的单片塞尺组成，常用成组塞尺的片数及组装顺序见表 2—1—2。

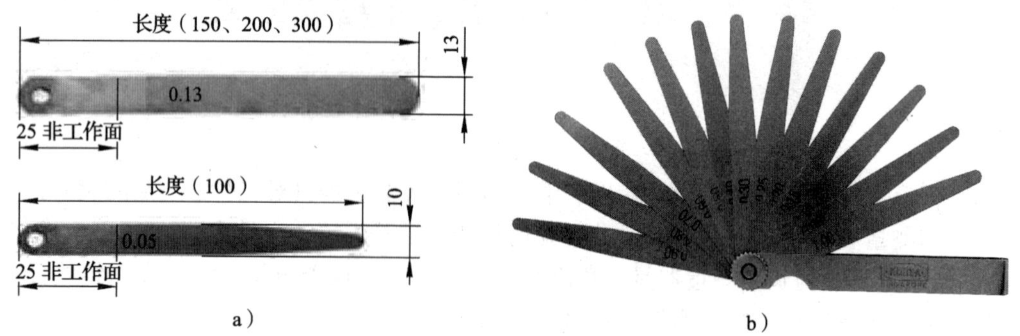

图 2—1—2　塞尺

a）单片塞尺　b）成组塞尺

表 2—1—1　　塞尺厚度尺寸系列（摘自 GB/T 22523—2008）

厚度尺寸系列（mm）	间距（mm）	数量
0.02，0.03，0.04，…，0.10	0.01	9
0.15，0.20，0.25，…，1.00	0.05	18

表 2—1—2　　成组塞尺的片数及组装顺序（摘自 GB/T 22523—2008）

成组塞尺的片数	塞尺的长度（mm）	厚度尺寸及组装顺序（mm）
13	100、150、200、300	0.10，0.02，0.02，0.03，0.03，0.04，0.04，0.05，0.05，0.06，0.07，0.08，0.09
14		1.00；0.05，0.06，…，0.10；0.15，0.20，0.25，0.30，0.40，0.50，0.75
17		0.50；0.02，0.03，…，0.10；0.15，0.20，…，0.45
20		1.00；0.05，0.10，0.15，…，0.95
21		0.50；0.02，0.02，0.03，0.03，0.04，0.04，0.05，0.05，0.06，0.07，0.08，0.09，0.10；0.15，0.20，…，0.45

塞尺使用前，必须先清除塞尺和工件上的污垢与灰尘。使用时可用一片或数片重叠插入间隙，以稍感拖滞为宜。测量时动作要轻，不允许硬插及测量温度较高的工件。使用完毕，应将塞尺擦拭干净，并涂上一薄层工业凡士林，然后折回夹框内，以防锈蚀、变形而损坏。

三、游标卡尺

游标卡尺是指利用游标原理对两同名测量面相对移动分隔的距离进行读数的测量器具。它具有结构简单、使用方便、测量精度中等及测量尺寸范围大等特点，可用来测量工件的外径、内径、长度、宽度、厚度、深度和孔距等，是一种应用较为广泛的常用量具。

1. 结构

游标卡尺由尺身及能在尺身上滑动的游标尺等组成。测量范围为 0 ~ 150 mm 的普通游标卡尺的结构如图 2—1—3 所示。

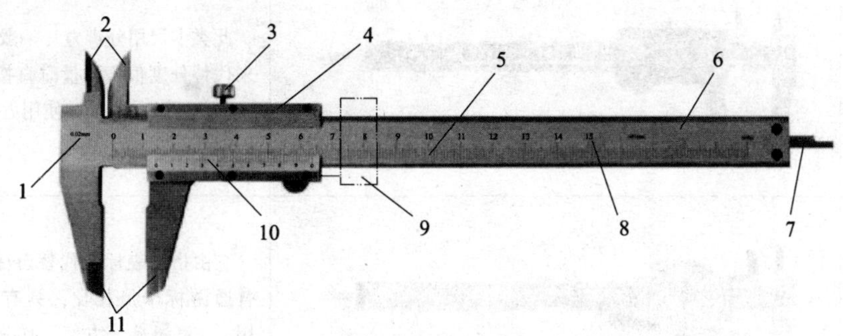

图 2—1—3　测量范围为 0 ~ 150 mm 的普通游标卡尺的结构

1—分度值（0.02 mm）　2—内测量爪　3—制动螺钉　4—尺框　5—主标尺　6—尺身
7—深度尺（若带深度尺，测量范围上限不宜超过 300 mm）　8—测量范围上限值（150 mm）
9—微动装置（测量范围上限大于 200 mm 的卡尺宜具有微动装置）　10—游标尺　11—外测量爪

游标卡尺按其结构和用途的不同分类，除普通游标卡尺外，还有带台阶测量面游标卡尺、微视差游标卡尺、带圆弧内测量爪游标卡尺、数显游标卡尺、带表游标卡尺、游标深度卡尺、游标高度卡尺等。各类游标卡尺的结构及特点见表 2—1—3。

表 2—1—3　　各类游标卡尺的结构及特点

类型	图示	特点
带台阶测量面游标卡尺	台阶测量面	在普通游标卡尺的基础上增加了台阶测量面，可测量工件的台阶尺寸
微视差游标卡尺	主标尺标记面 游标尺标记面	此类游标卡尺是将主标尺标记面与游标尺标记面制作在同一平面内，以便减少视差
带圆弧内测量爪游标卡尺		在下测量爪上附加圆弧内测量爪，以便于测量孔径（读取示值时应加上内测量爪的尺寸）

续表

类型	图示	特点
数显游标卡尺	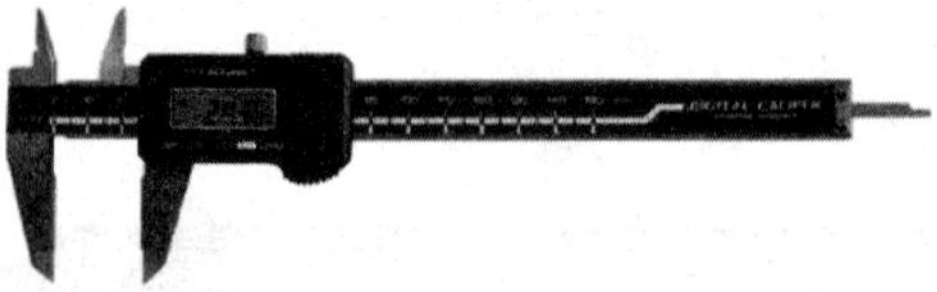	此类卡尺用分辨力（一般为0.01 mm）来代替分度值，测量时直接由显示器显示数值，读数直观，使用方便
带表游标卡尺	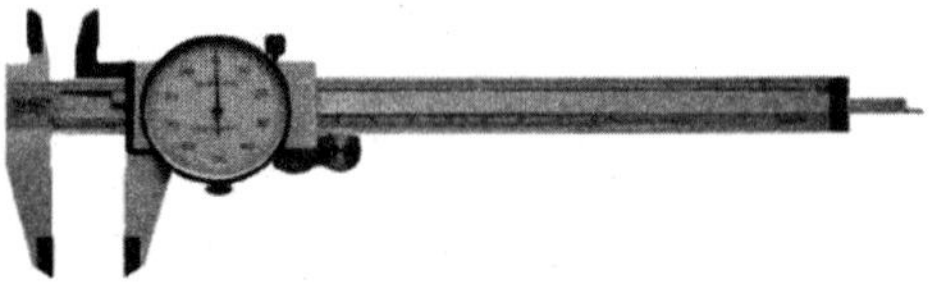	它由指示表标记代替游标尺读数，与普通游标卡尺相比，具有标记放大作用，读数准确、方便。其分度值一般为0.01 mm
游标深度卡尺	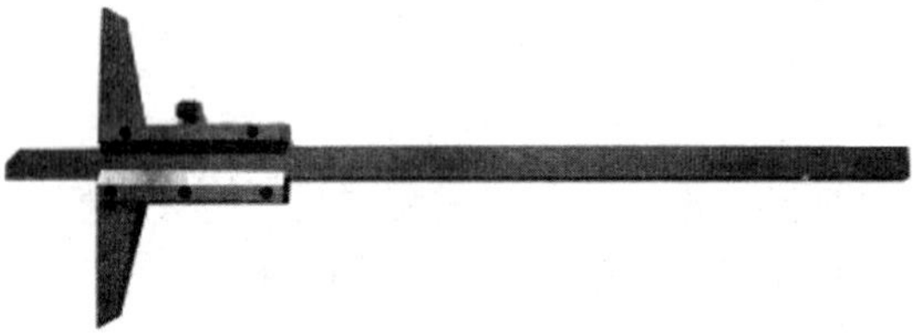	主要用来测量孔的深度、台阶的高度和沟槽深度等
游标高度卡尺		主要用来测量工件的高度和划线

2. 基本参数

(1) 标尺间距

标尺间距是指沿着标尺长度的同一条线测得的两相邻标尺标记之间的距离。游标卡尺尺身上的标尺间距为1 mm。

(2) 测量范围

测量范围是指测量器具的误差在规定极限内被测量值的下限值至上限值的范围。模具钳工常用游标卡尺的测量范围有0～150 mm、0～200 mm、0～300 mm等。

(3) 分度值

分度值是指对应两相邻标尺标记的两个值之差。游标卡尺的分度值有0.02 mm、

0.05 mm 和 0.10 mm 三种，其中分度值为 0.02 mm 的游标卡尺最为常用。

分度值是测量器具所能直接读出示值的最小单位量值，它反映了该测量器具测量精度的高低。一般来说，分度值越小，测量器具的精度越高。对于数显测量器具则用分辨力（能被有效辨别的显示装置示值间的最小差异）来表示。

（4）最大允许误差

最大允许误差又称允许误差极限，是指对于测量器具，由技术规范、规程等允许的误差极限值，它是测量器具本身各种误差的综合反映。游标卡尺外测量的最大允许误差见表 2—1—4。

表 2—1—4　　游标卡尺外测量的最大允许误差（摘自 GB/T 21389—2008）　　mm

<table>
<tr><th rowspan="3">测量范围</th><th colspan="3">最大允许误差</th></tr>
<tr><th colspan="3">分度值</th></tr>
<tr><th>0.02</th><th>0.05</th><th>0.10</th></tr>
<tr><td>0～70</td><td>±0.02</td><td rowspan="3">±0.05</td><td rowspan="5">±0.10</td></tr>
<tr><td>0～150</td><td rowspan="2">±0.03</td></tr>
<tr><td>0～200</td></tr>
<tr><td>0～300</td><td>±0.04</td><td>±0.06</td></tr>
<tr><td>0～500</td><td>±0.05</td><td>±0.07</td></tr>
<tr><td>0～1 000</td><td>±0.07</td><td>±0.10</td><td>±0.15</td></tr>
</table>

3. 标记原理

分度值为 0.02 mm 的游标卡尺如图 2—1—4 所示，尺身上主标尺间距（每小格长度）为 1 mm，当两爪合并时，游标尺上的 50 格刚好与主标尺上的 49 mm 对齐，则游标尺间距（每小格长度）为 49/50 = 0.98 mm，主标尺间距与游标尺间距相差 1 - 0.98 = 0.02 mm，即 0.02 mm 就是该游标卡尺的分度值（最小读数值）。

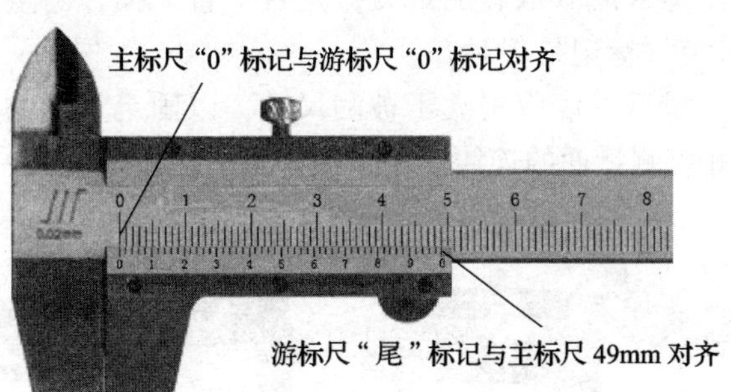

图 2—1—4　分度值为 0.02 mm 游标卡尺的标记原理

4. 示值读取方法

读取游标卡尺上的示值时一般分三步，即读取整数部分，读取小数点后第一位数值，读取小数点后第二位数值。

（1）整数部分

整数部分从游标卡尺的主标尺上读取。为了便于读取，主标尺上每 10 mm 标有一个数字。靠近游标尺“0”标记左边的主标尺标记就是整数值。图2—1—5所示尺寸的整数部分为24 mm。

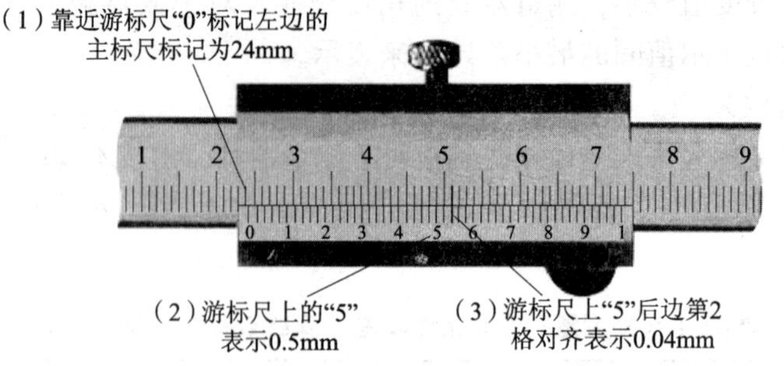

图2—1—5　分度值为0.02 mm游标卡尺示值的读取方法

（2）小数点后第一位数值

小数点后第一位数值从游标尺上读取。在游标尺上每5格标有一个数字，主标尺与游标尺标记对齐处左边的数字就是小数点后的第一位数值。图2—1—5所示尺寸小数点后的第一位数值为5，即0.5 mm。

（3）小数点后第二位数值

主标尺与游标尺标记对齐处至左侧第一位标记数字间的格数乘以0.02就是小数点后的第二位数值。图2—1—5所示尺寸小数点后的第二位数值为2×0.02=0.04 mm。

因而，图2—1—5所示游标卡尺的示值为24+0.5+0.04=24.54 mm。

5. 使用注意事项

（1）根据工件的尺寸要求选用合适的游标卡尺。游标卡尺只适用于中等精度（IT10～IT16）尺寸的测量和检验，不能用游标卡尺测量铸、锻件毛坯尺寸，也不能用游标卡尺测量精度要求过高的工件。

（2）测量前，将工件的被测量面及游标卡尺的测量面擦拭干净。

（3）使用前要检查游标卡尺量爪和测量刃口是否平直无损，两量爪贴合时有无漏光现象，主标尺与游标尺的“0”标记是否对齐。

（4）测量外尺寸时，量爪开度应略大于被测尺寸，以固定量爪贴住工件，用轻微推力把活动量爪推向工件，并使测量面的连线垂直于被测表面，如图2—1—6所示。

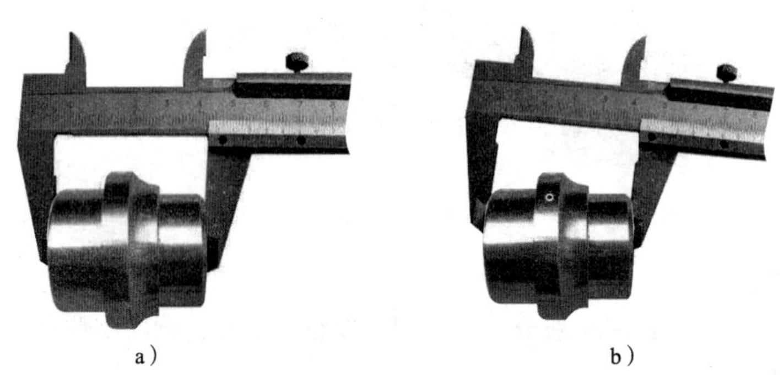

图2—1—6　测量外尺寸的方法

a）正确　b）错误

（5）测量内孔尺寸时，量爪开度应略小于被测尺寸。测量时，两量爪应在孔的直径上，不得倾斜，如图 2—1—7 所示。

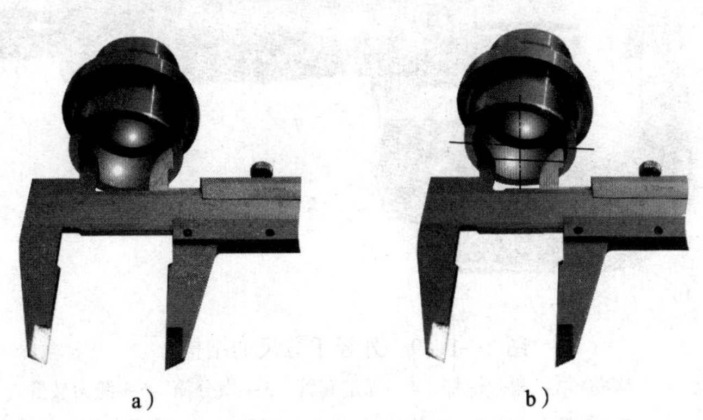

图 2—1—7　测量内孔尺寸的方法

a）正确　b）错误

（6）测量孔深或高度时，应使深度尺的测量面紧贴孔底，游标卡尺的端面与被测件的表面接触，且深度尺要与所测孔深或高度方向平行，不可前后、左右倾斜，如图 2—1—8 所示。

图 2—1—8　测量深度的方法

a）正确　b）错误

（7）读取示值时，游标卡尺置于水平位置，视线垂直于标尺标记表面，避免视线歪斜造成视差。

（8）使用游标卡尺时应轻拿轻放，用后及时放入盒内。

四、外径千分尺

外径千分尺是指利用螺旋副原理，对尺架上两测量面间分隔的距离进行读数的外尺寸测量器具。它是一种较精密的量具，用来测量加工精度要求较高的工件。

1. 结构

外径千分尺主要由尺架、测砧、测微螺杆、固定套管、微分筒和测力装置等组成，其结构如图 2—1—9 所示。

2. 基本参数

（1）分度值

外径千分尺的分度值有 0.01 mm、0.001 mm、0.002 mm、0.005 mm 等（分度值为 0.001 mm、0.002 mm、0.005 mm 的称为微米千分尺），其中分度值为 0.01 mm 的外径千分尺最为常用。

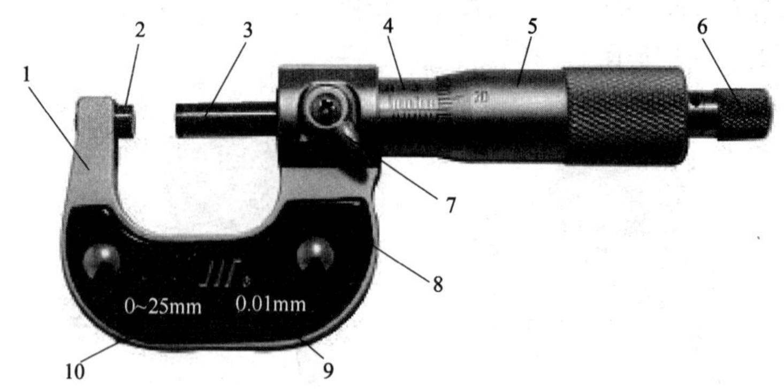

图 2—1—9　外径千分尺的结构

1—尺架　2—测砧　3—测微螺杆　4—固定套管　5—微分筒　6—测力装置（棘轮）
7—锁紧装置　8—隔热装置　9—分度值　10—测量范围

（2）测量范围

常用外径千分尺的测量范围有 0 ~ 25 mm、25 ~ 50 mm、50 ~ 75 mm、75 ~ 100 mm、100 ~ 125 mm、125 ~ 150 mm 等。

3. 标记原理

如图 2—1—10 所示，在固定套管的基准线两侧分别有两排标记，标有数字的一排间距为 1 mm，另一排为每毫米标记的中分线，即上、下两相邻标记的间距为 0. 5 mm。在微分筒圆锥面的圆周上有 50 个等分标记。由于外径千分尺测微螺杆的螺距为 0. 5 mm，因此，当微分筒（与测微螺杆相连接）旋转 1 周时，测微螺杆轴向移动 0. 5 mm。若微分筒旋转 1/50 周（转过 1 格），则测微螺杆移动的轴向距离为 0. 5 ÷ 50 = 0. 01 mm。

由此可知，外径千分尺的分度值为 0. 01 mm。

4. 示值读取方法

外径千分尺的示值读取可分三步，下面以图 2—1—11 所示示值的读取为例进行说明。

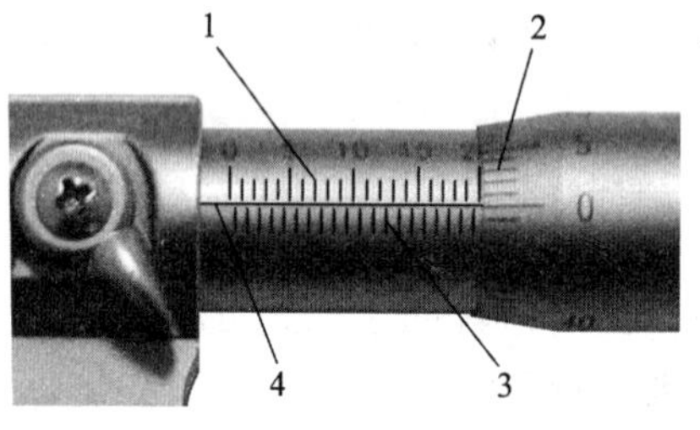

图 2—1—10　外径千分尺的标记原理

1—固定套管标尺（间距为 1 mm）
2—微分筒标尺（有 50 个标尺分度）
3—毫米中分线　4—基准线

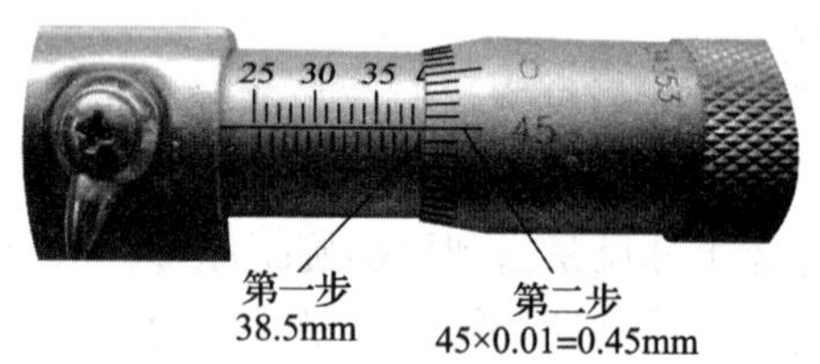

图 2—1—11　外径千分尺示值的读取方法

（1）读出固定套管上标尺所显示的最大数值（38. 5 mm）。

（2）在微分筒上找到与基准线对齐的标记，再乘以分度值（45 × 0. 01 = 0. 45 mm）。当微分筒上的标尺标记与基准线不对齐时，应估读到小数点后第三位数。

（3）把两个读数相加即得到该千分尺所显示的示值（38. 5 + 0. 45 = 38. 95 mm）。

5. 使用注意事项

（1）外径千分尺的测量面应保持干净，使用前应校对零位（测量范围大于 0～25 mm 的外径千分尺均有对应校对量杆），如图 2—1—12 所示。

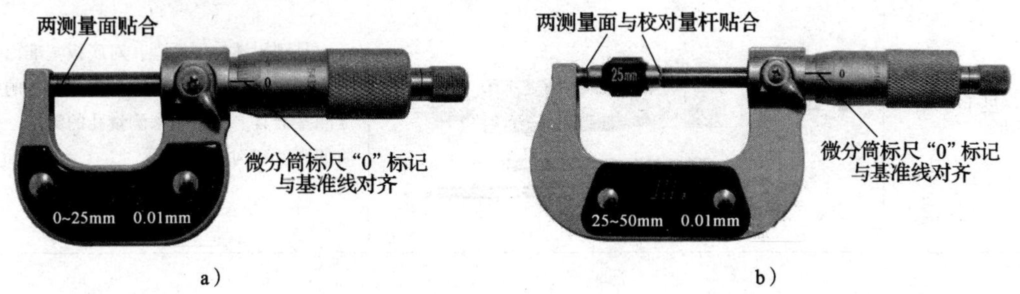

图 2—1—12 外径千分尺校对零位

a）测量范围为 0～25 mm b）测量范围为 25～50 mm

（2）测量时，先转动微分筒，当测量面接近工件时，改用棘轮，直到棘轮发出“咔咔”声音为止。

（3）测量时，外径千分尺要放正，并注意温度的影响。

（4）不能用外径千分尺测量毛坯或转动的工件。

（5）使用外径千分尺时应轻拿轻放，不得擅自拆卸千分尺。

（6）使用完毕，应将外径千分尺擦净放置在专用盒内。若长时间不用，应涂上专用防锈油保存，以防生锈。

6. 其他常用千分尺

千分尺的种类很多，除外径千分尺外，常用的还有杠杆千分尺、数显外径千分尺、深度千分尺、两点内径千分尺、三爪内径千分尺、内测千分尺等，它们的原理及特点见表 2—1—5。

表 2—1—5　　其他常用千分尺的原理及特点

名称	图示	原理及特点
杠杆千分尺		它是利用杠杆传动机构及螺旋副原理，对尺架上两测量面间分隔的距离通过指示表和微分筒标尺进行读数，并可由指示表读取两测量面间微小位移量的微米级外径千分尺。指示表的分度值为 0.001 mm 或 0.002 mm
数显外径千分尺		它是利用螺旋副原理，通过电子测量、数字显示，对尺架上两测量面间分隔的距离进行读数的外径千分尺。其分辨力高于或等于 0.001 mm，测量直观、方便

续表

名称	图示	原理及特点
深度千分尺	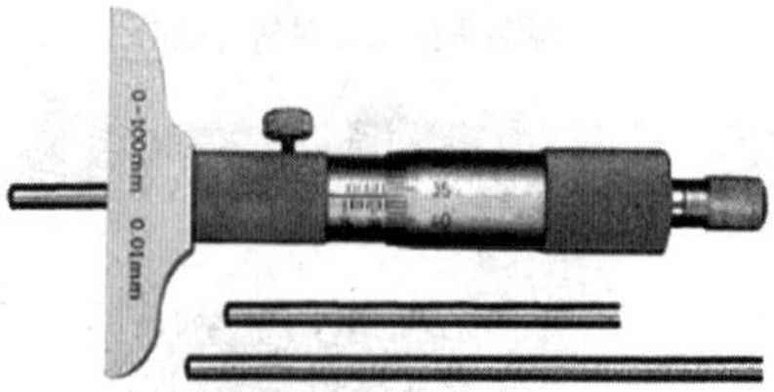	它是利用螺旋副原理，对底板基准面与测量杆测量面间分隔的距离进行读数的深度测量器具。主要用来测量孔的深度、台阶的高度和沟槽深度
两点内径千分尺	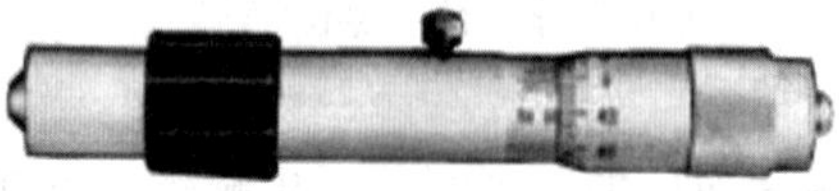	它是利用螺旋副原理，对主体两端球形测量面间分隔的距离进行读数的内尺寸测量器具。主要用来测量孔径
三爪内径千分尺		它是利用螺旋副原理，通过旋转塔形阿基米德螺旋体或移动锥体使三个测量爪做径向移动，使其与被测量内孔接触，对内孔尺寸进行读数的内径千分尺
内测千分尺	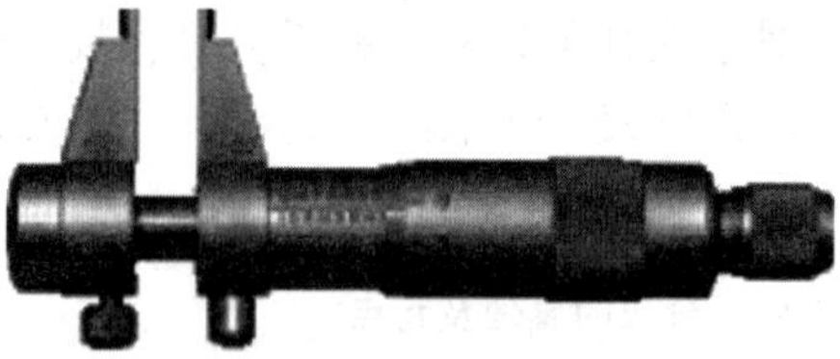	它是具有两个圆弧测量面，适用于测量内尺寸的千分尺

技能训练

任务一　游标卡尺的使用

1. 训练要求

（1）熟悉常用游标卡尺的规格、结构及标记原理。

（2）能熟练地运用游标卡尺测量尺寸。

2. 训练准备

（1）工具、量具：测量范围为 0 ~ 150 mm、分度值为 0.02 mm 的游标卡尺等。

（2）被测工件（定位板），其图样如图 2—1—13 所示。

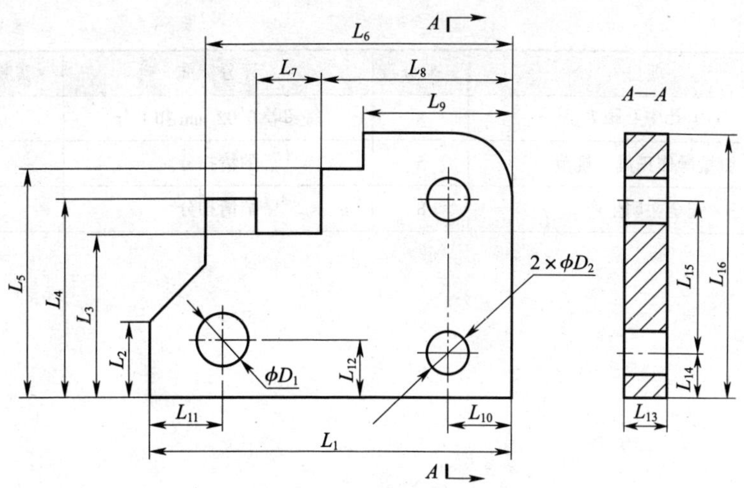

图 2—1—13　定位板图样

3. 训练要点

（1）测量时，右手握住尺身，用拇指移动游标尺，如图 2—1—14 所示，测量力的大小要适当，否则将影响测量的准确性。

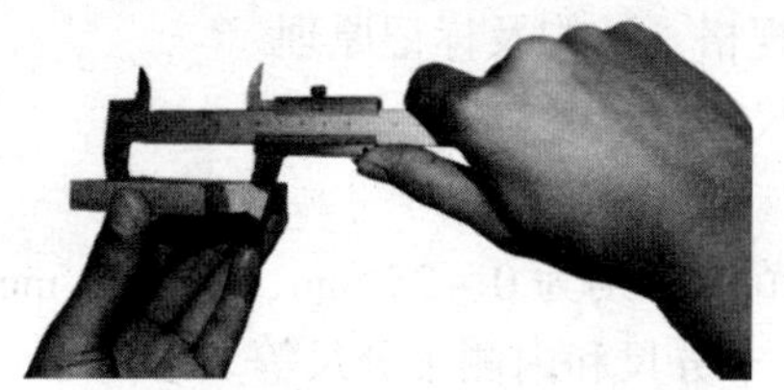

图 2—1—14　游标卡尺的使用方法

（2）根据被测量面的大小，每个尺寸通常选择 2 ~5 个测量点。

4. 训练评价

训练评分标准见表 2—1—6。

表 2—1—6　　**训练评分标准**

训练课题	游标卡尺的使用				
姓名		班级		总得分	
序号	项目	配分	评分标准	实测结果	得分
1	外形尺寸 L_1、L_{13}、L_{16}	4×3	每超差 0.02 mm 扣 1 分		
2	长度尺寸 L_3、L_4、L_5、L_6、L_8、L_9	4×6	每超差 0.02 mm 扣 1 分		
3	长度尺寸 L_2	4	每超差 0.1 mm 扣 1 分		
4	槽宽尺寸 L_7	4	每超差 0.02 mm 扣 1 分		
5	孔径 ϕD_1、ϕD_2	5×3	每超差 0.02 mm 扣 1 分		
6	ϕD_1 孔边距 L_{11}、L_{12}	4×2	每超差 0.02 mm 扣 1 分		
7	ϕD_2 孔边距 L_{10}、L_{14}	4×3	每超差 0.02 mm 扣 1 分		

续表

序号	项目	配分	评分标准	实测结果	得分
8	ϕD_2孔中心距 L_{15}	8	每超差 0.02 mm 扣 1 分		
9	测量操作正确、规范	5	酌情扣分		
10	安全文明生产	8	酌情扣分		
现场记录					

任务二　千分尺的使用

1. 训练要求

（1）熟悉常用千分尺的规格、结构及标记原理。

（2）能熟练地运用千分尺测量尺寸。

2. 训练准备

（1）工具、量具：测量范围分别为 0～25 mm、25～50 mm、50～75 mm 的外径千分尺（分度值为 0.01 mm）及深度千分尺和内测千分尺等。

（2）被测工件（V 形块），其图样如图 2—1—15 所示。

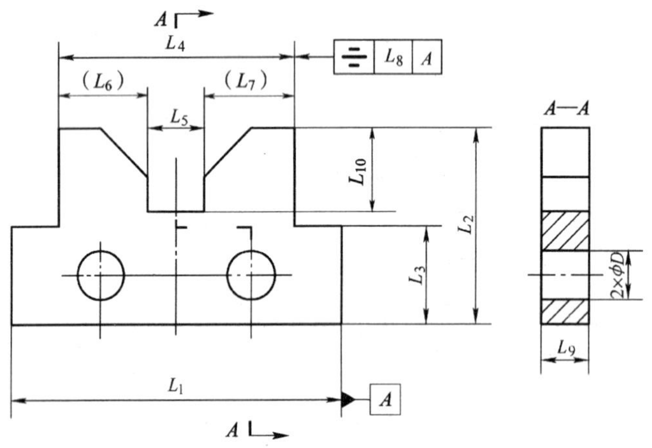

图 2—1—15　V 形块图样

3. 训练要点

（1）根据被测工件的结构及尺寸大小合理选用千分尺。

（2）千分尺的使用方法如图 2—1—16 所示，对于较小的工件，可采用单手测量（见图 2—1—16a）。单手测量时一定要控制好测量力（微分筒的旋转力），否则将影响测量的准确性。

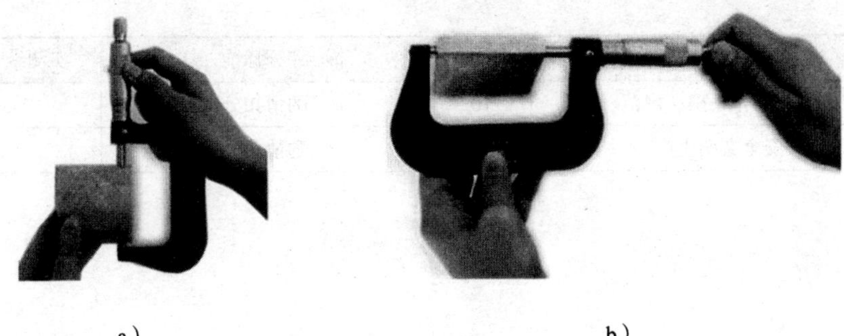

a）　　　　　　　　b）

图 2—1—16　千分尺的使用方法

a）单手测量　b）双手测量

（3）对于较大的测量面，一般应选择 5 个测量点；对于狭长的测量面，一般选择 3 个测量点即可，如图 2—1—17 所示。

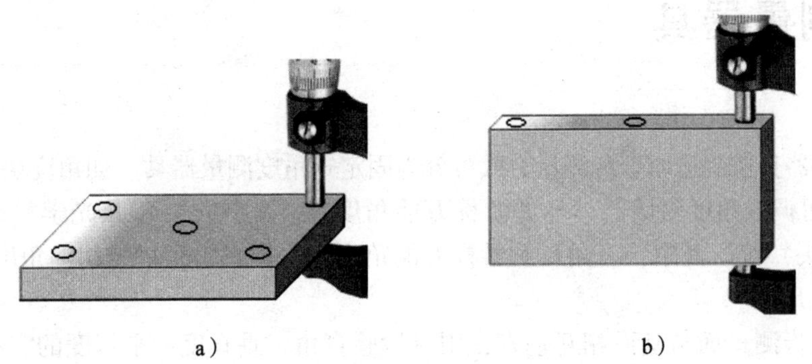

a）　　　　　　　　b）

图 2—1—17　测量点的选择

a）较大的测量面　b）狭长的测量面

4. 训练评价

训练评分标准见表 2—1—7。

表 2—1—7　　训练评分标准

训练课题	千分尺的使用				
姓名		班级		总得分	
序号	项目	配分	评分标准	实测结果	得分
1	外形尺寸 L_1、L_2、L_9	6×3	每超差 0.01 mm 扣 2 分		
2	台肩尺寸 L_3	6×2	每超差 0.01 mm 扣 2 分		
3	凸台尺寸 L_4、L_6、L_7	6×3	每超差 0.01 mm 扣 2 分		
4	槽宽尺寸 L_5	6	每超差 0.01 mm 扣 2 分		
5	槽深尺寸 L_{10}	6	每超差 0.01 mm 扣 2 分		
6	孔径 ϕD	6×2	每超差 0.01 mm 扣 2 分		
7	⌯ L_8 A	10	每超差 0.01 mm 扣 1 分		

续表

序号	项目	配分	评分标准	实测结果	得分
8	测量操作正确、规范	10	酌情扣分		
9	安全文明生产	8	酌情扣分		
现场记录					

课题二 角度测量器具

角度测量器具按制造原理和测量方式可分为固定式角度测量器具（如角度块、直角尺、圆锥量规等）、可调式角度测量器具（如游标万能角度尺、正弦规）以及光学类角度测量器具（如光学分度头）等。其中，直角尺和游标万能角度尺是模具钳工最常用的角度测量器具。

一、直角尺

直角尺是指测量面与基面相互垂直，用以检验直角、垂直度和平行度的实物量具。它具有结构简单、使用方便、制造精度高、稳定性好等特点。

1. 常用直角尺

常用直角尺有刀口形直角尺、平形直角尺和宽座直角尺等。

（1）刀口形直角尺

刀口形直角尺是指两测量面为刀口形的直角尺，如图 2—2—1 所示，其基本参数见表 2—2—1。

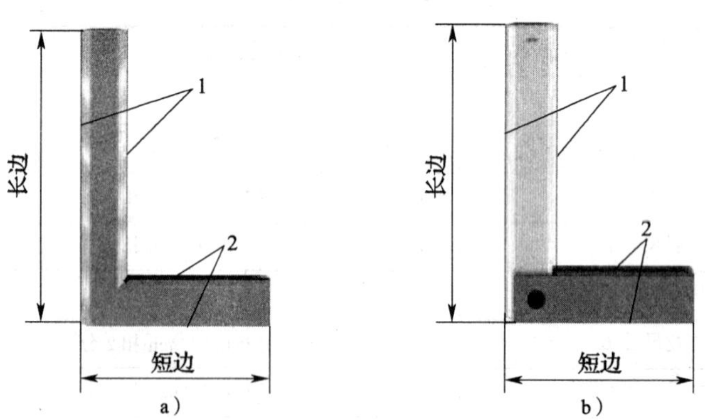

图 2—2—1　刀口形直角尺

a）刀口形直角尺　b）宽座刀口形直角尺

1—刀口测量面　2—基面

表 2—2—1　　常用刀口形直角尺基本参数（摘自 GB/T 6092—2004）　　mm

刀口形直角尺	精度等级	0 级、1 级						
	长边	50	63	80	100	125	160	200
	短边	32	40	50	63	80	100	125
宽座刀口形直角尺	精度等级	0 级、1 级						
	长边	50	75	100	150	200	250	300
	短边	40	50	70	100	130	165	200

（2）平形直角尺

平形直角尺是指测量面与基面宽度相等的直角尺，如图 2—2—2 所示，其基本参数见表 2—2—2。

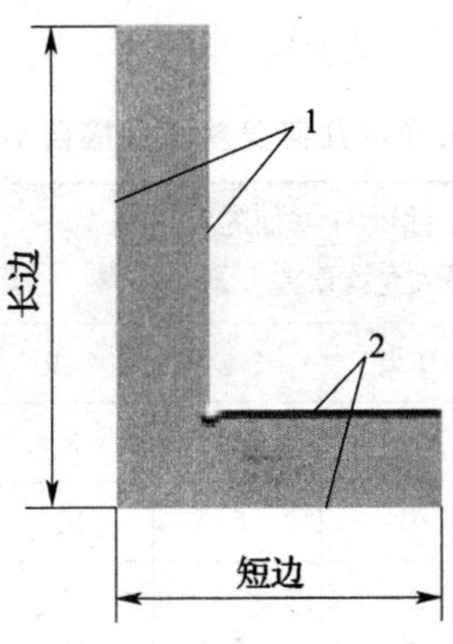

图 2—2—2　平形直角尺

1—测量面　2—基面

表 2—2—2　　常用平形直角尺和宽座直角尺基本参数（摘自 GB/T 6092—2004）　　mm

平形直角尺	精度等级	0 级、1 级、2 级						
	长边	50	75	100	150	200	250	300
	短边	40	50	70	100	130	165	200
宽座直角尺	精度等级	0 级、1 级						
	长边	63	80	100	125	160	200	250
	短边	40	50	63	80	100	125	160

（3）宽座直角尺

宽座直角尺是指基面宽度大于测量面宽度的直角尺，如图 2—2—3 所示，其基本参数见表 2—2—2。

2. 直角尺的精度等级

直角尺的精度等级分为 00 级、0 级、1 级和 2 级四个级别，其中，00 级直角尺主要用

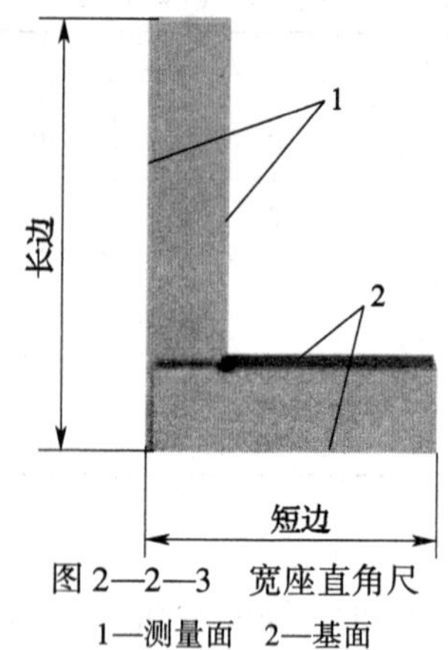

图 2—2—3　宽座直角尺

1—测量面　2—基面

于检验量具，0 级一般用于检验较精密的工件，1 级和 2 级用于检验一般精度的工件。常用直角尺的最大允许几何误差值见表 2—2—3。

表 2—2—3　　常用直角尺的最大允许几何误差值（摘自 GB/T 6092—2004）

<table>
<tr><th rowspan="2">长边
（测量面长度，mm）</th><th colspan="4">测量面相对于基面的垂直度
最大允许误差（μm）</th><th colspan="4">测量面的平面度或直线度
最大允许误差（μm）</th></tr>
<tr><th>00 级</th><th>0 级</th><th>1 级</th><th>2 级</th><th>00 级</th><th>0 级</th><th>1 级</th><th>2 级</th></tr>
<tr><td>40、50</td><td>1</td><td>2</td><td>4</td><td>8</td><td rowspan="5">1</td><td rowspan="2">1</td><td rowspan="2">2</td><td rowspan="2">4</td></tr>
<tr><td>63、75、80、100</td><td>1.5</td><td>3</td><td>6</td><td>12</td></tr>
<tr><td>125</td><td rowspan="2">2</td><td rowspan="2">4</td><td rowspan="2">8</td><td rowspan="2">16</td><td>1.5</td><td>3</td><td>6</td></tr>
<tr><td>150、160、200、250</td><td rowspan="2">2</td><td rowspan="2">4</td><td rowspan="2">8</td></tr>
<tr><td>300、315</td><td>3</td><td>6</td><td>12</td><td>24</td></tr>
</table>

3. 直角尺的使用注意事项

（1）使用前，必须将直角尺和工件被测面擦干净。

（2）如图 2—2—4 所示，先将直角尺的基面紧贴工件的测量基准面，然后慢慢向下移动（直角尺基面不可与工件基准面分离），使直角尺的测量面与工件的被测表面接触，用眼睛平视观察透光情况，凭经验根据光隙强弱进行估测，或用塞尺在最大间隙处试塞。

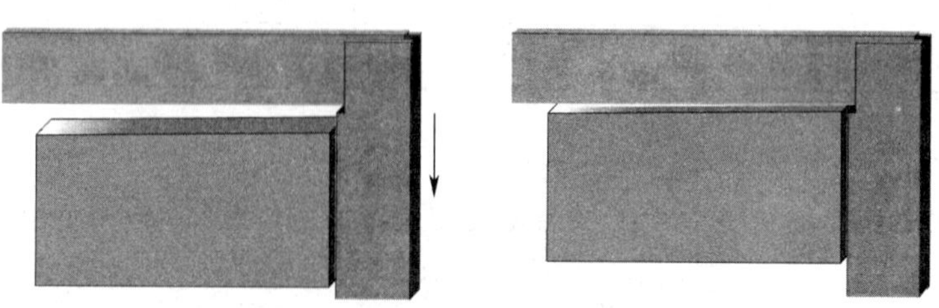
图 2—2—4　直角尺的使用方法

（3）直角尺要轻拿轻放，不允许与其他工具、量具堆放。

（4）使用完毕，应将直角尺擦净放置在专用盒内。若长时间不用，应涂上专用防锈油保存，以防生锈。

二、游标万能角度尺

游标万能角度尺是指利用活动直尺测量面相对于基尺测量面的旋转，对两测量面间分隔的角度利用游标原理进行读数的角度测量器具。它主要用来测量工件的内、外角度，其测量范围为0°～320°，分度值有2′和5′两种（常用2′）。

1. 结构

游标万能角度尺主要由主尺、游标尺、直角尺、直尺、基尺和扇形板等组成，如图2—2—5所示，其游标尺固定在扇形板上，基尺和主尺连成一体，游标尺与主尺可做相对回转运动，直角尺和直尺可根据需要通过卡块安装到扇形板上。

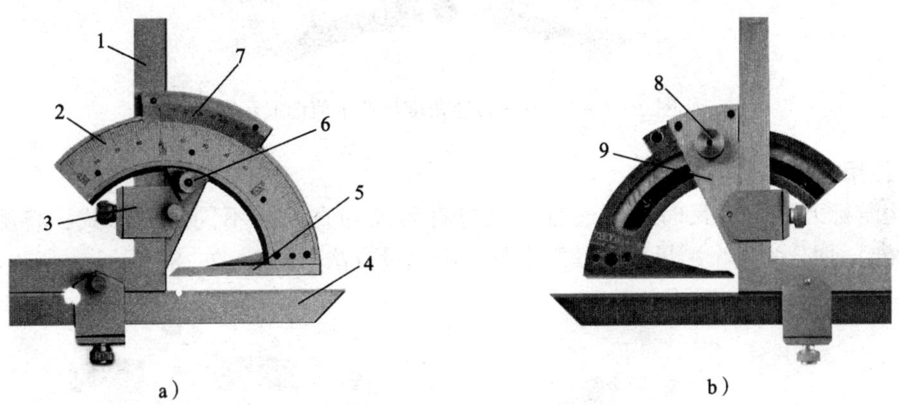

图2—2—5　游标万能角度尺的结构

a）正面　b）反面

1—直角尺　2—主尺　3—卡块　4—直尺　5—基尺　6—锁紧装置

7—游标尺　8—调节旋钮　9—扇形板

2. 标记原理

如图2—2—6所示，主尺每格标记的弧长对应的角度为1°，游标尺标记是将主尺上29°所占的弧长等分为30格（每格所对应的角度为29°/30），因此游标尺1格与主尺1格相差：

$$1° - \frac{29°}{30} = \frac{1°}{30} = 2'$$

图2—2—6　游标万能角度尺的标记原理

即游标万能角度尺的分度值为2′。

3. 示值读取方法

游标万能角度尺的示值读取方法与游标卡尺相似，即先从主尺上读出游标尺“0”标记前的整“度”数，然后在游标尺上分别读出“分”的十位数值和个位数值。图2—2—7所示的示值为16°18′。

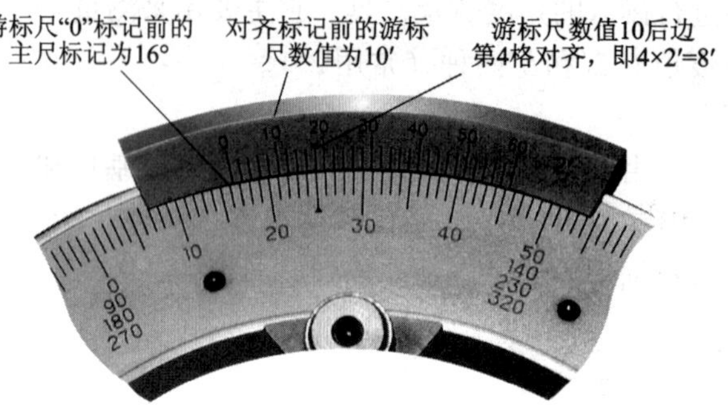

图2—2—7 游标万能角度尺的示值读取示例

4. 使用方法

使用游标万能角度尺时，可通过主尺与直角尺和直尺的不同组合形式，将测量范围（0°～320°）划分为四个测量段，其组合形式和测量方法如图2—2—8所示。

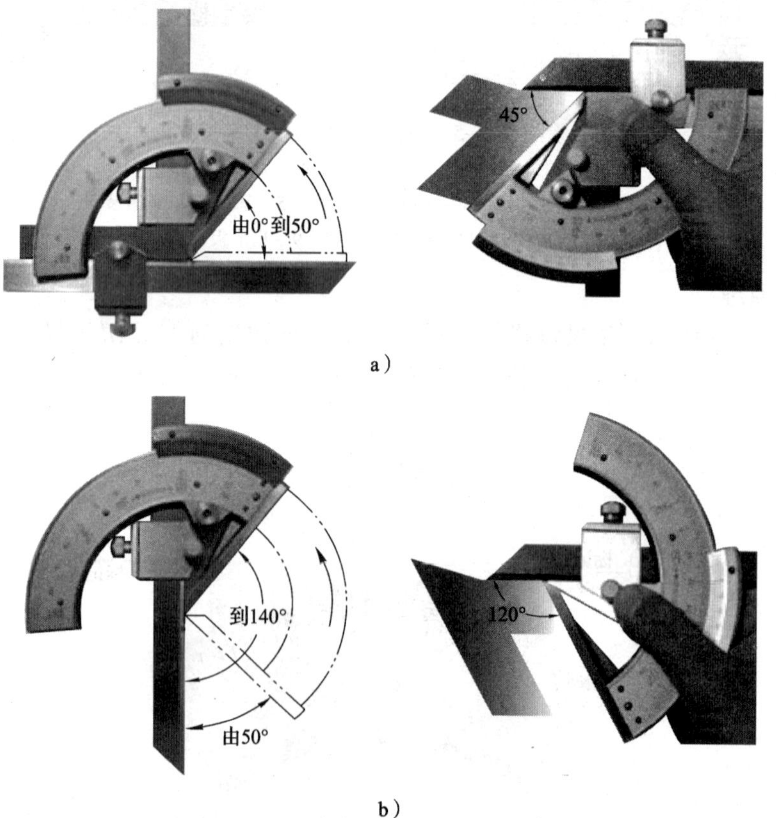

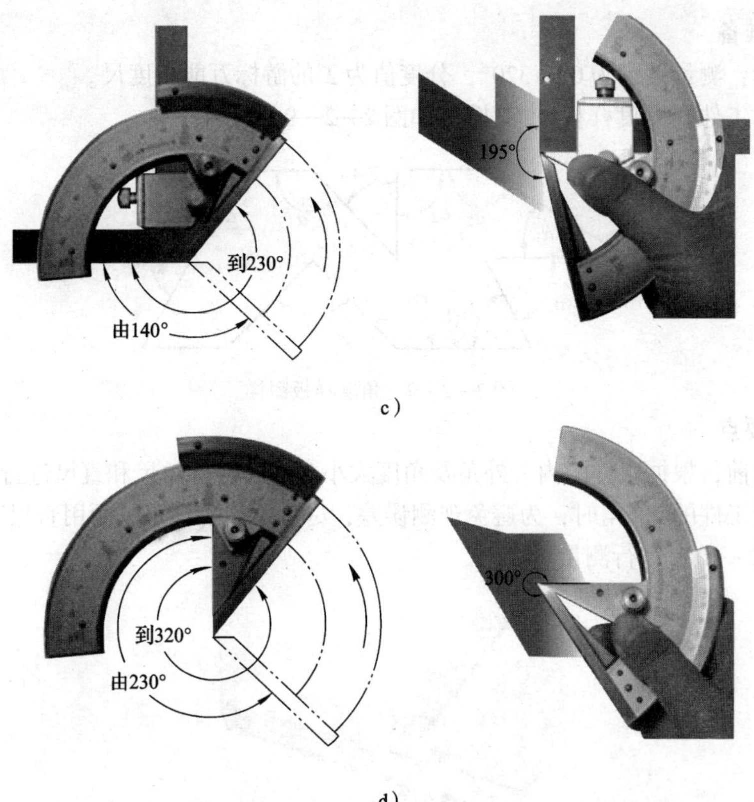

图 2—2—8 游标万能角度尺的组合形式和测量方法

a）测量范围为 0°～50° b）测量范围为 50°～140° c）测量范围为 140°～230° d）测量范围为 230°～320°

5. 使用注意事项

（1）根据被测量工件的不同角度，正确组合其测量范围。

（2）使用前，必须将游标万能角度尺和工件被测面擦干净，并检查主尺和游标尺的“0”标记是否对齐，基尺和直尺是否有间隙。

（3）测量时，游标万能角度尺的尺身基面必须与工件基准面贴紧。

（4）使用完毕，应将游标万能角度尺擦净放置在专用盒内。若长时间不用，应涂上专用防锈油保存，以防生锈。

技能训练

任务 游标万能角度尺的使用

1. 训练要求

（1）熟悉游标万能角度尺的结构及标记原理。

（2）能熟练地运用游标万能角度尺测量工件内、外角度。

2. 训练准备

（1）量具：测量范围为0°～320°、分度值为2′的游标万能角度尺。

（2）被测工件（角度样板），其图样如图2—2—9所示。

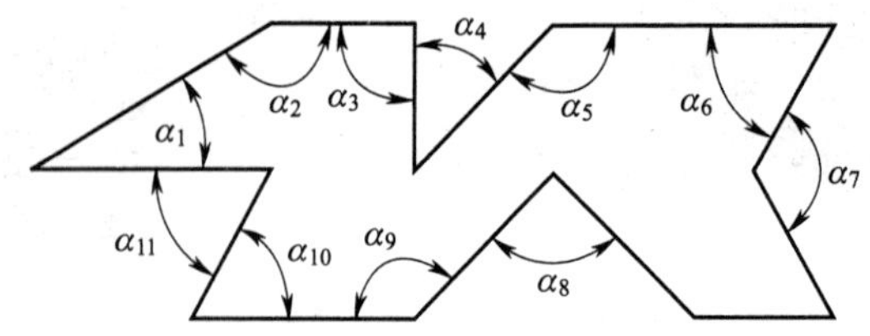

图2—2—9　角度样板图样

3. 训练要点

（1）测量前，根据工件的内、外角及角度大小对主尺与直角尺和直尺进行合理组合。

（2）测量工件的90°角时，为避免观测误差，尽量不用游标尺，而用直尺与直角尺的组合（见图2—2—10）进行测量。

图2—2—10　直尺与直角尺的组合

4. 训练评价

训练评分标准见表2—2—4。

表2—2—4　　**训练评分标准**

训练课题	游标万能角度尺的使用				
姓名		班级		总得分	
序号	项目	配分	评分标准	实测结果	得分
1	α_1	8	每超差2′扣2分		
2	α_2	8	每超差2′扣2分		
3	α_3	8	每超差2′扣2分		
4	α_4	8	每超差2′扣2分		
5	α_5	8	每超差2′扣2分		
6	α_6	8	每超差2′扣2分		
7	α_7	8	每超差2′扣2分		
8	α_8	8	每超差2′扣2分		
9	α_9	8	每超差2′扣2分		
10	α_{10}	8	每超差2′扣2分		

续表

序号	项目	配分	评分标准	实测结果	得分
11	α_{11}	8	每超差 2′扣 2 分		
12	测量操作正确、规范	5	酌情扣分		
13	安全文明生产	7	酌情扣分		
现场记录					

课题三 几何误差和表面结构质量测量器具

几何误差测量器具主要是指用来测量工件几何误差的测量器具，包括刀口形直尺（刀口尺）、平尺、水平仪、直线度测量仪、圆度测量仪等。表面结构质量测量器具是指用来检测工件表面粗糙度值的测量器具，主要有表面粗糙度比较样块、便携式表面粗糙度测量仪和轮廓测量仪。其中，刀口尺和表面粗糙度比较样块是模具钳工常用的几何误差和表面结构质量测量器具。

一、刀口尺

刀口尺是指测量面（只有一个测量面）呈刃口状，用于测量工件平面形状误差的实物量具，主要用来测量工件的直线度或平面度误差，如图 2—3—1 所示。它具有结构简单、操作方便、测量效率高等优点，是机械加工常用的测量器具。

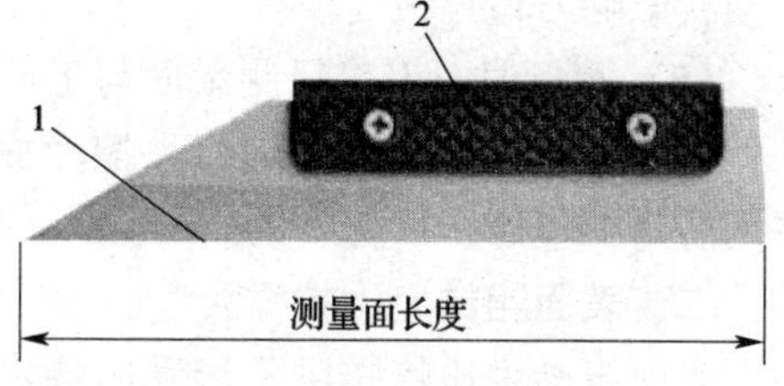

图 2—3—1　刀口尺

1—测量面　2—绝热护板

1. 精度等级

刀口尺的精度等级分为 0 级和 1 级两个级别。常用刀口尺的直线度最大允许误差见表 2—3—1。

表 2—3—1　常用刀口尺的直线度最大允许误差（摘自 GB/T 6091—2004）

规格（测量面长度，mm）	测量面直线度最大允许误差（μm）	
	0 级	1 级
75	0.5	1.0
125	0.5	1.0
200	1.0	2.0
300	1.5	3.0

2. 用刀口尺测量平面度误差的方法

测量时，手握刀口尺的绝热护板，使测量面轻轻地（凭刀口尺的自重）与工件被测表面接触，观察刀口尺测量面与被测线之间的光隙情况。当光隙较大时，可借助塞尺试塞其间隙值；当光隙较小时，可根据透光强弱估读其间隙值。若透光均匀一致，说明该处较平直。间隙大于2.5 μm时，透光颜色为白光；间隙为1~2.5 μm（不含1 μm）时，透光颜色为红色；间隙为1 μm时，透光颜色为蓝色；间隙小于1 μm且不小于0.5 μm时，透光颜色为紫色；间隙小于0.5 μm时，则不透光。

为了确保测量结果的准确性，刀口尺应垂直放在工件表面上，并在纵向、横向、对角方向多处逐一进行测量，取所有测量处的最大直线度误差为该测量面的平面度误差，如图2—3—2所示。

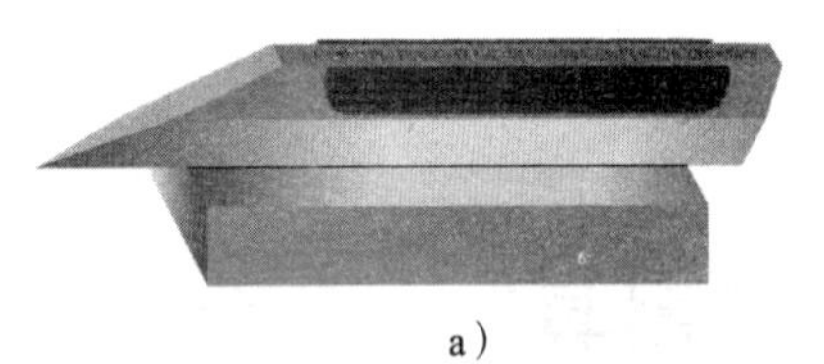
a）

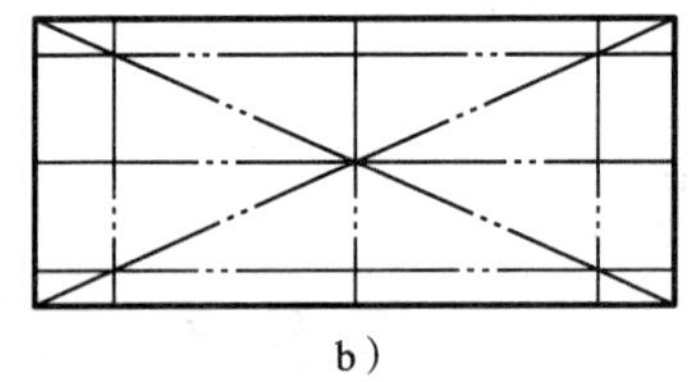
b）

图2—3—2 用刀口尺测量平面度误差的方法

3. 使用注意事项

（1）测量前，应检查刀口尺测量面是否清洁，不得有划痕、碰伤、锈蚀等缺陷。

（2）使用刀口尺时，应手握绝热护板，以避免温度对测量结果的影响和产生锈蚀。

（3）刀口尺使用时不得碰撞，以确保其工作棱边的完整性，否则将影响测量的准确度。

（4）在变换测量位置时，应将刀口尺提起，不得在工件表面上拖动，以免刀口测量面磨损，影响刀口尺精度。

（5）测量时，刀口尺测量面与工件被测表面的接触位置应符合最大光隙为最小的条件。

（6）使用完毕，应将刀口尺擦净放置在专用盒内。若长时间不用，应涂上专用防锈油并用防锈纸包好，以防生锈。

二、表面粗糙度比较样块

表面粗糙度比较样块是指采用特定合金材料和加工方法，具有不同的表面粗糙度参数值，通过触觉和视觉与其所表征的材质和加工方法相同的被测件表面做比较，以确定被测件表面粗糙度的实物量具。

1. 分类

根据加工方法的不同，表面粗糙度比较样块分为铸造、机械加工（包括磨削、车削、镗削、铣削、插削和刨削）、抛丸喷砂加工、电火花加工和抛光加工（含研磨和锉削）表面粗糙度比较样块等几大类。各类按加工工艺和表面特征的不同又分为多种，如磨外圆、磨平面、磨内孔等。

为了便于使用和管理，表面粗糙度比较样块分为组合式和单组式包装，如图2—3—3所示。其中，钳工常用的有手研表面粗糙度比较样块和锉削表面粗糙度比较样块，具体参数公称值见表2—3—2。

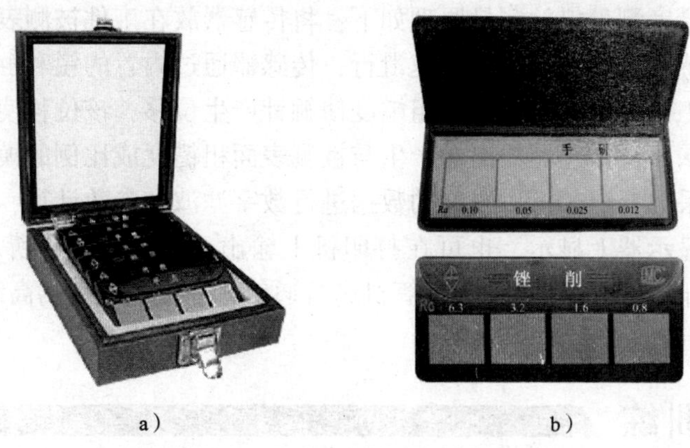

a）　　　　　　　　b）

图 2—3—3　表面粗糙度比较样块

a）组合式（研磨、外圆磨、平磨、车、刨、立铣和平铣）　b）单组式（手研和锉削）

表 2—3—2　　手研和锉削表面粗糙度比较样块参数公称值（摘自 GB/T 6060.3—2008）

表面粗糙度比较样块类别	块数	表面粗糙度参数公称值 *Ra*（μm）			
手研	4	0.10	0.05	0.025	0.012
锉削	4	6.3	3.2	1.6	0.8

2. 使用方法

表面粗糙度比较样块的使用方法是以样块工作面的表面粗糙度为标准，凭触觉（如手摸）或视觉（可借助放大镜、比较显微镜等）与待检查的工件表面进行比对，根据工件加工痕迹的深浅来确定表面粗糙度是否符合图样（或工艺）要求。当被检查工件表面的加工痕迹深浅程度相当或者小于样块工作面加工痕迹时，则被检查工件的表面粗糙度值一般不大于样块的标记公称值。

3. 使用注意事项

（1）所选用的样块和被检查工件的加工方法必须相同；同时，样块的材料、纹理、表面色泽等应尽可能与被检查工件一致。

（2）用表面粗糙度比较样块进行比对，只能定性测量，无法得到表面粗糙度的定量值。因此，要求检验者具有丰富的实践经验。

（3）表面粗糙度比较样块一般用于检查表面质量要求不严格的工件。

三、便携式表面粗糙度测量仪

随着制造技术的不断提高，人们对所加工的工件表面质量要求越来越高，当工件需要获得精确的表面粗糙度值时，常采用便携式（手持式）表面粗糙度测量仪进行测量，如图 2—3—4 所示。它具有体积小，测量精确、迅速、方便等特点，适用于生产现场、实验室、计量室等场合。

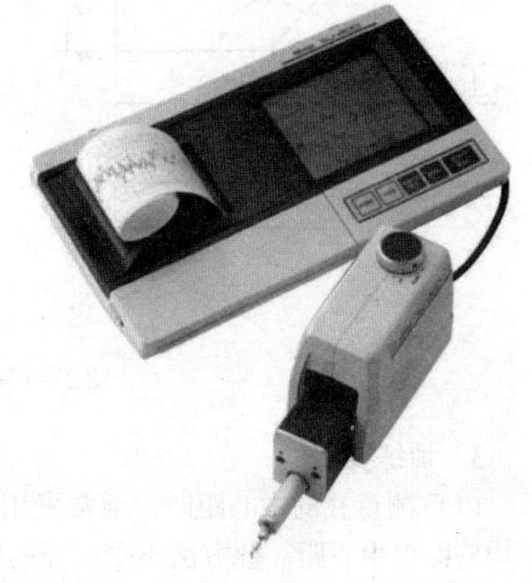

图 2—3—4　便携式表面粗糙度测量仪

便携式表面粗糙度测量仪的测量原理如下：将传感器放在工件被测表面上，由仪器内部的驱动机构带动传感器沿被测表面做等速滑行，传感器通过内置的锐利触针感受被测表面的表面粗糙度，此时工件被测表面的表面粗糙度使触针产生位移，该位移使传感器电感线圈的电感量发生变化，从而在传感器输出端产生与被测表面粗糙度成比例的模拟信号，该信号经过放大后进入数据采集系统，再对采集的数据进行数字滤波和参数计算，将测量结果以数字和图形方式在液晶显示器上显示，也可在打印机上输出（图 2—3—4 所示的便携式表面粗糙度测量仪自带打印装置），还可以与计算机进行通信，并提供强大的高级分析功能。

技能训练

任务　组合体零件的综合测量

1. 训练要求

（1）能根据组合体零件被测要素的技术要求合理选用量具。

（2）能针对组合体零件各种被测要素进行正确的测量。

2. 训练准备

（1）工具、量具：测量范围分别为 0 ~ 25 mm 和 25 ~ 50 mm 的外径千分尺（分度值为 0. 01 mm）、游标卡尺、刀口形直角尺、游标万能角度尺、塞规、塞尺、表面粗糙度比较样块及放大镜等。

（2）被测组合体零件（L 形锉配组合体），其图样如图 2—3—5 所示。

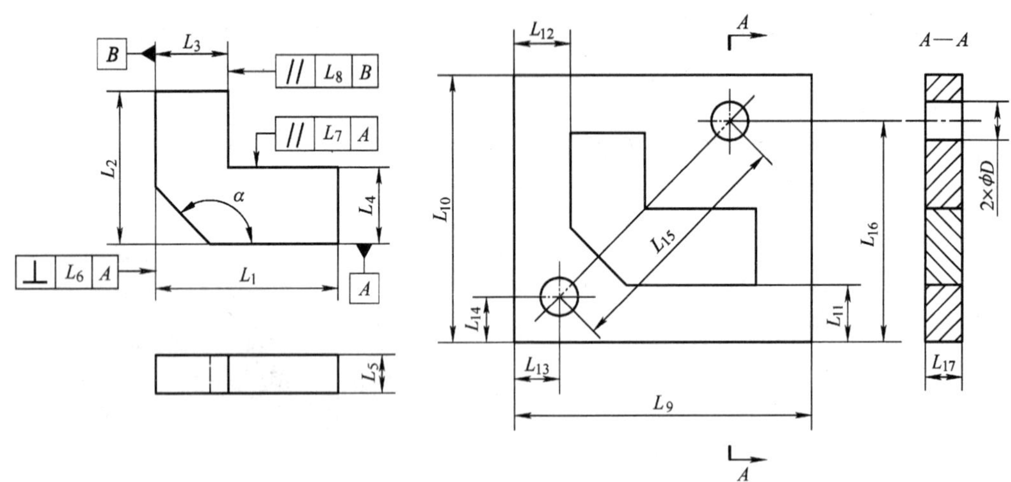

图 2—3—5　L 形锉配组合体图样

3. 训练要点

（1）测量孔的中心距时，通常采用如图 2—3—6 所示的测量方法，将两次测量数值取平均值即得中心距。此方法不受孔径的影响。

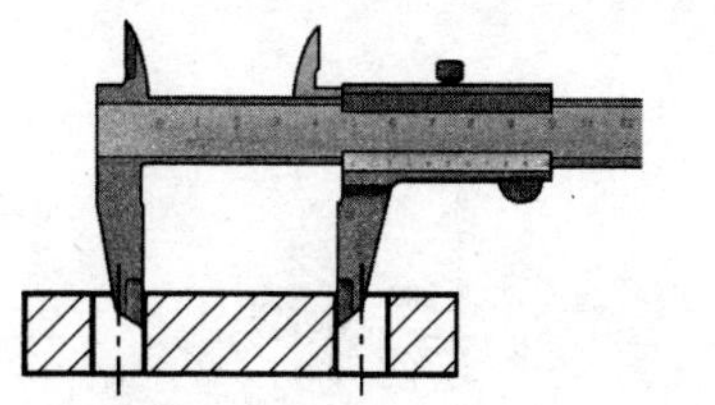
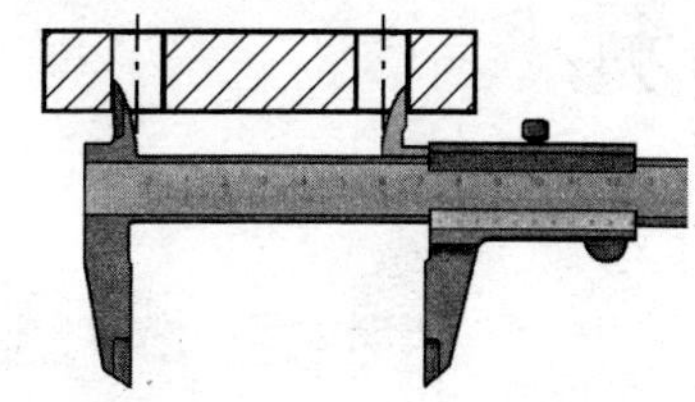

图 2—3—6　孔中心距测量方法

(2) 用直角尺测量垂直度误差时，可借助塞尺测量出具体误差值。

(3) 用千分尺测量平行度误差时，应在整个测量面上多选择几个测量点，所测最大尺寸与最小尺寸之差即为平行度误差。

(4) 用塞尺检测配合间隙时，应先用透光法观察该配合面的最大间隙位置，然后用塞尺试塞，动作要轻，不许硬插，以免塞尺折弯变形。

4. 训练评价

训练评分标准见表 2—3—3。

表 2—3—3　　训练评分标准

训练课题	组合体零件的综合测量				
姓名		班级		总得分	
序号	项目	配分	评分标准	实测结果	得分
1	千分尺测量 L_1、L_2、L_3、L_4、L_5	3×5	每超差 0.01 mm 扣 1 分		
2	千分尺测量平行度误差 L_7、L_8	5×2	每超差 0.01 mm 扣 1 分		
3	直角尺测量垂直度误差 L_6	4	每超差 0.01 mm 扣 1 分		
4	游标万能角度尺测量 α	4	每超差 2′扣 1 分		
5	游标卡尺测量 L_9、L_{10}、L_{11}、L_{12}、L_{17}	3×4	每超差 0.02 mm 扣 1 分		
6	孔边距尺寸 L_{13}、L_{14}、L_{16}	3×4	每超差 0.02 mm 扣 1 分		
7	孔中心距 L_{15}	4	每超差 0.02 mm 扣 1 分		
8	塞规检测孔径 ϕD（2 处）	3×2	一处判断错误扣 3 分		
9	塞尺检测配合间隙	2×7	一处判断错误扣 2 分		
10	检测锉削面表面粗糙度是否合格	0.5×18	一处判断错误扣 0.5 分		
11	检测 ϕD 孔表面粗糙度是否合格	1×2	一处判断错误扣 1 分		
12	测量操作正确、规范	4	酌情扣分		
13	安全文明生产	4	酌情扣分		
现场记录					

第三单元

模具钳工基本操作

课题一 划线

一、划线概述

划线是指在毛坯或工件上，用划线工具划出待加工部位的轮廓线或作为基准的点和线，如图 3—1—1 所示，这些点和线标明了工件某部分的尺寸、位置和形状特征。

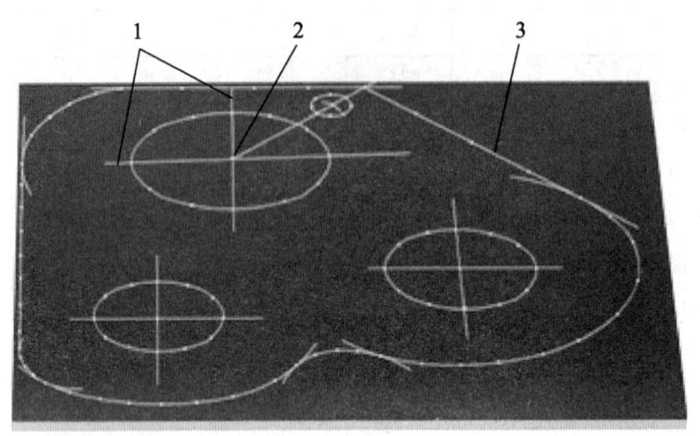

图 3—1—1　划线

1—基准线　2—基准点　3—加工界线

划线分为平面划线和立体划线两种：只需要在工件一个表面上划线即能明确表示加工界线的，称为平面划线，如图 3—1—1 和图 3—1—2 所示；需要在工件几个互成不同角度（通常是互相垂直）的表面上划线才能明确表示加工界线的，称为立体划线，如图 3—1—3 所示。

划线的主要作用如下：

（1）确定工件的加工余量，使机械加工有明确的尺寸界线。

（2）便于在机床上安装复杂工件，使其可以按划线找正定位。

（3）能够及时发现和处理不合格的毛坯，避免加工后造成损失。

（4）采用借料划线可以使误差不大的毛坯得到补救，使加工后的工件仍能符合要求。

划线是机械加工的重要工序之一，广泛用于单件和小批量生产。划线除要求划出的线条清晰、均匀外，最重要的是保证尺寸准确。划线精度一般为 0. 25 ~0. 5 mm，因此，工件的最后加工精度必须通过测量来保证。

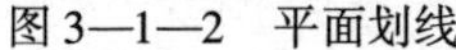

图 3—1—2　平面划线

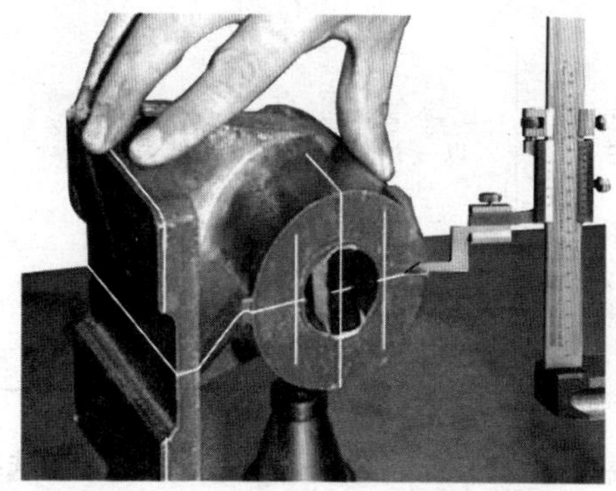

图 3—1—3　立体划线

二、划线基准的选择

划线时，工件上用来确定其他点、线、面位置所依据的点、线、面称为划线基准。在零件图上，用来确定其他点、线、面位置的基准称为设计基准。

划线时，为了减少不必要的尺寸换算，使划线方便、准确，应从划线基准开始。选择划线基准的基本原则是尽可能使划线基准和设计基准重合。划线基准的类型见表 3—1—1。

表 3—1—1　　**划线基准的类型**

序号	基准类型	图示
1	以两个互相垂直的平面（或直线）为基准	20　10　划线基准　22.5　5　10　划线基准
2	以两条互相垂直的中心线为基准	15　12　20°　R25　6　6　20　划线基准　划线基准

续表

序号	基准类型	图示
3	以一个平面和一条中心线为基准	划线基准 45 7 2 44 54 划线基准

划线时，在工件的每一个方向上都要选择一个基准，因此，平面划线时一般要选择两个划线基准，立体划线时一般要选择 3 个划线基准。

三、划线前的准备工作

（1）清理工件。对铸件、锻件毛坯，应将型砂、毛刺、氧化皮除掉，并用钢丝刷刷净；对已生锈的半成品，应将浮锈刷掉。

（2）对于有孔的工件，应在工件孔中安装中心塞块，以便于确定孔的中心位置。

（3）为了使划出的线条清晰，一般应在工件的划线部位薄而均匀地涂上一层涂料。常用的划线涂料见表 3—1—2。

表 3—1—2　　常用的划线涂料

名称	配制方法	应用
石灰水	石灰水加适量牛皮胶	用于铸件、锻件等表面较为粗糙的毛坯（白底黑线）
划线蓝油	2% ~4% 龙胆紫加 3% ~5% 虫胶漆和 91% ~95% 酒精混合而成	用于已加工表面或黄铜等有色金属（蓝底白线）

四、划线时的找正和借料

1. 找正

对于毛坯工件，划线前一般应先做好找正工作。找正就是利用划线工具（如划线盘、直角尺、单脚规等）使工件上有关毛坯表面处于合适位置，加工余量得到合理分配。找正时应注意以下几点：

（1）毛坯上有不加工表面时，应按不加工表面找正后再划线，这样可使加工表面和不加工表面之间保持尺寸均匀。

如图 3—1—4 所示的轴承架毛坯，内孔和外圆不同轴，底面和上平面 A 面不平行，划线前应找正。在划内孔加工线之前，应先以外圆为找正依据，用单脚规找正其中心，然后按找出的中心划出内孔的加工线，这样内孔和外

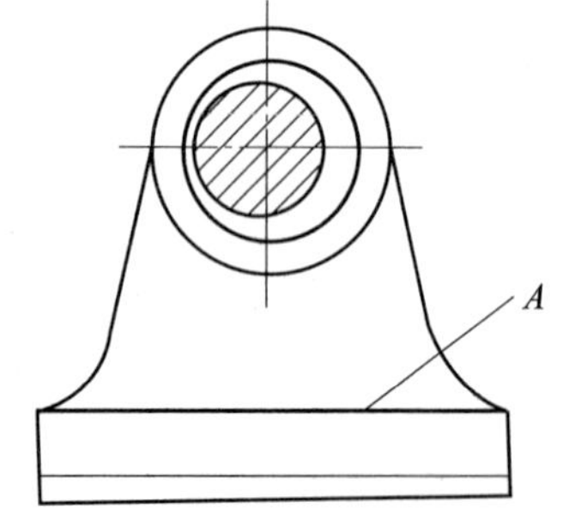

图 3—1—4　轴承架毛坯的找正

圆就可达到同轴要求。在划轴承座底面之前，同样应以上平面（不加工表面A）为依据，用划线盘找正水平位置，然后划出底面加工线，这样底座各处的厚度比较均匀。

（2）工件上有两个以上不加工表面时，应选重要的或较大的不加工表面为找正依据，兼顾其他不加工表面，这样可使划线后的加工表面与不加工表面之间尺寸比较均匀，将误差集中到次要或不明显的部位。

（3）工件上没有不加工表面时，可通过对各自需要加工的表面自身位置找正后再划线。这样可使各加工表面的加工余量均匀，避免加工余量相差悬殊。

由于毛坯各表面的误差和工件结构、形状不同，因此划线时的找正要按工件的实际情况进行。

2．借料

图3—1—5所示为内孔、外圆偏心量较大的锻件毛坯。当不考虑孔而先划外圆再划内孔时，其内孔加工余量不足（见图3—1—5a）；当不考虑外圆先划内孔时，则划外圆时加工余量仍然不足（见图3—1—5b）。只有内孔、外圆同时考虑，相互借用，才能保证内孔、外圆均有足够的加工余量（见图3—1—5c）。也就是说，一些铸、锻毛坯件，在尺寸、形状和位置上都存在一定的误差和缺陷，当误差和缺陷不大时，通过试划和调整可以使各加工表面都有足够的加工余量，并得到恰当的分配，而误差和缺陷完全可由加工后消除，这种划线补救方法称为借料。

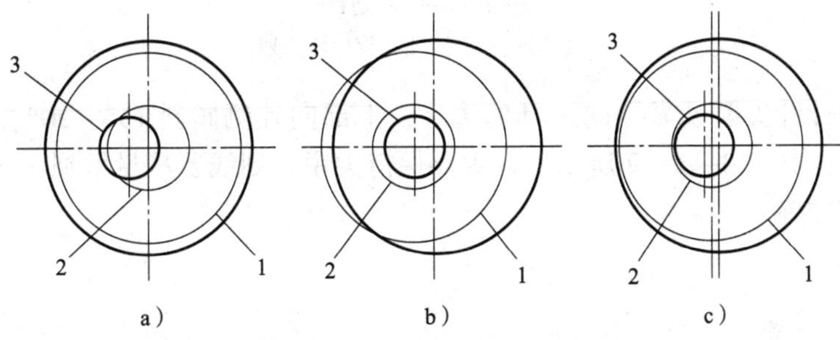

图3—1—5　圆环的借料划线

a）以外圆找正　b）以内孔找正　c）借料划线

1—外圆　2—内孔　3—毛坯孔

五、常用划线工具及其应用

1．钢直尺

钢直尺主要用于量取尺寸及测量工件，并作为划直线的导向工具，如图3—1—6所示。

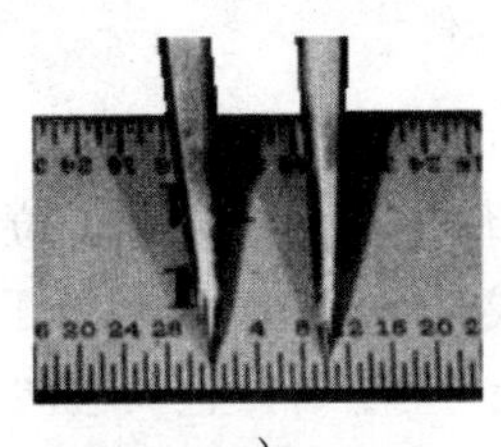

a）

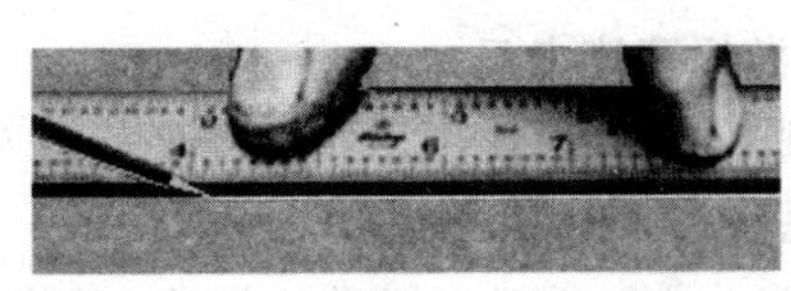

b）

图3—1—6　钢直尺的应用

a）量取尺寸　b）划直线

2. 划线平板

划线平板（见图3—1—7）又称划线平台，由铸铁毛坯经精刨后刮削制成。它的作用是安放工件和划线工具，并在其工作面上完成划线和检测工作。划线平板一般用木架搁置，放置时应使其工作表面处于水平位置。

图3—1—7　划线平板

划线平板在使用过程中要保持清洁，防止铁屑、灰尘等在划线工具或工件移动时划伤平板表面。划线时，工件和工具在平板上要轻放，以防止台面受撞击，不允许在平板上进行敲击。划线平板各处应均匀使用，避免出现局部严重磨损而降低精度。划线平板使用后应擦拭干净，并涂上防锈油。

3. 划针

划针（见图3—1—8）一般用工具钢或弹簧钢制成，其尖端部磨成10°～20°的尖角，直径一般为3～6 mm，长度一般为200～300 mm，并经淬火处理，有的划针在尖端部焊有硬质合金，耐磨性更好。

图3—1—8　划针
a）高速钢直划针　b）钢丝弯头划针

划线时，划针针尖要紧靠导向工具的边缘，上部向外侧倾斜15°～20°，向划线移动方向倾斜45°～75°，如图3—1—9所示。针尖要保持尖锐，划线要尽量做到一次划成，使划出的线条既清晰又准确。

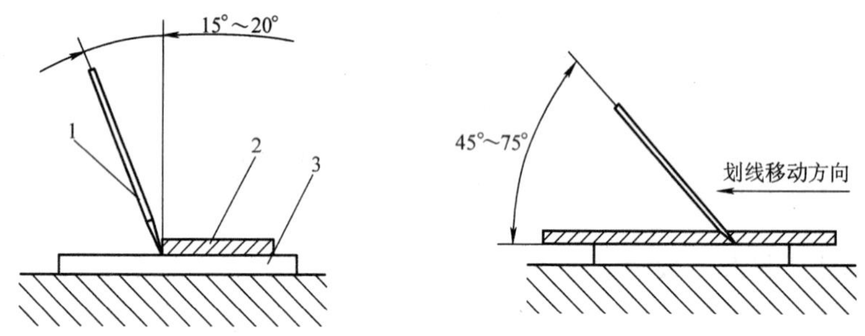

图3—1—9　划针的使用方法
1—划针　2—钢直尺　3—工件

4. 划线盘和游标高度卡尺

划线盘（见图3—1—10）用于在划线平板上对工件进行划线或找正位置。划线盘划针的直头端用来划线，弯头端用来找正工件的位置。划线时，划针应尽量处于水平位置，且伸出部分应尽量短些，以避免产生振动。划线盘用完后，应使划针直头端向下，处于竖直状态，以防伤人，并减少所占的空间。

游标高度卡尺也是划线的常用工具，它既可以测量高度，又可以直接用量爪划线，如图3—1—11所示。其划线精度高，使用方便。

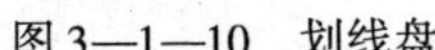

图 3—1—10　划线盘

图 3—1—11　用游标高度卡尺划线

5. 划规

划规主要用来划圆和圆弧，等分线段、角度以及量取尺寸等。划规分普通划规和大尺寸划规，如图 3—1—12 所示。划规用工具钢或中碳钢制成，脚尖经淬火或焊接硬质合金，因此锋利而耐磨。

图 3—1—12　划规

a）普通划规　b）大尺寸划规

划规两脚的长短要磨得稍有不同，而且两脚合拢时脚尖应能靠紧，以便能划出尺寸较小的圆弧。

6. 样冲

样冲用于在所划加工线条或圆弧中心上冲眼。它一般用工具钢制成，尖端处淬硬，顶角磨成 40°或 60°（40°用于加强界线标记，60°用于钻孔时找正和定心），如图 3—1—13 所示。

冲眼时，通常先将样冲外倾，使其顶角对准线的正中，然后将样冲立直冲眼，如图 3—1—14 所示。

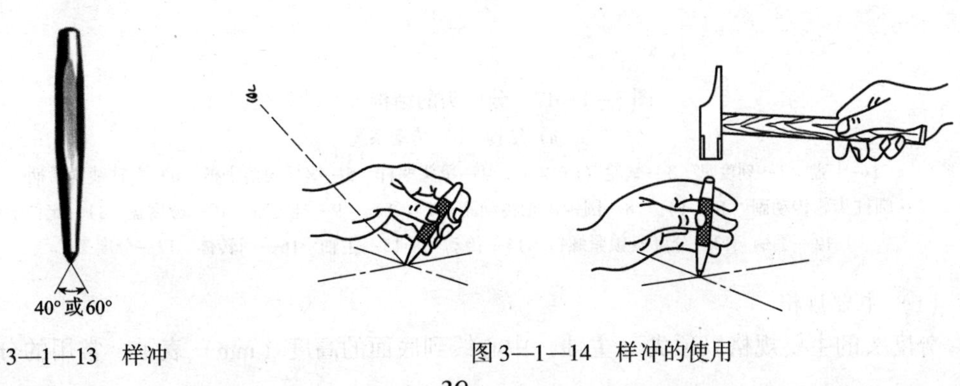

图 3—1—13　样冲　　图 3—1—14　样冲的使用

7．方箱

方箱相邻平面互相垂直，相对平面互相平行，如图 3—1—15 所示。划线时，可将工件用夹持装置装夹在方箱上，通过翻转方箱，便可在一次安装的情况下，将工件上互相垂直的三个方向的线全部划出来。方箱上的 V 形槽可用于装夹圆柱形工件。

图 3—1—15　方箱

8．常用划线支承和夹持工具

划线时，常用的支承和夹持工具有直角铁、V 形架、千斤顶、C 形夹、斜楔垫块等，如图 3—1—16 所示。

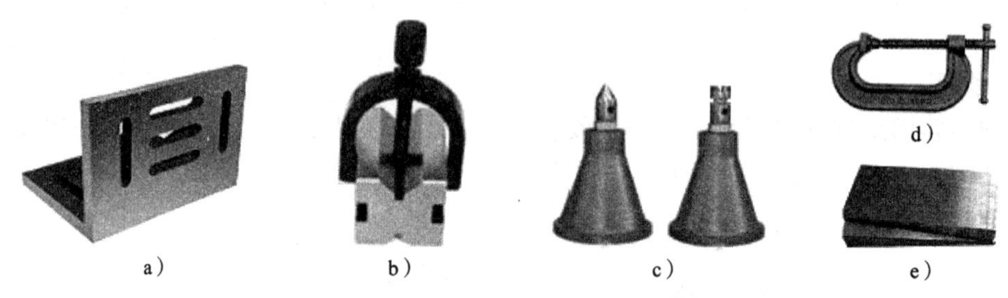

图 3—1—16　常用划线支承和夹持工具

a）直角铁　b）V 形架　c）千斤顶　d）C 形夹　e）斜楔垫块

六、分度头等分圆周划法

1．分度头概述

分度头是铣床上等分圆周用的附件，钳工在划线时也常用分度头对工件进行分度和划线。利用分度头可在工件上划出水平线、垂直线、倾斜线和圆的等分线或不等分线。分度头的结构如图 3—1—17a 所示。

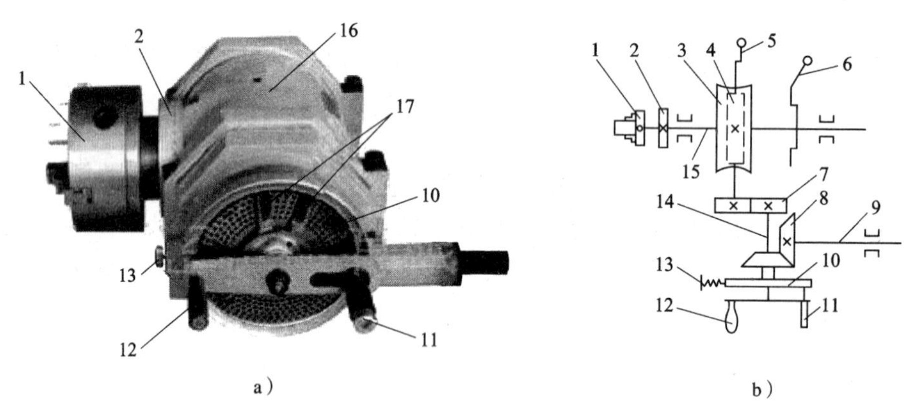

图 3—1—17　分度头的结构及传动系统

a）结构　b）传动系统

1—卡盘　2—刻度盘　3—蜗轮（$z=40$）　4—单头蜗杆　5—蜗杆脱落手柄　6—主轴锁紧手柄　7—圆柱齿轮传动副（1∶1）　8—圆锥齿轮传动副（1∶1）　9—挂轮轴　10—分度盘　11—定位插销　12—手柄　13—分度盘锁紧螺钉　14—传动轴　15—主轴　16—回转体　17—分度叉

（1）主要规格

分度头的主要规格以顶尖（主轴）中心线到底面的高度（mm）表示。常用的分度头有

FW100 型、FW125 型、FW160 型等。

(2) 传动系统

分度头的传动系统如图 3—1—17b 所示。分度前应先将分度盘 10 固定（使之不能转动），再调整定位插销 11，使它对准所选分度盘的孔圈。分度时先拔出定位插销，转动手柄 12，经各传动机构带动主轴转至所需要分度的位置，然后将定位插销重新插入分度盘中。

2. 分度头分度原理

当手柄转一周时，单头蜗杆也转一周，与蜗杆啮合的 40 齿的蜗轮转过一个齿，即转 1/40 周，被卡盘夹持的工件也转 1/40 周。如果将工件 z 等分，即每次主轴应转 $1/z$ 周，手柄每次分度应转过的圈数为：

$$n = \frac{40}{z}$$

式中　n——工件转过每一等份时分度头手柄转过的圈数；

　　z——工件的等分数。

例　在工件某一圆周上划出均匀分布的 8 个孔，试求每划完一个孔的位置后手柄应转多少圈？

解： 由 $n = \frac{40}{z}$ 得

$$n = \frac{40}{8} = 5$$

即每划完一个孔的位置后，手柄应转 5 圈后再划另一个孔的位置。

有时，由工件等分数计算出来的手柄转数不是整数。例如，要把一圆周 12 等分，手柄转过的圈数 $n = \frac{40}{12} = 3\frac{1}{3}$，这时就要利用分度盘，根据表 3—1—3 所列分度盘各孔圈的孔数，将 $\frac{1}{3}$ 的分子、分母同时扩大相同的倍数，使扩大后的分母数等于某一孔圈的孔数，而扩大后的分子数就是手柄转过的孔距数。根据表 3—1—3，若将 $\frac{1}{3}$ 分母、分子同时扩大相同的倍数，则分度手柄的转数有 $n = \frac{40}{12} = 3\frac{1}{3} = 3\frac{8}{24} = 3\frac{10}{30} = 3\frac{14}{42} = 3\frac{17}{51} = 3\frac{18}{54} = 3\frac{19}{57} = 3\frac{22}{66}$ 等多种选择。一般情况下，应尽可能选用孔数较多的孔圈，因为孔圈的孔数越多，分度误差越小。所以，此例应尽量选用 66 孔的孔圈进行分度，即分度手柄应在 66 孔的孔圈上转 3 圈后再转过 22 个孔距。

表 3—1—3　　**分度盘的孔数**

分度头形式	分度盘的孔数
带一块分度盘	正面：24、25、28、30、34、37、38、39、41、42、43 反面：46、47、49、51、53、54、57、58、59、62、66
带两块分度盘	第一块正面：24、25、28、30、34、37 反面：38、39、41、42、43 第二块正面：46、47、49、51、53、54 反面：57、58、59、62、66

3. 分度头使用注意事项

（1）用分度盘分度时，为使分度准确而迅速，避免每分度一次要数一次孔距数，可利用分度叉进行计数，即分度时先根据计算的孔距数调整好分度叉，在每次转动手柄前，应拨动调整好的分度叉到达定位插销的初始位置，如图 3—1—18 所示。

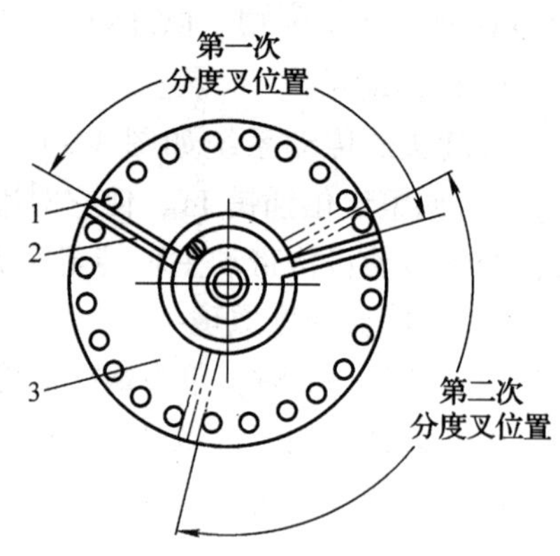

图 3—1—18　利用分度叉进行计数

1—插销孔　2—分度叉　3—分度盘

（2）为了消除分度头中蜗杆与蜗轮或齿轮之间的间隙对分度产生的影响，手柄必须朝一个方向摇动，如发现已摇过了预定的孔位，则须反向摇过半圈后再重新摇到预定的孔位，并把定位插销插入孔内。

（3）对于分度精度要求不高的工件，可利用装在主轴上的刻度盘直接分度。

七、划线的步骤

（1）分析图样，了解需要划线的尺寸、部位、作用、要求及有关的加工工艺。

（2）清理，涂色。

（3）确定划线基准。

（4）初步检查毛坯的误差情况。

（5）正确安放工件和选用划线工具。

（6）进行划线。

（7）详细检查划线的准确性以及是否有漏划的线条。

（8）在加工界线上打样冲眼。

八、划线的注意事项

（1）保持划线平板整洁，对暂不使用的平板应涂油并加盖保护。

（2）划针不用时，应套上塑料套，以防伤人。

（3）工具要合理放置，左手用的工具放在操作位置的左边，右手用的工具放在操作位置的右边。

（4）工件应稳固地放置在支承上，安放较大的工件时，应加辅助支承使其安放稳固。

（5）每次安装、找正完毕，应将该方向的线条全部划完，防止漏划。

（6）划线完毕，收好工具，清理工作场地。

技能训练

任务一　侧挡板的平面划线

1. 训练要求

（1）能正确、规范地使用各种划线工具。

（2）能准确分析划线图样，合理选择划线基准，并完成较复杂工件的平面划线。

2. 训练准备

（1）工具、量具：钢直尺、划针、划规、样冲等常用划线工具。

（2）材料：180 mm × 180 mm × 2 mm 毛坯。

（3）侧挡板图样如图 3—1—19 所示。

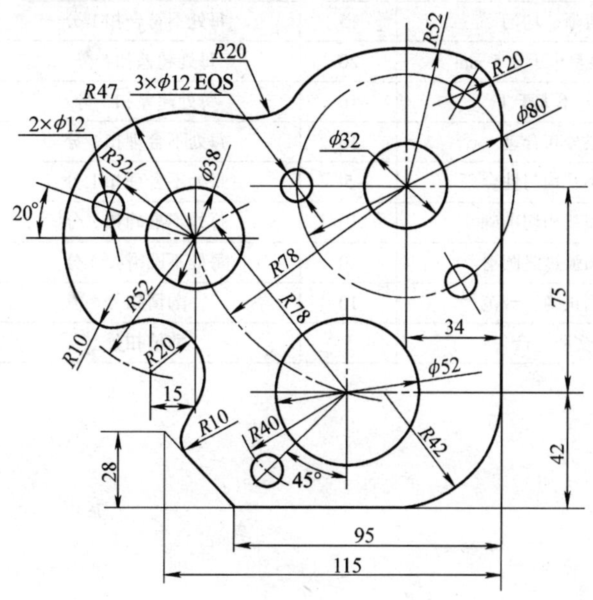

技术要求

1. 线条清晰，冲眼正确，圆弧连接平滑。
2. 各尺寸线位置允差为0.5。

图 3—1—19　侧挡板图样

3. 训练要点

（1）为熟悉图形的作图方法，实训操作前应进行纸上练习。

（2）用划规划圆时，应对作为旋转中心的一脚施以较大的压力，对划线脚施以适当的压力，使其在工件表面上划出圆或圆弧。注意划线脚尖应略向划线方向倾斜，以防止作为旋转中心的一脚滑动，如图 3—1—20 所示。

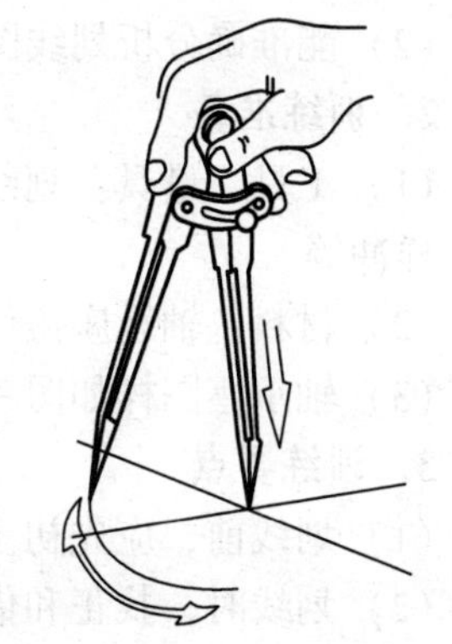

图 3—1—20　划规使用方法

（3）样冲眼的间距应根据线条的长、短、曲、直而定，一般在直线段上的间距可大些，在曲线段上的间距应小些。在线条的交叉或转折处必须冲眼。样冲眼的深浅要适当，薄壁工件或较光滑表面应浅些，粗糙表面应深些。

（4）为保证线条准确、清晰，所划线条应一次完成，不能重复。

4. 训练评价

训练评分标准见表 3—1—4。

表 3—1—4　　训练评分标准

训练课题	侧挡板的平面划线				
姓名		班级		总得分	
序号	项目	配分	评分标准	实测结果	得分
1	基准选择正确	5	选择错误不得分		
2	线条清晰、均匀	15	每处不符合扣 1 分		
3	线条位置误差小于 0.5 mm	20	每处超差扣 5 分		
4	角度误差不大于 1°	10	每处超差扣 5 分		
5	样冲眼分布合理	10	每处不合理扣 1 分		
6	样冲眼大小及均匀性合理	5	每处不合理扣 1 分		
7	直线与圆弧相切准确	10	每处不准确扣 2 分		
8	圆弧与圆弧过渡圆滑	10	每处不圆滑扣 2 分		
9	工具使用正确、规范	10	酌情扣分		
10	安全文明生产	5	酌情扣分		
现场记录					

任务二　轴承座的立体划线

1. 训练要求

（1）掌握找正和借料的操作方法。

（2）能准确分析划线图样，合理选择划线基准，并完成工件的立体划线。

2. 训练准备

（1）工具、量具：划线平板、游标高度卡尺、直角尺、千斤顶、斜楔垫块、划针、划规、样冲等。

（2）材料：轴承座铸件毛坯。

（3）轴承座图样如图 3—1—21 所示。

3. 训练要点

（1）划线前，应先初步检查毛坯的误差情况，制定划线方案。

（2）划线时，找正和借料要同时进行，相互兼顾。

（3）应合理选择找正基准和划线基准，将影响较大的重要尺寸放在第一安装位置，如图 3—1—22 所示。

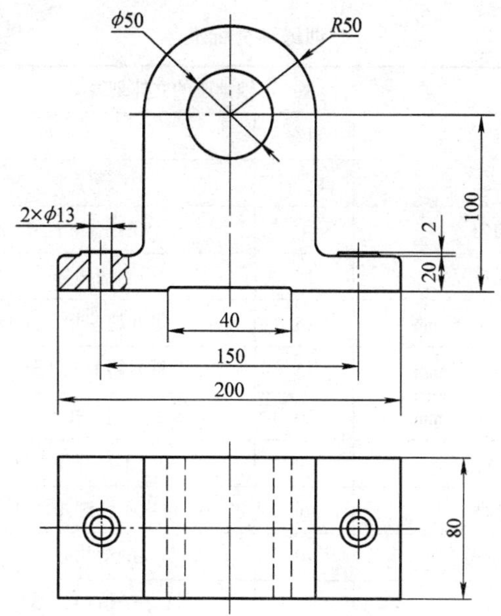

图 3—1—21　轴承座图样

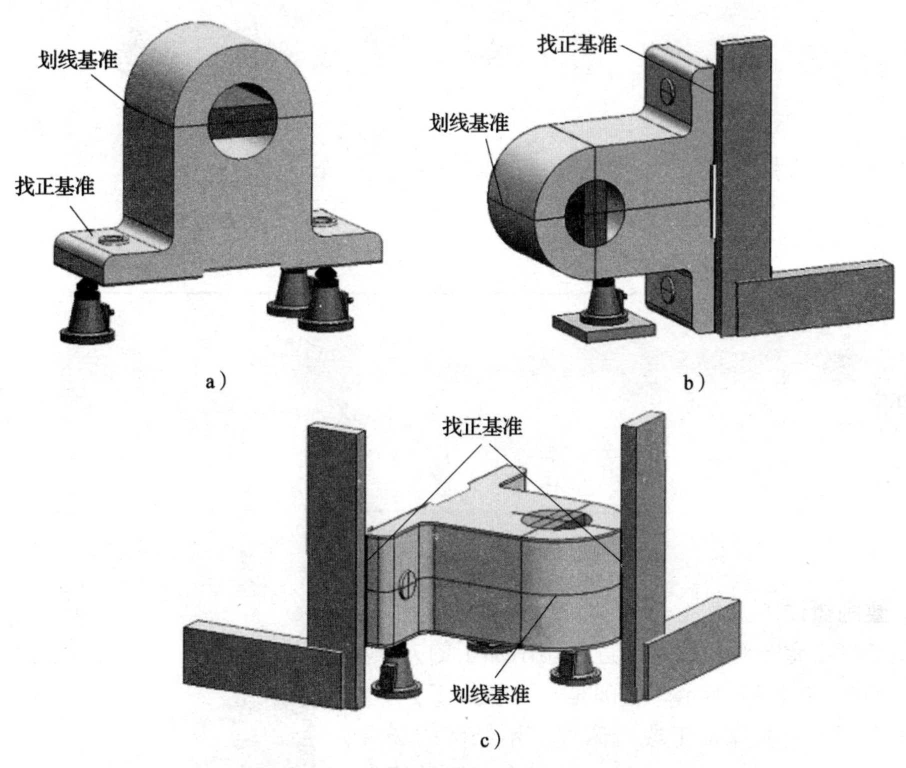

图 3—1—22　立体划线安装及找正方法

a）第一安装位置　b）第二安装位置　c）第三安装位置

（4）调整千斤顶高低时，不可用手直接调节，以防止工件跌落而伤手。

4. 训练评价

训练评分标准见表 3—1—5。

表 3—1—5　　训练评分标准

训练课题	轴承座的立体划线				
姓名		班级		总得分	
序号	项目	配分	评分标准	实测结果	得分
1	涂色薄而均匀	4	酌情扣分		
2	线条清晰、无重复	15	酌情扣分		
3	位置找正误差小于 0.5 mm	15	每处超差扣 3 分		
4	位置基准误差小于 0.5 mm	15	每处超差扣 3 分		
5	线条尺寸误差小于 0.5 mm	20	每处超差扣 5 分		
6	样冲眼分布合理	10	每处不合理扣 2 分		
7	选用工具合理	6	每次不合理扣 2 分		
8	操作正确、规范	10	酌情扣分		
9	安全文明生产	5	酌情扣分		
现场记录					

课题二 錾削

一、錾削概述

用锤子打击錾子对金属工件进行切削加工的方法称为錾削，如图 3—2—1 所示。錾削是一种粗加工，目前主要用于不便采用机床加工或机床加工不经济的场合，如去除毛坯上的毛刺、分割材料、錾削沟槽及油槽等。通过錾削，可以提高锤击的准确性，为模具的装拆或其他敲击性工作做好准备。錾削是模具钳工一项较为重要的基本操作。

图 3—2—1　錾削

錾削时所使用的工具主要是錾子和锤子。

二、錾子

錾子（见图3—2—2）一般用优质碳素工具钢（T7A）锻成，由头部、錾身及切削部分组成。头部顶端略带球形，以便锤击时作用力容易通过錾子的中心线；錾身多呈八棱形，以防錾削时錾子转动；切削部分刃磨成楔形，经热处理使其硬度达到56～62HRC。

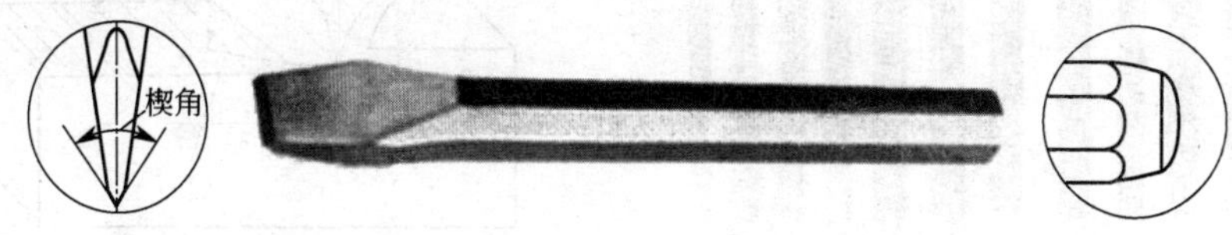

图3—2—2　錾子

1. 錾子的种类、特点及用途

常用的錾子种类有扁錾（阔錾）、尖錾（狭錾）和油槽錾，其种类、特点及用途见表3—2—1。

表3—2—1　　錾子的种类、特点及用途

种类	图示	特点	用途
扁錾		切削部分扁平，刃口略带弧形	主要用来錾削毛刺、平面和分割板材
尖錾		切削刃两侧面略带倒锥，以防錾削沟槽时錾子被槽卡住	主要用于錾削沟槽和分割曲线形板材
油槽錾		切削刃较短并呈圆弧形，且与油槽截面一致。切削部分制成弯曲状	主要用于在内曲面上（如轴瓦）錾削油槽

除上述常用錾子外，如图3—2—3所示的组合工具也是模具钳工的常用工具之一，主要用于对模具型腔、型芯的细小部位进行修整、雕琢、凿碾、雕刻等。它一般用高速钢制成，长度为60～80 mm，刃口根据工件实际需要磨出各种形状，以备选用。敲击时通常选用0. 25 kg以下的小锤，腕挥即可。

2. 錾削时的几何角度

图3—2—4所示为錾削平面时所形成的几何角度。錾子的切削部分由前面、后面以及它们的交线所形成的切削刃组成。

（1）楔角（β_o）

錾子前面与后面之间的夹角称为楔角。楔角由刃磨形成，其大小对切削性能有着直接影响。楔角越大，切削部分的强度越高，但錾削阻力也越大。因此，选择楔角大小时应在保证足够强度的前提下尽量取小的数值。通常錾削硬钢或铸铁等硬度较高的材料时，楔角取60°～70°；錾削铜或铝等软材料时，楔角取30°～50°；錾削中等硬度的材料时，楔角取50°～60°。

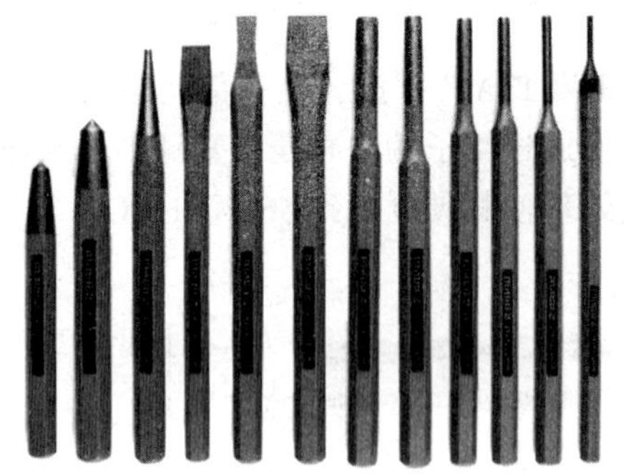

图 3—2—3　冲、凿、碾组合工具

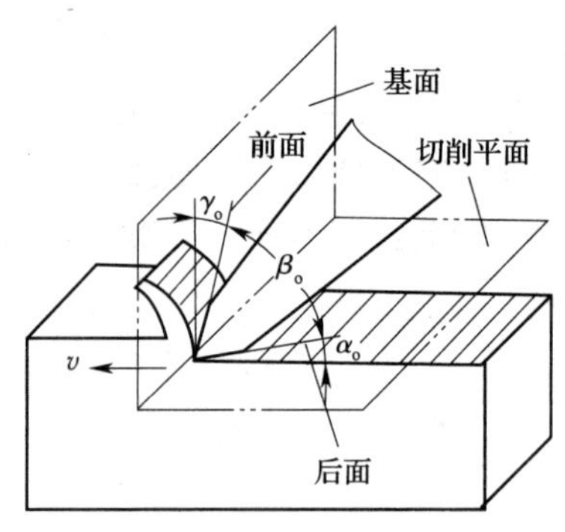

图 3—2—4　錾削平面时的几何角度

（2）后角（α_o）

錾子后面与切削平面之间的夹角称为后角。后角的大小取决于錾子被握持的方向，其作用是减小后面与切削表面之间的摩擦。后角太大，会使錾子切入过深，錾削困难；后角太小，易使錾子从切削表面滑出。錾削时后角一般取 5°～8°为宜。

（3）前角（γ_o）

錾子前面与基面之间的夹角称为前角。前角的作用是减小錾削时的切屑变形。前角越大，切屑变形越小，切削越省力。由于各几何角度之间存在 $\beta_o+\alpha_o+\gamma_o=90°$ 的关系，所以当楔角 β_o 和后角 α_o 确定后，前角 γ_o 就自然形成了。

三、锤子

钳工常用的锤子（圆头锤）又称榔头，它由锤体、锤柄和倒楔等组成，如图 3—2—5 所示。锤体通常用碳素工具钢锻成，并经淬硬处理。锤柄用硬而不脆的木材制成，截面为椭圆形，以便锤体定向，准确敲击。锤柄装入锤孔后，打入倒楔，以防锤体脱落。锤子的规格用锤体的质量来表示，常用的有 0.22 kg、0.34 kg、0.45 kg、0.68 kg 和 0.91 kg 等。

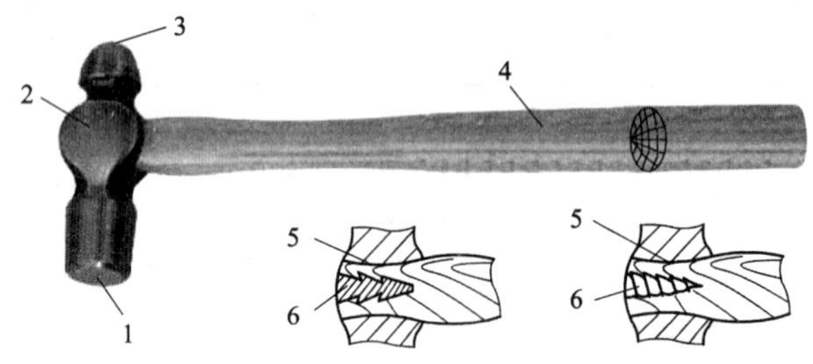

图 3—2—5　锤子的结构

1—锤击面　2—锤体　3—锤顶　4—锤柄　5—锤孔　6—倒楔

四、錾削操作方法

1. 錾子的握法

（1）正握法

手心向下，腕部伸直，用左手的中指、无名指握住錾子，小指自然合拢，食指和拇指自然地松靠，錾子头部伸出约 20 mm，如图 3—2—6a 所示。

（2）反握法

手心向上，手指自然捏住錾子，手掌悬空，如图 3—2—6b 所示。

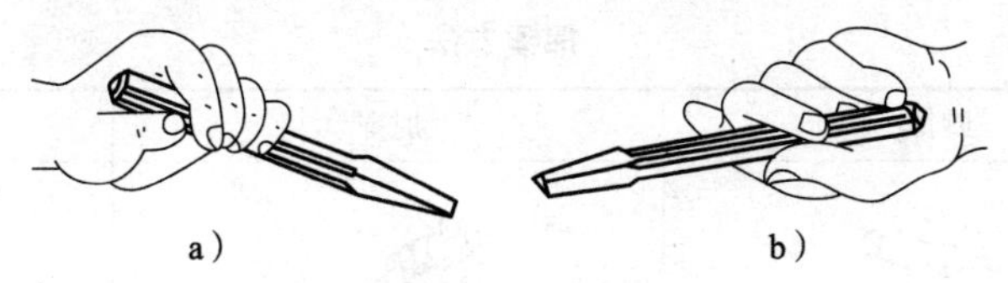

图 3—2—6　錾子的握法

a）正握法　b）反握法

2. 锤子的握法

（1）紧握法

用右手五指紧握锤柄，拇指合在食指上，虎口对准锤体方向，锤柄尾端露出 15 ~ 30 mm。在挥锤和锤击过程中，五指始终紧握锤柄，如图 3—2—7a 所示。

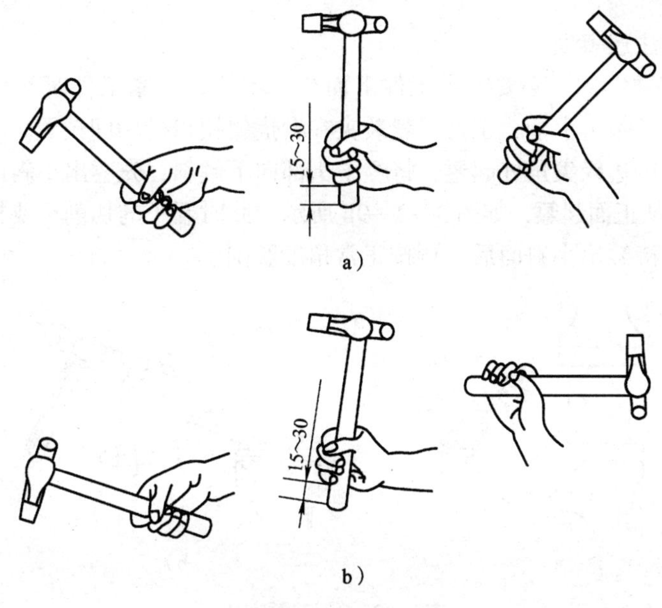

图 3—2—7　锤子的握法

a）紧握法　b）松握法

（2）松握法

只用拇指和食指始终握紧锤柄。在挥锤时，小指、无名指、中指依次微放松；在锤击时，又以相反的次序收拢握紧，如图 3—2—7b 所示。

3. 站立姿势

錾削操作时的站立位置如图 3—2—8 所示。左脚跨前半步，与台虎钳中心线约成 30°，膝盖处略有弯曲，保持自然；右脚站稳伸直，与台虎钳中心线约成 75°。操作者身体与台虎钳中心线大致成 45°，重心偏于左脚。

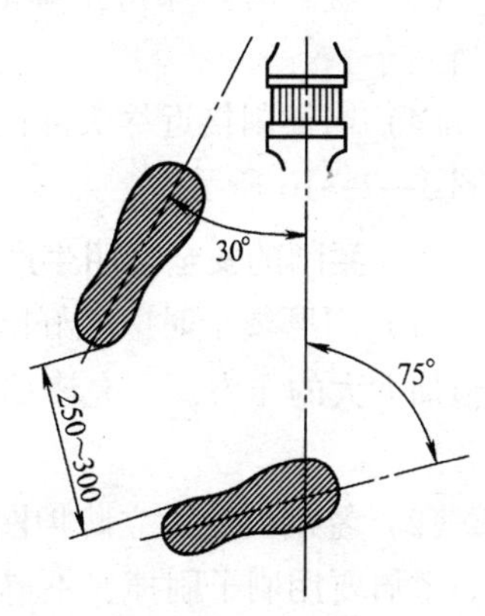

图 3—2—8　錾削时的站立位置

4. 挥锤方法

挥锤有腕挥、肘挥和臂挥三种方法，见表 3—2—2。

表 3—2—2　　挥锤方法

方法	腕挥	肘挥	臂挥
图示			
说明	只做手腕的挥动，敲击力较小，一般用于錾削的开始和结尾时	手腕和肘部一起挥动，敲击力较大，运用最广泛	手腕、肘部和全臂一起挥动，敲击力最大

五、錾削时的注意事项

（1）工件夹持要牢固，必要时在工件下面垫一木块。夹紧工件时不得在台虎钳的手柄上施加套管或用锤子敲击手柄，工件尽量装夹在台虎钳钳口的中间位置。

（2）应从工件的边缘尖角处起錾，将錾子头部向下倾斜，先錾出小斜面，如图 3—2—9a 所示。錾槽时必须从正面起錾，如图 3—2—9b 所示，此时錾子的切削刃要抵紧起錾位置，錾子头部向下倾斜，待錾出小斜面后，再按正常角度錾削。

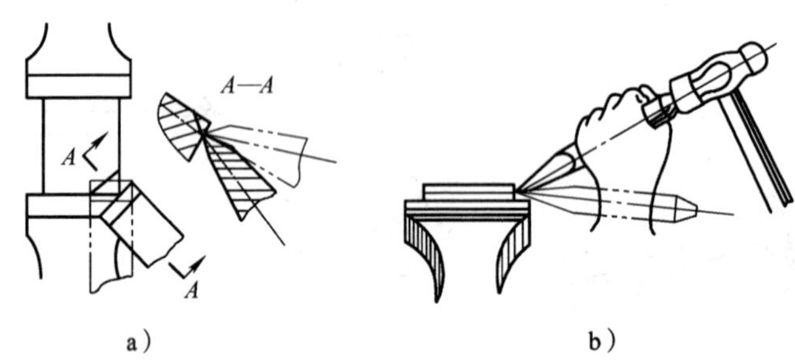

a）　　b）

图 3—2—9　起錾方法

a）尖角处起錾　b）正面起錾

（3）錾削时要保持正确的操作姿势，錾子倾斜角度应尽量控制一致，锤击力要均匀、适当。

（4）当錾削接近尽头部位约 10 mm 时，必须掉头錾去余下的部分，以防工件材料崩裂，如图 3—2—10 所示。

六、錾削的安全文明生产要求

（1）刃磨錾子时应戴好防护眼镜。不能对砂轮施加太大的压力，不允许用棉纱裹住錾子进行刃磨。

（2）錾削时应设立防护网，以防切屑飞出伤人。錾屑要用刷子刷掉，不得用手擦或用嘴吹。

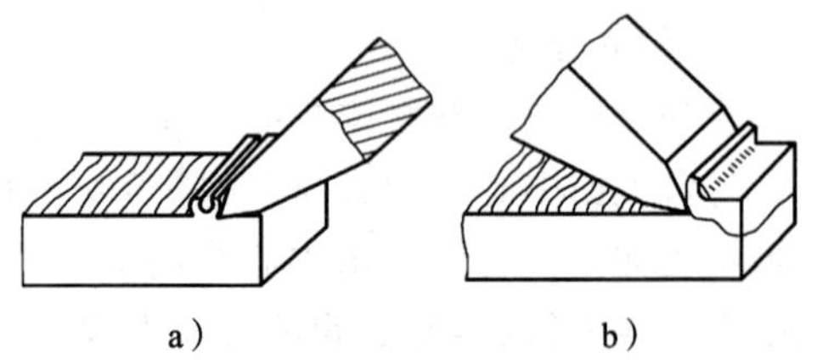

a）　　b）

图 3—2—10　尽头部位的錾削方法

a）正确　b）错误

（3）錾子头部、锤子头部和柄部都不应沾

油，以防滑出。发现锤柄松动或损坏时，应立即装牢或更换，以免锤体脱落而飞出伤人。

（4）錾子头部有明显毛刺时，要及时磨掉，避免碎裂伤人。

技能训练

任务一　錾子的刃磨与热处理

1. 训练要求

（1）能正确、规范地刃磨錾子。

（2）能正确、规范地对錾子进行热处理。

2. 训练准备

（1）设备：砂轮机、乙炔加热装置、冷却水槽等。

（2）材料：錾子毛坯。

3. 训练要点

（1）錾子在进行热处理前应先粗磨，热处理后再精磨。

（2）錾子的热处理包括淬火和回火两个过程，操作方法如下：将錾子切削部分约 20 mm 长度加热到 750～780℃（呈暗樱红色），取出后迅速浸入冷水中冷却（浸入深度为 5～6 mm），如图 3—2—11 所示。为加速冷却并使淬火界线不十分明显，可将錾子沿着水面缓慢地移动。当錾子露出水面的部分变成黑色时，从水中取出，利用上部的余热进行回火。将錾子从水中取出后，迅速地擦去氧化层和污物，观察錾子刃部颜色的变化：刚出水时的颜色是白色，随后由白色变为黄色，再由黄色变为蓝色。当变为黄色时，将錾子全部浸入水中冷却，这种回火称为黄火；当变为蓝色时，将錾子全部浸入水中冷却，这种回火称为蓝火。黄火的錾子硬度比蓝火的高些，不易磨损，但容易崩刃。

在錾子热处理过程中，回火时的颜色变化迅速，必须认真观察。

（3）錾子的刃磨方法如图 3—2—12 所示，双手握持錾子，在砂轮的轮缘上进行刃磨。刃磨时，必须使切削刃高于砂轮中心线，在砂轮全宽上平稳地左右移动。在刃磨时应注意：控制好錾子的位置、方向，保证所磨楔角符合使用要求。

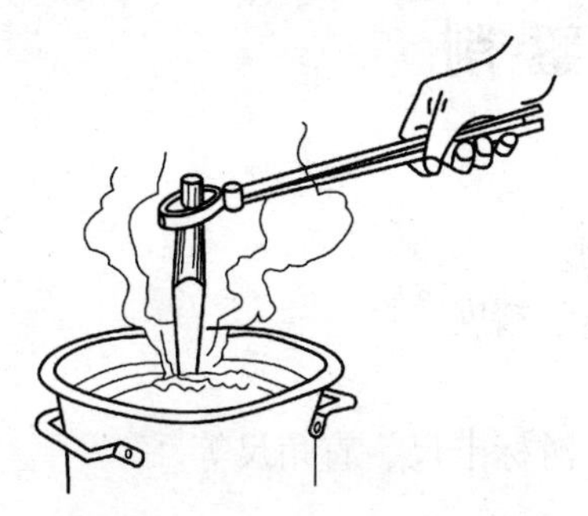

图 3—2—11　錾子的热处理

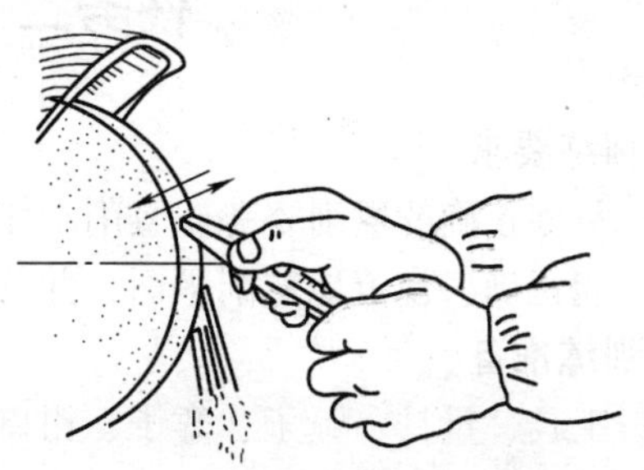

图 3—2—12　錾子的刃磨方法

(4) 刃磨錾子时，应保证其前面和后面光滑、平整，切削刃锋利，楔角在整条切削刃上保持一致。

(5) 刃磨錾子时，要经常蘸水冷却，以防退火。

4. 训练评价

训练评分标准见表 3—2—3。

表 3—2—3　　训练评分标准

训练课题	錾子的刃磨与热处理				
姓名		班级		总得分	
序号	项目	配分	评分标准	实测结果	得分
1	錾子的热处理操作正确、规范	10	每处操作不正确扣 5 分		
2	錾子热处理后的硬度符合要求	20	不符合要求不得分		
3	錾子的刃磨操作正确、规范	10	每处操作不正确扣 5 分		
4	錾子前面光滑、平整	10	酌情扣分		
5	錾子后面光滑、平整	10	酌情扣分		
6	錾子切削刃锋利	10	不符合要求不得分		
7	錾子楔角大小符合要求	10	不符合要求不得分		
8	錾子整条切削刃上的楔角一致	10	不符合要求不得分		
9	安全文明生产	10	酌情扣分		
现场记录					

任务二　平 面 錾 削

1. 训练要求

(1) 掌握正确的錾削姿势，錾削动作自然、协调。

(2) 能正确、规范地錾削平面，并达到一定的錾削精度。

2. 训练准备

(1) 工具、量具：锤子、錾子、钳口保护垫块、游标卡尺、直角尺等。

(2) 材料：65 mm ×65 mm ×12 mm 毛坯。

(3) 平面錾削图样如图 3—2—13 所示。

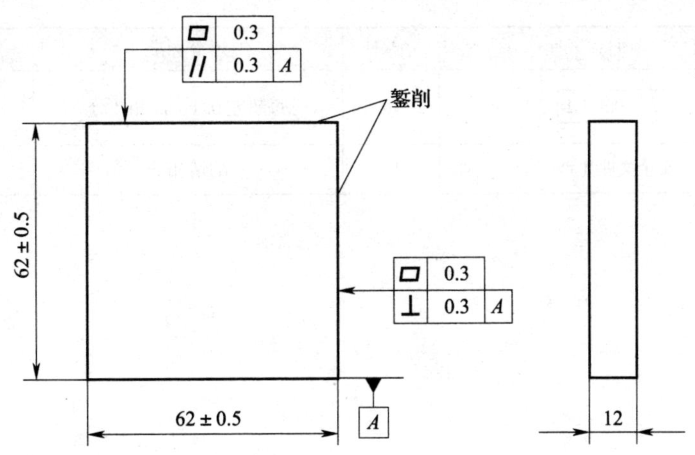

图 3—2—13 平面錾削图样

3. 训练要点

(1) 进行錾削训练时，用未经热处理的錾子抵住钳口保护垫块，錾子倾斜角度控制在 35°左右，如图 3—2—14 所示。采用松握法进行臂挥锤击练习，动作要领如下。

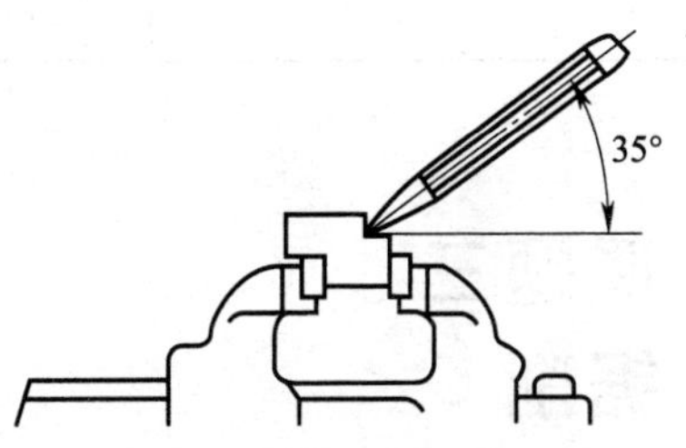

图 3—2—14 錾子倾斜角度

挥锤：肘收臂提，举锤过肩；手腕后弓，三指微松；锤面朝天，稍停瞬间。

锤击：目视錾刃，臂肘齐下；收紧三指，手腕加劲；锤錾一线，锤走弧线；左脚着力，右腿伸直。

錾削时，锤击要稳（速度节奏约为 40 次/min）、准（命中率高）、狠（锤击有力）。

(2) 錾削平面时，要控制每层的錾削量，通常在 0.5 mm 左右为宜。

(3) 工件夹持要牢固，必要时垫软钳口，并在工件下面垫一木块。

4. 训练评价

训练评分标准见表 3—2—4。

表 3—2—4 **训练评分标准**

训练课题	平面錾削				
姓名		班级		总得分	
序号	项目	配分	评分标准	实测结果	得分
1	錾削姿势正确	15	酌情扣分		
2	錾削动作自然、协调	10	酌情扣分		
3	(62±0.5) mm	10×2	每超差 0.1 mm 扣 2 分		
4	⏥ 0.3	10×2	每超差 0.1 mm 扣 2 分		
5	⊥ 0.3 A	10	每超差 0.1 mm 扣 2 分		

续表

序号	项目	配分	评分标准	实测结果	得分
6	// 0.3 A	10	每超差 0.1 mm 扣 2 分		
7	安全文明生产	15	酌情扣分		
现场记录					

课题三 锯削

一、锯削概述

用手锯对材料或工件进行切断或切槽的加工称为锯削，如图 3—3—1 所示。锯削是一种粗加工方式，平面度误差一般可控制在 0.5 mm 之内。锯削具有操作方便、简单、灵活、不受设备和场地限制等特点，应用广泛，是钳工较为重要的基本操作之一。

图 3—3—1 锯削

二、手锯

手锯由锯弓和锯条两部分组成，如图 3—3—2 所示。

1. 锯弓

锯弓用于安装和张紧锯条，有固定式和可调式两种，如图 3—3—2 所示。其中可调式锯弓可安装不同长度规格的锯条。

2. 锯条

(1) 种类

锯条（全称为手用钢锯条）的种类较多，按其特性分为全硬型（代号 H）和挠性型（代号 F）两种；按使用的材质分为碳素结构钢（代号 D）、碳素工具钢（代号 T）、合金工具钢（代号 M）、高速钢（代号 G）和双金属复合钢（代号 Bi）五种；按锯齿形式分为单面齿型（代号 A）和双面齿型（代号 B）两种。

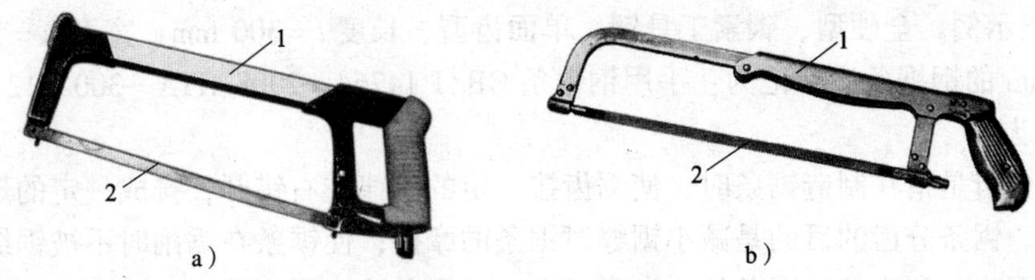

图 3—3—2　手锯

a）固定式锯弓　b）可调式锯弓

1—锯弓　2—锯条

（2）结构

钳工常用单面全硬型锯条的结构如图 3—3—3 所示。

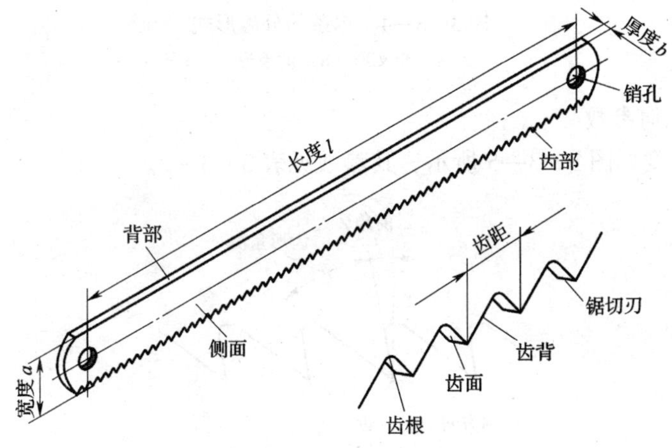

图 3—3—3　锯条的结构

（3）规格及标记

1）规格。锯条的规格包括长度规格和粗细规格两部分：长度规格用两销孔中心距表示（钳工常用长度为 300 mm 的锯条）；粗细规格用 25 mm 长度内的锯齿数或齿距表示。锯条的规格及基本尺寸见表 3—3—1。

表 3—3—1　　锯条的规格及基本尺寸（摘自 GB/T 14764—2008）

锯条形式	长度规格 l（mm）	粗细规格		宽度 a（mm）	厚度 b（mm）
		每 25 mm 长度内的齿数	齿距 p（mm）		
单面齿型（A 型）	300	32	0.8	12.0 或 10.7	0.65
		24	1.0		
		20	1.2		
	250	18	1.4		
		16	1.5		
		14	1.8		
双面齿型（B 型）	296	32	0.8	22	
	292	24	1.0	25	
		18	1.4		

2）标记示例。全硬型、碳素工具钢、单面齿型、长度 $l=300$ mm、宽度 $a=12$ mm、齿距 $p=1.0$ mm 的钢锯条应标记为：手用钢锯条 GB/T 14764—2008 HTA—300×12×1.0。

（4）分齿

锯条的分齿是指在制造锯条时，使锯齿按一定的规律左右错开，排成一定的形状，以提供锯切间隙。锯条分齿的目的是减小锯缝对锯条的摩擦，使锯条在锯削时不被锯缝夹住或折断，以确保锯削顺利进行。锯条的分齿形式有交叉形和波浪形两种，如图 3—3—4 所示。

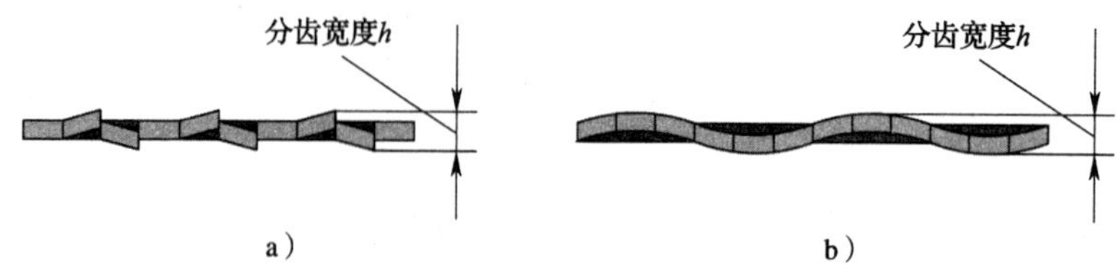

图 3—3—4　锯条的分齿形式

a）交叉形　b）波浪形

（5）锯齿的几何参数

锯齿的几何角度如图 3—3—5 所示，其参数见表 3—3—2。

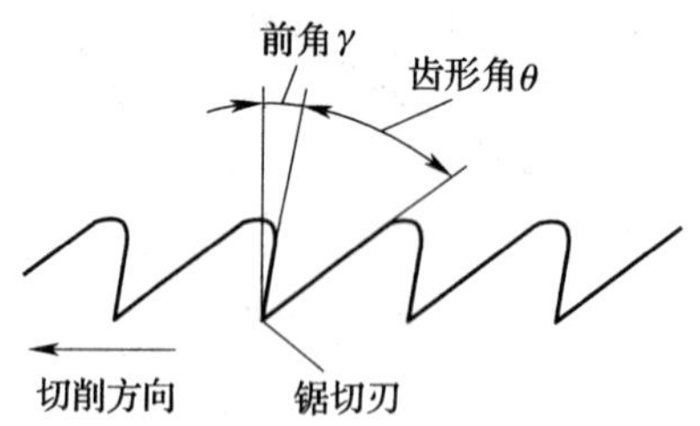

图 3—3—5　锯齿的几何角度

表 3—3—2　　锯齿的几何参数（摘自 GB/T 14764—2008）

齿距 p（mm）	分齿宽度 h（mm）	齿形角 θ	前角 γ
0.8	0.90	46°～53°	-2°～2°
1.0			
1.2	0.95		
1.4	1.00	50°～58°	
1.5			
1.8			

三、锯削操作方法

1．手锯的握法

手锯的握法如图 3—3—6 所示，右手满握锯弓的锯把，左手轻扶锯弓前端，保持锯弓平稳。

2．锯削姿势

锯削时的站立姿势及锯削动作与锉削基本相同，只是在锯削回程时不要向下施加压力，以免加速锯齿的磨损。锉销时的站立姿势及锉削动作详见本单元课题四。

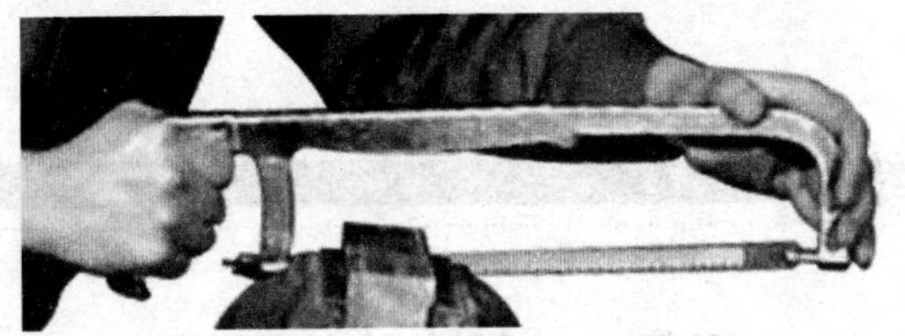

图 3—3—6　手锯的握法

四、锯削时的注意事项

(1) 工件夹持要牢靠，同时应防止工件被夹变形或夹坏已加工表面。

(2) 合理选择锯条的粗细规格。通常锯削软材料或切面较大的工件时，应选用齿距较大的锯条；锯削硬材料或切面较小的工件时，则应选用齿距较小的锯条；锯削圆管或薄板材料时，必须选用齿距小的锯条，以防锯齿卡住或崩裂。

(3) 锯条的安装应正确（齿面朝前），松紧要适当，如图 3—3—7 所示。

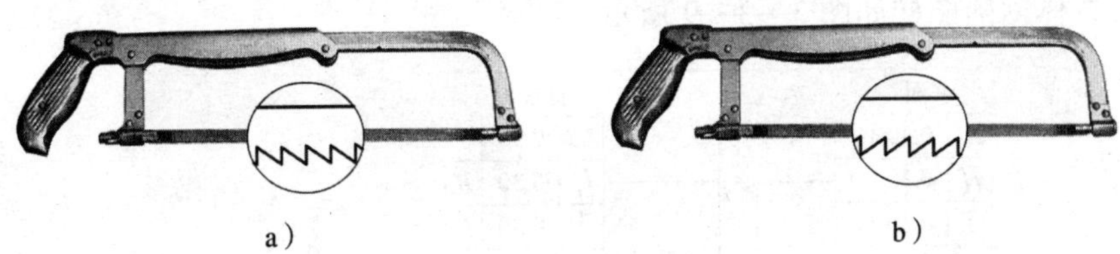

图 3—3—7　锯条的安装

a) 正确　b) 错误

(4) 选择正确的起锯方法。起锯有远起锯（从工件远离操作者身体的一端起锯）和近起锯（从工件靠近操作者身体的一端起锯）两种方法，如图 3—3—8 所示。为避免锯齿卡住或崩裂，一般情况下采用远起锯较好。无论用哪一种起锯方法，起锯角度都应不超过 15°。

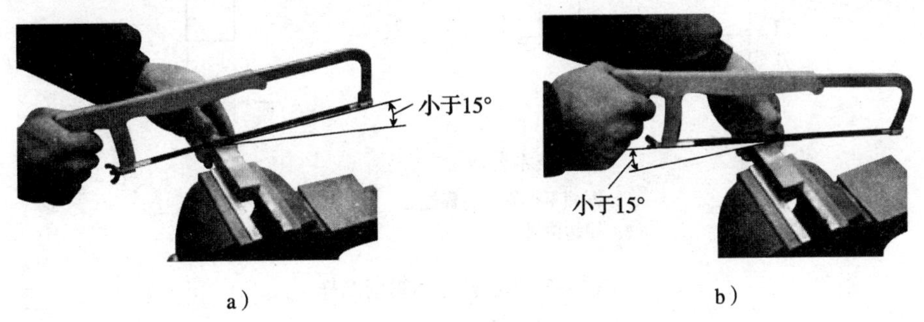

图 3—3—8　起锯方法

a) 近起锯　b) 远起锯

(5) 锯削姿势要正确，压力和速度应适当。一般锯削速度为 40 次/min 左右。

五、锯削的安全文明生产要求

(1) 锯削时要防止锯条折断后从锯弓上弹出伤人。

(2) 要防止被锯下的工件跌落砸脚。

技能训练

任务一 长方体的锯削

1. 训练要求

（1）掌握正确的锯削姿势，锯削动作自然、协调。

（2）能正确、规范地锯削长方体，并达到图样要求的精度。

2. 训练准备

（1）工具、量具：锯弓、锯条、游标卡尺、直角尺等。

（2）材料：62 mm×62 mm×12 mm 的原平面錾削工件。

（3）长方体锯削图样如图 3—3—9 所示。

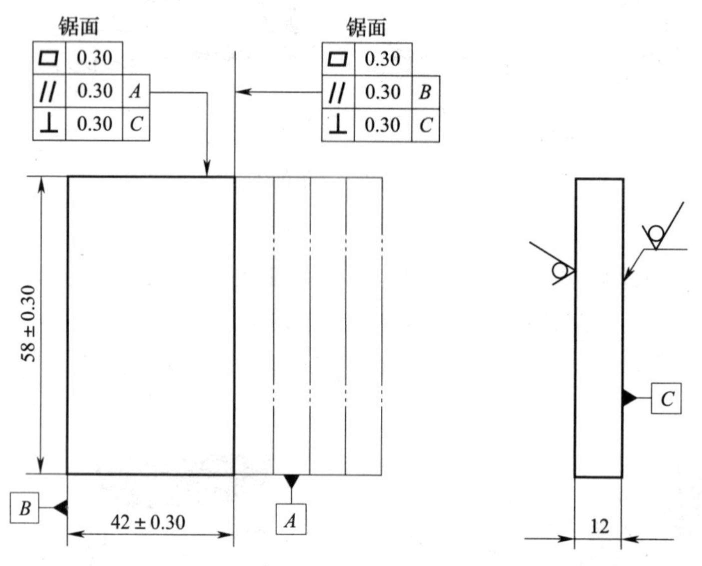

技术要求

1. 锯面不得修锯、靠锯。
2. 锐边倒钝。

图 3—3—9 长方体锯削图样

3. 训练要点

（1）依次按尺寸（58±0.5）mm、（54±0.5）mm、（50±0.5）mm、（46±0.3）mm、（42±0.3）mm 分多次锯削，以逐步提高锯削操作技能和锯削精度。

（2）锯削划线方法有两种：一种按图样要求尺寸划线；另一种比图样要求尺寸大 0.3～0.4 mm 划线。前者锯缝紧贴线的外侧，后者锯缝在线的中心部位。

（3）锯削时，施加的压力要适当，在锯条还没有完全进入锯缝时，其压力要小。

（4）在正常的锯削过程中，锯条可小幅度地上下摆动，即锯条推进的同时右手适量下压，这种推锯方法不易疲劳。

（5）锯削时，要实时观察所划的线条，若发现锯缝歪斜，应及时矫正，以保证锯削精度。

（6）在正常锯削过程中，应尽量利用锯条的有效全长，以免锯条局部磨损。

4. 训练评价

训练评分标准见表3—3—3。

表3—3—3　　训练评分标准

训练课题	长方体的锯削				
姓名		班级		总得分	
序号	项目	配分	评分标准	实测结果	得分
1	锯齿方向正确	5	不正确不得分		
2	锯条松紧合适	5	酌情扣分		
3	站立姿势正确	5	酌情扣分		
4	握锯方法正确	5	不正确不得分		
5	起锯方法正确	4	不正确不得分		
6	锯削动作自然、协调	6	酌情扣分		
7	锯削速度合适	2	酌情扣分		
8	（58 ±0. 30）mm	5	超差不得分		
9	（42 ±0. 30）mm	5	超差不得分		
10	▱ 0.30	4×6	每处超差扣4分		
11	// 0.30 A	3	超差不得分		
12	// 0.30 B	3×5	每处超差扣3分		
13	⊥ 0.30 C	1×6	每处超差扣1分		
14	安全文明生产	10	酌情扣分		
现场记录					

任务二　型材的锯削

1. 训练要求

（1）能正确地装夹各类型材。

（2）能正确地选择锯条。

（3）能按图样要求完成各类型材的锯削。

2. 训练准备

（1）工具、量具：锯弓、锯条、游标卡尺、刀口尺、直角尺等。

（2）材料：ϕ30 mm×55 mm 圆钢、ϕ30 mm×ϕ25 mm×55 mm 圆管、55 mm×50 mm×50 mm×2 mm 角铁。

（3）型材锯削图样如图 3—3—10 所示。

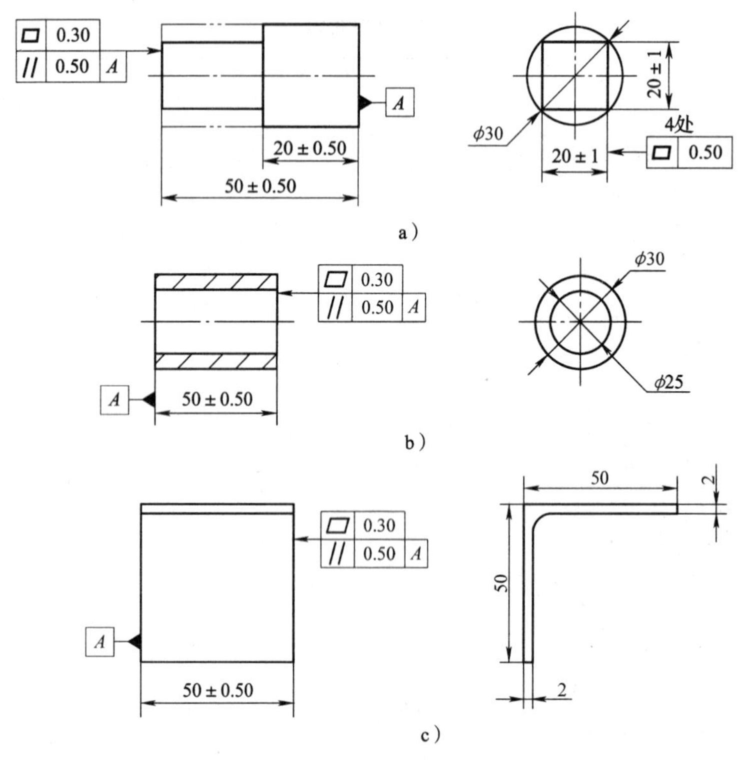

图 3—3—10 型材锯削图样

a）圆钢 b）圆管 c）角铁

3. 训练要点

（1）根据型材的特点，选用正确的装夹方法。例如，圆管应选用如图 3—3—11 所示的装夹方法。

（2）锯削薄壁圆管时，为防止锯齿被圆管内壁钩住而崩齿，应采用如图 3—3—12 所示的锯削方法。

图 3—3—11 圆管的装夹方法

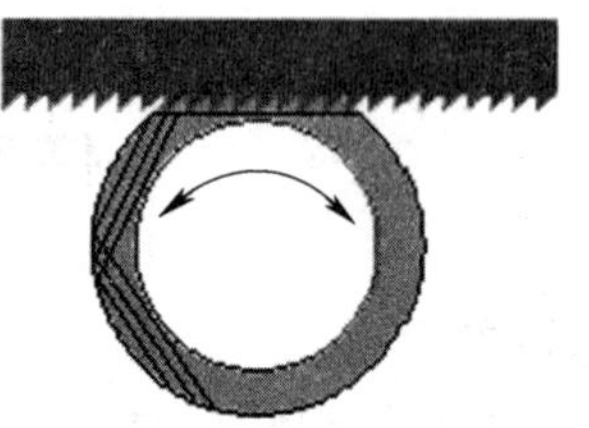

图 3—3—12 圆管的锯削方法

（3）锯削时，锯缝不应离台虎钳的钳口太远，以防锯削过程中产生颤动。

4. 训练评价

训练评分标准见表3—3—4。

表3—3—4　　训练评分标准

<table>
<tr><td>训练课题</td><td colspan="6">型材的锯削</td></tr>
<tr><td>姓名</td><td colspan="2"></td><td>班级</td><td></td><td>总得分</td><td></td></tr>
<tr><td>序号</td><td colspan="2">项目</td><td>配分</td><td>评分标准</td><td>实测结果</td><td>得分</td></tr>
<tr><td>1</td><td rowspan="9">圆钢</td><td>锯齿方向正确</td><td>2</td><td>不正确不得分</td><td></td><td></td></tr>
<tr><td>2</td><td>工件装夹合理</td><td>2</td><td>不合理不得分</td><td></td><td></td></tr>
<tr><td>3</td><td>锯削方法正确</td><td>2</td><td>不正确不得分</td><td></td><td></td></tr>
<tr><td>4</td><td>（50 ±0. 50） mm</td><td>5</td><td>超差不得分</td><td></td><td></td></tr>
<tr><td>5</td><td>（20 ±0. 50） mm</td><td>5</td><td>超差不得分</td><td></td><td></td></tr>
<tr><td>6</td><td>（20 ±1） mm</td><td>5 ×2</td><td>每处超差扣5分</td><td></td><td></td></tr>
<tr><td>7</td><td>▱ 0.30</td><td>4</td><td>超差不得分</td><td></td><td></td></tr>
<tr><td>8</td><td>▱ 0.50</td><td>5 ×4</td><td>每处超差扣5分</td><td></td><td></td></tr>
<tr><td>9</td><td>// 0.50 A</td><td>3</td><td>超差不得分</td><td></td><td></td></tr>
<tr><td>10</td><td rowspan="6">圆管</td><td>锯齿方向正确</td><td>3</td><td>不正确不得分</td><td></td><td></td></tr>
<tr><td>11</td><td>工件装夹合理</td><td>3</td><td>不合理不得分</td><td></td><td></td></tr>
<tr><td>12</td><td>锯削方法正确</td><td>3</td><td>不正确不得分</td><td></td><td></td></tr>
<tr><td>13</td><td>（50 ±0. 50） mm</td><td>5</td><td>超差不得分</td><td></td><td></td></tr>
<tr><td>14</td><td>▱ 0.30</td><td>4</td><td>超差不得分</td><td></td><td></td></tr>
<tr><td>15</td><td>// 0.50 A</td><td>4</td><td>超差不得分</td><td></td><td></td></tr>
<tr><td>16</td><td rowspan="6">角铁</td><td>锯齿方向正确</td><td>3</td><td>不正确不得分</td><td></td><td></td></tr>
<tr><td>17</td><td>工件装夹合理</td><td>3</td><td>不合理不得分</td><td></td><td></td></tr>
<tr><td>18</td><td>锯削方法正确</td><td>3</td><td>不正确不得分</td><td></td><td></td></tr>
<tr><td>19</td><td>（50 ±0. 50） mm</td><td>5</td><td>超差不得分</td><td></td><td></td></tr>
<tr><td>20</td><td>▱ 0.30</td><td>4</td><td>超差不得分</td><td></td><td></td></tr>
<tr><td>21</td><td>// 0.50 A</td><td>4</td><td>超差不得分</td><td></td><td></td></tr>
<tr><td>22</td><td colspan="2">安全文明生产</td><td>3</td><td>酌情扣分</td><td></td><td></td></tr>
<tr><td>现场记录</td><td colspan="6"></td></tr>
</table>

课题四 锉削

一、锉削概述

用锉刀对工件表面进行切削加工，使工件达到所要求的尺寸、形状和表面粗糙度值的操作方法称为锉削，如图 3—4—1 所示。锉削一般是在錾削、锯削之后对工件进行的精度较高的加工，其精度可达 0. 01 mm，表面粗糙度值可达 *Ra*0. 8 μm。锉削的应用范围较广，可以去除工件上的毛刺，锉削工件的内、外表面，锉削各种沟槽和形状复杂的表面，还可以配键、制作样板以及对工件的局部进行修整等。

图 3—4—1 锉削

二、锉刀

1. 结构

锉刀由碳素工具钢 T12、T13 或优质碳素工具钢 T12A、T13A 制成，经热处理后切削部分硬度达 62 ~ 72HRC。锉刀由锉身和锉柄两部分组成，各部分的名称如图 3—4—2 所示。锉刀面是锉刀的主要工作面，其中主锉纹起主要切削作用，辅锉纹起分屑作用。锉刀边分为有齿和无齿（又称光边）两种。

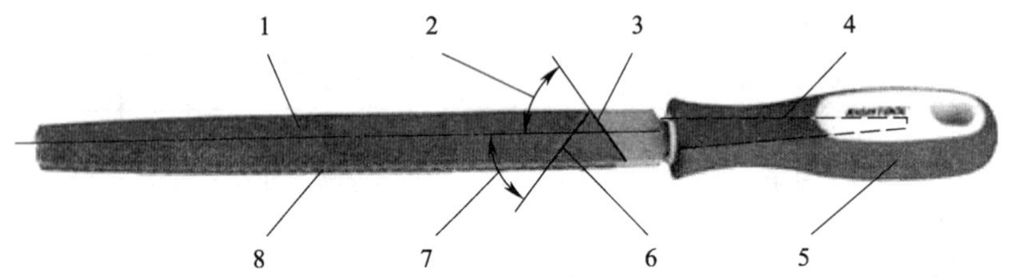

图 3—4—2 普通平锉的结构

1—锉刀面 2—主锉纹斜角 3—主锉纹 4—锉刀舌 5—锉刀柄 6—辅锉纹 7—辅锉纹斜角 8—锉刀边

锉刀有大量锉齿，按锉齿的排列方式分为单齿纹（锉刀边一般做成单齿纹）和双齿纹两种，如图 3—4—3 所示。一般单齿纹采用铣齿加工，双齿纹采用剁齿加工。

图 3—4—3 锉刀的齿纹

a）单齿纹 b）双齿纹

2. 种类、特点及用途

锉刀的种类很多，按用途不同，常用锉刀有普通锉、整形锉（什锦锉）和异形锉，其特点及应用见表3—4—1。

表3—4—1　　锉刀的种类、特点及应用

种类	图示	特点及应用
普通锉		该类锉刀按其断面形状分为平锉、方锉、三角锉、半圆锉和圆锉五种，是钳工最常用的锉削工具
整形锉		它由多支不同断面形状的锉刀组成，常用的有5、8、10、12支为一组。按断面形状有平锉、方锉、三角锉、圆锉、半圆锉、菱形锉、刀形锉、椭圆锉、单边三角锉、双半圆锉等多种。主要用于修整工件上的细小部位
异形锉	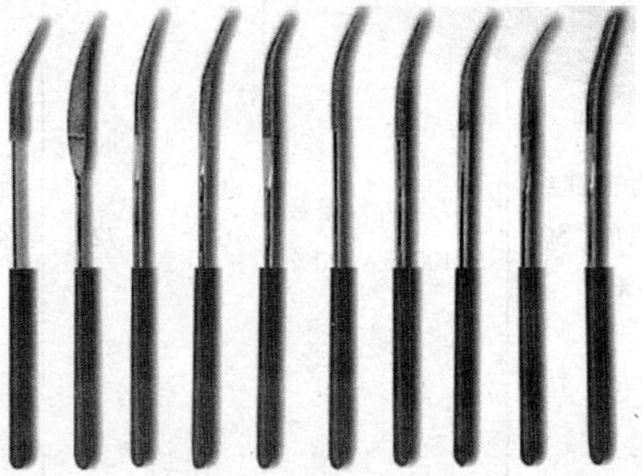	其锉身形状各异，主要用来锉削工件上的特殊表面

另外，随着专业工具的不断涌现，电镀超硬磨料锉刀（见图3—4—4）的应用也越来越普遍。它是用电镀方法将人造金刚石或立方氮化硼超硬磨料镀在钢制基体上，利用磨料代替锉齿来切削工件，可用于较硬材质的锉削加工，如淬火后工件、玻璃制品、陶瓷制品以及各类模具的抛光加工等。

图3—4—4　电镀超硬磨料锉刀

3. 规格

普通锉刀的规格分为尺寸规格和锉纹的粗细规格。

对于尺寸规格来说，圆锉刀以其断面直径为尺寸规格，方锉刀以其边长为尺寸规格，其他锉刀以锉身长度为尺寸规格（常用的有100 mm、150 mm、200 mm、250 mm、300 mm和350 mm等）。

普通锉刀锉纹的粗细规格以锉刀每10 mm轴向长度内主锉纹的条数来表示，共分为1～5号，具体参数见表3—4—2。

表3—4—2　　普通锉刀的锉纹参数（摘自GB/T 5806—2003）

<table>
<tr><th rowspan="3">长度规格（mm）</th><th colspan="5">每10 mm轴向长度内主锉纹条数</th><th rowspan="3">辅锉纹条数</th><th rowspan="3">边锉纹条数</th><th colspan="2">主锉纹斜角λ</th><th colspan="2">辅锉纹斜角ω</th><th rowspan="3">边锉纹斜角θ</th></tr>
<tr><th colspan="5">锉纹号</th><th rowspan="2">1～3号锉纹</th><th rowspan="2">4～5号锉纹</th><th rowspan="2">1～3号锉纹</th><th rowspan="2">4～5号锉纹</th></tr>
<tr><th>1</th><th>2</th><th>3</th><th>4</th><th>5</th></tr>
<tr><td>100</td><td>14</td><td>20</td><td>28</td><td>40</td><td>56</td><td rowspan="9">为主锉纹条数的75%～95%</td><td rowspan="9">为主锉纹条数的100%～120%</td><td rowspan="9">65°</td><td rowspan="9">72°</td><td rowspan="9">45°</td><td rowspan="9">52°</td><td rowspan="9">90°</td></tr>
<tr><td>125</td><td>12</td><td>18</td><td>25</td><td>36</td><td>50</td></tr>
<tr><td>150</td><td>11</td><td>16</td><td>22</td><td>32</td><td>45</td></tr>
<tr><td>200</td><td>10</td><td>14</td><td>20</td><td>28</td><td>40</td></tr>
<tr><td>250</td><td>9</td><td>12</td><td>18</td><td>25</td><td>36</td></tr>
<tr><td>300</td><td>8</td><td>11</td><td>16</td><td>22</td><td>32</td></tr>
<tr><td>350</td><td>7</td><td>10</td><td>14</td><td>20</td><td>—</td></tr>
<tr><td>400</td><td>6</td><td>9</td><td>12</td><td>—</td><td>—</td></tr>
<tr><td>450</td><td>5.5</td><td>8</td><td>11</td><td>—</td><td>—</td></tr>
</table>

4. 锉刀的选择

锉刀的选择是否合理，直接影响锉削的质量、效率以及锉刀的使用寿命。通常应根据工件表面形状、尺寸、材质、加工余量以及加工精度和表面粗糙度要求来选用锉刀。锉刀断面形状及尺寸应与工件被加工表面的形状和尺寸相适应，如图 3—4—5 所示。

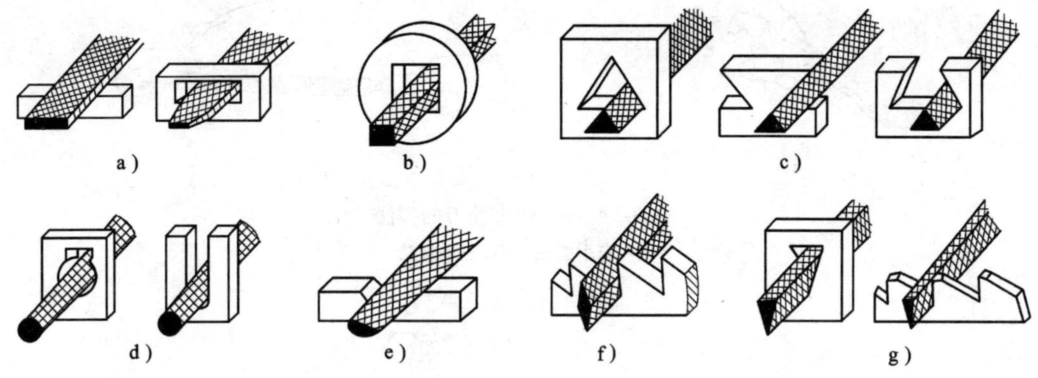

图 3—4—5 锉刀的选用

a) 平锉 b) 方锉 c) 三角锉 d) 圆锉 e) 半圆锉 f) 菱形锉 g) 刀口锉

当锉削铜、铝等软金属以及加工余量大、精度和表面质量要求较低的工件时，一般选用齿纹较粗的锉刀；当锉削钢、铸铁等较硬金属以及加工余量小、精度和表面质量要求较高的工件时，一般选用齿纹较细的锉刀。锉刀齿纹粗细规格的选择见表 3—4—3。

表 3—4—3　锉刀齿纹粗细规格的选择

锉刀齿纹粗细	适用场合		
	锉削余量（mm）	尺寸精度（mm）	表面粗糙度 *Ra*（μm）
1 号（粗齿锉刀）	0.5 ~ 1	0.2 ~ 0.5	100 ~ 25
2 号（中齿锉刀）	0.2 ~ 0.5	0.05 ~ 0.2	25 ~ 6.3
3 号（细齿锉刀）	0.1 ~ 0.3	0.02 ~ 0.05	12.5 ~ 3.2
4 号（双细齿锉刀）	0.1 ~ 0.2	0.01 ~ 0.02	6.3 ~ 1.6
5 号（油光锉刀）	0.1 以下	0.01	1.6 ~ 0.8

三、锉削姿势与动作

锉削姿势与动作是否正确，对锉削质量、锉削力量的发挥和疲劳程度有直接影响。

1. 锉刀的握法

由于锉刀的尺寸规格不同，握法也不同。对于锉身长度大于 250 mm 的锉刀，可采用如图 3—4—6 所示的握法，即用右手紧握锉柄，柄端顶在掌心根部的肌肉处，拇指放在锉柄上部，其余手指由下而上地满握锉柄。将左手拇指的根部肌肉压在锉刀头上，拇指自然伸直，用中指、无名指捏住锉刀前端，食指、小指自然收拢，以协同右手使锉刀保持平衡。中、小型锉刀的握法如图 3—4—7 所示。

2. 站立姿势

锉削时的站立姿势如图 3—4—8 所示。两脚距离与肩宽基本一致。

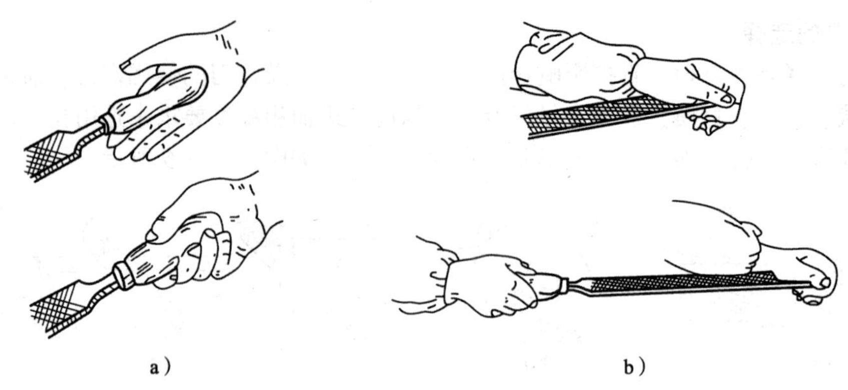

图 3—4—6　较大锉刀的握法

a）右手握法　b）左手握法

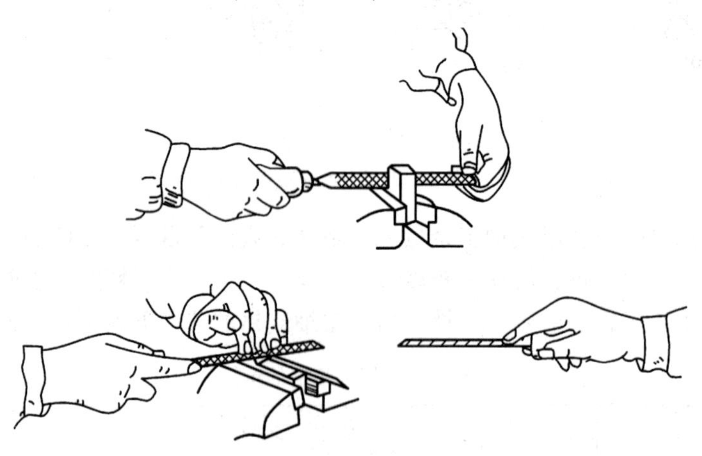

图 3—4—7　中、小型锉刀的握法

3. 锉削动作

锉削时身体重心要落在左脚上，右腿伸直，左腿呈弯曲状态，并随锉刀的往复运动而屈伸。锉削开始时，身体向前倾斜 10°左右，右肘尽量向后收缩，如图 3—4—9a 所示；锉刀推进前 1/3 行程时，身体前倾至 15°左右，如图 3—4—9b 所示；锉刀推进中间 1/3 行程时，右肘向前推进锉刀，身体逐渐向前倾斜至 18°左右，如图 3—4—9c 所示；锉刀推进最后 1/3 行程时，右肘继续向前推进锉刀，身体自然地回到 15°左右，如图 3—4—9d 所示；锉削行程结束后，将锉刀略提起退回原位，同时，手和身体都恢复到原来的姿势。

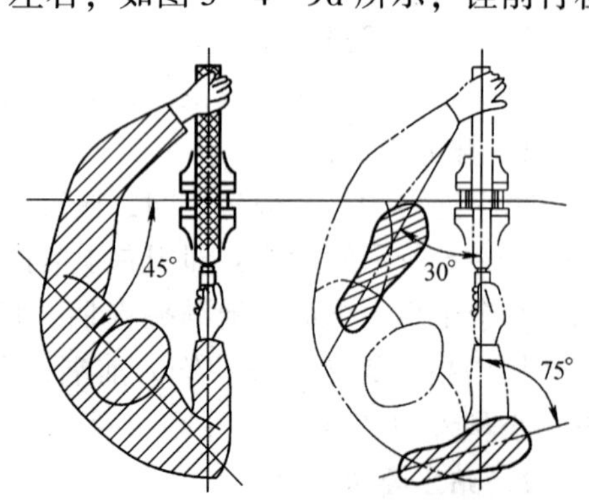

图 3—4—8　锉削时的站立姿势

4. 锉削力的运用和锉削速度

为锉削出平整的平面，在锉刀推进过程中，必须始终保持平稳而不上下摆动。推力大小主要由右手控制，压力大小由两手控制。随着锉刀推进，左手的压力逐渐减小，右手的压力逐渐增大，如图 3—4—10 所示。

锉削时的速度一般为 40 次/min 左右，推出时稍慢，回程时稍快，动作要自然、协调。

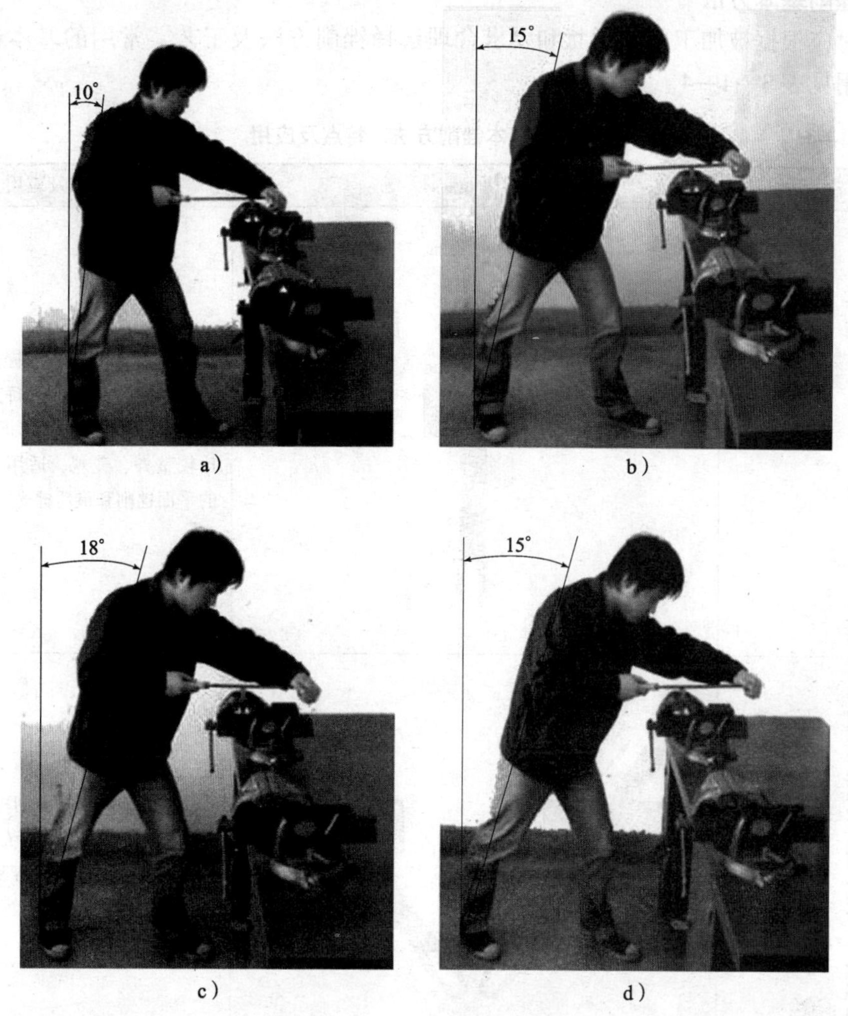

图 3—4—9　锉削动作

a）锉削开始　b）前 1/3 行程　c）中间 1/3 行程　d）后 1/3 行程

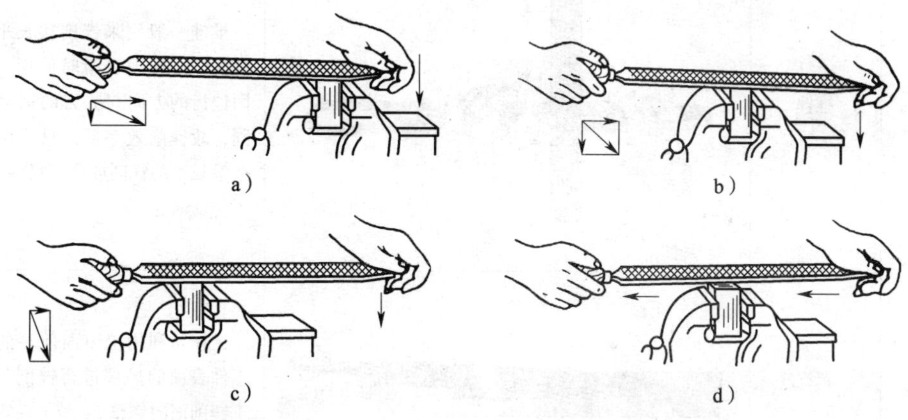

图 3—4—10　锉削平面时两手用力情况

四、锉削基本方法

锉削时应根据被加工面的形状和要求合理选择锉削方法及工艺。常用的基本锉削方法、特点及应用见表 3—4—4。

表 3—4—4　　常用的基本锉削方法、特点及应用

方法		图示	特点及应用
平面锉削	顺向锉		顺向锉是最普通的锉削方法，锉刀运动方向与工件夹持方向始终一致。这种方法可得到正直的锉痕，比较整齐、美观，适用于面积不大的平面锉削和最后锉光
	交叉锉	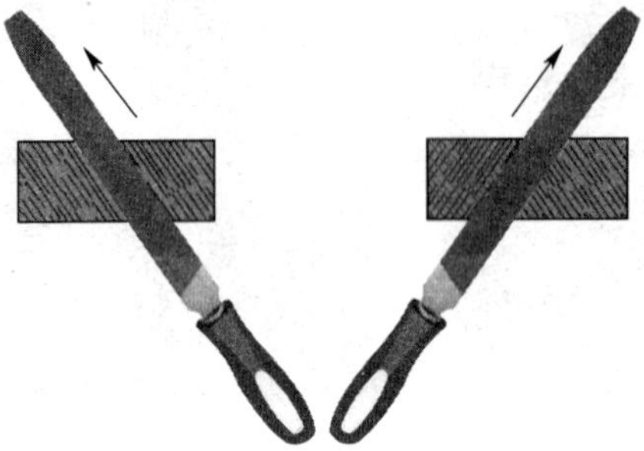	锉刀与工件夹持方向约成 35°，且锉痕交叉。交叉锉时锉刀与工件的接触面积增大，锉刀容易掌握平稳。交叉锉一般用于粗加工
	推锉	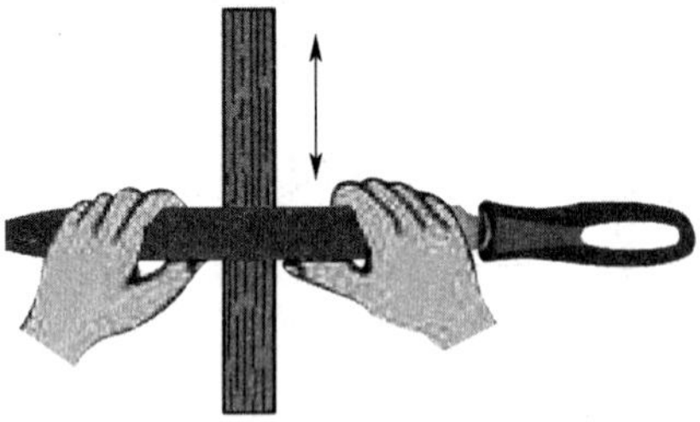	推锉一般用来锉削狭长平面，或顺向锉法锉刀受阻时使用。推锉时因锉齿的方向与锉刀的运动方向不同，故锉削效率低，只适用于加工余量较小的锉削或修整尺寸
	铲锉	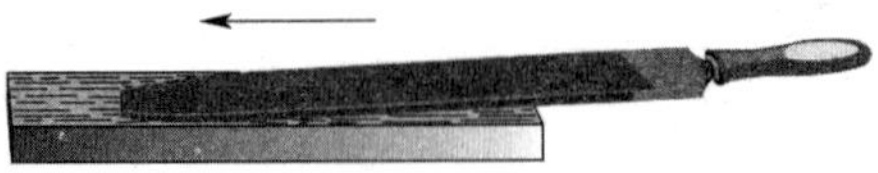	铲锉是利用锉刀面前端的弧度对工件表面的局部进行锉削，主要用于锉削面的修整

续表

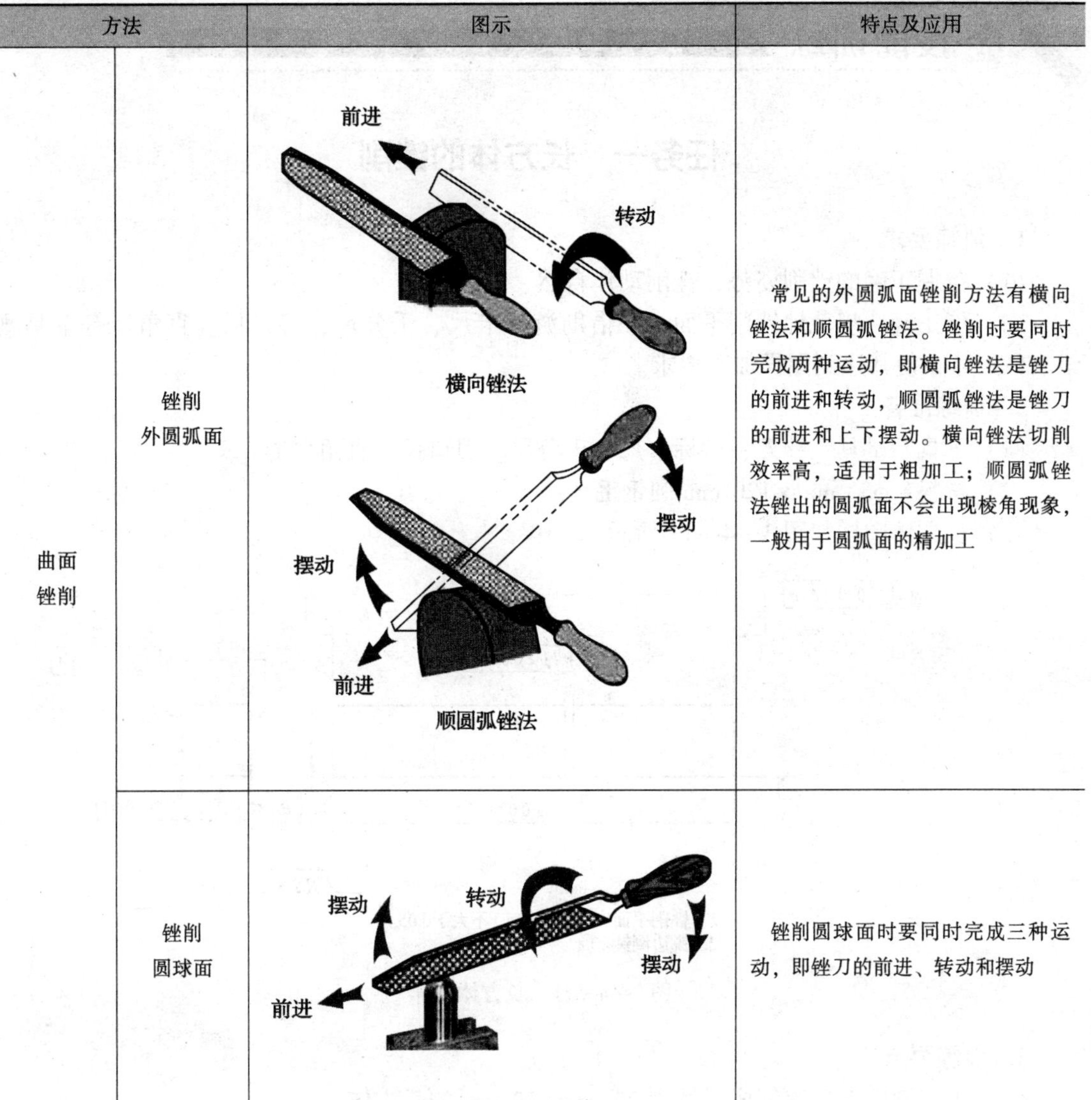

方法		图示	特点及应用
曲面锉削	锉削外圆弧面	横向锉法 顺圆弧锉法	常见的外圆弧面锉削方法有横向锉法和顺圆弧锉法。锉削时要同时完成两种运动，即横向锉法是锉刀的前进和转动，顺圆弧锉法是锉刀的前进和上下摆动。横向锉法切削效率高，适用于粗加工；顺圆弧锉法锉出的圆弧面不会出现棱角现象，一般用于圆弧面的精加工
	锉削圆球面		锉削圆球面时要同时完成三种运动，即锉刀的前进、转动和摆动

五、锉削时的注意事项

（1）新锉刀要先使用一面，用钝后再使用另一面。

（2）在粗锉时，应充分使用锉刀的有效全长，以提高锉削效率，避免锉齿局部磨损。

（3）对于锻件和铸件毛坯，应先用砂轮将硬皮打磨掉，或用旧锉刀将硬皮锉去，再进行正常的锉削。

（4）使用整形锉刀时，不可用力过猛，以免使锉刀折断。

六、锉削的安全文明生产要求

（1）锉刀放置时不要露出钳工工作台的边缘，以防跌落伤人。

（2）不能用嘴吹锉屑或用手清理锉屑，以防伤眼或伤手。

（3）不使用无柄或锉柄开裂的锉刀。

（4）锉刀不得沾油或沾水。锉屑嵌入齿缝必须用钢丝刷清除，不允许用手直接清除。

技能训练

任务一　长方体的锉削

1. 训练要求

（1）掌握正确的锉削姿势，锉削动作自然、协调。

（2）能正确、规范地锉削平面，并借助游标卡尺、千分尺、刀口尺、直角尺等量具测量工件尺寸，使其达到图样加工要求。

2. 训练准备

（1）工具、量具：锉刀、游标卡尺、千分尺、刀口尺、直角尺等。

（2）材料：ϕ32 mm × 120 mm 圆钢毛坯。

（3）长方体图样如图 3—4—11 所示。

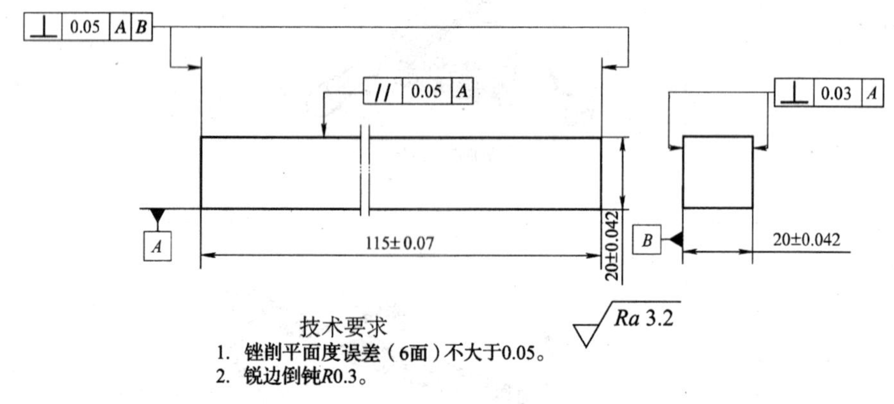

图 3—4—11　长方体图样

3. 训练要点

（1）先将圆钢毛坯锉削成尺寸为 22 mm × 22 mm 的长方体。

（2）锉柄安装要牢固，其装拆方法如图 3—4—12 所示。

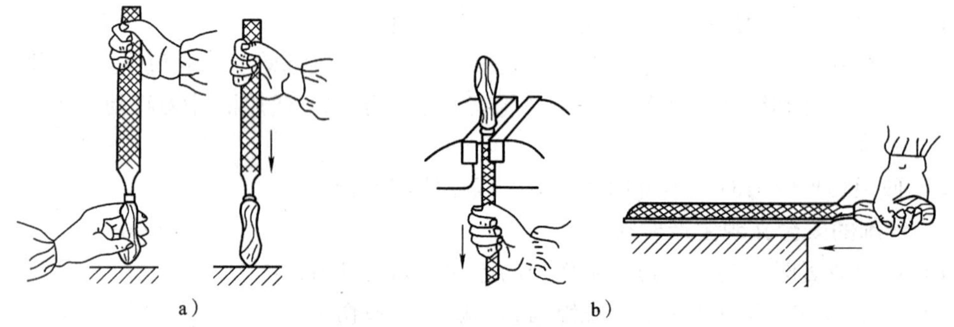

图 3—4—12　锉柄的装拆方法

a）装锉柄　b）拆锉柄

（3）在掌握锉削姿势的基础上，分析图样，按图样要求制定长方体的加工工艺，并完成锉削工作。可根据实际情况分两次完成：第一次锉至尺寸为21 mm×21 mm×117 mm；第二次锉至图样尺寸。

4. 训练评价

训练评分标准见表3—4—5。

表3—4—5　　训练评分标准

训练课题	长方体的锉削				
姓名		班级		总得分	
序号	项目	配分	评分标准	实测结果	得分
1	站立姿势正确	3	酌情扣分		
2	握锉方法正确	3	不正确不得分		
3	锉削动作自然、协调	5	酌情扣分		
4	锉削速度合理	4	酌情扣分		
5	（20±0.042）mm	5×2	每处超差扣5分		
6	（115±0.07）mm	5	超差不得分		
7	平面度误差≤0.05 mm	5×6	每处超差扣5分		
8	⊥ 0.50 A B	5×2	每处超差扣5分		
9	⊥ 0.30 A	5×2	每处超差扣5分		
10	// 0.50 A	5	超差不得分		
11	*Ra*3.2 μm	2×6	每处超差扣2分		
12	安全文明生产	3	酌情扣分		
现场记录					

任务二　六方体的锉削

1. 训练要求

（1）能正确、规范地锉削曲面。

（2）能制定六方体锉削加工工艺，并按照图样要求完成六方体的锉削加工。

2. 训练准备

（1）工具、量具：平锉、游标卡尺、千分尺、刀口尺、游标万能角度尺、直角尺等。

（2）材料：ϕ46 mm×27 mm 圆钢毛坯。

（3）六方体图样如图 3—4—13 所示。

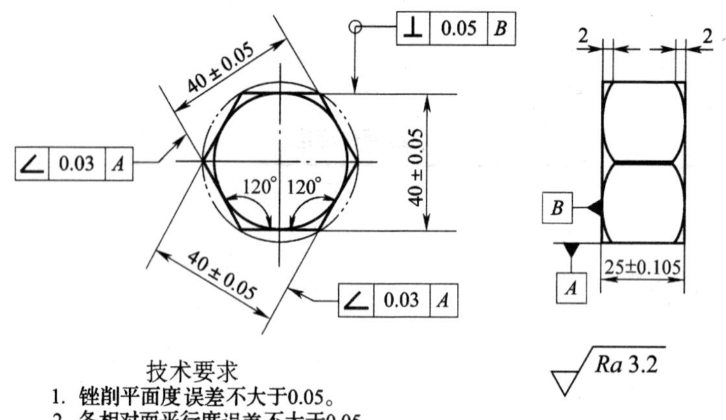

图 3—4—13　六方体图样

3. 训练要点

（1）分析六方体图样，制定加工工艺。可参照图 3—4—14 所示的六方体加工步骤。

（2）可采用分度头划线，也可采用 V 形架划线（见图 3—4—15）。

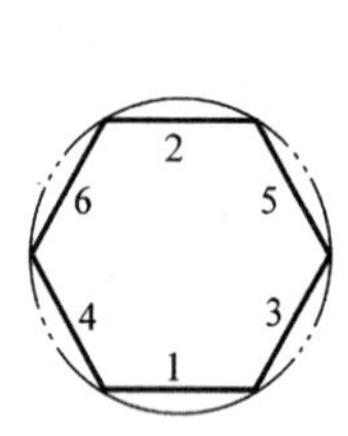

图 3—4—14　六方体加工步骤

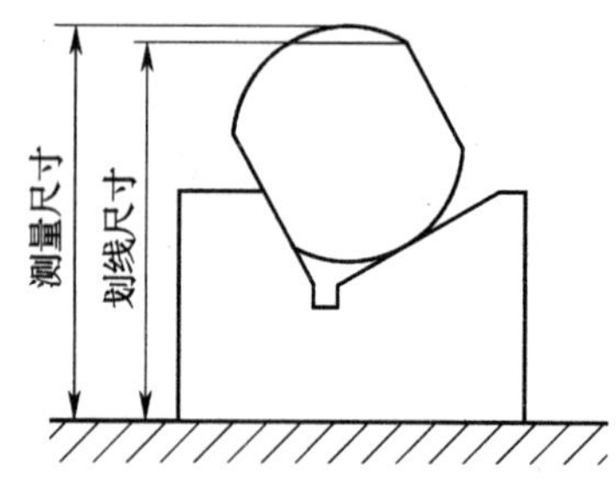

图 3—4—15　采用 V 形架划线

（3）测量六方体边长时，可采用样板测量法，也可采用检验棒测量法，即借助检验棒并通过计算进行间接测量，如图 3—4—16 所示。

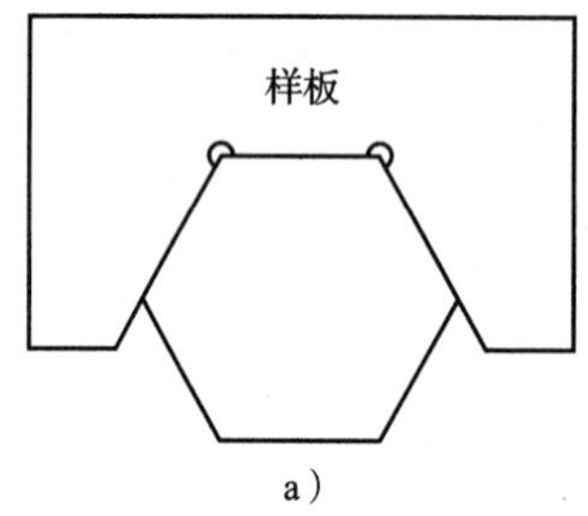

a）

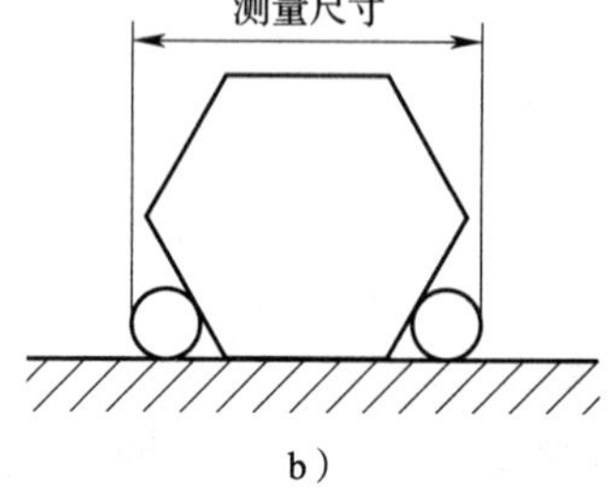

b）

图 3—4—16　测量六方体边长

a）样板测量法　b）检验棒测量法

4. 训练评价

训练评分标准见表3—4—6。

表3—4—6 **训练评分标准**

训练课题	六方体的锉削				
姓名		班级		总得分	
序号	项目	配分	评分标准	实测结果	得分
1	(25 ±0.105) mm	4	超差不得分		
2	(40 ±0.05) mm	5×3	每处超差扣5分		
3	锉削平面度误差不大于0.05 mm	2×8	每处超差扣2分		
4	各相对面平行度误差不大于0.05 mm	3×3	每处超差扣3分		
5	∠ 0.03 *A*	5×2	每处超差扣5分		
6	⊥ 0.05 *B*	2×6	每处超差扣2分		
7	六角边长均等，允差不大于0.10 mm	2×6	每处超差扣2分		
8	*Ra*3.2 μm	1×8	每处超差扣1分		
9	倒圆弧2 mm	3×2	每处超差扣3分		
10	安全文明生产	8	酌情扣分		
现场记录					

任务三 T形件的锉削

1. 训练要求

(1) 能制定T形件锉削加工工艺，掌握其测量方法。

(2) 能按照图样要求完成T形件的锉削。

2. 训练准备

(1) 工具、量具：平锉、游标卡尺、千分尺、刀口尺、游标万能角度尺、直角尺、检验棒等。

(2) 材料：82 mm×47 mm×10 mm毛坯。

(3) T形件图样如图3—4—17所示。

3. 训练要点

(1) 在加工凸台部分时，关键在于控制好对称度。一般情况下采用间接测量的方法，即通过控制相关尺寸（见图3—4—18）来保证凸台的对称度。

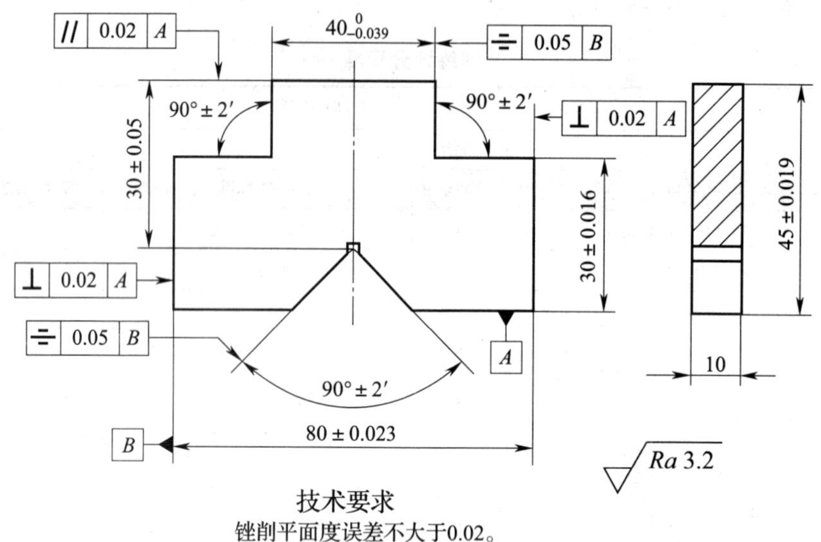

图 3—4—17　T 形件图样

图 3—4—18 中尺寸 M 的极限值通过下列公式计算得出：

$$M_{max} = L/2 + A_{min}/2 + T/2$$

$$M_{min} = L/2 + A_{max}/2 - T/2$$

式中　M_{max}——上极限尺寸，mm；

M_{min}——下极限尺寸，mm；

L——实际测得尺寸，mm；

A_{max}——凸台上极限尺寸，mm；

A_{min}——凸台下极限尺寸，mm；

T——对称度公差值，mm。

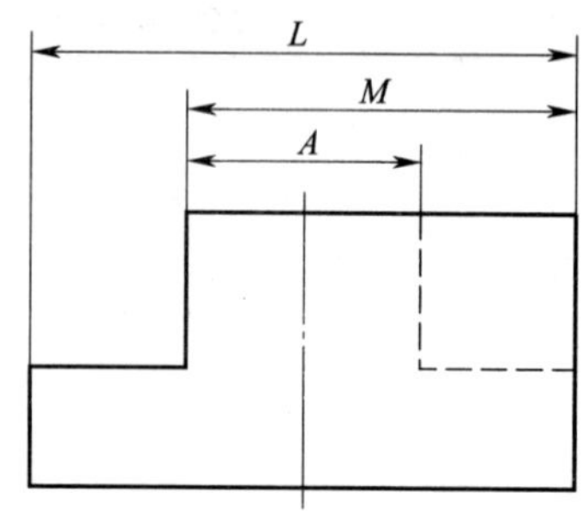

图 3—4—18　控制相关尺寸

（2）在加工 V 形部分时，V 形深度可借助检验棒进行测量，通过采用间接测量的方法获得，如图 3—4—19 所示。

（3）在控制 V 形深度的同时，还应控制 V 形相对于基准 B 的对称度，其测量方法如图 3—4—20 所示。

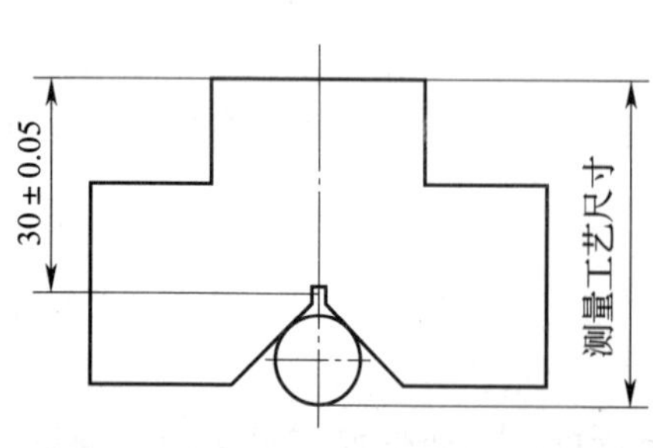

图 3—4—19　V 形深度的测量方法

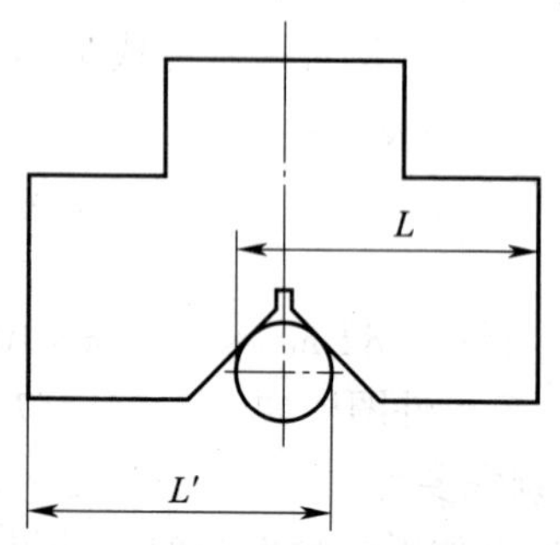

图 3—4—20　V 形对称度的测量方法

4. 训练评价

训练评分标准见表 3—4—7。

表 3—4—7　　　　训练评分标准

训练课题	T 形件的锉削				
姓名		班级		总得分	
序号	项目	配分	评分标准	实测结果	得分
1	(80 ±0.023) mm	6	超差不得分		
2	(45 ±0.019) mm	6	超差不得分		
3	(30 ±0.016) mm	6×2	每处超差扣 6 分		
4	$40_{-0.039}^{0}$ mm	7	超差不得分		
5	(30 ±0.05) mm	6	超差不得分		
6	凸台角 90° ±2′	6×2	每处超差扣 6 分		
7	V 形角 90° ±2′	6	超差不得分		
8	⊥ 0.02 *A*	5×2	每处超差扣 5 分		
9	⌯ 0.05 *B*	5×2	每处超差扣 5 分		
10	// 0.02 *A*	5	超差不得分		
11	锉削平面度误差不大于 0.02 mm	1×10	每处超差扣 1 分		
12	*Ra*3.2 μm	0.5×10	每处超差扣 0.5 分		
13	安全文明生产	5	酌情扣分		
现场记录					

第四单元

孔与螺纹加工

课题一 钻床

钻床是钳工常用的孔加工机床，在钻床上可进行钻孔、扩孔、锪孔、铰孔和攻螺纹等多项操作，如图 4—1—1 所示。模具钳工常用的钻床有台式钻床、立式钻床和摇臂钻床等。

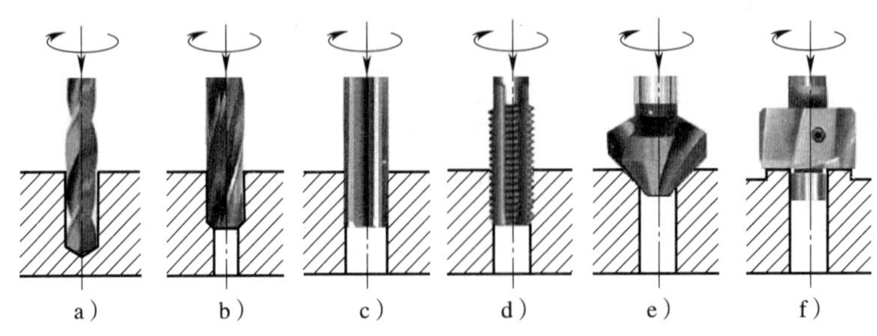

图 4—1—1　钻床的应用

a）钻孔　b）扩孔　c）铰孔　d）攻螺纹　e）锪孔　f）锪平面

一、台式钻床

台式钻床简称台钻，是一种小型钻床。它具有结构简单、操作方便、生产效率高、灵活性强、易于维修等特点，应用较为广泛。其规格用最大钻孔直径来表示，常用的最大钻孔直径有 6 mm、12 mm 等。下面以 Z4112 型台式钻床（台式钻床型号的含义可查阅附表 1）为例进行介绍。

1. Z4112 型台式钻床的技术规格

Z4112 型台式钻床的技术规格见表 4—1—1。

表 4—1—1　　Z4112 型台式钻床的技术规格

项目	参数
最大钻孔直径	ϕ12 mm
立柱直径	ϕ70 mm
主轴最大行程	100 mm
主轴中心线至立柱表面距离	193 mm

续表

项目	参数
主轴端面至工作台最大距离	332 mm
主轴端面至底座最大距离	565 mm
主轴锥度	莫氏 B16
主轴转速范围	480 ~ 4 100 r/min
主轴转速级数	5 级
电动机功率	370 W
工作台面尺寸	256 mm × 256 mm
底座工作台面尺寸	528 mm × 360 mm
总高	1 037 mm

2. Z4112 型台式钻床的结构

Z4112 型台式钻床主要由底座、立柱、工作台、机头、主轴、主轴变速机构、进给机构、电气控制部分、电动机等组成，如图 4—1—2 所示。

(1) 底座（下工作台）

底座中间有两条 T 形槽，用来固定工件或夹具。

(2) 立柱

立柱截面为圆形，用来支承工作台和机头。

(3) 工作台

工作台主要用来安放被加工工件，它可沿立柱上下移动，并能绕立柱转动到任意位置，同时工作台自身还可左右倾斜 45°。

(4) 机头

机头安装在立柱上，它可沿立柱上下调整所需高度，并能绕立柱转动。在机头下面有一支承保险环。

(5) 主轴

主轴是钻床的最重要部件，在下端装有钻夹头，主要用来安装孔加工刀具及传递转矩。

(6) 主轴变速机构

该机构采用塔轮变速方法，如图 4—1—3 所示。通过改变 V 带的位置，可实现 5 种不同的转速。V 带张紧力的调整靠前后移动电动机来完成。

(7) 进给机构

台式钻床通常只能手动进给。如图 4—1—4 所示，三星手动进给手柄带动齿轮轴转动，再由齿轮轴带动与其啮合的主轴套筒移动。在主轴套筒下端的侧面装有进给标尺。在齿轮轴的另一端装有弹簧，使主轴自动抬起复位。

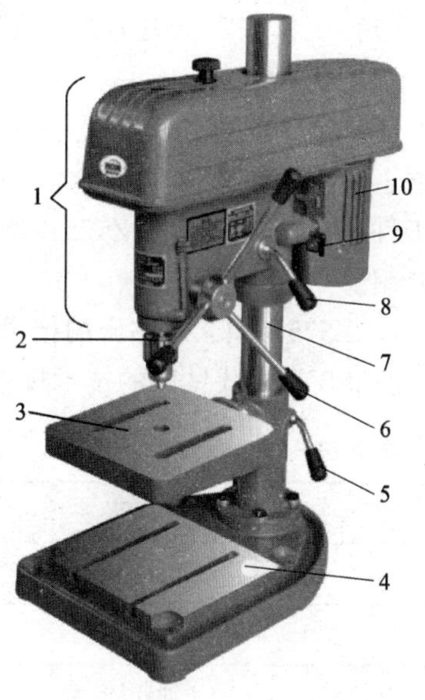

图 4—1—2　Z4112 型台式钻床

1—机头　2—主轴　3—工作台　4—底座
5—工作台锁紧手柄　6—三星手动进给手柄
7—立柱　8—机头锁紧手柄
9—传动带调整锁紧手柄　10—电动机

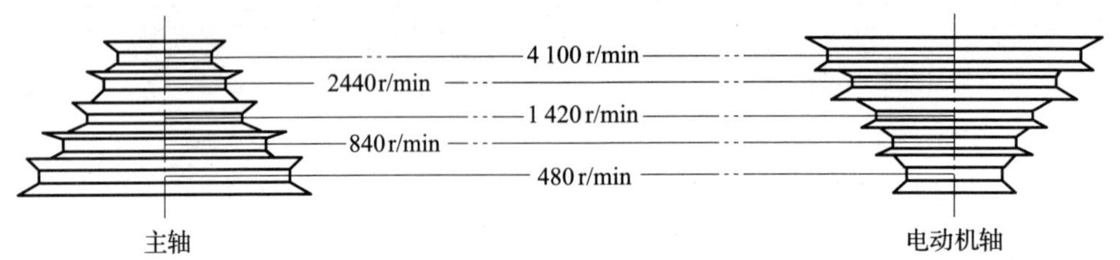

图 4—1—3　台式钻床主轴变速机构

(8) 电气控制部分

在机头的侧面装有控制开关，可使主轴正转或停车。

3. 台式钻床使用的安全文明生产要求

(1) 操作前必须穿好工作服，扎好袖口，严禁戴手套。女生发辫应放入工作帽内。

(2) 使用前要检查钻床各部件是否正常。

(3) 变速时必须切断电源总开关，V 带松紧要适当。

(4) 调整机头高度后，要及时将保险环移到位，并锁住机头。

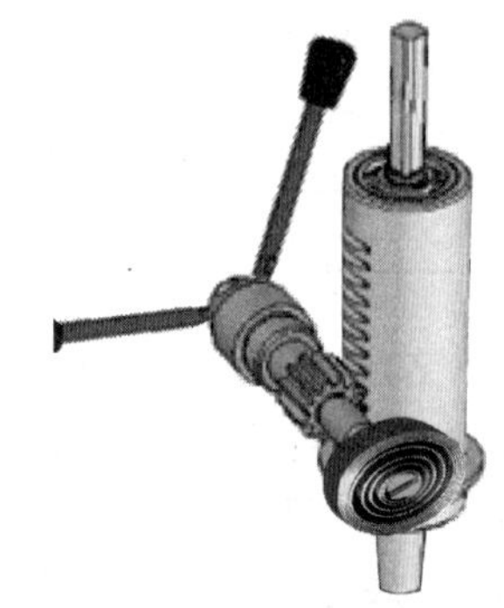

图 4—1—4　台式钻床进给机构

(5) 停车时，不能用手或其他物品使主轴停住。

(6) 凡两人或两人以上在同一台式钻床上工作时，必须有一人负责安全，统一指挥，防止发生事故。

(7) 工作完毕，关闭机床总电源，擦净机床，清扫工作地点。

二、立式钻床

立式钻床简称立钻，是一种中型钻床，其结构较为复杂，可实现自动进给，具有变速方便、使用范围广、性能全等特点，并配备了冷却系统，适用于单件、小批量的中、小型工件孔加工。下面以 Z525B 型立式钻床（立式钻床型号的含义可查阅附表 1）为例进行介绍。

1. Z525B 型立式钻床的技术规格

Z525B 型立式钻床的技术规格见表 4—1—2。

表 4—1—2　　Z525B 型立式钻床的技术规格

项目	参数
最大钻孔直径	ϕ25 mm
主轴锥孔	莫氏 3 号
主轴最大行程	200 mm
主轴中心线至立柱表面距离	315 mm
主轴端面至工作台最大距离	415 mm
主轴端面至底座最大距离	965 mm

续表

项目	参数
主轴转速范围	85 ~ 1 500 r/min
主轴转速级数	6 级
主轴进给量范围	0. 13 ~ 0. 52 mm/r
主轴进给量级数	4 级
工作台移动行程	385 mm
工作台尺寸	ϕ400 mm
底座工作面尺寸	440 mm × 500 mm
主电动机功率	1. 5 kW
冷却泵电动机功率及流量	0. 125 kW，22 L/min
机床外形尺寸（长 × 宽 × 高）	1 050 mm × 730 mm × 2 300 mm

2. Z525B 型立式钻床的结构

Z525B 型立式钻床由底座、立柱、工作台、主轴、主轴变速机构、进给机构、冷却系统、照明系统和电气控制部分等组成，如图 4—1—5 所示。

（1）底座（下工作台）

底座是立式钻床的基础，也是机床的冷却箱。

（2）立柱

Z525B 型立式钻床的立柱为圆柱形，主要用来支承钻床全部零部件。

（3）工作台

工作台为圆形。松开下面的锁紧手柄，工作台能转动；松开后面的锁紧手柄，可使工作台绕立柱转动 ±180°。利用工作台的这两种运动，能使固定在工作台上任何位置的工件对准主轴的中心。同时，通过转动工作台升降手柄，可使工作台沿立柱停留在所需高度（利用蜗轮蜗杆的自锁功能）。

（4）主轴

主轴是钻床的重要部件，对其旋转精度要求较高。在主轴的下端有内锥孔，以便于安装刀具或辅具。主轴的自重由弹簧来平衡，可使主轴停在任意高度位置。

（5）主轴变速机构

转动主轴变速手轮，可以方便地使主轴获得 6 种不同的转速。但变速前必须停车，以免损坏传动系统中的零部件。

图 4—1—5　Z525B 型立式钻床

1—主轴箱　2—进给箱　3—自动进给手柄　4—主轴　5—工作台　6—底座　7—工作台升降手柄　8—立柱　9—三星手动进给手柄　10—进给量调节手轮　11—主轴变速手轮　12—主电动机

（6）进给机构

立式钻床可实现手动和自动进给。采用自动进给时，首先将进给量调节手轮转到所需的进给量挡位，如图 4—1—6 所示，再将端盖拉出，压下自动进给手柄，即可实现自动进给。若需要控制钻孔深度，可调节安装在刻度盘上的撞块位置，当撞块随刻度盘转动并碰到自动进给手柄座后，使自动进给手柄抬起，自动进给停止。转动三星手动进给手柄还可以随时增大进给量或终止自动进给。

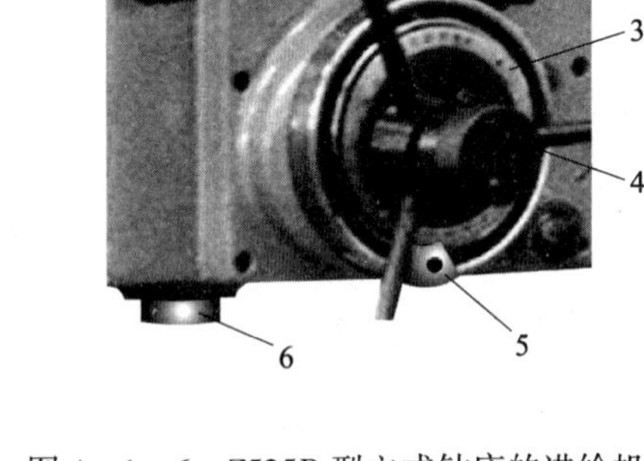

图 4—1—6　Z525B 型立式钻床的进给机构

1—自动进给手柄　2—三星手动进给手柄　3—深度控制标尺　4—端盖　5—撞块　6—主轴

（7）冷却系统

冷却系统中的切削液由安装在底座上的冷却泵直接供给。切削液可循环使用。

（8）照明系统

照明系统采用 24 V 安全电压。

（9）电气控制部分

该立式钻床有正转、反转和停止按钮，主轴的正转、反转是靠改变电动机的转向来实现的。冷却泵由转换开关单独控制。

3. Z525B 型立式钻床的传动系统

该机床的传动运动包括主轴的旋转（主运动）、主轴的轴向移动（进给运动）和工作台的升降（辅助运动），Z525B 型立式钻床的传动系统如图 4—1—7 所示。

（1）主运动传动链

由传动系统图可知，主运动传动链的首端为电动机，末端为主轴的转动。来自电动机的动力直接经联轴器传给主轴变速箱中的轴Ⅰ；经齿轮（$z21$、$z48$）啮合，将运动传给轴Ⅱ；通过轴Ⅱ上的三联滑移齿轮（$z28$、$z37$、$z19$）分别与轴Ⅲ上的齿轮（$z38$、$z29$、$z47$）啮合，将运动传给轴Ⅲ，使轴Ⅲ得到 3 种转速；再通过轴Ⅲ上的齿轮（$z47$、$z18$）分别与轴Ⅳ上的齿轮（$z25$、$z54$）啮合，又将运动传给轴Ⅳ，使轴Ⅳ得到 6 种转速。轴Ⅳ与主轴为花键连接，因此，主轴可获得 6 种不同的转速。

主运动的传动结构式如下：

$$\text{主电动机（1 430 r/min）}—\text{Ⅰ}—\frac{21}{48}—\text{Ⅱ}—\begin{Bmatrix}\frac{28}{38}\\[4pt]\frac{37}{29}\\[4pt]\frac{19}{47}\end{Bmatrix}—\text{Ⅲ}—\begin{Bmatrix}\frac{47}{25}\\[4pt]\frac{18}{54}\end{Bmatrix}—\text{Ⅳ—主轴}$$

根据传动结构式，可列出主运动平衡方程式如下：

$$n_{\text{主轴}}=n_{\text{电动机}}\times\frac{21}{48}\times i_{\text{变}}$$

式中　$n_{\text{主轴}}$——主轴转速，r/min；

$n_{\text{电动机}}$——电动机转速，r/min；

$i_{\text{变}}$——交换齿轮传动比。

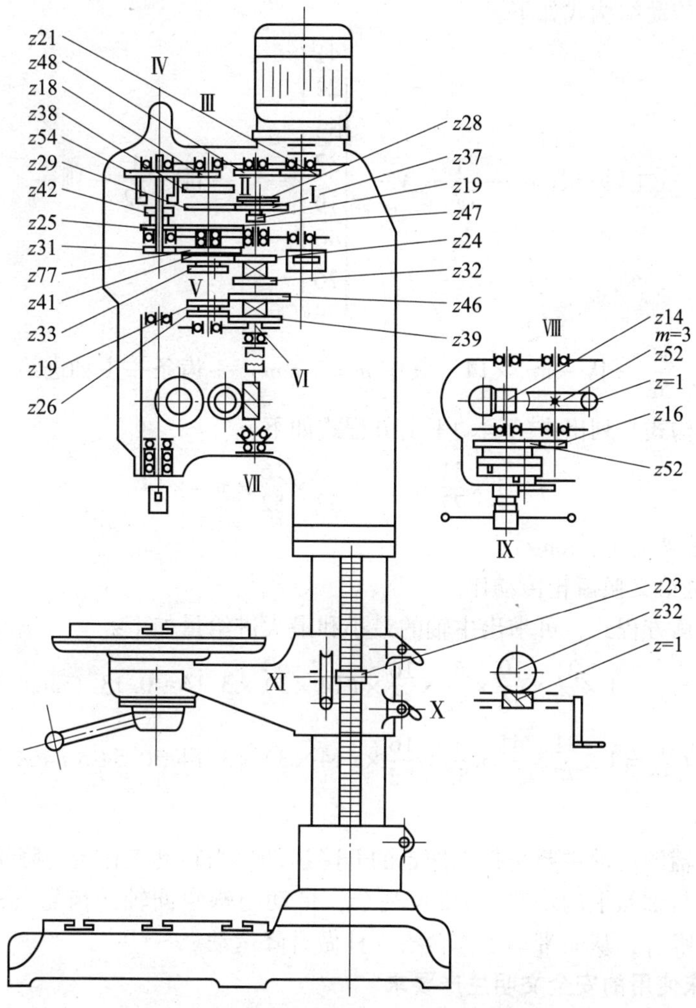

图 4—1—7　Z525B 型立式钻床的传动系统

根据运动平衡方程式，可求出主轴的最高和最低转速如下：

$$n_{最高}=1\ 430\times\frac{21}{48}\times\frac{37}{29}\times\frac{47}{25}\approx1\ 501\ (\mathrm{r/min})$$

$$n_{最低}=1\ 430\times\frac{21}{48}\times\frac{19}{47}\times\frac{18}{54}\approx84\ (\mathrm{r/min})$$

（2）进给运动传动链

进给运动传动链的首端为主轴的旋转，末端为主轴的轴向移动。主轴的旋转运动通过轴Ⅳ上的齿轮（z31）与轴Ⅴ上的齿轮（z77）啮合，将运动传给轴Ⅴ；通过轴Ⅴ上的两个双联滑移齿轮（z41 和 z33、z19 和 z26）分别与轴Ⅵ上的齿轮（z24、z32、z46、z39）啮合，将运动传给轴Ⅵ，使轴Ⅵ得到 4 种转速；经安全离合器将运动传给蜗杆轴Ⅶ，由蜗杆带动轴Ⅷ上的蜗轮（z52）旋转；再通过轴Ⅷ上的齿轮（z16）与轴Ⅸ上的齿轮（z52）啮合，将运动传给轴Ⅸ；最后通过轴Ⅸ上的齿轮（z14）带动主轴套筒上的齿条沿轴向移动。

进给运动的传动结构式如下：

$$
\text{主轴（Ⅳ）}-\frac{31}{77}-\text{Ⅴ}-\begin{Bmatrix}\frac{41}{24}\\ \frac{33}{32}\\ \frac{19}{46}\\ \frac{26}{39}\end{Bmatrix}-\text{Ⅵ}-\text{Ⅶ}-\frac{1}{52}-\text{Ⅷ}-
$$

$$
\frac{16}{52}-\text{Ⅸ}-\pi m\times 14\ (\text{其中 } m=3\ \text{mm})-\text{齿条}-\text{主轴进给}
$$

根据传动结构式，列出进给运动平衡方程式如下：

$$
f=1\times\frac{31}{77}\times i_{\text{进给}}\times\frac{1}{52}\times\frac{16}{52}\times\pi m\times 14
$$

式中　f——主轴进给量，mm/r；

$i_{\text{进给}}$——进给交换齿轮传动比。

根据运动平衡方程式，可求出主轴的最小和最大进给量如下：

$$
f_{\text{最小}}=1\times\frac{31}{77}\times\frac{19}{46}\times\frac{1}{52}\times\frac{16}{52}\times(14\times 3)\times 3.14\approx 0.13\ (\text{mm/r})
$$

$$
f_{\text{最大}}=1\times\frac{31}{77}\times\frac{41}{24}\times\frac{1}{52}\times\frac{16}{52}\times(14\times 3)\times 3.14\approx 0.54\ (\text{mm/r})
$$

（3）辅助运动

立式钻床的辅助运动主要是指工作台的升降运动。当转动工作台升降手柄时，通过轴Ⅹ上的蜗杆（$z1$）与轴Ⅺ上的蜗轮（$z32$）啮合，带动与蜗轮同轴的齿轮（$z23$）与安装在立柱侧面的齿条相啮合，从而带动工作台沿立柱做升降运动。

4. 立式钻床使用的安全文明生产要求

（1）操作钻床前，须将各操纵手柄移到正确位置，空运转试车，在各机构都能正常工作时，方可操作使用。

（2）开机前，检查是否有钻夹头扳手或楔铁插在主轴上。

（3）变换主轴转速或进给量时，必须在停车后进行调整。

（4）调整工作台位置后，必须将工作台锁牢。

（5）严禁在主轴旋转状态下装夹、检测工件。

三、摇臂钻床

摇臂钻床是模具钳工使用的一种较为大型的孔加工设备，其内部结构复杂。目前，该类钻床大部分将机械、液压和电气控制融为一体，自动化程度较高，适用于在中、大型工件上进行钻孔、扩孔、铰孔、锪平面及攻螺纹等工作，在有工艺装备的条件下，还可以进行镗孔，是具有广泛用途的万能型机床。下面以 Z3050×16（Ⅰ）型摇臂钻床（摇臂钻床型号的含义可查阅附表1）为例进行介绍。

1. Z3050×16（Ⅰ）型摇臂钻床的结构

图4—1—8所示为 Z3050×16（Ⅰ）型摇臂钻床的外形结构。

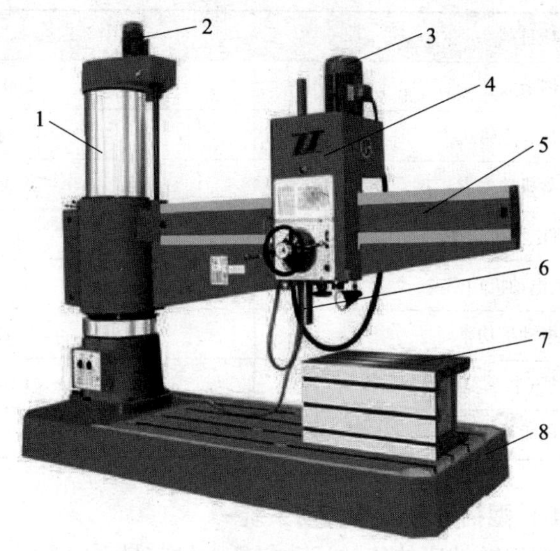

图 4—1—8　Z3050×16（Ⅰ）型摇臂钻床

1—立柱　2—升降电动机　3—主电动机　4—主轴箱　5—摇臂　6—主轴　7—工作台　8—底座

2. Z3050×16（Ⅰ）型摇臂钻床的技术规格

Z3050×16（Ⅰ）型摇臂钻床的技术规格见表 4—1—3。

表 4—1—3　　Z3050×16（Ⅰ）型摇臂钻床的技术规格

项目	参数
最大钻孔直径	ϕ50 mm
主轴锥孔	莫氏 5 号
主轴最大行程	315 mm
主轴中心线至立柱母线距离	最大 1 600 mm，最小 350 mm
主轴端面至底座工作面距离	最大 1 220 mm，最小 320 mm
主轴箱水平移动距离	1 250 mm
摇臂升降距离	580 mm
摇臂升降速度	1.2 m/min
摇臂回转角度	±180°
主轴转速范围	25～2 000 r/min
主轴转速级数	16 级
主轴进给量范围	0.04～3.2 mm/ r
主轴进给量	16 级
刻度盘每转钻孔深度	122 mm
立柱外径	350 mm

续表

项目	参数
主轴允许最大转矩	500 N · m
主轴允许最大进给抗力	18 kN
主电动机功率	4 kW
摇臂升降电动机功率	1.5 kW
液压夹紧电动机功率	0.75 kW
冷却泵电动机功率	0.125 kW
机床轮廓尺寸（长×宽×高）	2 500 mm×1 040 mm×2 840 mm
机床质量	3 600 kg

3. Z3050×16（Ⅰ）型摇臂钻床的传动系统

Z3050×16（Ⅰ）型摇臂钻床的传动运动包括主轴旋转、主轴进给、摇臂升降及主轴箱在摇臂上的移动，其传动系统如图 4—1—9 所示。

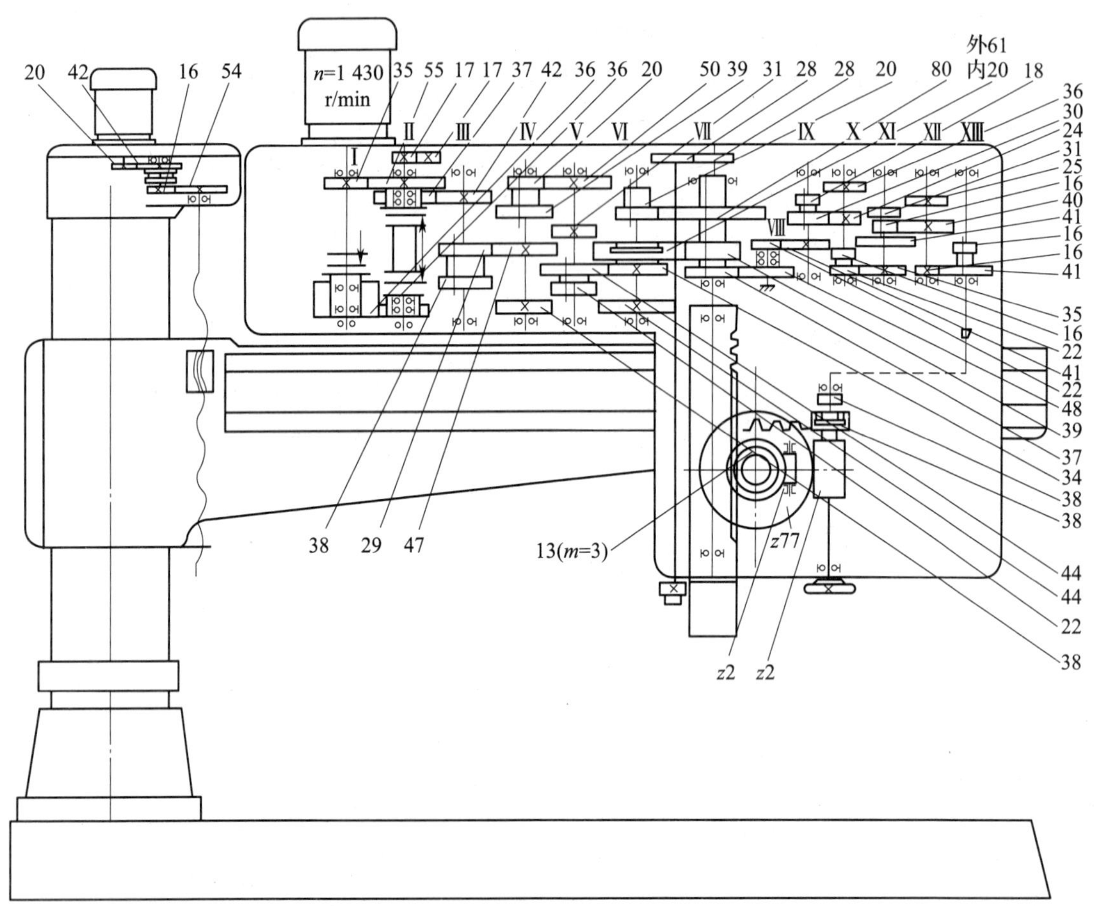

图 4—1—9　Z3050×16（Ⅰ）型摇臂钻床的传动系统

（1）主运动的传动结构式

$$电动机（1\,430\ r/min）—\mathrm{I}—\frac{35}{55}—\mathrm{II}—\frac{37}{42}—\mathrm{III}—\left\{\begin{matrix}\frac{38}{38}\\ \frac{29}{47}\end{matrix}\right\}—$$

$$\mathrm{IV}—\left\{\begin{matrix}\frac{39}{31}\\ \frac{20}{50}\end{matrix}\right\}—\mathrm{V}—\left\{\begin{matrix}\frac{44}{34}\\ \frac{22}{44}\end{matrix}\right\}—\mathrm{VI}—\left\{\begin{matrix}\frac{61}{39}\\ \frac{20}{80}\end{matrix}\right\}—\mathrm{VII}—主轴$$

（2）进给运动的传动结构式

$$主轴（\mathrm{VII}）—\frac{37}{48}—\mathrm{VIII}—\frac{22}{41}—\mathrm{IX}—\left\{\begin{matrix}\frac{30}{24}\\ \frac{18}{36}\end{matrix}\right\}—\mathrm{X}—\left\{\begin{matrix}\frac{22}{35}\\ \frac{16}{41}\end{matrix}\right\}—\mathrm{XI}—\left\{\begin{matrix}\frac{31}{25}\\ \frac{16}{40}\end{matrix}\right\}—$$

$$\mathrm{XII}—\left\{\begin{matrix}\frac{40}{16}\\ \frac{16}{41}\end{matrix}\right\}—\mathrm{VIII}—\frac{2}{77}—\pi m\times 13（其中\ m=3）—齿条—主轴进给$$

4. Z3050×16（Ⅰ）型摇臂钻床的操作方法

Z3050×16（Ⅰ）型摇臂钻床的操纵系统（见图4—1—10）主要集中在主轴箱的前面和下面。

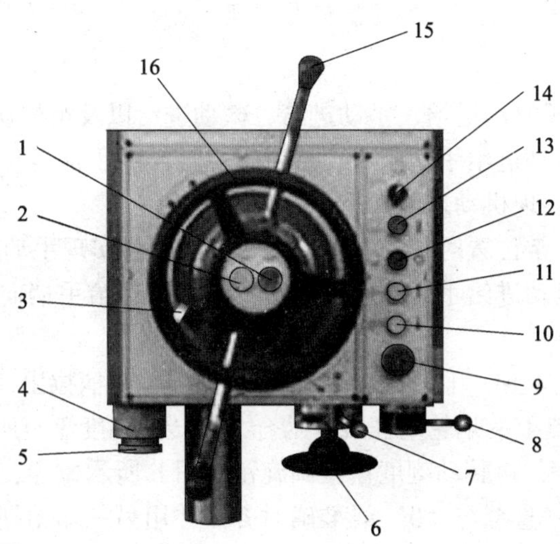

图4—1—10　Z3050×16（Ⅰ）型摇臂钻床的操纵系统

1—锁紧按钮　2—松开按钮　3—定程旋钮　4—预选进给手轮　5—预选变速手轮　6—微进给手轮　7—机动进给手柄　8—主轴操纵手柄　9—总停止按钮　10—摇臂下降按钮　11—摇臂上升按钮　12—主电动机停止按钮　13—主电动机启动按钮　14—锁紧选择旋钮　15—手动进给手柄　16—主轴箱移动手轮

（1）主轴的启动

按下主电动机启动按钮，指示灯亮时，主电动机启动。将主轴操纵手柄扳至正转

（向前）或反转（向后）位置上，主轴即顺时针或逆时针方向转动，中间位置为停止，如图 4—1—11a 所示。

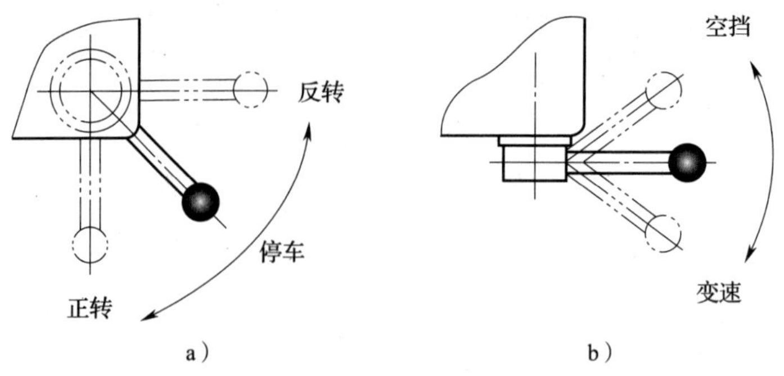

图 4—1—11 Z3050×16（Ⅰ）型摇臂钻床的主轴操纵手柄

a）主轴转向 b）空挡与变速

（2）主轴的空挡

如图 4—1—11b 所示，将主轴操纵手柄向上抬起，即可用手轻便转动主轴，如再启动主轴，须先将主轴操纵手柄压至变速位置（离合器接通），再将主轴操纵手柄扳至正转或反转位置上。

（3）主轴转速及进给量的变换

转动预选变速手轮或预选进给手轮，调整到所需的转速及进给量，然后将主轴操纵手柄压至变速位置，即可实现转速或进给量的变换。在主轴运转过程中，也可以进行转速或进给量预选。该机床有三级高转速及三级大进给量，为保证机床和操作者的安全，特设有互锁装置，不能同时选用。

（4）主轴的进给

该摇臂钻床可以实现机动进给、手动进给、微动进给以及定程切削。

1）机动进给。将机动进给手柄压下，然后将主轴操纵手柄扳至所需位置，再将手动进给手柄向外拉出，即可实现机动进给。

2）手动进给。在正常位置时转动手动进给手柄，即可实现手动进给。

3）微动进给。将机动进给手柄向上抬起，再将手动进给手柄向外拉出，转动微进给手轮，即可实现微动进给。

4）定程切削。如图 4—1—12 所示，将定程切削限位手柄拉出，转动刻度盘微调旋钮至图 a 所示位置，使刻度盘上的蜗轮蜗杆脱开啮合，可转动刻度盘至所需钻孔深度值与箱体上的副尺“0”线大致对齐，再转动刻度盘微调旋钮至图 b 所示位置，此时刻度盘上的蜗轮蜗杆已经啮合，进行微调，直至与“0”线准确对齐。并用另一端的锁紧旋钮，将刻度盘微调旋钮顶紧，推进定程切削限位手柄，接通机动进给。当钻孔深度达到所需值时，机动进给手柄自动抬起，断开机动进给，完成定程切削。

（5）主轴箱和立柱的夹紧与松开

主轴箱和立柱的夹紧或松开，可同时进行，也可单独进行，通过转动锁紧选择旋钮至所需位置，然后按压锁紧按钮或松开按钮即可。

（6）摇臂升降

摇臂的升、降分别由摇臂上升按钮、摇臂下降按钮控制。

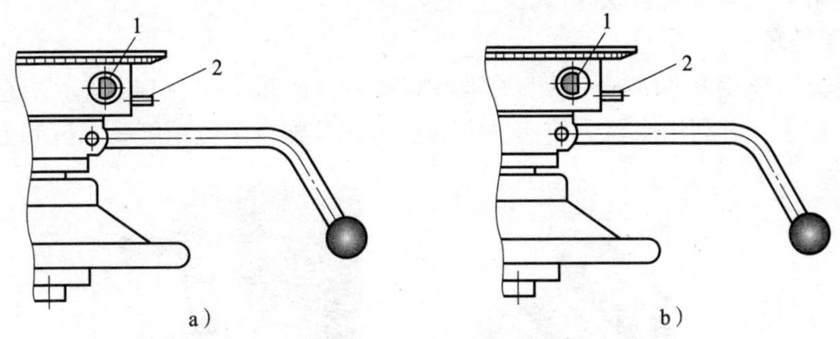

图 4—1—12　Z3050×16（Ⅰ）型摇臂钻床的定程切削

a）操纵位置（一）　b）操纵位置（二）

1—刻度盘微调旋钮　2—定程切削限位手柄

（7）主轴箱沿摇臂导轨移动

直接转动主轴箱移动手轮，可将主轴箱移动到所需位置。

5．Z3050×16（Ⅰ）型摇臂钻床的特点

（1）使用范围广，通用化程度较高。

（2）采用液压预选变速机构，可节省辅助时间。

（3）主轴正转、停车（制动）、变速、空挡等动作用一个手柄控制，操纵轻便。

（4）主轴箱、摇臂、内外柱采用液压驱动的菱形块夹紧机构，夹紧可靠。

（5）有可靠的安全保护装置。

四、钻床附具

1．扳手三爪钻夹头

扳手三爪钻夹头（俗称钻夹头，类代号用“J”表示）是钻床主要辅具之一，它分为重型（H）、中型（M）和轻型（L）3 类，连接形式有锥孔连接和螺纹连接两种，其规格用最大夹持直径表示。在钻床上常用锥孔连接的重型钻夹头，如 J2113H—B16 型钻夹头，主要用来装夹 $\phi13$ mm 以下的直柄麻花钻（麻花钻俗称钻头），其结构如图 4—1—13 所示。

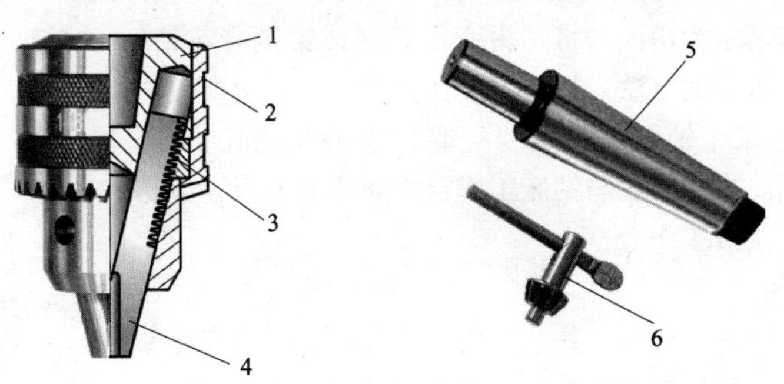

图 4—1—13　扳手三爪钻夹头结构

1—夹头体　2—夹头套　3—内螺纹圈　4—夹爪　5—钻夹头接杆　6—钻夹头扳手

夹头体的上端有一锥孔，用于连接钻夹头接杆或台式钻床主轴。钻夹头中的三个夹爪用来夹紧钻头的直柄，当带有小圆锥齿轮的钻夹头扳手带动夹头套上的大圆锥齿轮转动时，与夹头套紧配的内螺纹圈也同时旋转。内螺纹圈与三个夹爪上的外螺纹相配，于是三个夹爪便伸出或缩进，钻头直柄被夹紧或放松。

2. 钻头变径套

钻头变径套用来装夹 ϕ13 mm 以上的锥柄麻花钻，如图 4—1—14a 所示。它采用的是莫氏锥度，锥度较小，可利用摩擦力传递一定的扭矩，且配合定位精度高，拆卸方便。

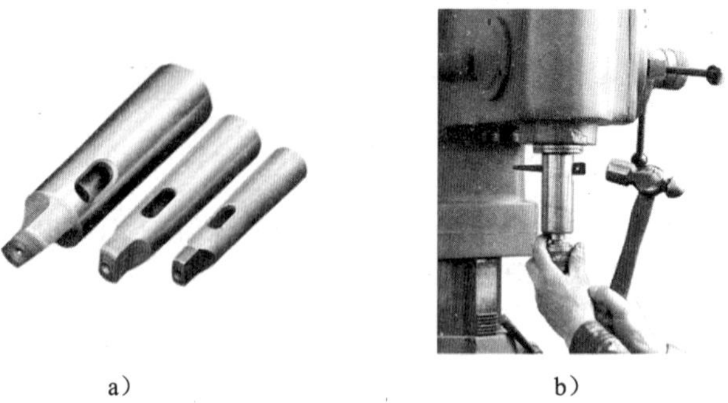

a）　　　　b）

图 4—1—14　钻头变径套（或锥柄麻花钻）的拆卸方法

a）钻头变径套　b）拆卸方法

标准钻头变径套共有五种，包括：1 号钻头变径套（内锥孔为 1 号莫氏锥度，外圆锥为 2 号莫氏锥度）、2 号钻头变径套（内锥孔为 2 号莫氏锥度，外圆锥为 3 号莫氏锥度）、3 号钻头变径套（内锥孔为 3 号莫氏锥度，外圆锥为 4 号莫氏锥度）、4 号钻头变径套（内锥孔为 4 号莫氏锥度，外圆锥为 5 号莫氏锥度）、5 号钻头变径套（内锥孔为 5 号莫氏锥度，外圆锥为 6 号莫氏锥度）。

使用钻头变径套时，应根据钻头锥柄莫氏锥度的号数和钻床主轴锥孔来选用。当用较小直径钻头钻孔时，用一个钻头变径套不能直接与钻床主轴锥孔相配，此时需要把多个钻头变径套配接起来使用。这样不仅增加了装拆的麻烦，同时也加大了钻床主轴与钻头的同轴度误差。因此，可采用非标钻头变径套，即外圆锥与钻床主轴锥孔一致，内锥孔与钻头锥柄一致。如在 Z3050×16（Ⅰ）型摇臂钻床上使用的“内 3/外 5”非标钻头变径套等。

图 4—1—14b 所示为用楔铁将钻头变径套（或锥柄麻花钻）从钻床主轴锥孔中拆下的方法。拆卸时楔铁带圆弧的一边要放在上面，否则会把钻床主轴（或钻头变径套）上的长圆孔挤坏。同时，用手握住钻头或在钻头与钻床工作台之间垫上木板，以防钻头跌落而损坏钻头或工作台。

3. 快换钻夹头

在钻床上加工同一工件时，往往需要调换直径不同的麻花钻或其他孔加工刀具。如用普通的钻夹头或钻头变径套来装夹具，需停车换刀，既不方便，又浪费时间，而且容易损坏刀具和钻头变径套，甚至影响钻床的精度。这时可采用如图 4—1—15 所示的快换钻夹头。

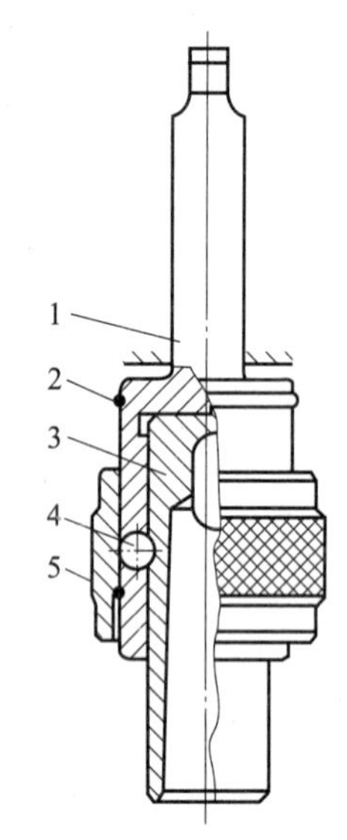

图 4—1—15　快换钻夹头

1—夹头体　2—弹簧环　3—可换套　4—钢球　5—滑套

夹头体的莫氏锥柄装在钻床主轴锥孔内。根据孔加工的需要备有多个可换套，并预先装好所需的刀具，可换套的外圆表面有两个凹坑，钢球嵌入时便可传递动力。当需要更换刀具时，不必停车，只要用手把滑套向上推，两粒钢球就因受离心力作用而贴于滑套端部的大孔表面。此时另一手就可把装有刀具的可换套取出，把另一个可换套插入，放下滑套，两粒钢球被重新压入可换套的凹坑内，带动麻花钻继续旋转。弹簧环的作用是限制滑套的上下位置。由此可见，使用快换钻夹头可做到不停车换装刀具，从而大大提高生产效率，降低操作者的劳动强度。

技能训练

任务一　台式钻床和立式钻床的使用与维护保养

1. 训练要求

（1）熟悉台式钻床和立式钻床的结构及其各部分的作用。

（2）掌握台式钻床和立式钻床的维护保养内容和要求。

（3）能正确、规范地操作台式钻床和立式钻床。

2. 训练准备

设备：台式钻床、立式钻床。

3. 训练要点

（1）训练初期必须在教师或安全员的监督下，先静态后动态进行分步骤练习。

（2）操作钻床时，必须严格按照操作规程操作，以免发生事故。

（3）台式钻床变速时，传动带的张紧力要控制适当。张紧力过大，轴承易损坏；张紧力过小，传动带容易打滑。

（4）操作立式钻床时，严禁从正转直接变换到反转，或从反转直接变换到正转，以防损坏变速齿轮。

（5）为确保钻床的精度，降低其故障率，延长使用寿命，在做好日常维护保养的基础上，应定期进行一级保养。一般每 3 ~ 6 个月进行一次，以操作人员为主，维修人员辅助。钻床的一级保养项目、内容及要求见表 4—1—4。

表 4—1—4　　钻床的一级保养项目、内容及要求

项目	内容及要求
钻床外部	（1）检查钻床外表及附件，要求清洁，无油污、锈蚀及黄袍等污物，达到“漆见本色，铁见光”的要求 （2）检查紧固件，要求齐全、有效 （3）检查外露精密表面，要求无毛刺
传动机构	（1）检查并清洁传动轴、齿轮、齿条等 （2）检查并清洁导轨及工作台 （3）检查并调整手柄、手轮挡位

续表

项目	内容及要求
润滑系统	（1）检查润滑油的油质、油量 （2）检查润滑装置，要求齐全、完整、清洁 （3）检查油路及油窗，要求油路畅通，油窗醒目
冷却系统	（1）清洗过滤网、切削液箱，要求无沉淀或杂物 （2）检查冷却系统是否完整，要求管路畅通，无泄漏
电气系统	（1）检查并清洁电动机及电气箱 （2）检查电气元件触点，要求性能良好、安全可靠

4. 训练评价

训练评分标准见表4—1—5。

表4—1—5　　训练评分标准

训练课题	台式钻床和立式钻床的使用与维护保养				
姓名		班级		总得分	
序号	项目	配分	评分标准	实测结果	得分
1	静态检查正确	10	每处错误扣2分		
2	启动、停止操作正确	10	每处错误扣5分		
3	正转、反转操作正确	10	每处错误扣5分		
4	变速操作正确	10	每处错误扣5分		
5	手动进给、机动进给操作正确	20	每处错误扣5分		
6	使用方法及操作步骤正确	15	每处错误扣3分		
7	维护保养正确	15	每处错误扣3分		
8	安全文明生产	10	酌情扣分		
现场记录					

任务二　摇臂钻床的使用与维护保养

1. 训练要求

(1) 熟悉摇臂钻床的结构及其各部分的作用。

(2) 掌握摇臂钻床的维护保养内容和要求。

(3) 能正确、规范地操作摇臂钻床。

2. 训练准备

设备：摇臂钻床。

3. 训练要点

(1) 主轴机动进给时，手动进给手柄会自动旋转，操作者应与此手柄保持距离。

(2) 在锁紧状态下，可直接按压摇臂上升按钮或摇臂下降按钮，机床能自动完成松开、升降、再锁紧一系列动作。

(3) 摇臂和主轴箱的位置调整好后，都必须锁紧，以防止钻孔时产生摇晃而发生事故。

4. 训练评价

训练评分标准见表 4—1—6。

表 4—1—6　　**训练评分标准**

训练课题	摇臂钻床的使用与维护保养				
姓名		班级		总得分	
序号	项目	配分	评分标准	实测结果	得分
1	静态检查正确	10	每处错误扣 2 分		
2	启动、停止操作正确	10	每处错误扣 5 分		
3	正转、反转操作正确	10	每处错误扣 5 分		
4	变速操作正确	10	每处错误扣 5 分		
5	手动、机动、微动、定程进给操作正确	20	每处错误扣 5 分		
6	主轴箱、立柱夹紧与松开操作正确	10	每处错误扣 5 分		
7	摇臂升降操作正确	10	每处错误扣 5 分		
8	维护保养正确	10	每处错误扣 2 分		
9	安全文明生产	10	酌情扣分		
现场记录					

课题二
钻孔、扩孔和锪孔

一、钻孔

用麻花钻在实体材料上加工孔的方法称为钻孔，如图 4—2—1 所示。在钻床上进行钻孔时，麻花钻的旋转是主运动，钻头沿轴向移动是进给运动。

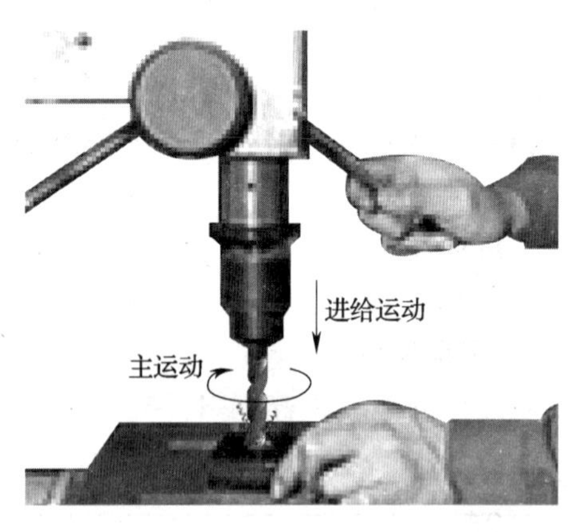

图 4—2—1　钻孔

1. 钻削的特点

钻削时由于麻花钻在半封闭的状态下进行切削加工，因此，钻削加工具有以下特点：

（1）切削量大，排屑困难。

（2）切削温度高，散热困难，麻花钻易磨损。

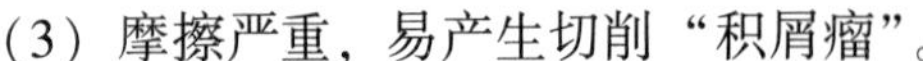

（3）摩擦严重，易产生切削“积屑瘤”。

（4）麻花钻细而长，钻孔时容易产生振动。

（5）加工精度低，钻孔的尺寸精度一般为 IT11 ~ IT10，表面粗糙度值一般为 Ra100 ~ 25 μm。

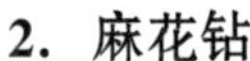

2. 麻花钻

（1）麻花钻的组成

麻花钻（俗称钻头）是指容屑槽由螺旋面构成的钻头，钻体部分形状像麻花，如图 4—2—2 所示。它是钳工常用的主要钻孔刀具，其工作部分用 W6Mo5Cr4V2 或其他同等性能的普通高速钢（代号：HSS）制造，热处理淬火后硬度达 62. 5 ~ 66. 5HRC；也可用高性能高速钢（代号：HSS—E）制造，淬火后硬度可达 64 ~ 68HRC。

麻花钻按制造精度等级分为普通级麻花钻和精密级麻花钻（精密级标记“H”，普通级不标记）；按装夹方法及柄部结构分为直柄麻花钻（包括粗直柄、短系列、通用系列、长系列和超长系列）和莫氏锥柄麻花钻（包括通用系列、长系列、加长系列和超长系列）。

如图 4—2—2 所示，麻花钻由钻体和钻柄组成，规格用直径表示（靠近切削部分处测量），其参数可查阅相关国家标准。

1）钻柄。钻柄是麻花钻的夹持部分，主要用来连接钻床主轴并传递动力。为了便于装夹，通常钻削 ϕ13 mm 以下的孔径时，选用直柄麻花钻；钻削 ϕ13 mm 以上的孔径时，选用莫氏锥柄麻花钻。在莫氏锥柄的小端有一扁尾，以备嵌入锥孔的槽中，作顶出钻头之用。

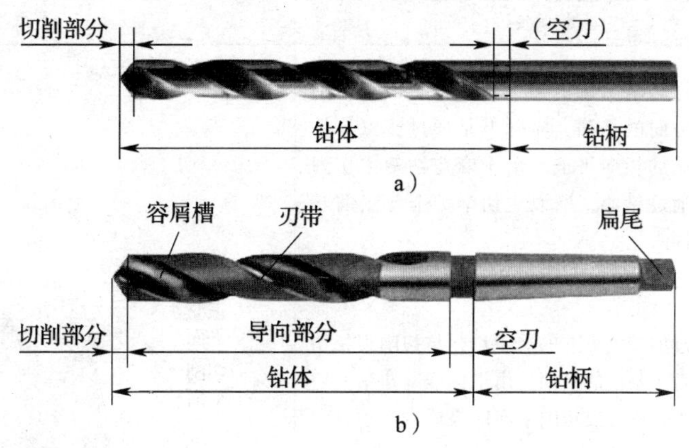

图 4—2—2　麻花钻

a）直柄麻花钻　b）锥柄麻花钻

2）钻体。麻花钻的钻体包括切削部分（又称钻尖）和由两条刃带形成的导向部分及空刀。切削部分是指由产生切屑的要素（主切削刃、副切削刃、横刃、前面、后面、刀尖）所组成的工作部分，如图 4—2—3 所示，它承担着主要的切削工作。导向部分用来保持麻花钻钻孔时的正确方向，副切削刃（又称刃带导向刃，即刃带与容屑槽的交线）可修光孔壁。为了减少刃带与孔壁的摩擦，便于导向，麻花钻的导向部分直径略有倒锥（用倒锥度表示，每 100 mm 长度上为 0. 02 ~ 0. 12 mm，但总倒锥量不应超过 0. 25 mm）。空刀的作用是在磨制麻花钻时作退刀槽使用，通常锥柄麻花钻的规格、材料及商标也打印在此处。

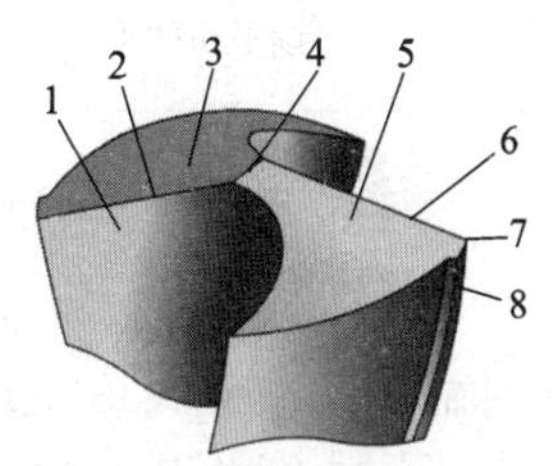

图 4—2—3　麻花钻的切削部分

1—前面　2、6—主切削刃　3、5—后面　4—横刃　7—刀尖　8—副切削刃

（2）麻花钻的主要几何角度

由于麻花钻的结构较为复杂，在学习麻花钻的几何角度之前，首先要了解与其相关的几个辅助平面，见表 4—2—1。

表 4—2—1　　与麻花钻几何角度相关的辅助平面

名称	定义及说明	图示
结构基面	与主切削刃上的外缘转点和横刃转点连线相平行，且通过钻心的平面	结构基面 钻心 横刃转点 外缘转点

续表

名称	定义及说明	图示
基面	通过切削刃选定点，且垂直于该点切削速度方向的平面，实际上是通过该点与钻心连线的径向平面。由于麻花钻两主切削刃不通过钻心，所以主切削刃上各点的基面不同	基面 钻心 正交平面 主切削刃上的选定点 切削平面
切削平面	通过主切削刃上的选定点，与切削刃相切并垂直于基面的平面。由于标准麻花钻主切削刃为直线，故切削平面即为该点运动方向与主切削刃构成的平面	
正交平面	通过主切削刃上选定点并垂直于基面和切削平面的平面	
柱剖面	通过主切削刃上选定点作与麻花钻轴线平行的直线，该直线绕麻花钻轴线旋转所形成的圆柱面的切面	柱剖面 主切削刃上的选定点

麻花钻的主要几何角度有螺旋角、顶角、前角、后角、横刃斜角，如图 4—2—4 所示。

1）螺旋角（ω）。刃带导向刃上选定点的切线与包含该点及轴线组成的平面间的夹角称为螺旋角。麻花钻不同直径处的螺旋角是不同的，外径处螺旋角最大，越接近中心螺旋角越小。螺旋角增大则前角增大，有利于排屑，但麻花钻刚度下降。麻花钻外缘处的螺旋角通常为 30°。

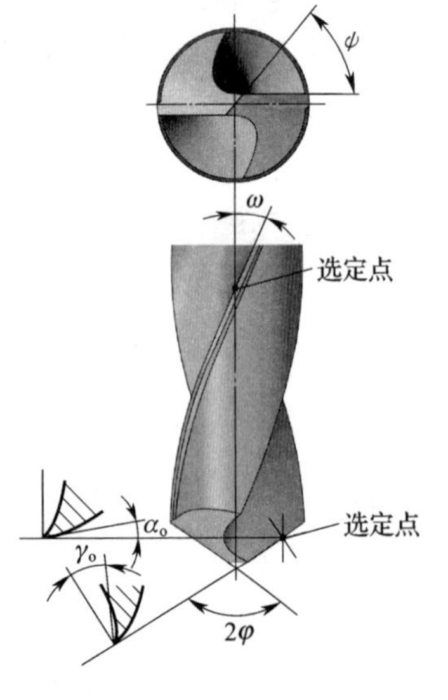

图 4—2—4　麻花钻的几何角度

2）顶角（2φ）。两主切削刃在结构基面上的投影间的夹角称为麻花钻的顶角。顶角越小，轴向力越小，外缘处刀尖角越大，利于散热。但在相同条件下，所受转矩增大，切屑变形加剧，排屑困难。顶角的大小一般根据麻花钻的加工条件而定，标准麻花钻的顶角 $2\varphi = 118° \pm 2°$，此时两主切削刃呈直线。顶角 $2\varphi > 118°$时，主切削刃内凹；顶角 $2\varphi < 118°$时，主切削刃外凸，如图 4—2—5 所示。

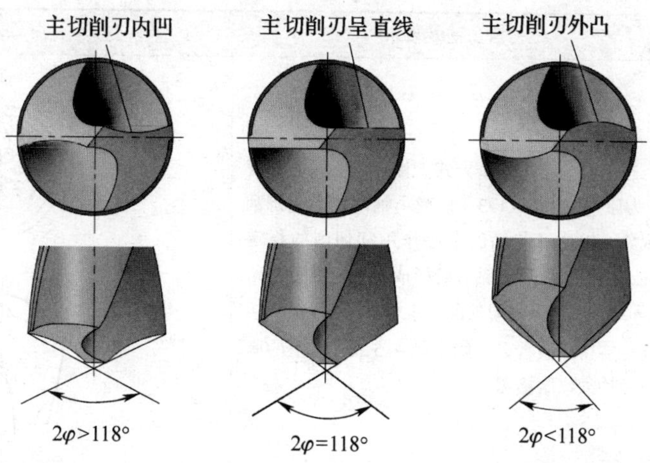

图 4—2—5　麻花钻顶角与主切削刃形状的关系

3）前角（γ_o）。在主切削刃上通过选定点的前面与基面的夹角称为前角。前角大小决定着切除材料的难易程度和切屑在前面上的摩擦阻力的大小，前角越大，切削越省力。由于麻花钻的前面是一个螺旋面，所以主切削刃上的前角大小是变化的，外缘处最大，可达 $\gamma_o=30°$；自外向内逐渐减小，在钻心至 $d/3$ 范围内为负值；横刃处的前角 $\gamma_o=-60°\sim-54°$；接近横刃处的前角 $\gamma_o=-30°$。

4）后角（α_o）。通过选定点在柱剖面上的后面与切削平面之间的夹角称为后角。后角的作用是减小麻花钻后面与切削面间的摩擦，麻花钻主切削刃上的后角大小也是变化的，外缘处最小，越接近钻心后角越大。一般外缘处的后角 $\alpha_o=8°\sim14°$。

5）横刃斜角（ψ）。横刃斜角是指主切削刃与横刃在垂直于麻花钻轴线的平面上投影的夹角。当麻花钻后面磨出后，横刃斜角自然形成，其大小与后角有关。标准麻花钻的横刃斜角 $\psi=50°\sim55°$。

（3）标准麻花钻的缺点

1）横刃较长，横刃处前角为负值，在切削中，横刃处于挤刮状态，产生很大的轴向力，定心不良。

2）主切削刃上各点前角大小不一样，致使各点切削性能不同。靠近钻心处前角为负值，处于挤刮状态，切削性能差，产生热量大，磨损严重。

3）麻花钻刃带处的副后角为零。靠近切削部分的刃带与孔壁摩擦比较严重，产生热量大，易磨损。

4）主切削刃外缘处的刀尖角较小，前角很大，刀齿薄弱，而此处的切削速度最高，故产生切削热最多，磨损极为严重。

5）主切削刃长，且全宽参与切削。分屑、断屑、排屑困难。

（4）标准麻花钻的修磨

由于麻花钻存在诸多缺点，因此在使用前，应根据工件材料和加工精度要求的不同，采取必要的修磨措施，以改善麻花钻的切削性能。其修磨方法及要求见表 4—2—2。

表 4—2—2　　　　　　　　　　**麻花钻的修磨方法及要求**

修磨部位	修磨方法及要求	图示
磨短横刃并增大靠近钻心处的前角	这是最基本的修磨方式。修磨后横刃的长度 b 为原来的 1/5 ~ 1/3，以减小轴向抗力和挤刮现象，提高麻花钻的定心作用和切削的稳定性。同时，在靠近钻心处形成内刃，内刃斜角 $\tau = 20° \sim 30°$，内刃处前角 $\gamma_\tau = -15° \sim 0°$，切削性能得以改善。一般直径在 5 mm 以上的麻花钻均须修磨横刃	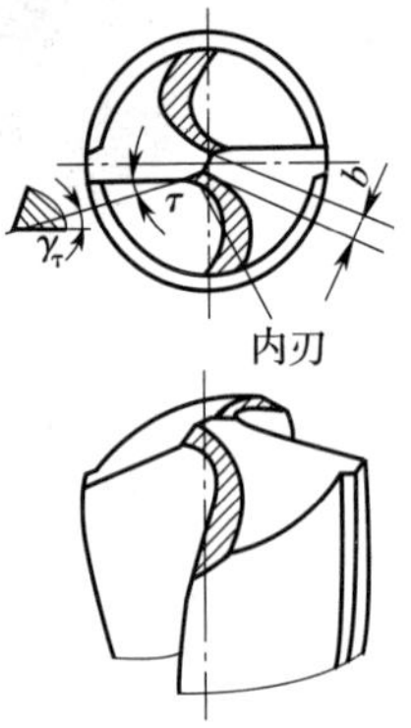
主切削刃	主要是磨出第二顶角 $2\varphi_0$（70° ~ 75°）。在麻花钻外缘处磨出过渡刃（$f_0 = 0.2d$），以增大外缘处的尖角 ε，改善散热条件，增加刀齿强度，提高切削刃与刃带交角处的耐磨性，延长麻花钻寿命，减少孔壁的残留面积，有利于减小孔的表面粗糙度值	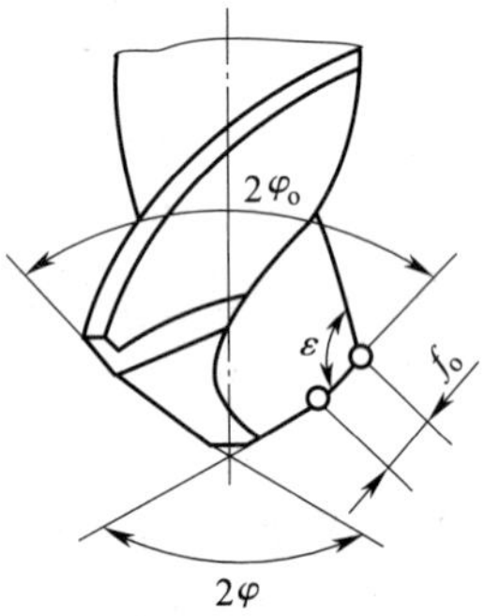
刃带	在靠近主切削刃的一段刃带上，磨出副后角 $\alpha_{o1} = 6° \sim 8°$，并保留刃带宽度为原来的 1/3 ~ 1/2，以减少对孔壁的摩擦，延长麻花钻寿命	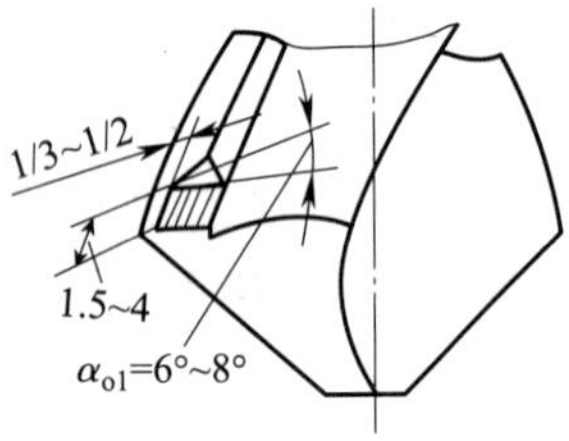
前面	修磨外缘处前面，可以减小此处的前角，提高刀齿的强度，钻削黄铜时，可以避免扎刀现象。扎刀就是麻花钻旋转时会自动切入工件的现象，轻者使孔口损坏，造成崩刃；重者将使钻头扭断，甚至会把工件从夹具中拉出造成事故	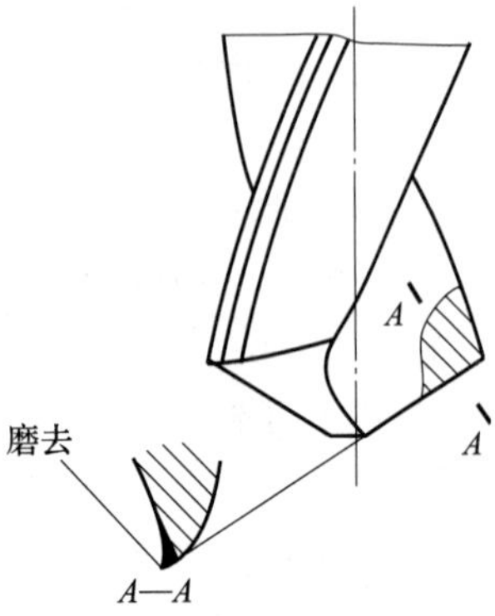

续表

修磨部位	修磨方法及要求	图示
分屑槽	在两个后面或前面上磨出几条相互错开的分屑槽，使切屑变窄，以利排屑。直径大于 15 mm 的麻花钻都可磨出分屑槽	前面开槽 后面开槽

3. 群钻

群钻是经几十年的实践革新而获得的一种寿命长、适应性强、生产效率和加工精度高的新型钻头。根据加工材料和工艺特性的不同，现已形成一套独立的孔加工刀具系列。

（1）标准群钻

标准群钻是群钻系列中的基础，主要用来钻削碳钢和各种合金结构钢，应用最广。

1）结构特点

①磨出月牙槽，即在后面上对称地磨出月牙槽，形成凹形圆弧刃，把主切削刃分成 3 段，即外刃（*AB* 段）、圆弧刃（*BC* 段）、内刃（*CD* 段），如图 4—2—6 所示。

②磨短横刃，使横刃的长度为原来的 1/7 ~ 1/5，同时使新形成的内刃上的前角也大大增加。

③磨出单边分屑槽。

2）优点

①磨出月牙槽，形成凹形圆弧刃，把主切削刃分成 3 段，起到了分屑、断屑的作用，使排屑顺利。

②圆弧刃上各点的前角增大，减小了切削阻力，可提高切削效率。

③降低了钻尖高度，可将横刃磨得较短而不影响钻尖强度，同时大大降低了切削时的轴向阻力，有利于切削速度的提高。

④钻孔时，在孔底切出圆环肋，加强了定心作用和钻头切削时的稳定性，有利于提高孔的加工质量。

⑤磨出分屑槽后，使切屑变窄，有利于排屑和切

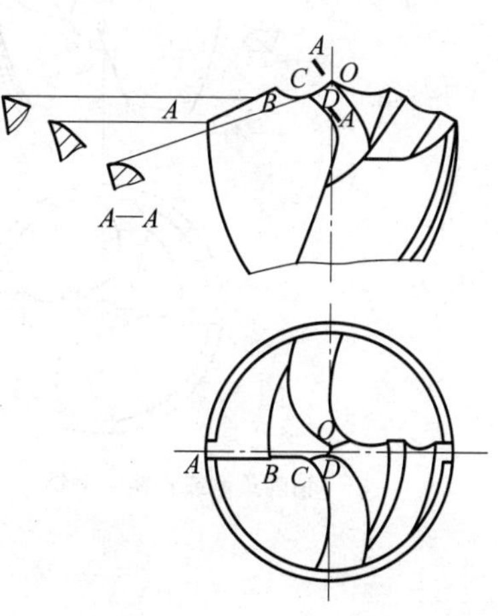

图 4—2—6　标准群钻

削液的进入，延长了钻头的寿命并且减小了工件变形，提高了加工质量。

（2）其他常用群钻

除了标准群钻外，其他常用群钻的工艺特点及刃磨要求见表4—2—3。

表4—2—3　　其他常用群钻的工艺特点及刃磨要求

名称及图示	工艺特点	刃磨要求
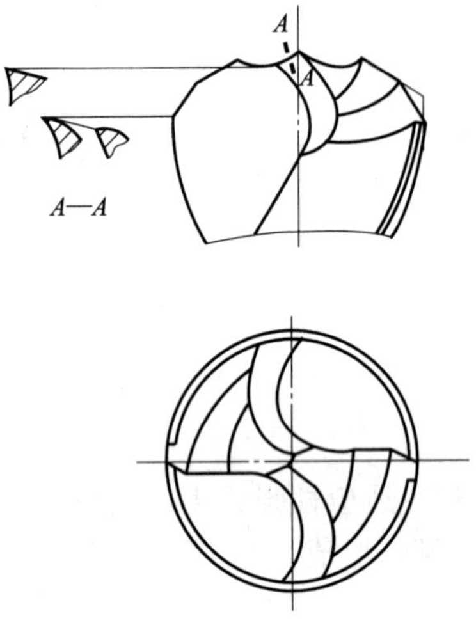 A A A—A 钻削铸铁用群钻	由于铸铁较脆，钻削时切屑呈碎块状并夹杂着粉末，挤轧在后面、刃带与工件之间，产生剧烈的摩擦，使钻头磨损。磨损几乎都发生在刀具后面上，最严重的部位则是切削刃与刃带转角处的后面	（1）为了增大刀尖处的散热面积，磨出第二顶角，对直径较大的群钻可磨出第三顶角，从而延长寿命 （2）将后角磨得更大，比钻钢材的钻头大3°～5°，并磨出第二重后角，增大后面与孔底间的容屑空间，有利于切削 （3）在刀尖处磨出R0.5 mm左右的圆角，有利于提高加工质量 （4）横刃可磨得更短，约为标准麻花钻的1/7～1/5
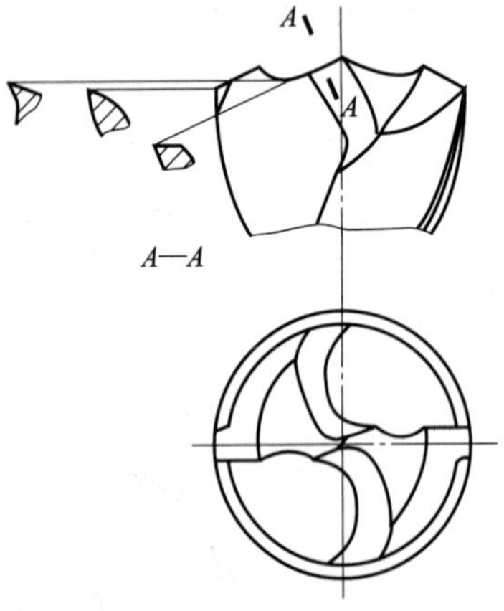 A A A—A 钻削黄铜或青铜用群钻	黄铜和青铜的硬度较低，组织疏松，切削阻力较小，若采用较锋利的切削刃，会产生扎刀现象	（1）为避免扎刀现象，外缘处的前角应磨小 （2）为提高生产率，横刃应磨得更短 （3）主、副切削刃的交角处可磨成半径为0.5～1 mm的过渡圆弧，以降低钻孔表面粗糙度值

续表

名称及图示	工艺特点	刃磨要求
钻削薄板用群钻	在薄板工件上钻孔，不能用标准麻花钻，因为其钻尖较高，当钻尖钻穿工件时，麻花钻立即失去定心作用，同时轴向力突然减小，加上工件弹动，使钻头切削厚度突然增大，导致孔不圆或孔口毛边很大，甚至扎刀或折断麻花钻	（1）把两主切削刃磨成圆弧形切削刃，形成锋利的两个刀尖，并比钻心刀尖略低 0.5 ~ 1.5 mm，形成三尖，加强定心作用 （2）可将横刃磨得更短，加强定心作用

4. 钻削时切削用量的选择

（1）切削用量三要素

如图 4—2—7 所示，钻削时切削用量包括切削速度（v）、进给量（f）和背吃刀量（a_p）。

1）切削速度。指钻孔时麻花钻直径上一点的线速度。可由下式计算：

$$v=\frac{\pi dn}{1\,000}$$

式中 v——切削速度，m/min；

d——麻花钻直径，mm；

n——钻床主轴转速，r/min。

例 麻花钻直径为 20 mm，以 450 r/min 的转速钻孔，其切削速度是多少？

解：$v=\pi dn/1\,000\approx 3.14\times 20\times 450/1\,000=28.26$（m/min）

答：麻花钻的切削速度为 28.26 m/min。

2）进给量。指主轴每转一圈麻花钻对工件沿主轴轴线的相对移动量，单位为 mm/r。

3）背吃刀量。指已加工表面与待加工表面之间的垂直距离。钻削时的背吃刀量为孔径的一半，即 $a_p=D/2$（mm）。

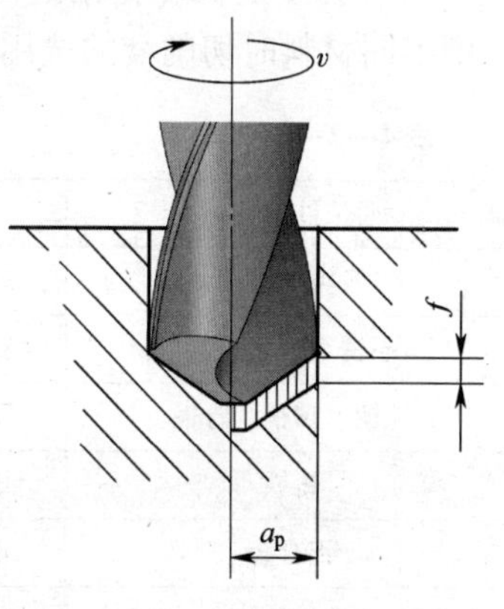

图 4—2—7 钻削时的切削用量

（2）钻削时切削用量的选择

钻孔时，由于背吃刀量已由孔径所定，所以只需选择切削速度和进给量。

对钻孔生产率的影响，切削速度 v 比进给量 f 大；对孔的表面粗糙度的影响，进给量 f 比切削速度 v 大。综合以上的影响因素，钻削时切削用量的选用原则是：在允许范围内，尽量先选较大的进给量 f，当 f 受到表面粗糙度和麻花钻刚度的限制时，再考虑选较大的切削速度 v。

具体选择切削用量时，应根据麻花钻直径、麻花钻材料、工件材料、加工精度及表面粗糙度等方面的要求，凭经验或参考表4—2—4 和表4—2—5 选取。

表 4—2—4　　　　高速钢麻花钻的进给量选择

钻头直径 d（mm）	<3	3～6	6～12	12～25	>25
进给量 f（mm/r）	0.025～0.05	0.05～0.10	0.10～0.18	0.18～0.38	0.38～0.62

表 4—2—5　　　　高速钢麻花钻的切削速度选择

加工材料	硬度 HB	切削速度 v（m/min）
低碳钢	100～125	27
	>125～175	24
	>175～225	21
中、高碳钢	125～175	22
	>175～225	20
	>225～275	15
	>275～325	12
合金钢	175～225	18
	>225～275	15
	>275～325	12
	>325～375	10
铜合金	—	20～48
铝合金	—	75～90

加工材料	硬度 HB	切削速度 v（m/min）
可锻铸铁	110～160	42
	>160～200	25
	>200～240	20
	>240～280	12
球墨铸铁	140～190	30
	>190～225	21
	>225～260	17
	>260～300	12
灰铸铁	100～140	33
	>140～190	27
	>190～220	21
	>220～260	15
	>260～320	9

5. 钻孔时的注意事项

（1）钻孔前要检查工件加工孔位置和麻花钻刃磨是否正确，钻床转速是否合理。

（2）起钻时，先钻出一浅坑，观察钻孔位置是否正确，并不断修正。

（3）钻孔时进给量要选择合理。

（4）为了延长麻花钻的寿命和改善加工孔的表面质量，钻孔时要选择合适的切削液。钻削不同材料时切削液的选用见表4—2—6。

表 4—2—6　　　　钻削不同材料时切削液的选用

工件材料	切削液
各类结构钢	3%～5%乳化液、7%硫化乳化液
不锈钢、耐热钢	3%肥皂加2%亚麻油水溶液、硫化切削油
纯铜、黄铜、青铜	不用；5%～8%乳化液
铸铁	不用；5%～8%乳化液、煤油
铝合金	不用；5%～8%乳化液、煤油、煤油与菜油的混合油
有机玻璃	5%～8%乳化液、煤油

6. 钻孔的安全文明生产要求

(1) 操作钻床时不准戴手套，清除切屑时不准用手拿或用嘴吹，并尽量停车清除。

(2) 工件要夹紧，钻头快要钻穿工件时要尽量减小进给力，以免扎刀而造成钻头折断或出现事故。

(3) 开动钻床前，应检查是否有钻夹头扳手或楔铁插在钻轴上。

(4) 操作钻床时，头部不准与旋转的主轴靠得太近，钻床变速前应先停车。

(5) 钻通孔时，工件下面必须垫上垫块或使麻花钻对准工作台的槽，以免损坏工作台。

(6) 清洁钻床或加注润滑油时，必须切断电源。

二、扩孔

对工件上原有的孔进行扩大加工的方法称为扩孔。扩孔钻的结构及扩孔原理如图4—2—8所示。

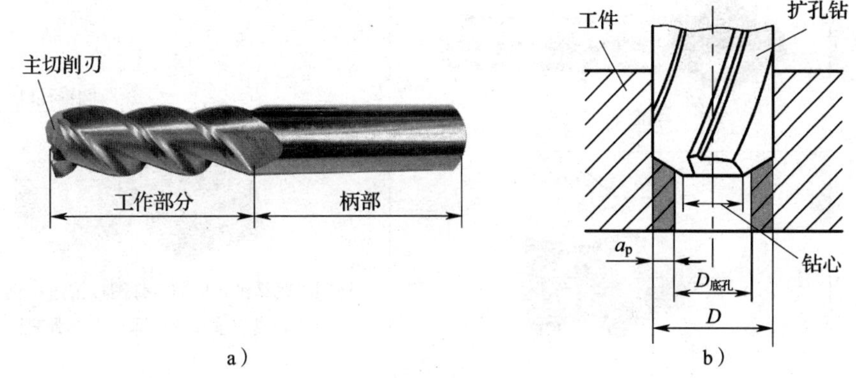

图4—2—8 扩孔钻的结构及扩孔原理

a) 扩孔钻的结构 b) 扩孔原理

1. 扩孔的特点

(1) 扩孔钻因钻心不切削，无横刃，切削刃只做成靠边缘的一段，避免了横刃切削所引起的不良影响。

(2) 因扩孔产生的切屑体积小，不需大容屑槽，扩孔钻可加粗钻心，提高刚度，使切削平稳。

(3) 由于容屑槽较小，扩孔钻可做出较多刀齿，以增强导向作用，一般整体式扩孔钻有3~4个主切削刃。

(4) 扩孔时，背吃刀量较小，切屑易排出，切削阻力小。

(5) 由于扩孔时的切削条件优于钻孔，因此当加工的孔径较大时，为了防止钻孔产生过多的热量造成工件变形或切削力过大，或更好地控制孔径尺寸，往往先钻出比图样要求小的孔，然后再把孔径扩大至要求。扩孔精度可达IT10~IT9，表面粗糙度值可达Ra12.5~3.2 μm，常作为孔的半精加工及铰孔前的预加工。

2. 扩孔时的注意事项

(1) 用扩孔钻扩孔时，底孔直径约为所要求直径的0.5~0.7倍，进给量为钻孔时的1.5~2倍，切削速度为钻孔时的1/2。当采用手动进给时，进给量要均匀一致。

（2）在实际生产中，也常用麻花钻代替扩孔钻使用，一般用麻花钻扩孔时，底孔直径约为所要求直径的0.9倍。

（3）用麻花钻扩孔时，应适当减小麻花钻的前角，以防扩孔时扎刀。

三、锪孔

在孔口表面锪出一定形状的孔或表面的加工方法称为锪孔。

1．锪钻

锪孔时使用的刀具称为锪钻，一般用高速钢制造。按孔口的形状一般分为锥形锪钻、圆柱形锪钻和端面锪钻，可分别锪制锥形沉孔、圆柱形沉孔和凸台端面等。锪钻的类型及锪孔应用见表4—2—7。

表4—2—7　　锪钻的类型及锪孔应用

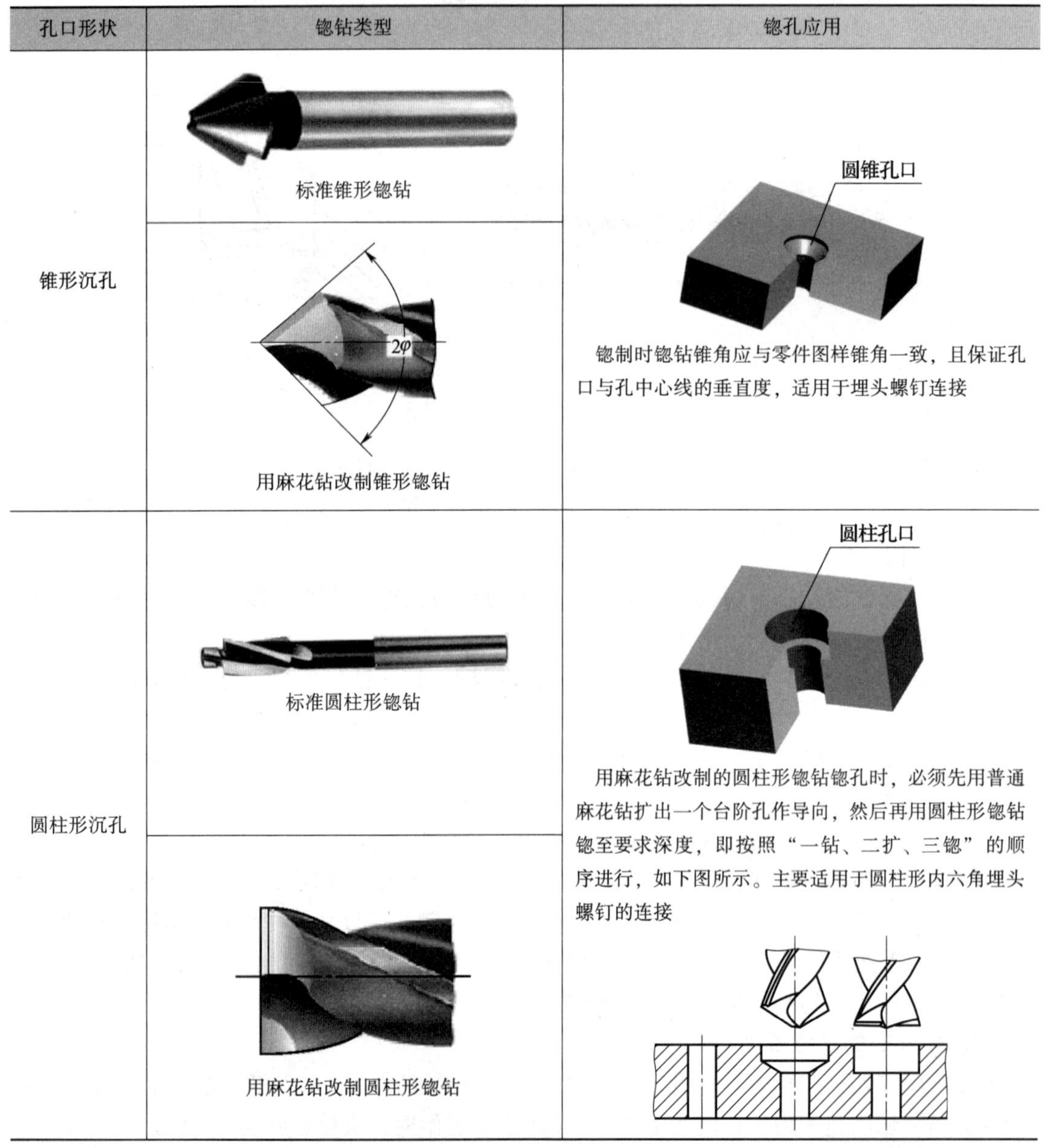

孔口形状	锪钻类型	锪孔应用
锥形沉孔	标准锥形锪钻 用麻花钻改制锥形锪钻	锪制时锪钻锥角应与零件图样锥角一致，且保证孔口与孔中心线的垂直度，适用于埋头螺钉连接
圆柱形沉孔	标准圆柱形锪钻 用麻花钻改制圆柱形锪钻	用麻花钻改制的圆柱形锪钻锪孔时，必须先用普通麻花钻扩出一个台阶孔作导向，然后再用圆柱形锪钻锪至要求深度，即按照“一钻、二扩、三锪”的顺序进行，如下图所示。主要适用于圆柱形内六角埋头螺钉的连接

续表

孔口形状	锪钻类型	锪孔应用
凸台端面	标准端面锪钻	端面锪平 将孔口端面锪平，并与孔中心线垂直，能使连接螺栓（或螺母）的端面与连接件保持良好接触，使连接可靠

2. 锪孔时的注意事项

（1）锪孔时的进给量应为钻孔时的 2 ~ 3 倍，切削速度为钻孔时的 1/3 ~ 1/2。应尽量减小振动以获得较小的表面粗糙度值。

（2）当用麻花钻改磨成锪钻时，应尽量选用较短的麻花钻，并修磨外缘处前面，使前角变小，以防振动和扎刀。还应磨出较小的后角，防止锪出多角形表面。

（3）锪钢材料的工件时，因切削热量大，应在导柱和切削表面上加注切削液。

技能训练

任务一　麻花钻的刃磨

1. 训练要求

（1）熟悉麻花钻的结构及其各几何角度对钻削的影响。

（2）能正确、规范地刃磨麻花钻。

2. 训练准备

（1）设备：砂轮机。

（2）工具：麻花钻。

3. 训练要点

（1）刃磨时要保证砂轮平整，旋转平稳。

（2）刃磨主切削刃时，右手握住钻头的前端，左手握住柄部，主切削刃在略高于砂轮中心平面处保持水平，钻头的轴线与砂轮圆柱母线在水平面内的夹角约等于钻头顶角 2φ 的一半，柄部下倾约 1°，如图 4—2—9 所示。当主切削刃与砂轮接触时，左手下压钻头柄部，使钻头以右手为支点缓慢摆动，摆动的幅度应根据钻头的后角确定。同时，将钻头绕轴线做顺时针轻微转动，以保证横刃斜角 ψ 在规定的范围内。

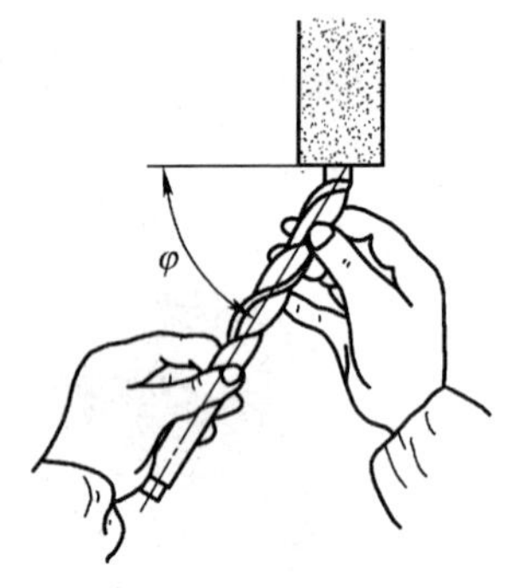

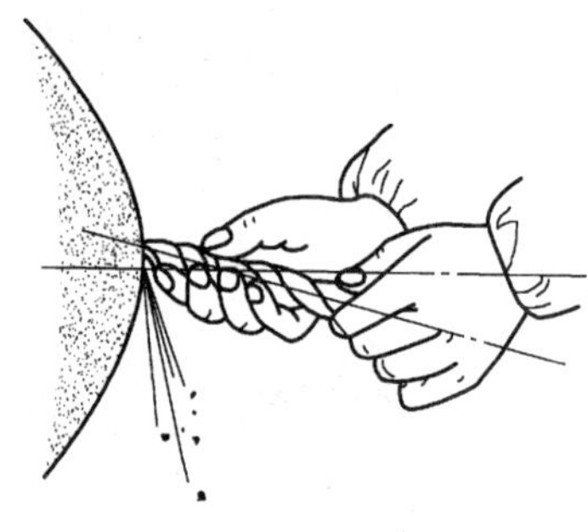

图 4—2—9　主切削刃的刃磨

（3）为了增大靠近横刃处的前角，修磨横刃时，可使钻头轴线在水平面内相对砂轮侧面左倾约 15°，在垂直平面内与刃磨点的砂轮半径方向约成 55°下摆角，如图 4—2—10 所示。

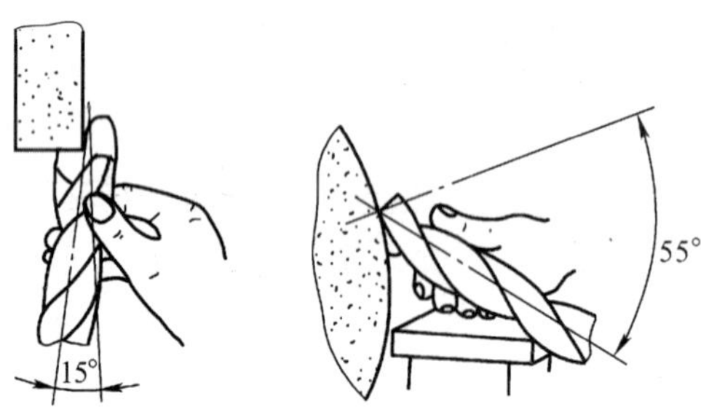

图 4—2—10　横刃的修磨

（4）钻头刃磨后，应保证：顶角 $2\varphi = 118° \pm 2°$，横刃斜角 $\psi = 50° \sim 55°$，钻头顶角相对于轴线对称。

对于初学者来说，可利用样板检验钻头几何角度及对称性，如图 4—2—11 所示。随操作者经验的不断增长，通常采用目测法检验刃磨后的质量。方法是将钻头垂直竖立在与眼睛等高的位置，观察两主切削刃的长度、高度及后角大小等。由于存在视差，观察时应将钻头反复转过 180°，进行仔细对比及修磨，直至两刃基本对称。

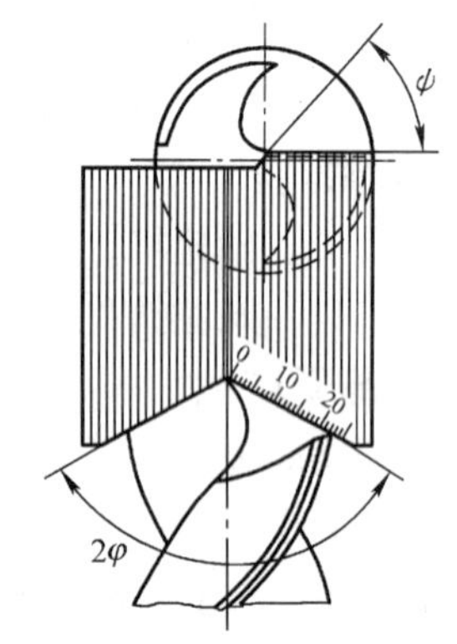

图 4—2—11　用样板检验钻头几何角度及对称性

（5）钻头的后角与横刃斜角有直接关系，控制其大小时可相互参照。

（6）刃磨两主切削刃时，不应刃磨好一条主切削刃后再刃磨另一条主切削刃，而应两切削刃交替刃磨，边刃磨边检查，且随时修正，直至达到刃磨要求。

（7）注意控制刃磨温度，应经常蘸水冷却，以避免钻头过热退火而降低硬度。

4. 训练评价

训练评分标准见表 4—2—8。

表 4—2—8　　训练评分标准

<table>
<tr><td>训练课题</td><td colspan="5">麻花钻的刃磨</td></tr>
<tr><td>姓名</td><td></td><td>班级</td><td></td><td>总得分</td><td></td></tr>
<tr><td>序号</td><td>项目</td><td>配分</td><td>评分标准</td><td>实测结果</td><td>得分</td></tr>
<tr><td>1</td><td>刃磨操作姿势与动作正确、规范</td><td>10</td><td>每处错误扣 5 分</td><td></td><td></td></tr>
<tr><td>2</td><td>顶角 $2\varphi = 118° \pm 2°$</td><td>10</td><td>不符合要求不得分</td><td></td><td></td></tr>
<tr><td>3</td><td>横刃斜角 $\psi = 50° \sim 55°$</td><td>10</td><td>不符合要求不得分</td><td></td><td></td></tr>
<tr><td>4</td><td>后角准确</td><td>10</td><td>不符合要求不得分</td><td></td><td></td></tr>
<tr><td>5</td><td>横刃修磨符合要求</td><td>10</td><td>每处不符合要求扣 5 分</td><td></td><td></td></tr>
<tr><td>6</td><td>后面光滑</td><td>10</td><td>每处不符合要求扣 5 分</td><td></td><td></td></tr>
<tr><td>7</td><td>顶角对称</td><td>10</td><td>不符合要求不得分</td><td></td><td></td></tr>
<tr><td>8</td><td>主切削刃高度一致</td><td>10</td><td>不符合要求不得分</td><td></td><td></td></tr>
<tr><td>9</td><td>主切削刃长度一致</td><td>10</td><td>不符合要求不得分</td><td></td><td></td></tr>
<tr><td>10</td><td>安全文明生产</td><td>10</td><td>酌情扣分</td><td></td><td></td></tr>
<tr><td>现场记录</td><td colspan="5"></td></tr>
</table>

任务二　钻孔与扩孔

1．训练要求

（1）通过钻孔训练，进一步掌握台式钻床、立式钻床的操作方法，以及麻花钻的刃磨技巧。

（2）能按图样要求正确、规范地钻孔与扩孔。

2．训练准备

（1）设备：台式钻床、立式钻床、砂轮机。

（2）工具、量具：麻花钻、划线工具、游标卡尺等。

（3）材料：原 T 形件锉削工件。

（4）钻孔、扩孔加工图样，如图 4—2—12 所示。

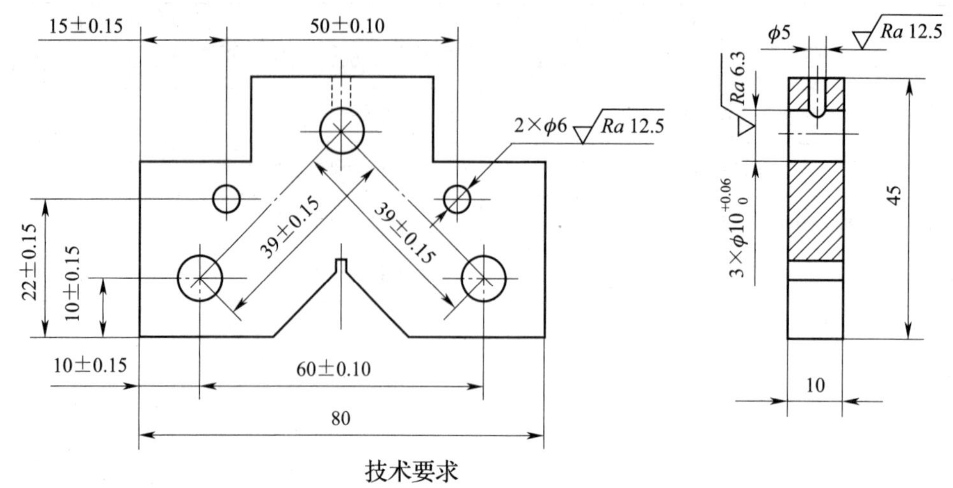

技术要求

1. φ5、φ6孔采用钻孔加工方法。

2. φ10孔采用扩孔加工方法。

图 4—2—12　钻孔、扩孔加工图样

3. 训练要点

（1）为提高划线精度，划线时应将工件在长、宽、高各方向的所有钻孔中心线一次划完，并根据孔径大小划出几个小于孔径的找正观察圆（见图 4—2—13a）或找正观察方框（见图 4—2—13b）。

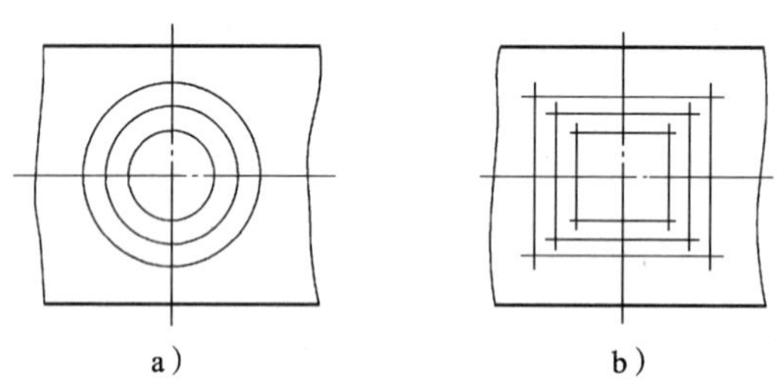

图 4—2—13　找正观察圆及找正观察方框

a）找正观察圆　b）找正观察方框

（2）装夹时，应按工件形状和尺寸选定装夹方法，且装夹要牢固，以免钻削时工件松动。常用的工件装夹方法如图 4—2—14 所示。

（3）用钻夹头装夹钻头时要牢固，尽量夹持柄部的有效全长，并开车观察钻头的旋转精度。

（4）找正时，将钻头贴近工件（不与工件接触），眼睛分别从相互垂直的两个方向正对十字中心线进行找正，然后试钻浅锥坑，借助找正观察圆或找正观察方框观察位置是否准确。若偏离，应及时校正后再次试钻。如果钻头位置偏离较大，可在校正方向的锥坑上打几个样冲眼或錾几条槽，如图 4—2—15 所示，以减少此处的钻削阻力，达到校正目的。校正操作必须在锥坑直径达到钻孔直径之前完成，因此试钻锥坑越小越好。

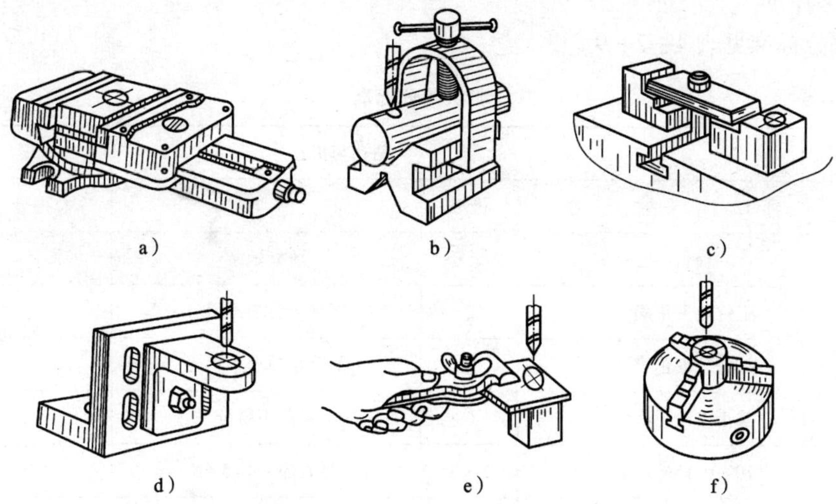

图 4—2—14　常用的工件装夹方法

a）机用虎钳装夹　b）V 形架装夹　c）螺栓压板装夹　d）角铁装夹　e）手虎钳装夹　f）三爪自定心卡盘装夹

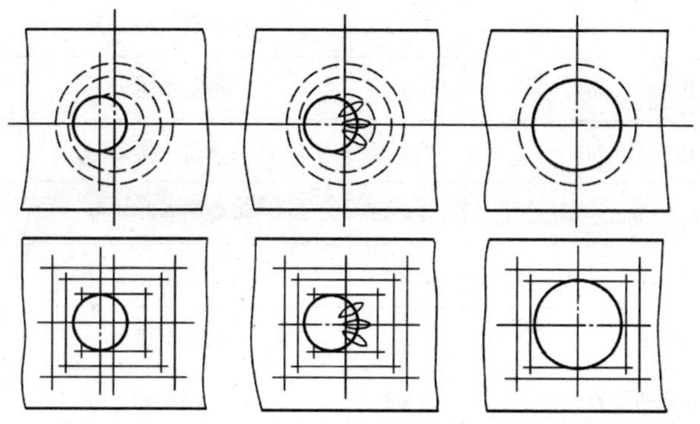

图 4—2—15　钻头位置偏离较大时的校正方法

（5）当孔距尺寸精度要求较高时，可采用图 4—2—16 所示的测量找正法进行找正。即钻一孔后，配一圆柱销，通过用游标卡尺或千分尺测量两圆柱销的距离来实现找正。

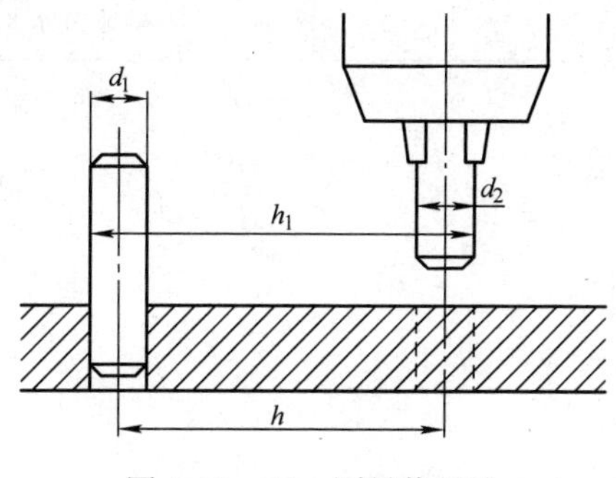

图 4—2—16　测量找正法

（6）扩孔时，若采用手动进给，应注意保证进给量均匀，通常可根据钻出切屑的厚度来判断。

4. 训练评价

训练评分标准见表4—2—9。

表4—2—9　　　　训练评分标准

训练课题	钻孔与扩孔				
姓名		班级		总得分	
序号	项目	配分	评分标准	实测结果	得分
1	工件装夹正确	2	不符合要求不得分		
2	钻头装夹正确	2	不符合要求不得分		
3	找正方法正确	6	错误不得分		
4	(10 ±0.15) mm	5×3	每处超差扣5分		
5	(60 ±0.10) mm	6	超差不得分		
6	(39 ±0.15) mm	5×2	每处超差扣5分		
7	(22 ±0.15) mm	5×2	每处超差扣5分		
8	(15 ±0.15) mm	5	超差不得分		
9	(50 ±0.10) mm	6	超差不得分		
10	$\phi10^{+0.06}_{0}$ mm	4×3	每处超差扣4分		
11	$\phi6$ mm	2×2	每处超差扣2分		
12	$\phi5$ mm	2	超差不得分		
13	$\phi5$ mm孔的位置	3×2	每处超差扣3分		
14	$\phi10$ mm孔的 $Ra6.3$ μm	2×3	每处超差扣2分		
15	$\phi5$ mm孔的 $Ra12.5$ μm	1	超差不得分		
16	$\phi6$ mm孔的 $Ra12.5$ μm	1×2	每处超差扣1分		
17	安全文明生产	5	酌情扣分		
现场记录					

课题三 铰孔

用铰刀从工件孔壁上切除微量金属层，以获得较高的尺寸精度和较小的表面粗糙度值，这种精加工孔的方法称为铰孔，如图 4—3—1 所示。铰刀是精度较高的多刃刀具，具有切削余量小、导向性好、加工精度高等特点。铰孔尺寸精度可达 IT9 ~ IT7，表面粗糙度值可达 $Ra3.2 \sim 0.8\ \mu m$。

图 4—3—1　铰孔

一、铰刀

1. 种类

铰刀的种类繁多，常用的铰刀有手用整体圆柱铰刀、机用整体圆柱铰刀、手用可调节铰刀、螺旋槽铰刀、锥铰刀等，其特点及应用见表 4—3—1。

表 4—3—1　　常用铰刀的类型、特点及应用

类型	图示	特点及应用
手用整体圆柱铰刀		其用 W6Mo5Cr4V2 或其他同等性能的高速钢制造，工作部分硬度达 63 ~ 66HRC；也可用 9SiCr 或其他同等性能的合金工具钢制造，工作部分硬度达 62 ~ 65HRC。手用整体圆柱铰刀的切削部分较长，刀齿做成不均匀分布形式，铰孔时定心好、轴向力小，具有操作方便等特点，应用较为广泛

续表

类型	图示	特点及应用
机用整体圆柱铰刀		其用 W6Mo5Cr4V2 或其他同等性能的高速钢制造，工作部分硬度达 63～66HRC。它分直柄和莫氏锥柄两种，切削锥角较大，校准部分较短，刀齿做成均匀分布形式
手用可调节铰刀	 刀条	调节两端螺母可使刀条沿刀体中的斜槽做轴向移动，以改变铰刀的直径。它适用于修配、单件生产以及特殊尺寸（非标）情况下铰削通孔
螺旋槽铰刀		螺旋槽铰刀的切削刃沿螺旋线分布，铰孔时切削平稳，铰出的孔壁光滑。铰刀的螺旋槽方向一般是左旋，以避免铰削时因铰刀顺时针转动而产生自动旋进现象，同时还能使铰下的切屑容易被推出孔外。常用于铰削带有键槽的孔，可防止铰孔时键槽钩住刀刃
锥铰刀	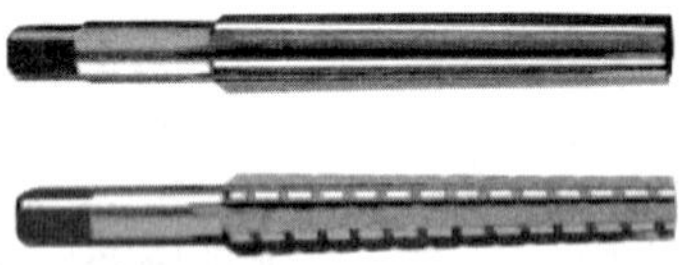	锥铰刀用以铰削圆锥孔。按锥度比分为 1:10 锥铰刀、1:30 锥铰刀、1:50 锥铰刀和莫氏锥铰刀。由于锥铰刀的刀刃全部参加切削，其负荷较重，铰削费力。因此，对于锥度比较大的铰刀分为多支一套，其中粗铰刀的刀刃上开有螺旋形分布的分屑槽，以减轻铰削负荷

2. 铰刀的结构

铰刀（以整体式圆柱铰刀为例）由柄部和刀体组成，如图 4—3—2 所示。刀体是铰刀的主要工作部分，它包含导锥、切削锥、校准部分和空刀。导锥用于将铰刀引入孔中，不起切削作用；切削锥承担主要的切削任务；校准部分有圆柱刃带，主要起定向、修光孔壁、保证铰孔直径等作用。为了减小铰刀和孔壁的摩擦，校准部分的直径有倒锥度。铰刀齿数一般为 4～8 齿，为测量直径方便，多采用偶数齿。

3. 规格参数

铰刀的规格用切削直径表示，即紧接切削锥之后的铰刀直径。常备标准铰刀的直径公差按 m6 制造。另外，国家标准还制定了加工 H7、H8、H9 级孔的铰刀直径公差。手用和机用整体式圆柱铰刀的优先采用系列以及铰刀直径公差参数见附表 2。

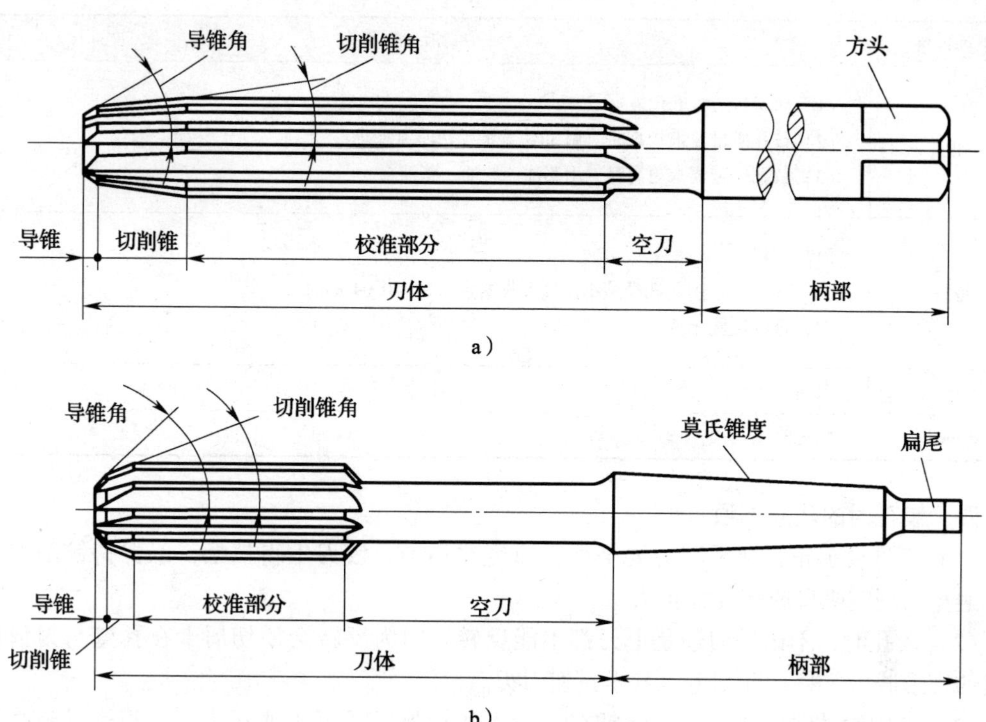

图 4—3—2 整体式圆柱铰刀结构

a）手用 b）机用

二、铰孔时切削用量的选择

1. 铰削余量的选择

铰削余量是指由上道工序（钻孔或扩孔）留下来在直径方向的加工余量。铰削余量太大会使切削刃负荷增大，变形增大，被加工表面呈撕裂状态，易加剧铰刀磨损；铰削余量太小，上道工序所留下的切削刀痕不能全部去除，达不到铰孔精度要求。因此，铰削余量的选择直接影响铰削精度和表面粗糙度。铰削余量的选择见表 4—3—2。

表 4—3—2 铰削余量的选择 mm

铰孔直径	<5	5 ~ 20	21 ~ 32	33 ~ 50	51 ~ 70
铰削余量	0.1 ~ 0.2	0.2 ~ 0.3	0.3	0.5	0.8

2. 机铰时切削速度和进给量的选择

机铰时为了避免铰刀过早磨损和产生刀瘤，减少切削热及变形，提高铰孔质量，应合理选用切削速度（v）和进给量（f）。通常铰削钢件及铸铁件时，$v = 4 \sim 8$ m/min，$f = 0.5 \sim 1$ mm/r；铰削铜或铝材料时，$v = 8 \sim 12$ m/min，$f = 1 \sim 1.2$ mm/r。

三、铰孔时的冷却与润滑

因铰孔时铰刀与孔壁摩擦较严重，所以必须选用适当的切削液，以减少摩擦，增加散热，同时及时冲掉切屑，提高铰孔质量。铰孔时切削液的选用见表 4—3—3。

表 4—3—3　　铰孔时切削液的选用

工件材料	切削液选择类型
钢	(1) 10% ~20% 乳化液 (2) 铰孔质量要求较高时，用 30% 菜油加 70% 肥皂水 (3) 铰孔质量要求更高时，用菜油、柴油、猪油
铸铁	(1) 不用 (2) 煤油（会引起孔径缩小，最大收缩量 0.02 ~0.04 mm） (3) 低浓度乳化液
铝	煤油
铜	乳化液

四、铰孔时的注意事项

(1) 工件要夹正，两手用力要平衡，速度要均匀，铰刀不得摇摆，以保持铰削的稳定性，避免出现喇叭口或将孔径扩大。

(2) 铰孔时，不论进刀还是退刀都不能反转。因为反转会使切屑卡在孔壁与刀齿后面形成的楔形腔内，将孔壁刮毛，甚至挤崩刀刃。

(3) 铰削钢件时，要经常清除粘在刀齿上的积屑，并可用油石修光刀刃，以免孔壁被拉毛。

(4) 铰削过程中如果铰刀被卡住，不能用力强行扳转铰刀，而应略反转一点取出铰刀，清除切屑，检查铰刀是否损坏，并加注切削液。继续铰削时要缓慢进给，以防再次卡刀。

(5) 机铰时，应使工件一次装夹进行钻、扩、铰，以保证铰刀中心线与钻孔中心线同轴。铰孔完成后，要待铰刀退出后再停车，以防将孔壁拉出痕迹。

(6) 铰削尺寸较小的圆锥孔时，可先以小端直径钻出底孔，并留出铰削余量，然后用锥铰刀铰削。对于锥度比较大或尺寸和深度较大的圆锥孔，为减小切削余量及刀齿负荷，铰孔前可先钻出阶梯孔，然后用锥铰刀铰削。铰削过程中要经常用相配的锥销来检查铰孔尺寸，一般以锥销自由插入 80% 左右为宜，如图 4—3—3 所示。

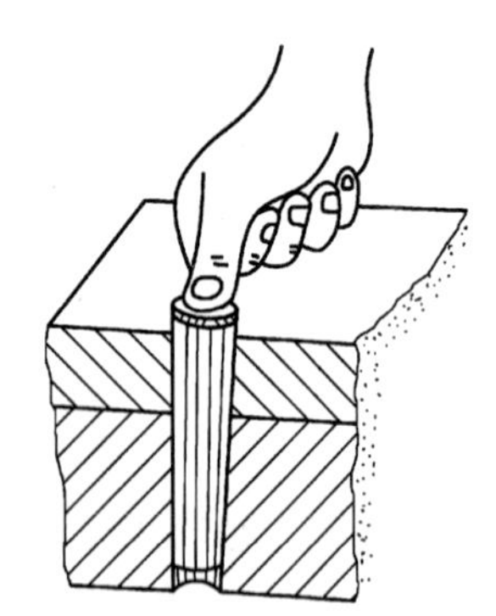

图 4—3—3　用锥销检查铰孔尺寸

五、铰孔质量分析

铰孔的精度和表面质量要求很高，在实际生产中，影响铰孔质量的因素包括：

(1) 被加工材料的种类和加工余量。

(2) 铰刀的切削角度。

(3) 装夹和操作方法。

(4) 润滑情况。

铰孔时常见质量问题的产生原因及解决方法见表 4—3—4。

表 4—3—4　　铰孔时常见质量问题的产生原因及解决方法

质量问题	产生原因	解决方法
铰孔表面质量达不到要求	（1）铰刀刃口不锋利，刀面粗糙 （2）切削刃上粘有积屑瘤 （3）容屑槽内切屑粘积过多 （4）铰削余量太大或太小 （5）铰刀退出时反转 （6）手铰时，铰刀旋转不平稳 （7）切削液选择不当或不充足	（1）重新刃磨铰刀 （2）用油石研去积屑瘤 （3）及时退出铰刀，清除切屑 （4）合理选择铰削余量 （5）严格按操作规程操作 （6）两手应用力均匀 （7）合理选择切削液并及时添加
孔径扩大	（1）机用铰刀轴线与预钻孔轴线不重合 （2）铰刀直径不符合要求 （3）铰刀偏摆过大 （4）进给量不合适，铰削余量太大 （5）切削速度太快	（1）校准钻床主轴、铰刀和工件孔三者的同轴度 （2）正确地研磨并测量铰刀 （3）重新刃磨铰刀至符合要求 （4）适当调整进给量，控制铰削余量 （5）降低切削速度
孔径缩小	（1）铰刀直径小于最小极限尺寸 （2）铰刀磨钝 （3）铰削余量过大导致孔壁弹性恢复	（1）选用直径合适的铰刀 （2）刃磨或研磨铰刀 （3）合理选择铰削余量
孔呈多棱形	（1）铰削余量过大 （2）铰削前孔不圆，使铰刀发生弹跳 （3）钻床主轴振动太大	（1）减小铰削余量 （2）提高铰削前孔的加工精度 （3）调整、修复钻床主轴精度

六、铰孔的安全文明生产要求

（1）铰刀是精加工工具，刀刃较锋利，刀刃上如有毛刺或切屑黏附，不可用手清除，应用油石小心地磨去。

（2）铰圆柱通孔时，铰刀夹持要牢，以免铰刀跌落而损坏。

（3）铰刀使用完毕要擦净并涂上机油，放置时保护好刀刃，以防与硬物碰撞而损坏。

技能训练

任务　锪孔与铰孔

1. 训练要求

（1）能完成锥形锪钻和圆柱形锪钻的刃磨。

（2）能按图样要求正确、规范地锪孔与铰孔。

2. 训练准备

（1）设备：立式钻床、砂轮机。

（2）工具、量具：麻花钻、铰刀、铰杠、划线工具、游标卡尺、塞规等。

（3）材料：58 mm×42 mm×12 mm 长方体锯削工件。

（4）锪孔、铰孔加工图样，如图 4—3—4 所示。

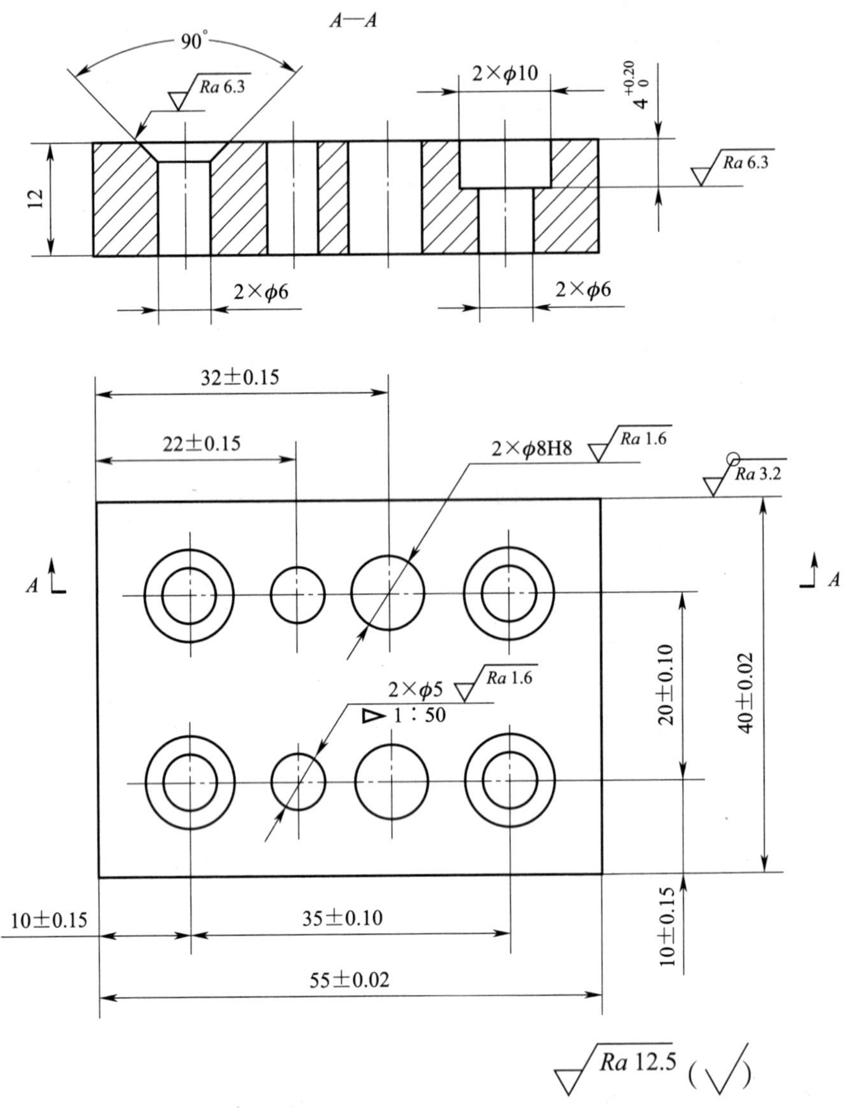

图 4—3—4　锪孔、铰孔加工图样

3. 训练要点

（1）用麻花钻改制锪钻时，为防止切削时产生振动和扎刀现象，通常磨成双重后角（即磨出两个彼此相交的后面，离切削刃最近的面称为第一后面，从切削刃处数起第二个面称为第二后面），在主切削刃上形成宽为 1～2 mm 的刃带，同时将外缘处的前角磨小，用麻花钻改制锪钻时的几何角度如图 4—3—5 所示。

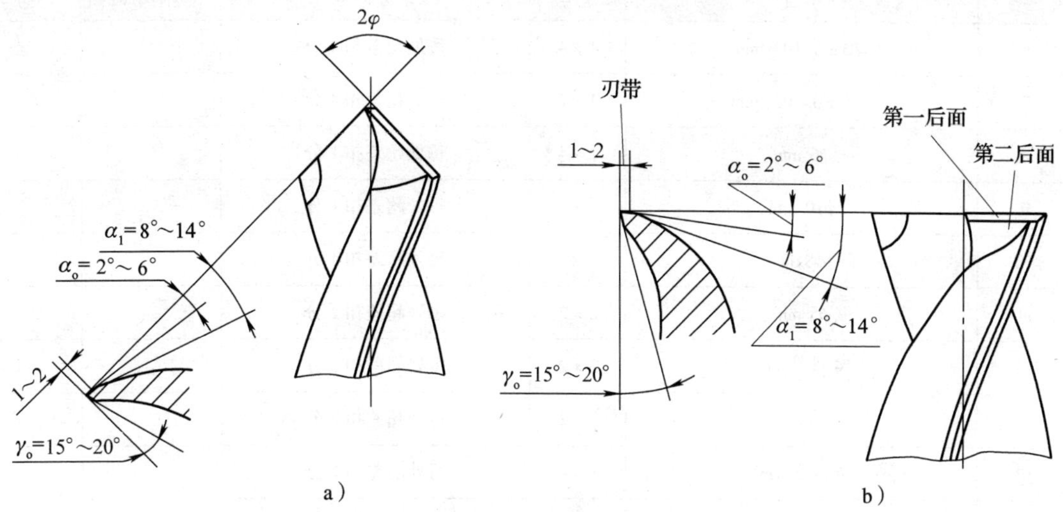

图 4—3—5 用麻花钻改制锪钻时的几何角度

a）锥形锪钻 b）圆柱形锪钻

（2）用麻花钻改制圆柱形锪钻时的刃磨步骤：

1）将主切削刃端面磨平，要求该端面与轴线垂直。

2）刃磨外缘处的前面，将前角减小至 $\gamma_o = 15° \sim 20°$。

3）修磨第一重后角（第一后面与切削平面之间的夹角）至 $\alpha_o = 2° \sim 6°$。

4）修磨第二重后角（第二后面与切削平面之间的夹角）至 $\alpha_1 = 8° \sim 14°$。

（3）机铰时，要合理选择切削用量和切削液。同时，要保证铰刀有足够的旋转精度，必要时采用浮动铰刀夹头装夹铰刀。

（4）铰削通孔时，铰刀校准部分不能全部露出孔口，以防刮伤孔壁。

（5）为保证铰孔精度，可事先在相同材料上进行试铰，以及时分析并解决铰孔质量问题。若铰刀尺寸超差，应研磨。

4. 训练评价

训练评分标准见表 4—3—5。

表 4—3—5 **训练评分标准**

训练课题	锪孔与铰孔				
姓名		班级		总得分	
序号	项目	配分	评分标准	实测结果	得分
1	（55 ±0.02）mm	2	超差不得分		
2	（40 ±0.02）mm	2	超差不得分		
3	（10 ±0.15）mm	2 ×6	每处超差扣 2 分		
4	（22 ±0.15）mm	2 ×2	每处超差扣 2 分		
5	（32 ±0.15）mm	4 ×2	每处超差扣 4 分		

续表

序号	项目	配分	评分标准	实测结果	得分
6	(20 ±0. 10) mm	4 ×4	每处超差扣 4 分		
7	(35 ±0. 10) mm	4 ×2	每处超差扣 4 分		
8	ϕ6 mm	1 ×4	每处超差扣 1 分		
9	ϕ10 mm	1 ×4	每处超差扣 1 分		
10	ϕ8H8	4 ×2	每处超差扣 4 分		
11	ϕ5 mm	2 ×2	每处超差扣 2 分		
12	$4^{+0.20}_{0}$ mm	2 ×2	每处超差扣 2 分		
13	90°	2 ×2	每处超差扣 2 分		
14	*Ra*3. 2 μm	1 ×4	每处超差扣 1 分		
15	*Ra*6. 3 μm	1 ×4	每处超差扣 1 分		
16	*Ra*1. 6 μm	2 ×2	每处超差扣 2 分		
17	*Ra*12. 5 μm	0. 5 ×4	每处超差扣 0. 5 分		
18	安全文明生产	6	酌情扣分		
现场记录					

课题四 螺纹加工

一、攻螺纹

用丝锥在工件孔中切削出内螺纹的加工方法称为攻螺纹，如图 4—4—1 所示。攻螺纹按操作方法分为手工攻螺纹（简称手攻）和机械攻螺纹（简称机攻）两种。

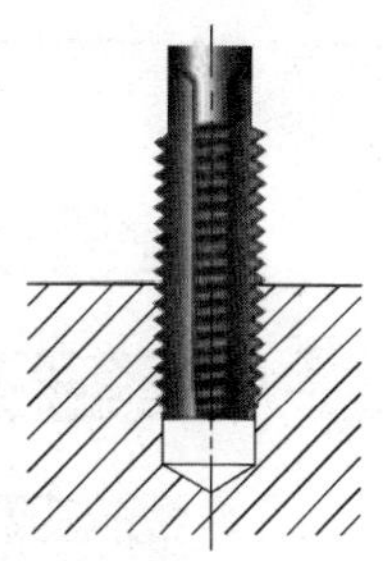

图 4—4—1　攻螺纹

1. 丝锥

(1) 结构

丝锥由柄部和工作部分组成，如图 4—4—2 所示。柄部起夹持和传递转矩的作用。在工作部分上沿轴向开有几条容屑槽，以形成锋利的切削刃，前段为切削锥，起切削和引导作用；后段为校准部分，可修整螺纹牙型。为了减小牙侧的摩擦，在校准部分的直径上略有倒锥。

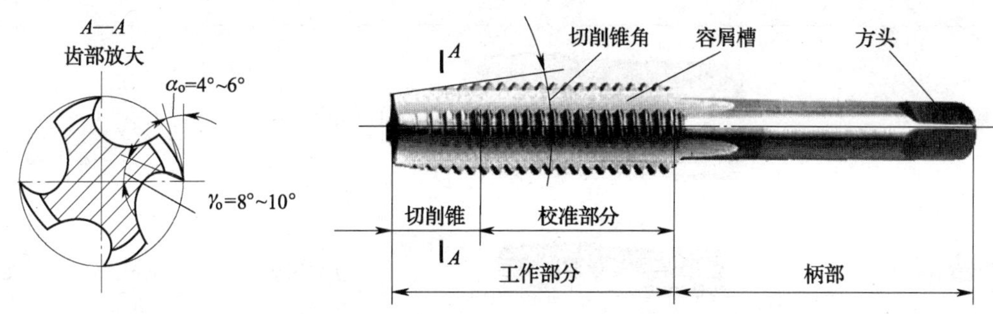

图 4—4—2　丝锥的结构

(2) 种类

丝锥的种类很多，模具钳工常用丝锥的种类、特点及应用见表 4—4—1。

表 4—4—1　　常用丝锥的种类、特点及应用

种类			图示	特点及应用
普通螺纹丝锥	手用丝锥	等径丝锥	初锥 中锥 底锥	手用丝锥的螺纹部分通常用 9SiCr、T12A 或同等性能的其他牌号合金工具钢、碳素工具钢制造。公称直径 $d \leqslant 3$ mm 的硬度达 664HV；公称直径 3 mm $< d \leqslant 6$ mm 的硬度达 60HRC；公称直径 $d > 6$ mm 的硬度达 61HRC 主要用于一般螺纹连接的螺纹加工，应用最为广泛

续表

<table>
<tr><th colspan="3">种类</th><th>图示</th><th>特点及应用</th></tr>
<tr><td rowspan="3">普通螺纹丝锥</td><td>手用丝锥</td><td>不等径丝锥</td><td>初锥
中锥
底锥</td><td>在初锥上标记 1 条圆环，中锥上标记 2 条圆环或顺序号Ⅰ、Ⅱ。使用时必须按初锥、中锥、底锥顺序进行
主要用于直径较小或直径较大以及螺纹精度要求较高的场合</td></tr>
<tr><td rowspan="2">机用丝锥</td><td>直槽丝锥</td><td></td><td rowspan="2">普通机用丝锥的螺纹部分用 W6Mo5Cr4V2 或同等性能的其他牌号高速钢制造，硬度达 62 ~ 63HRC；高性能机用丝锥的螺纹部分用 W2Mo9Cr4VCo8 或同等性能的其他牌号高性能高速钢制造，硬度达 65HRC。机用丝锥一般为单支，其工作部分较短，夹持部分与工作部分的同轴度较好，多用于细牙丝锥。螺旋槽丝锥的特点是便于排屑</td></tr>
<tr><td>螺旋槽丝锥</td><td></td></tr>
<tr><td colspan="3">管螺纹丝锥</td><td></td><td>用于管螺纹加工</td></tr>
<tr><td colspan="3">锥管螺纹丝锥</td><td></td><td>主要用于有密封要求的圆锥管螺纹加工</td></tr>
</table>

（3）成组丝锥切削量的分配

攻螺纹时，为了减小切削力，延长丝锥寿命，一般将整个切削量分配给几支丝锥来承担。通常 M6 ~ M24 丝锥每组有 2 支；M6 以下及 M24 以上的丝锥每组有 3 支；细牙螺纹丝锥每组有 2 支。

成组丝锥切削量的分配形式有锥形分配和柱形分配两种，如图 4—4—3 所示。

1）锥形分配（等径丝锥）。如图 4—4—3a 所示，在成组丝锥中，各支丝锥的大径、中径、小径均相等，仅切削锥的长度及切削锥角不等。切削锥较长，且切削锥角较小的为初锥，在通孔中攻螺纹可一次加工完成螺纹成品尺寸；切削锥较短的为底锥，它只起修短螺尾的作用；切削锥长度介于初锥和底锥之间的为中锥，具有单支丝锥的功能。

2）柱形分配（不等径丝锥）。如图 4—4—3b 所示，在成组丝锥中，各支丝锥的大径、中径、小径以及切削锥长度和切削锥角均不相等。切削锥较长，且切削锥角较小的为第一粗锥（初锥），它的校准部分不具备完整螺纹牙型，在加工螺纹时起粗加工作用；切削锥较短的为底锥，它的校准部分具有完整螺纹牙型，起最后精加工作用；切削锥长度介于第一粗锥和底锥之间的为第二粗锥（中锥），起第二次粗加工作用。这种丝锥的切削量分配比较合理，切削省力，各支丝锥磨损量差别小，寿命长，攻制的螺纹表面粗糙度值小。通常3支一组的丝锥按6∶3∶1分担切削量；2支一组的丝锥按7.5∶2.5分担切削量。

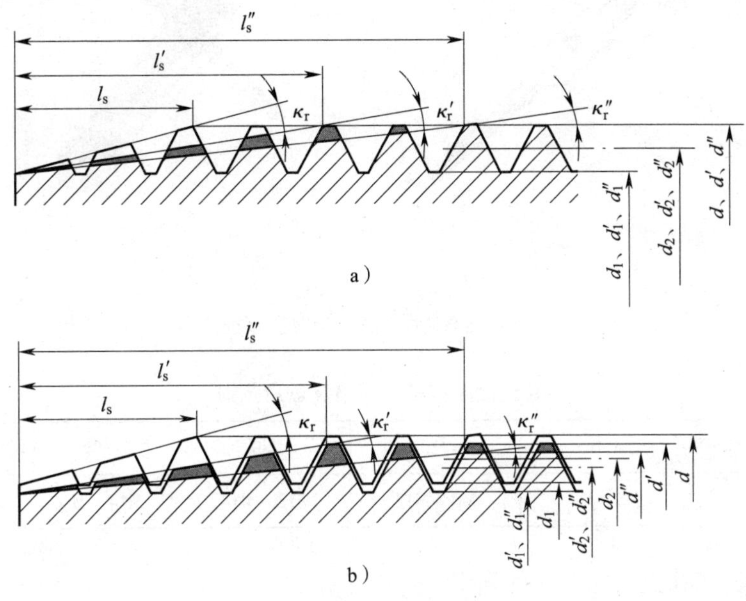

图4—4—3　成组丝锥切削量分配形式

a）锥形分配　b）柱形分配

（4）普通螺纹丝锥的规格参数及螺纹公差带

丝锥的规格参数主要包括螺纹的公称直径和螺距。其标准直径和螺距系列见附表3。

普通螺纹丝锥的螺纹中径（d_2）公差带有4种，即H1、H2、H3和H4，可分别加工精度要求不同的内螺纹。各种中径公差带的丝锥能加工的内螺纹公差见表4—4—2。

表4—4—2　各种中径公差带的丝锥能加工的内螺纹公差（摘自GB/T 968—2007）

丝锥公差代号	适用于内螺纹公差代号
H1	4H、5H
H2	5G、6H
H3	6G、7H、7G
H4	6H、7H

由于影响攻螺纹尺寸的因素很多，如被加工材料的性质、机床条件、丝锥装夹方法、切削速度、切削液种类等，因此，在选取丝锥公差带时，可按加工条件根据生产经验或通过试验，在标准所列范围内选择最适当的丝锥。丝锥各公差带的极限偏差值参见附表4。

2. 铰杠

铰杠是手工攻螺纹时用来夹持丝锥的工具。常用铰杠有普通活络铰杠和丁字形活络铰杠两种，如图4—4—4所示。普通活络铰杠的规格用长度表示，其夹持丝锥范围见表4—4—3。

图 4—4—4　铰杠

a）普通活络铰杠　b）丁字形活络铰杠

表 4—4—3　**普通活络铰杠的规格及适用范围**

铰杠规格（mm）	150	220	280	380	480
夹持丝锥范围	M5～M8	M8～M12	M12～M14	M14～M16	M16～M22

3. 攻螺纹前底孔直径与孔深的确定

（1）底孔直径的确定

攻螺纹时，丝锥对金属层有较强的挤压作用，材料产生塑性变形，如图 4—4—5 所示，使攻出螺纹的小径小于底孔直径。因此，攻螺纹之前的底孔直径应稍大于螺纹小径。如果螺纹牙顶与丝锥牙底没有足够的材料变形空间，丝锥将会被挤压出来的材料箍住，甚至出现螺纹“烂牙”或折断丝锥现象。但底孔直径又不宜过大，否则会使攻出的螺纹牙型不完整，影响使用强度。

1）攻制钢件或塑性较大材料时，底孔直径的计算公式为：

$$D_{孔}=D-P$$

式中　$D_{孔}$——螺纹底孔直径，mm；

D——螺纹公称直径，mm；

P——螺距，mm。

2）攻制铸铁件或塑性较小材料时，底孔直径的计算公式为：

$$D_{孔}=D-(1.05\sim1.1)\ P$$

式中　D——螺纹公称直径，mm；

P——螺距，mm。

用于普通螺纹的麻花钻直径及常用螺纹公差带的小径极限值可从附表 5 中查出。

（2）底孔深度的确定

攻盲孔螺纹时，由于丝锥的切削锥部分不能攻出完整的螺纹牙型，所以钻孔深度要大于螺纹的有效长度，如图 4—4—6 所示。

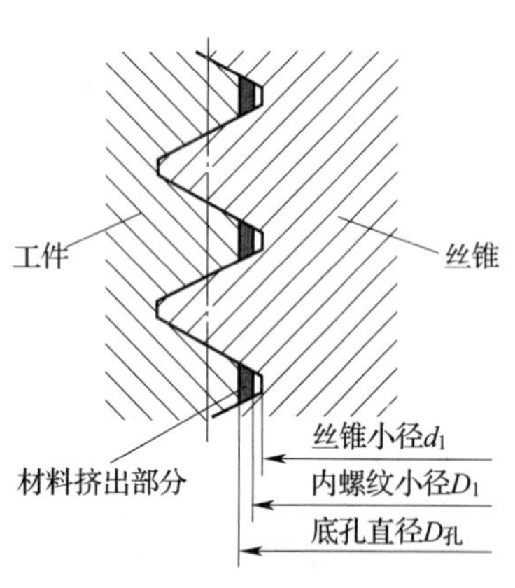

图 4—4—5　材料产生塑性变形

钻孔深度的计算式为：

$$H_{孔}=h_{有效}+0.7D$$

式中 $H_{孔}$——底孔深度，mm；

$h_{有效}$——螺纹有效长度，mm；

D——螺纹公称直径，mm。

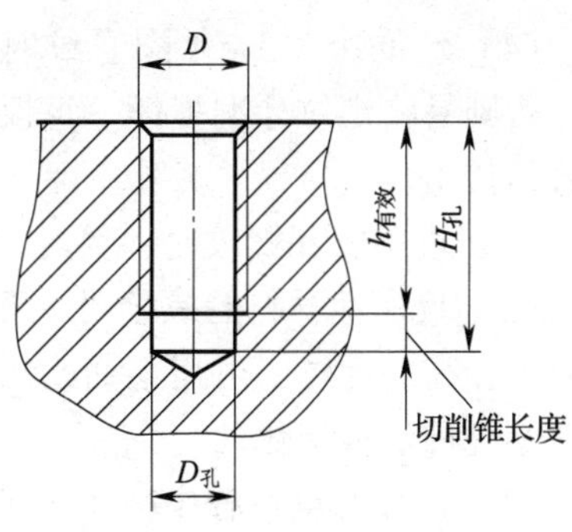

图4—4—6 钻孔深度

例 分别计算在钢件和铸铁件上攻 M10 螺纹的底孔直径各为多少。若攻盲孔螺纹，螺纹有效长度为 60 mm，底孔深度应为多少？

解：查附表 3 知，对于 M10 的螺纹，螺距 $P=1.5$ mm。

钢件攻螺纹底孔直径：

$$D_{孔}=D-P=10-1.5=8.5\ (\text{mm})$$

铸铁件攻螺纹底孔直径：

$$\begin{aligned}D_{孔}&=D-(1.05\sim1.1)P\\&=10-(1.05\sim1.1)\times1.5\\&=8.35\sim8.425(\text{mm})\end{aligned}$$

取 $D_{孔}=8.4$ mm（按麻花钻直径标准系列取一位小数）。

底孔深度：

$$H_{孔}=h_{有效}+0.7D=60+0.7\times10=67\ (\text{mm})$$

4. 攻螺纹时的注意事项

(1) 正确控制底孔直径及深度，并在孔口倒角，倒角直径可略大于螺纹公称直径，以方便丝锥顺利切入，防止孔口挤出毛刺。通孔螺纹两端均应倒角。

(2) 工件夹持要正确，尽量使底孔中心线或孔口表面置于铅垂或水平位置，以便容易判断丝锥是否歪斜。

(3) 起攻方法如图4—4—7 所示，要尽量把丝锥放正，然后对丝锥施加压力并转动铰杠。当丝锥切入 1 ~ 2 圈时，应从不同的方向仔细检查丝锥与工件表面的垂直度，并逐步进行校正，垂直度检查方法如图4—4—8 所示。

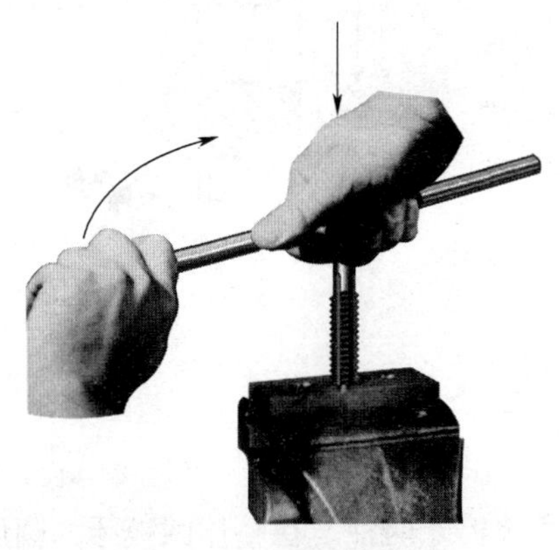

图4—4—7 起攻方法

图4—4—8 垂直度检查方法

（4）丝锥切入 3 ~ 4 圈螺纹时，只需要两手均匀用力转动铰杠，不应再对丝锥施加压力，否则易将螺纹牙型损坏。每扳转铰杠 1/2 ~ 1 圈，就应倒转 1/4 ~ 1/2 圈，以使切屑碎断后容易排出。

（5）攻不通孔螺纹时，要经常退出丝锥，清除孔内切屑。

（6）攻塑性材料的螺纹时，要加注切削液，一般用机油或浓度较大的乳化液；对于精度要求较高的螺纹，可用菜油或二硫化钼等；在不锈钢材料攻螺纹时，可用 32 号 L—AN 全损耗系统用油或硫化油。

（7）在攻螺纹过程中换用丝锥时，要先用手旋入已攻出的螺纹中，以防产生乱牙。

（8）机攻时，丝锥与底孔要保持同轴。

（9）机攻时，丝锥的校准部分不能全部伸出工件，否则在反转退出丝锥时会产生乱牙。

二、套螺纹

用圆板牙在外圆柱面（或外圆锥面）上切削出外螺纹的加工方法称为套螺纹，如图 4—4—9 所示。

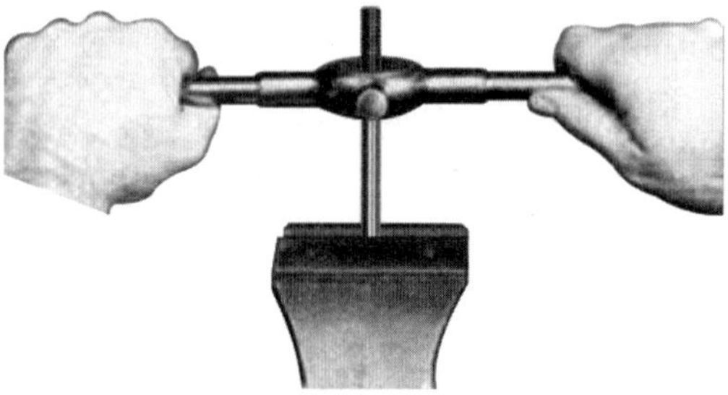

图 4—4—9　套螺纹

1. 套螺纹的工具

（1）圆板牙

圆板牙是加工外螺纹的刀具，用 9SiCr 或同等性能的其他牌号合金工具钢制造，其螺纹部分的硬度不低于 60HRC；也可用 W6Mo5Cr4V2 或同等性能的其他牌号高速钢制造，公称直径 $d \leqslant 3$ mm 时，硬度不低于 61HRC，公称直径 $d > 3$ mm 时，硬度不低于 62HRC。

圆板牙由切削锥、校准部分和容屑孔等组成，其结构如图 4—4—10 所示。在两端面处成锥形的螺纹部分为切削锥，起切削和引导作用，中间一段为具有完整牙型的校准部分，因此正、反均可使用。

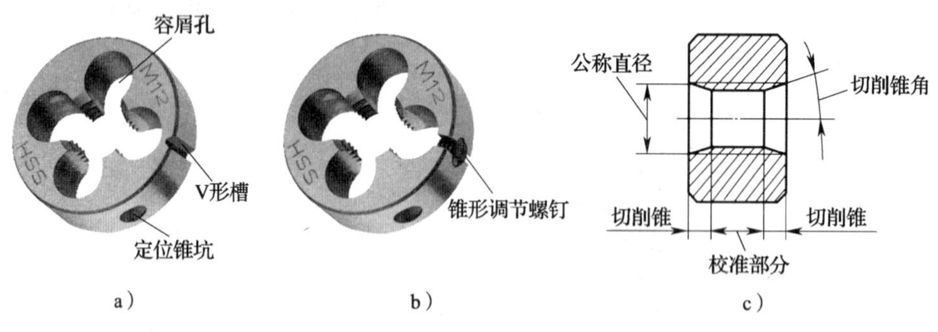

图 4—4—10　圆板牙

a）整体圆板牙　b）可调圆板牙　c）工作部分结构

常用的圆板牙有整体圆板牙（见图 4—4—10a）和可调圆板牙（见图 4—4—10b）。其中，可调圆板牙又分为径向可调圆板牙和切向可调圆板牙两种。在整体圆板牙的圆周上开有 V 形槽，其作用是当圆板牙磨损而螺纹直径变大后，可沿该 V 形槽磨开，借助圆板牙架上的两调整螺钉进行螺纹直径的微量调节，以延长圆板牙的使用寿命。

（2）圆板牙架

圆板牙架（见图 4—4—11）是装夹圆板牙的工具。圆板牙放入后，用螺钉定位紧固。

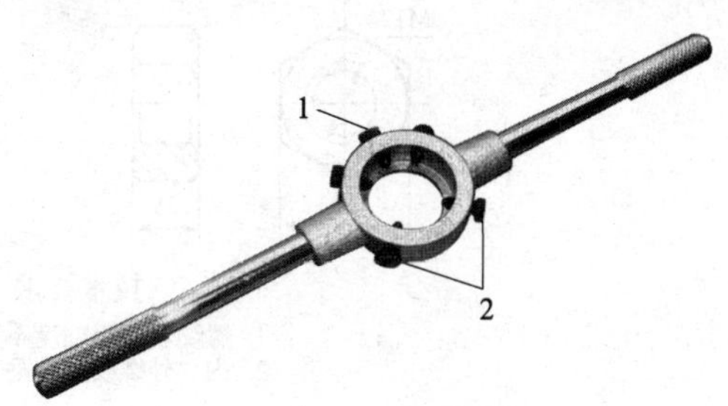

图 4—4—11　圆板牙架

1—紧固螺钉　2—调节螺钉

2. 套螺纹前圆杆直径的确定

套螺纹时，由于圆板牙切削锥对材料不但有切削作用，还有挤压作用，其牙顶将被挤高，所以圆杆直径应小于螺纹公称尺寸。一般可按下列经验公式来确定：

$$d_{杆} = d - 0.13P$$

式中　$d_{杆}$——套螺纹前圆杆直径，mm；

d——螺纹公称直径，mm；

P——螺距，mm。

套螺纹的圆杆直径也可从附表 6 中查出。

3. 套螺纹时的注意事项

（1）套螺纹前应将圆杆切入端倒角 15°～20°，以方便圆板牙切入，圆锥的最小直径应稍小于螺纹小径。重要螺纹的切入端通常倒成 45°的斜角。

（2）套螺纹时应保持圆板牙的端面与圆杆轴线垂直。

（3）开始套螺纹时，要适当施加轴向压力，当切入 1～2 牙后再次检验垂直度，不再施加向下的压力，两只手用力均匀地转动圆板牙架即可。

（4）在套螺纹过程中，要经常反转 1/4 圈，使切屑断碎以便及时排屑，并加注合适的切削液。

技能训练

任务一　攻螺纹与套螺纹

1. 训练要求

（1）掌握攻螺纹和套螺纹时底孔直径及圆杆直径的确定方法。

（2）能正确、规范地攻螺纹和套螺纹。

2. 训练准备

（1）设备：钻床。

（2）工具、量具：钻头、丝锥、铰杠、圆板牙、圆板牙架、划线工具、游标卡尺、直角尺等。

（3）材料：原六方体锉削工件及 ϕ11.8 mm×200 mm 圆杆毛坯。

（4）攻螺纹与套螺纹加工图样，如图 4—4—12 所示。

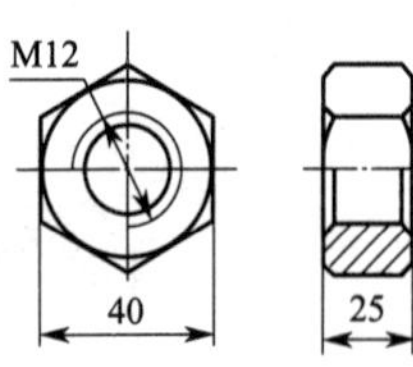

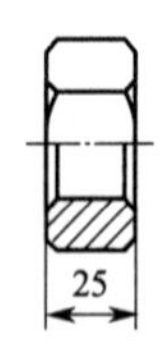

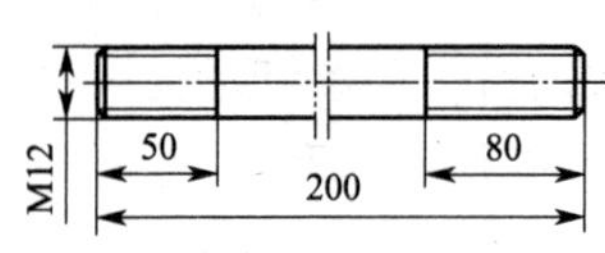

技术要求

1. 螺纹表面粗糙度不大于*Ra*3.2 μm。
2. 内、外螺纹配合垂直度在50长度上不大于0.15。

图 4—4—12　攻螺纹与套螺纹加工图样

3. 训练要点

（1）攻螺纹前，必须对两孔口倒角，倒角直径应略大于螺纹公称直径。

（2）攻螺纹时，若因操作不当导致丝锥折断，应根据折断情况采取相应的取出措施。

1）当丝锥折断部分露出孔口时，可用钳子拧出断丝锥，或用冲击法取出断丝锥，即用冲子抵住断丝锥的容屑槽轻轻敲击令其退出，如图 4—4—13 所示。

2）当丝锥断在近孔口处时，可用旋取器（见图 4—4—14）将其取出。若没有合适的旋取器，也可在带方榫的断丝锥上旋进两只螺母，再把钢丝插入断丝锥的容屑槽内，通过钢丝把螺孔内的断丝锥取出。

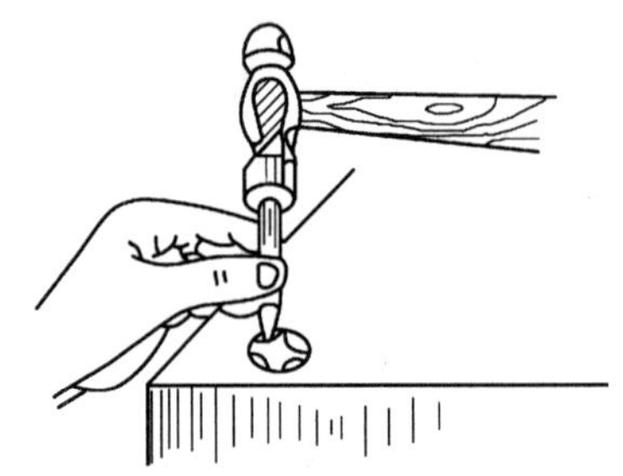

图 4—4—13　用冲击法取出断丝锥

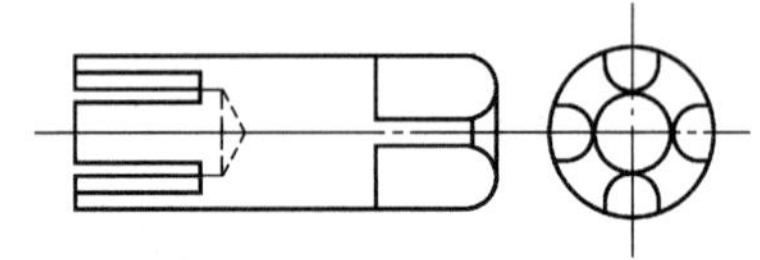

图 4—4—14　旋取器

3）对于重要的零部件，可用电火花加工的方法将断丝锥熔掉，或用线切割加工的方法将断丝锥的中间部分割掉。

（3）在攻螺纹与套螺纹时，要及时从多个方向观察或检测垂直度。若发现歪斜，不能强行校正。

4. 训练评价

训练评分标准见表 4—4—4。

表 4—4—4　　**训练评分标准**

训练课题	攻螺纹与套螺纹				
姓名		班级		总得分	
序号	项目	配分	评分标准	实测结果	得分
1	丝锥选用正确	5	不符合要求不得分		
2	攻螺纹、套螺纹方法正确	5 ×3	每处不符合要求扣 5 分		
3	攻螺纹、套螺纹切削速度适当	5 ×2	每处不符合要求扣 5 分		

续表

序号	项目	配分	评分标准	实测结果	得分
4	圆杆端部倒角	5×3	每处不符合要求扣5分		
5	内、外螺纹牙型完整	5×3	每处不符合要求扣5分		
6	内、外螺纹配合垂直度符合要求	10×2	每处不符合要求扣10分		
7	螺孔底径符合要求	5	不符合要求不得分		
8	$Ra3.2$ μm	4×3	每处不符合要求扣4分		
9	安全文明生产	3	酌情扣分		
现场记录					

任务二　定位盘零件的孔与螺纹加工

1. 训练要求

（1）能根据图样技术要求制定合理的加工工艺。

（2）掌握孔与螺纹精加工操作技巧，并按图样要求完成定位盘零件的孔与螺纹加工。

2. 训练准备

（1）设备：立式钻床。

（2）工具、量具：钻头、丝锥、铰刀、铰杠、划线工具、塞规、检验棒、游标卡尺、刀口形直角尺等。

（3）材料：定位盘零件半成品。

（4）定位盘零件图样，如图4—4—15所示。

3. 训练要点

（1）本任务可用万能分度头划线，为保证划线精度，划线前应校准分度头中心高度。

（2）攻盲孔螺纹时，必须在攻螺纹前保证有足够的钻孔深度。

（3）攻螺纹时，必须按初锥、中锥、底锥的顺序攻制。

（4）为保证螺纹的垂直度，可用钻床将丝锥引入底孔。

（5）对攻螺纹过程中出现的问题，应及时分析，并采取有效的措施进行改正和预防。攻螺纹时常见的质量问题及产生原因见表4—4—5。

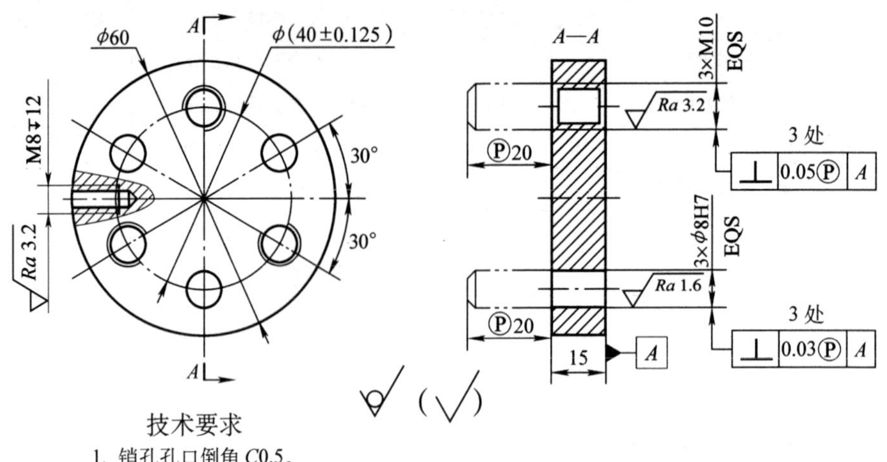

图 4—4—15　定位盘零件图样

表 4—4—5　　攻螺纹时常见的质量问题及产生原因

质量问题	产生原因
螺纹乱牙	（1）攻螺纹时底孔直径太小，起攻困难，丝锥左右摆动，孔口乱牙 （2）换用中锥、底锥时强行校正，或没有旋合好就攻下
螺纹滑牙	（1）攻不通孔的较小螺纹时，丝锥已到底仍继续转动 （2）攻强度低或小孔径螺纹时，丝锥已切出螺纹仍继续加压，或攻完后丝锥连同铰杠一起自由地快速转出 （3）未加适当的切削液，丝锥未倒转，因切屑堵塞而将螺纹啃坏
螺纹歪斜	攻螺纹时位置不正，起攻时没有检查垂直度
螺纹形状不完整	螺纹底孔直径太大
丝锥崩刃或折断	（1）底孔直径太小 （2）攻入时丝锥歪斜或歪斜后强行校正 （3）没有经常反转丝锥断屑，或攻不通孔的螺纹时，丝锥攻到底后还继续转动 （4）铰杠使用不当 （5）丝锥牙爆裂或磨损过多而强行攻下 （6）工件材料过硬或夹有硬点 （7）两手用力不均匀或用力过猛

4. 训练评价

训练评分标准见表 4—4—6。

表 4—4—6　　**训练评分标准**

训练课题	定位盘零件的孔与螺纹加工				
姓名		班级		总得分	
序号	项目	配分	评分标准	实测结果	得分
1	加工工艺制定正确、合理	3	每处不正确扣 1 分		
2	划线操作正确、规范	4	每处不正确扣 1 分		
3	钻孔装夹方法正确	4	不符合要求不得分		
4	销孔孔口倒角符合要求	0.5×6	每处不符合要求扣 0.5 分		
5	螺纹孔孔口倒角符合要求	0.5×7	每处不符合要求扣 0.5 分		
6	丝锥选用正确	2	不符合要求不得分		
7	起攻操作正确、规范	2×4	每处不正确扣 2 分		
8	螺纹牙型完整	1×4	每处不符合要求扣 1 分		
9	螺纹底孔直径符合要求	2×4	每处不符合要求扣 2 分		
10	ϕ8H7	4×3	每处超差扣 4 分		
11	孔 ϕ8H7 EQS	2×3	每处超差扣 2 分		
12	螺孔 M10 EQS	2×3	每处超差扣 2 分		
13	ϕ（40±0.125）mm	3×3	每处超差扣 3 分		
14	螺孔 M8 位置	3	不符合要求不得分		
15	螺孔 M8 ↧ 12 mm	3	超差不得分		
16	⊥ 0.05Ⓟ A	1.5×3	每处超差扣 1.5 分		
17	⊥ 0.03Ⓟ A	2×3	每处超差扣 2 分		
18	*Ra*1.6 μm	2×3	每处不符合要求扣 2 分		
19	*Ra*3.2 μm	0.5×4	每处不符合要求扣 0.5 分		
20	安全文明生产	3	酌情扣分		
现场记录					

第五单元

模具钳工精加工

课题一 常用精密测量器具

一、指示表

指示表是指利用机械传动系统，将测杆的直线位移转变为指针在度盘上的角位移，并由度盘进行读数的测量器具。其中，分度值为0.01 mm的称为百分表，分度值为0.001 mm和0.002 mm的称为千分表。指示表属长度类指示式测量器具，常用来测量工件的尺寸和几何误差。

1. 百分表

(1) 结构

百分表的结构如图5—1—1所示，主要由测头、测杆、大齿轮、小齿轮、指针、度盘、表圈等组成。

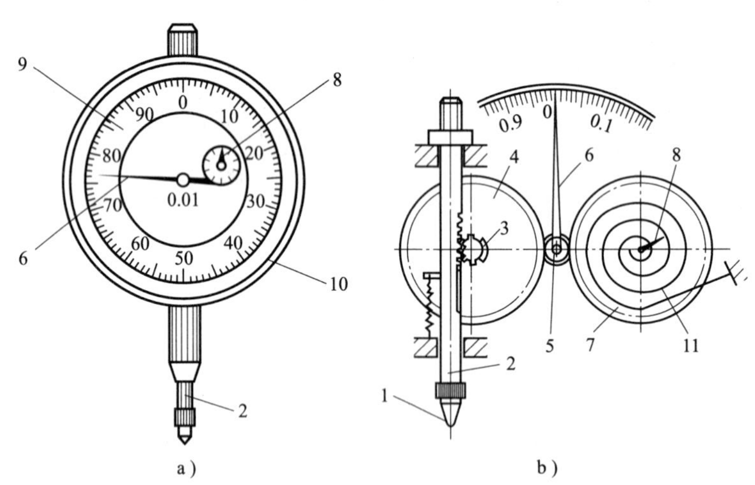

图5—1—1　百分表的结构

a) 外形　b) 传动原理

1—测头　2—测杆　3—小齿轮（$z=16$）　4、7—大齿轮（$z=100$）　5—小齿轮（$z=10$）　6—指针　8—转数指针　9—度盘　10—表圈　11—拉簧

(2) 标记原理

百分表测杆的周节是0.625 mm。当测杆上升16齿时（即上升$0.625\times16=10$ mm），

16 齿的小齿轮正好转 1 周，与之同轴的大齿轮（$z=100$）也转 1 周，就带动齿数为 10 的小齿轮和长指针转 10 周。当测杆移动 1 mm 时，长指针转一周。由于度盘上共等分 100 格，所以长指针每转一格，表示测杆移动 0.01 mm，故百分表的分度值为 0.01 mm。

2. 指示表使用注意事项

（1）根据被测工件的精度要求，合理选用指示表的分度值（百分表或千分表）。

（2）使用前，应检查测杆活动的灵活性。轻轻推动测杆时，测杆在套筒内的移动要灵活，没有任何阻滞现象；每次手松开后，指针能回到原来的标记位置。

（3）使用时，必须把百分表固定在表架或可靠的夹持架上，切不可贪图省事随便夹在不稳固的地方，否则容易造成测量结果不准确或摔坏百分表。

（4）测量时，不要使测杆的行程超过百分表的测量范围，不要使测头突然撞到工件上，也不要用百分表测量表面粗糙或有显著凹凸不平的工件。

（5）测量平面时，百分表的测杆要与被测平面垂直；测量圆柱形工件时，测杆要与工件的中心线垂直。否则，将使测杆活动不灵，测量结果不准确。

（6）为方便读数，在测量前一般将指针与度盘的“0”标记对齐。

（7）测量过程中，尽量不使测头做过多无效的运动，否则会加快测头磨损。

（8）百分表不用时，应使测杆处于自由状态，以免使表内弹簧失效。

二、杠杆指示表

杠杆指示表是指利用机械传动系统，将杠杆测头的摆动位移转变为指针在度盘上的角位移，并由度盘上的标尺进行读数的测量器具。其中，分度值为 0.01 mm 的称为杠杆百分表；分度值为 0.001 mm 和 0.002 mm 的称为杠杆千分表。杠杆指示表属于长度类指示式测量器具，常用来测量工件的尺寸和几何误差。

1. 杠杆百分表的结构

杠杆百分表的结构如图 5—1—2 所示，主要由表体、杠杆测头、扇形齿轮、圆柱齿轮、端面齿轮、指针、度盘等组成。

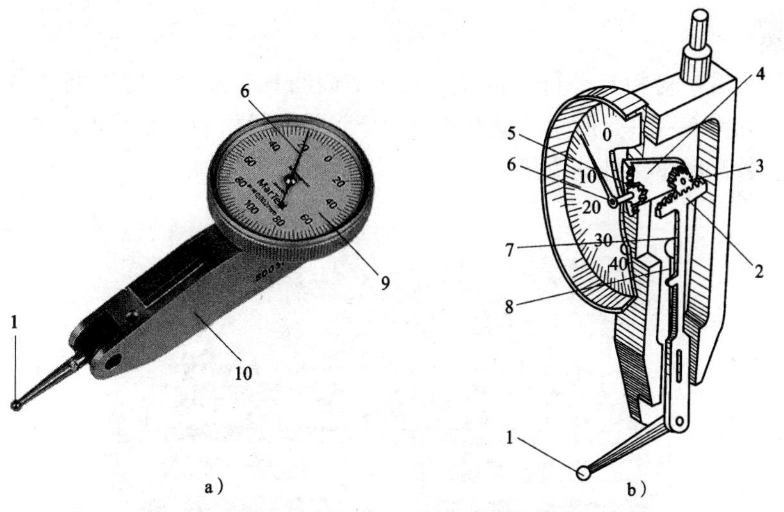

图 5—1—2　杠杆百分表的结构

a）外形　b）内部结构

1—杠杆测头　2—扇形齿轮　3、5—圆柱齿轮　4—端面齿轮　6—指针　7—换向杆　8—钢丝　9—度盘　10—表体为了使用方便，杠杆百分表除有图 5—1—2 所示的正面式外，还有侧面式和端面式等，如图 5—1—3 所示。

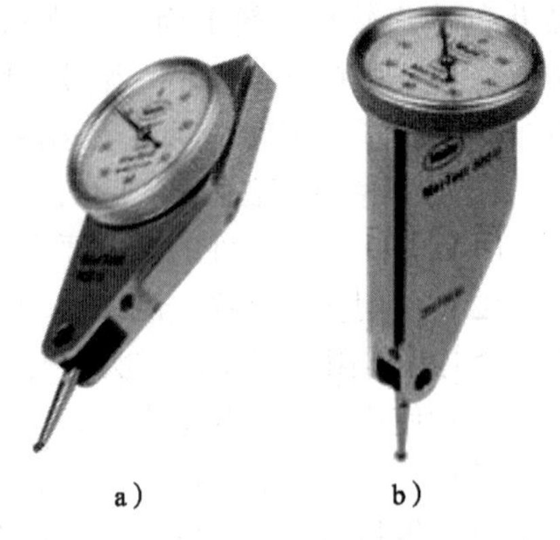

a）　　b）

图 5—1—3　杠杆百分表的形式

a）侧面式　b）端面式

2. 杠杆指示表的特点及应用

由于杠杆指示表体积较小，杠杆测头的倾斜角度可调，且可变换测量方向，所以主要应用在普通指示表无法使用的场合。它是模具钳工在装配与修理中常用的测量器具之一。但杠杆指示表因受结构限制，量程较小，一般分度值为 0.01 mm 的杠杆百分表量程不超过 1.6 mm，分度值为 0.001 mm 和 0.002 mm 的杠杆千分表量程不超过0.4 mm。

由于杠杆指示表具有两个方向的测量功能，因此，度盘上的标尺标记与普通指示表不同，一般呈对称标记。杠杆指示表的度盘形式如图 5—1—4 所示。

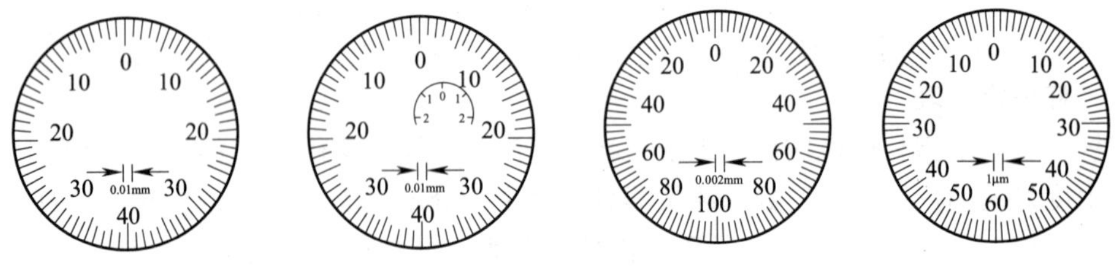

图 5—1—4　杠杆指示表的度盘形式

使用杠杆指示表时，尽量将测杆轴线调整至被测尺寸线的垂直位置。对于平面工件，测杆轴线应平行于被测平面；对于圆柱形工件，测杆轴线要与过被测母线的相切面平行，否则会产生较大误差。

三、量块

量块是指具有一对相互平行测量面，且两平面间具有准确尺寸，截面为矩形的实物量具，成套量块如图 5—1—5 所示。量块主要用于量具和量仪的检验校正、精密划线、精密机床的调整以及较高精度工件的测量。

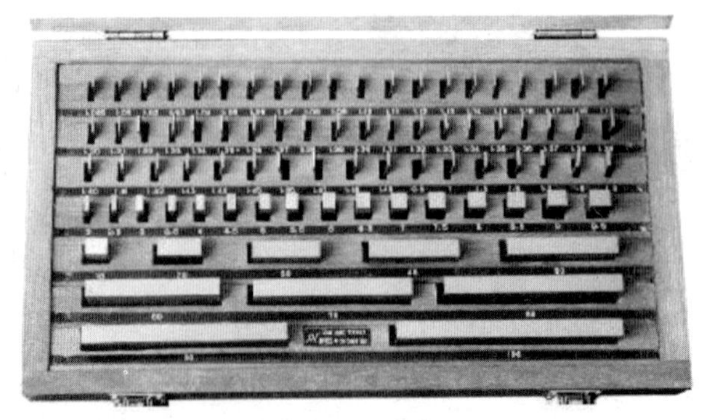

图 5—1—5　成套量块

1. 结构及分类

如图5—1—6所示，量块有两个工作面和4个非工作面。工作面（即测量面）是一对相互平行而且平面度误差及表面粗糙度值极小的平面，具有较好的研合性，其准确度等级分为K级、0级、1级、2级和3级五个级别（K级最高，3级最低）。按量块的材质分为钢制量块、硬质合金量块和陶瓷量块等。

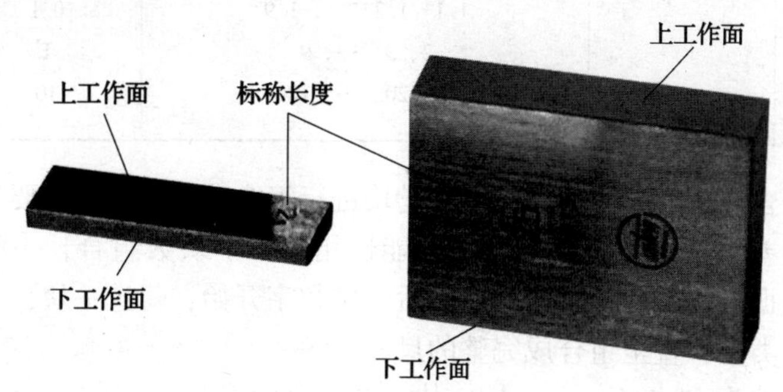

图5—1—6 量块结构

2. 应用

为了便于使用和管理，量块一般成套组装在特制的木盒中。常用成套量块的标称长度和块数见表5—1—1。

表5—1—1 常用成套量块的标称长度和块数（摘自GB/T 6093—2001）

套别	总块数	级别	尺寸系列（mm）	间隔（mm）	块数
1	91	0、1	0.5	—	1
			1	—	1
			1.001，1.002，…，1.009	0.001	9
			1.01，1.02，…，1.49	0.01	49
			1.5，1.6，…，1.9	0.1	5
			2.0，2.5，…，9.5	0.5	16
			10，20，…，100	10	10
2	83	0、1、2	0.5	—	1
			1	—	1
			1.005	—	1
			1.01，1.02，…，1.49	0.01	49
			1.5，1.6，…，1.9	0.1	5
			2.0，2.5，…，9.5	0.5	16
			10，20，…，100	10	10
3	46	0、1、2	1	—	1
			1.001，1.002，…，1.009	0.001	9
			1.01，1.02，…，1.09	0.01	9
			1.1，1.2，…，1.9	0.1	9
			2，3，…，9	1	8
			10，20，…，100	10	10

续表

套别	总块数	级别	尺寸系列（mm）	间隔（mm）	块数
4	38	0、1、2	1 1.005 1.01，1.02，…，1.09 1.1，1.2，…，1.9 2，3，…，9 10，20，…，100	— — 0.01 0.1 1 10	1 1 9 9 8 10

利用量块的研合性，把不同标称长度的量块进行组合，可得到所需要的尺寸。为了工作方便，减少累积误差，选用量块时，应尽可能选用最少的块数组合，一般情况下不超过5块。选取时，应根据所需组合的尺寸，从最后一位数字开始，每选一块，至少减少组合尺寸的一位数字，以此类推，直至组合成完整的尺寸。

例如，所需尺寸为48.245 mm，从83块一套的盒中选取：

```
   48.245    组合尺寸
-   1.005    第一块量块标称长度
---------
   47.24
-   1.24     第二块量块标称长度
---------
   46
-   6        第三块量块标称长度
---------
   40        第四块量块标称长度
```

即选用1.005 mm、1.24 mm、6 mm、40 mm量块共4块。

3. 使用时的注意事项

（1）量块属精密量具，应轻拿轻放，在桌上放置时只允许非工作表面与桌面接触。

（2）测量时应注意灰尘和温度对测量精度的影响。

（3）用完后的量块应及时擦净，涂上凡士林后放入盒中。

（4）为了保持量块的精度，一般不允许用量块直接测量工件，尽量用护块接触工件。

四、正弦规

正弦规是指根据正弦函数原理，利用量块的组合尺寸，以间接方法测量角度或锥度的测量器具。

模具钳工常用的是普通正弦规，即具有平台工作面和直径相同且轴线相互平行的两个支承圆柱所组成的正弦规，其结构如图5—1—7所示。正弦规的规格用两圆柱中心距表示，常用的有100 mm和200 mm两种。其准确度等级分为0级和1级。

正弦规的使用方法如图5—1—8所示，将正弦规放置在精密平板上，工件放在正弦规的工作台面上，在正弦规的一个圆柱下面垫上一组量块（量块组的高度根据被测工件的角度或锥度通过计算获得），然后用指示表（或测微仪）测量工件两端的高度差。若两端高度相等，说明工件测量面与平板平行，此时工件的角度或锥度与计算值一致，否则说明工件的角度或锥度与计算值存在一定误差。

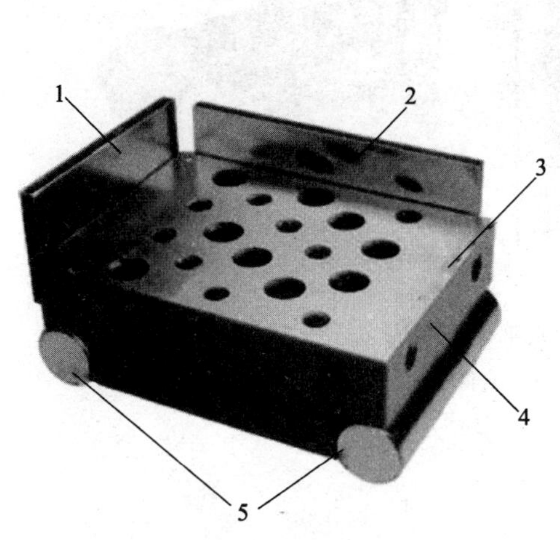

图 5—1—7 正弦规结构
1—前挡板 2—侧挡板 3—工作面
4—主体 5—圆柱

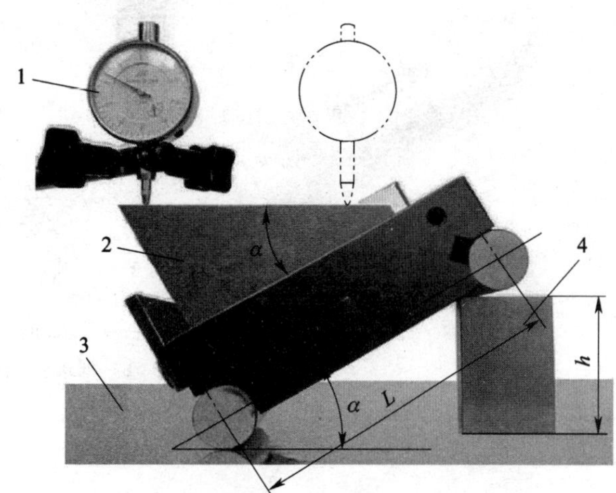

图 5—1—8 正弦规使用方法
1—指示表 2—工件 3—平板 4—量块组

所需量块组的高度可按下式计算：

$$h = L\sin\alpha$$

式中 h——量块组高度，mm；

L——正弦规中心距，mm；

α——被测工件角度或锥度，(°)。

例 用中心距为 100 mm 的正弦规检验工件，当工件的角度为 30°时（见图 5—1—8），求应垫量块组的高度尺寸。

解：由题意可知 $L = 100$ mm，$\alpha = 30°$，则

$$h = L\sin\alpha = 100 \times \sin30° = 50 \text{ (mm)}$$

即正弦规圆柱下应垫量块组尺寸为 50 mm。

五、水准器式水平仪

水准器式水平仪是利用水准器气泡偏移来测量被测平面相对水平面微小倾角的角度测量仪器，俗称气泡式水平仪。它主要用来测量导轨在垂直平面内的直线度、工作台的平面度及工件间的垂直度和平行度等，有条式水平仪、框式水平仪和合像水平仪等，如图 5—1—9 所示。其中框式水平仪在机床安装与修理中最为常用。

1. 框式水平仪

（1）结构

图 5—1—10 所示为具有一个基座测量面及两个垂直测量面，且水准器固定或可相对基座测量面调整的框式水平仪。

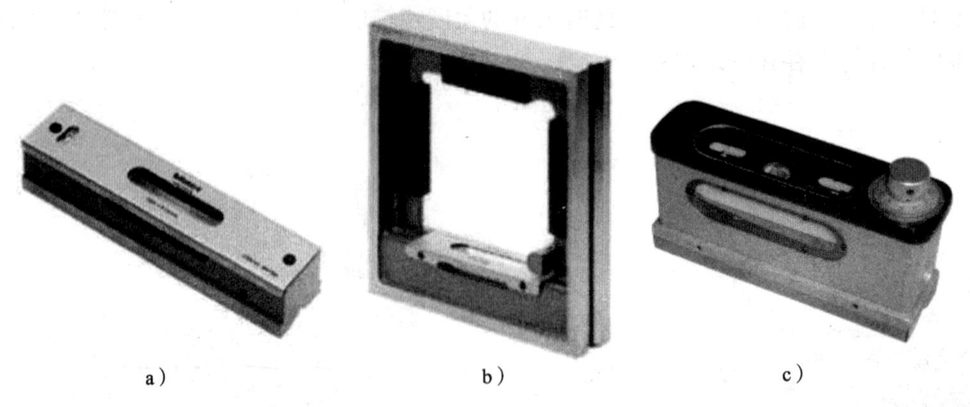
a）　　b）　　c）

图 5—1—9　水准器式水平仪

a）条式水平仪　b）框式水平仪　c）合像水平仪

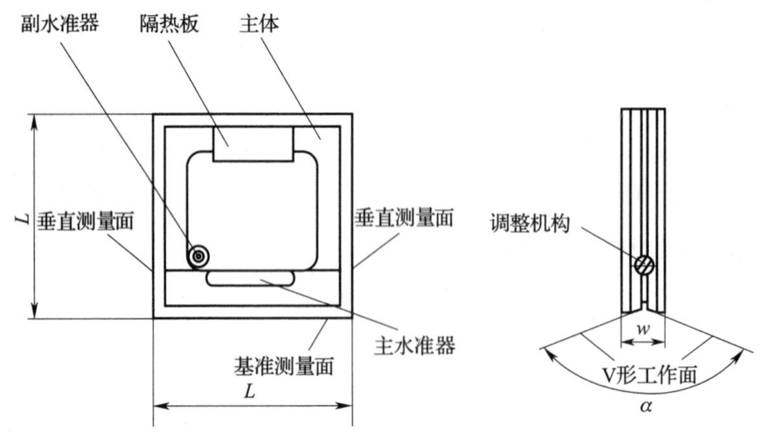

图 5—1—10　框式水平仪的结构

（2）规格及基本参数（见表 5—1—2）。

表 5—1—2　　水平仪的规格及基本参数（摘自 GB/T 16455—2008）

规格（mm）	分度值（mm/1 000 mm）	工作面长度 L（mm）	工作面宽度 w（mm）	V 形工作面夹角 α（°）
100	0.02，0.05，0.10	100	≥30	120 ~ 140
150		150	≥35	
200		200		
250		250	≥40	
300		300		

（3）标记原理

框式水平仪的精度用分度值表示（0.02 mm/1 000 mm 最为常用），即气泡移动一个分度所代表的量值，指气泡移动一个分度工作面所需要倾斜的角度。水平仪的读数原理如图 5—1—11 所示，假设平板处于自然水平，在平板上放一根 1 000 mm 长的平行平尺，此时水平仪的标记为“0”，即水平状态。如将平尺一端抬起 0.02 mm，相当于使平尺与平板平面形成 4″的角度，如果此时水平仪的气泡向右移动一格，则该水平仪分度值规定为 0.02 mm/1 000 mm，读作“千分之零点零二毫米”。

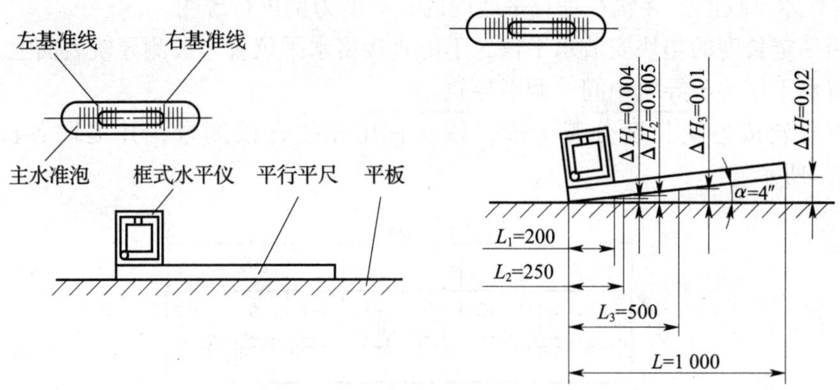

图 5—1—11　水平仪的读数原理

水平仪是一种测角量仪，它的测量单位用斜率作标记，如 0.02 mm/1 000 mm，其含义是测量面与水平面倾斜角为 4″，斜率是 0.02/1 000，而此时平尺两端的高度差则因测量长度不同而不同。在图 5—1—11 中，按相似三角形比例关系可得：

在离左端 200 mm 处，$\Delta H_1 = 0.02 \times 200/1\,000 = 0.004$ mm；

在离左端 250 mm 处，$\Delta H_2 = 0.02 \times 250/1\,000 = 0.005$ mm；

在离左端 500 mm 处，$\Delta H_3 = 0.02 \times 500/1\,000 = 0.01$ mm。

因此，在用水平仪测量导轨直线度时，与测量用垫块跨度有关。

2. 水准器式水平仪示值读取方法

(1) 绝对读取法

始终以左基准线（或右基准线）为“0”基准，气泡向任意一端偏离该基准的格数即实际偏差示值。偏离起端为“+”，偏向起端为“-”。一般习惯由左向右测量，也可以把气泡向右移读取为“+”，向左移读取为“-”。图 5—1—12a 所示为 +2 格。

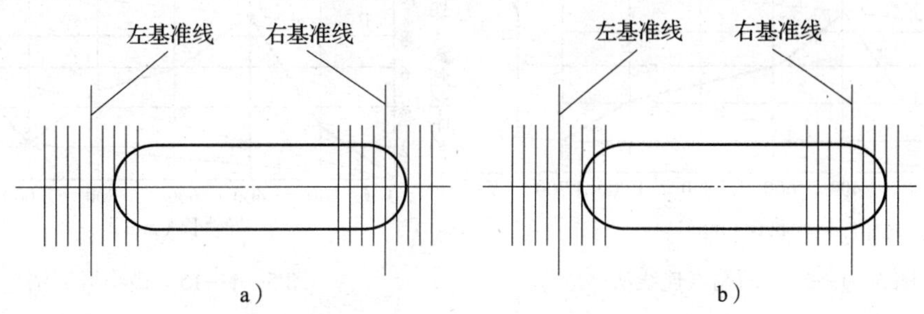

图 5—1—12　水准器式水平仪示值读取方法

a）绝对读取法　b）平均值读取法

(2) 平均值读取法

分别以左基准线和右基准线为“0”基准，把读取的两数值相加除以 2，即此处的实际偏差示值。如图 5—1—12b 所示，气泡右端偏离右基准线 3 格，气泡左端也向右偏离左基准线 2 格，实际读取为 +2.5 格，即右端比左端高 2.5 格。平均值读取法不受环境温度影响，读取精度较高。

3. 导轨在垂直平面内直线度的测量方法

以用框式水平仪测量导轨在垂直平面内的直线度为例进行说明。

（1）用一定长度的垫块安放水平仪，不能直接将水平仪置于被测导轨表面上。

（2）将水平仪置于导轨中间，调平导轨。

（3）将导轨按垫块长度分若干段，依次首尾相接逐段测量，并提取各段示值，如图 5—1—13 所示。

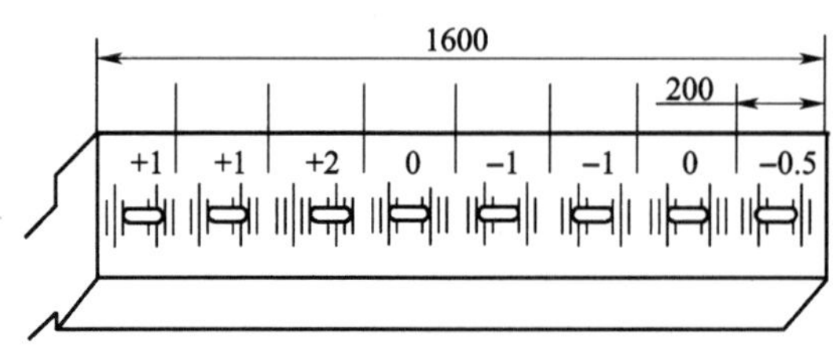

图 5—1—13　框式水平仪测量导轨

（4）把各段示值逐段积累，画出导轨直线度曲线图。

（5）用两端点连线法或最小区域法确定最大误差格数和误差曲线形状。

1）两端点连线法。如图 5—1—14 所示，若导轨直线度误差曲线呈单凸或单凹时，作首尾两端点连线 *I*—*I*，并过曲线最高点（或最低点），作 *I*—*I* 的平行直线 *II*—*II*。两平行线之间沿 *Y* 轴方向的最大坐标值即最大误差。

2）最小区域法。如图 5—1—15 所示，当直线误差曲线有凸有凹呈波折状时，过曲线上两个最低点（或两个最高点）作一条包容线 *I*—*I*；过曲线上最高点（或最低点）作平行于 *I*—*I* 的另一条包容线 *II*—*II*，将误差曲线全部包容在两平行线之间，两线之间沿 *Y* 轴方向的最大坐标值即最大误差。

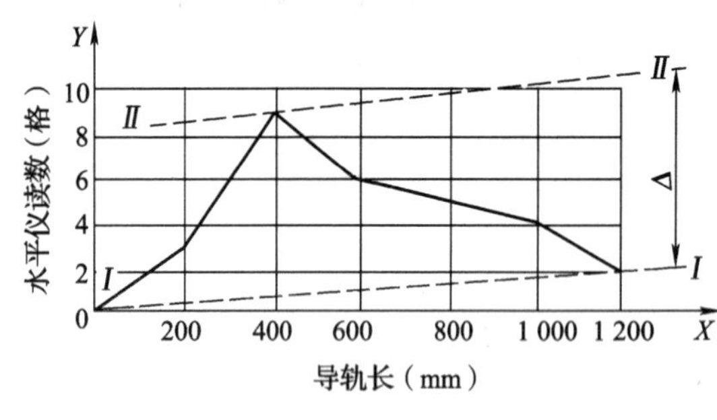

图 5—1—14　两端点连线法

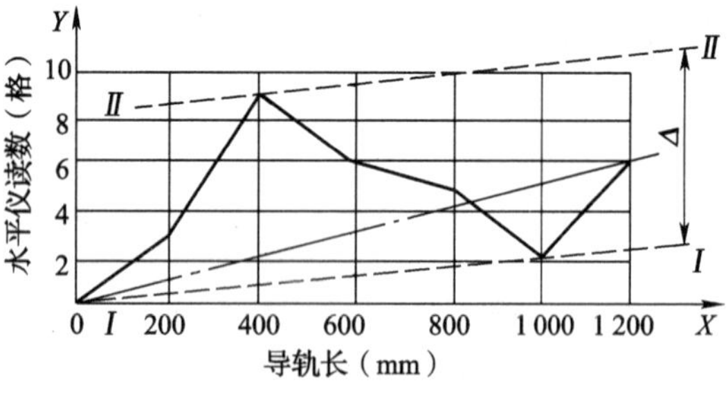

图 5—1—15　最小区域法

（6）按误差格数换算导轨直线度误差值，一般按下式计算：

$$\Delta = nil$$

式中　Δ——导轨直线度误差数值，mm；

n——曲线图中最大误差格数；

i——水平仪分度值；

l——每段测量长度，mm。

例 用分度值为0.02 mm/1 000 mm的框式水平仪测量长1 600 mm的导轨在垂直平面内的直线度误差。水平仪垫块长度为200 mm，分8段测量。用绝对读取法，每段读数依次为+1、+1、+2、0、-1、-1、0、-0.5，试计算导轨在垂直平面内的直线度误差值。

解： 画出导轨直线度误差曲线图，如图5—1—16所示。

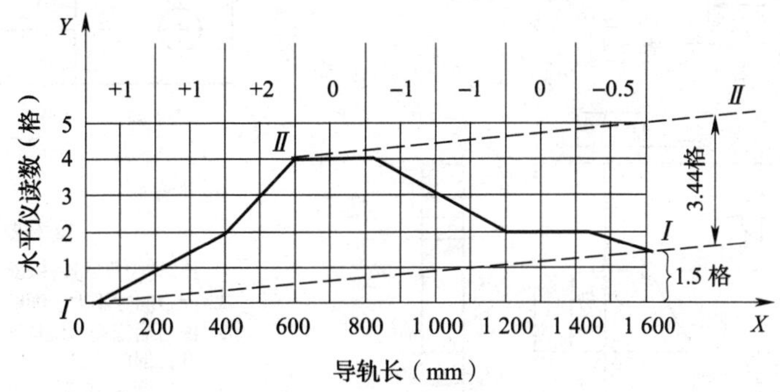

图5—1—16 导轨直线度误差曲线图

按相似三角形解法：

$$n = 4 - (600 \times 1.5)/1\,600 \approx 4 - 0.56 = 3.44 \text{（格）}$$

$$\Delta = nil = 3.44 \times (0.02/1\,000) \times 200 \approx 0.014 \text{（mm）}$$

技能训练

任务一 燕尾配合件的加工

1. 训练要求

（1）熟悉燕尾配合件的特点，能根据配合件的技术要求制定合理的加工工艺。

（2）能正确、规范地加工燕尾配合件，进一步提高工件精加工技能。

2. 训练准备

（1）设备：钻床。

（2）工具、量具：钻头、铰刀、游标卡尺、千分尺、直角尺、塞规、检验棒、量块、杠杆百分表、正弦规以及划线工具等。

（3）材料：78 mm×61 mm×8 mm毛坯。

（4）燕尾配合件图样，如图5—1—17所示。

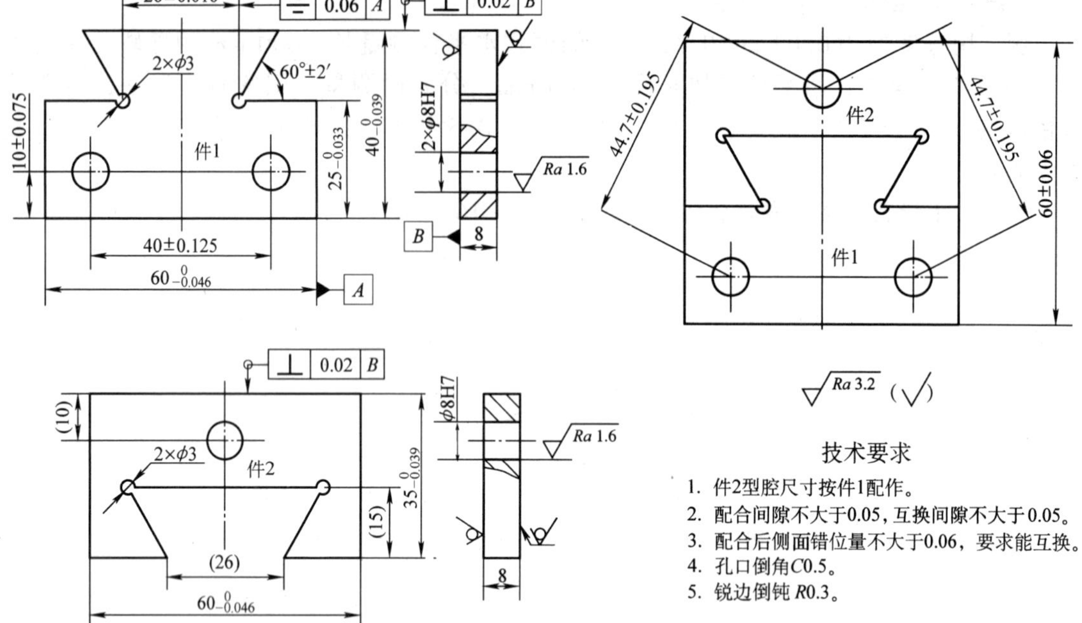

图 5—1—17　燕尾配合件图样

3. 训练要点

（1）为确保配合后的各项精度，必须保证工艺基准的准确性，即长方体四个角的垂直度以及尺寸 $60_{-0.046}^{\ 0}$ mm 所对应两平面的平行度。

（2）在加工过程中，可采用如图 5—1—18 所示的测量方法，即先用量块对出加工尺寸，并将杠杆百分表调零，再用杠杆百分表测量工件被加工表面。这种方法可同时测量出尺寸、平行度、平面度以及其与大平面的垂直度误差，且测量精度高。

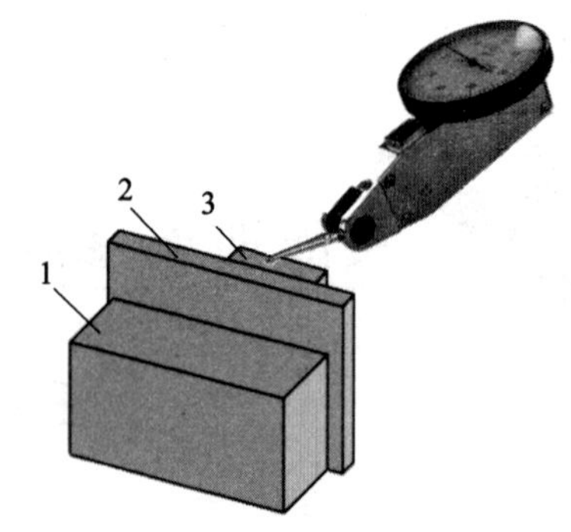

图 5—1—18　用量块和杠杆百分表测量加工误差

1—垂直靠铁　2—工件　3—量块

（3）加工凸燕尾时，要控制好两肩等高，用正弦规控制燕尾角度和对称度，用两检验棒和千分尺控制尺寸（26 ±0. 016）mm。

（4）去除凹燕尾型腔余料时，为避免钻排孔后因錾削导致工件变形，可采用钻孔→锯削→锉平槽底→锯削的加工方法，如图 5—1—19 所示。

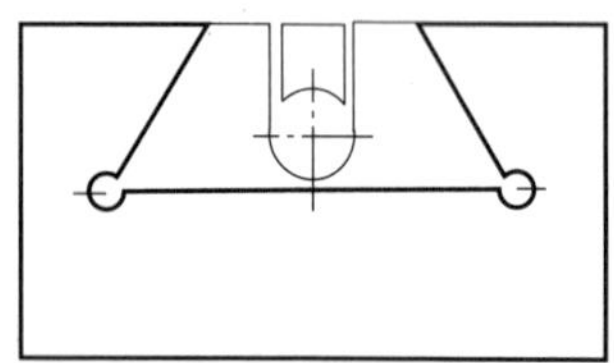
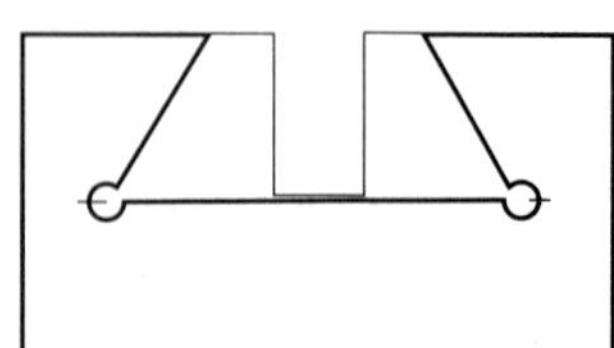
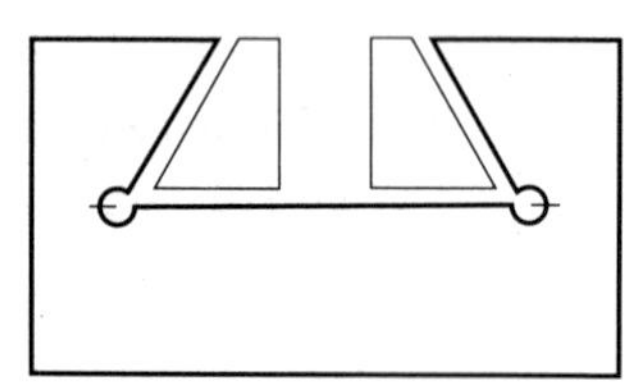

图 5—1—19　去除凹燕尾型腔余料的方法

4. 训练评价

训练评分标准见表 5—1—3。

表 5—1—3　　训练评分标准

训练课题	燕尾配合件的加工				
姓名		班级		总得分	
序号	项目	配分	评分标准	实测结果	得分
1	$60_{-0.046}^{0}$ mm	3×2	每处超差扣 3 分		
2	$40_{-0.039}^{0}$ mm	2	超差不得分		
3	$25_{-0.033}^{0}$ mm	3×2	每处超差扣 3 分		
4	(26±0.016) mm	2	超差不得分		
5	60°±2′	3×2	每处超差扣 3 分		
6	⌯ 0.06 A	2	超差不得分		
7	(40±0.125) mm	3	超差不得分		
8	(10±0.075) mm	3×2	每处超差扣 3 分		
9	⊥ 0.02 B	0.5×16	每处超差扣 0.5 分		
10	$35_{-0.039}^{0}$ mm	3	超差不得分		
11	*Ra*3.2 μm	0.5×16	每处不合格扣 0.5 分		
12	配合间隙≤0.05 mm	2×5	每处超差扣 2 分		
13	互换间隙≤0.05 mm	2×5	每处超差扣 2 分		
14	侧面错位量≤0.06 mm	3×2	每处超差扣 3 分		
15	(44.7±0.195) mm	3×2	每处超差扣 3 分		
16	(60±0.06) mm	4	超差不得分		
17	φ8H7	2×3	每处超差扣 2 分		
18	*Ra*1.6 μm	1×3	每处不合格扣 1 分		
19	安全文明生产	3	酌情扣分		
现场记录					

任务二　三角形转位组合体的加工

1. 训练要求

（1）熟悉三角形转位组合体的特点，能根据各组合零件的技术要求制定合理的加工工艺。

（2）能正确、规范地完成三角形转位组合体的加工，进一步提高综合加工能力。

2. 训练准备

（1）设备：钻床。

（2）工具、量具：麻花钻、铰刀、游标卡尺、千分尺、直角尺、塞规、圆柱销、量块、杠杆百分表、正弦规以及划线工具等。

（3）材料：80. 5 mm × 157 mm × 8 mm 毛坯。

（4）三角形转位组合体图样，如图 5—1—20 所示。

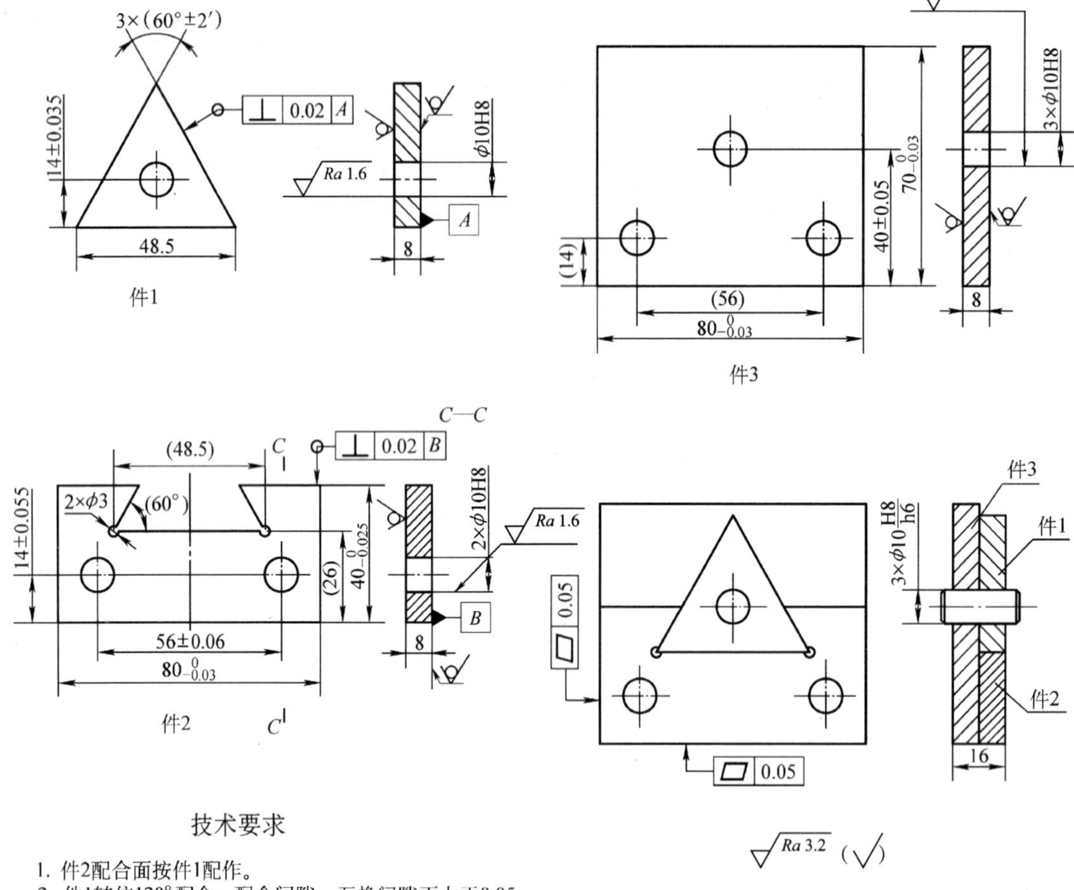

图 5—1—20　三角形转位组合体图样

3. 训练要点

（1）加工三角形件 1 时，应先钻、铰 ϕ10H8 孔，以孔为基准控制孔边距尺寸（14 ± 0.035）mm。测量时，杠杆百分表的触头应尽量靠近工件，如图 5—1—21 所示，并控制三个尺寸一致。同时，用正弦规控制角度 60° ±2′，测量时要遵循基准统一原则，避免累积误差。

（2）加工凹燕尾件 2 时，应先钻一个 ϕ9.8 mm 孔，以该孔为基准锉削长、宽基准面，并控制边距尺寸（14 ± 0.055）mm 和 12 mm，然后保证外形尺寸 $80\,_{-0.03}^{\;\;0}$ mm 和 $40\,_{-0.025}^{\;\;0}$ mm，保证燕尾对称度以及与三角形件 1 的配合精度。

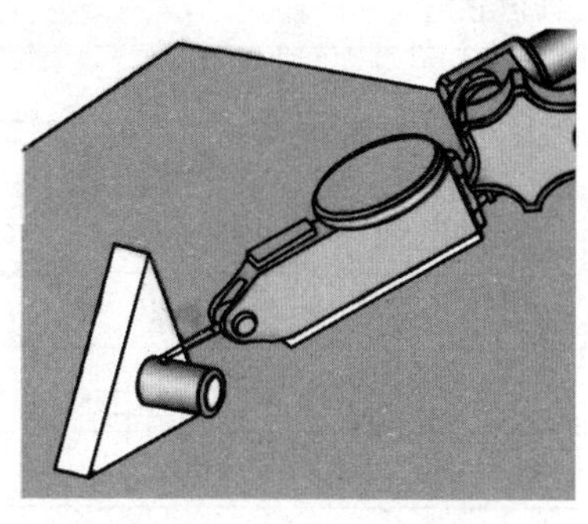

图 5—1—21　三角形孔边距的测量

（3）加工底板件 3 时，应先钻、铰 ϕ10H8 孔，以孔为基准，根据件 1 和件 2 的实际配合尺寸修锉底板件 3 的基准面，并保证侧面和底面的配合平面度。然后加工底板件 3 的轮廓尺寸 $80\,_{-0.03}^{\;\;0}$ mm 和 $70\,_{-0.03}^{\;\;0}$ mm。最后用圆柱销定位将件 1、件 2、件 3 进行试配，并配钻底板件 3 的其中一个 ϕ9.8 mm 孔，如图 5—1—22 所示。

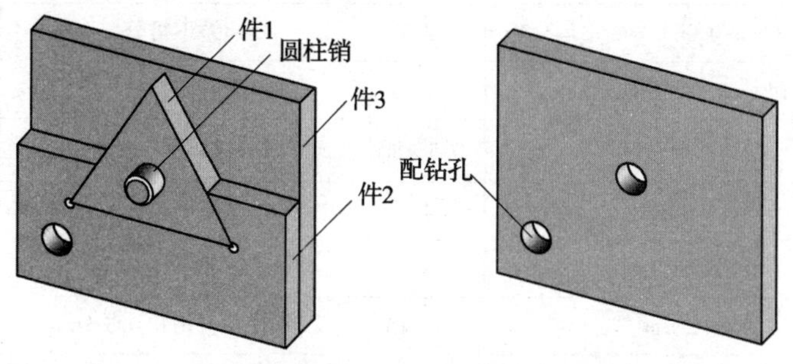

图 5—1—22　底板件 3 的加工

（4）完成上述加工后，将凹燕尾件 2 翻转 180°后找正，然后配钻凹燕尾件 2 和底板件 3 上的另一个 ϕ9.8 mm 孔，并铰孔至图样要求，如图 5—1—23 所示。

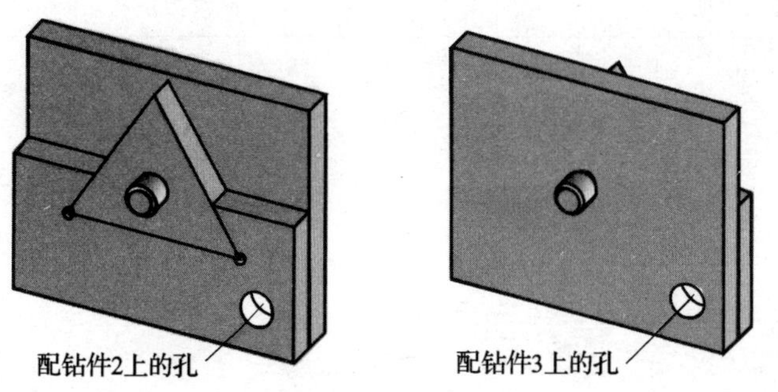

图 5—1—23　配钻凹燕尾件 2 与底板件 3 上的孔

（5）钻孔与铰孔时，必须保证工件之间的装配精度，并且确保钻头或铰刀与工件大平面垂直，否则将影响互换装配精度。

（6）两个工件相互配钻、铰孔时，必须保证工件之间装配精度的稳定性，必要时可在两个工件的结合面上加入适量502胶水进行粘接。

4. 训练评价

训练评分标准见表5—1—4。

表5—1—4　　训练评分标准

训练课题	三角形转位组合体的加工				
姓名		班级		总得分	
序号	项目	配分	评分标准	实测结果	得分
1	(14 ±0.035) mm	3×3	每处超差扣3分		
2	60° ±2′	3×3	每处超差扣3分		
3	⊥ 0.02 *A*	0.5×3	每处超差扣0.5分		
4	ϕ10H8	1×6	每处超差扣1分		
5	*Ra*1.6 μm	0.5×6	每处不合格扣0.5分		
6	$80_{-0.03}^{0}$ mm	3×2	每处超差扣3分		
7	$40_{-0.025}^{0}$ mm	4	超差不得分		
8	(56 ±0.06) mm	4	超差不得分		
9	(14 ±0.055) mm	4×2	每处超差扣4分		
10	⊥ 0.02 *B*	0.5×8	每处超差扣0.5分		
11	$70_{-0.03}^{0}$ mm	4	超差不得分		
12	(40 ±0.05) mm	4	超差不得分		
13	*Ra*3.2 μm	0.5×15	每处不合格扣0.5分		
14	□ 0.05（包括件2翻转后）	2×4	每处超差扣2分		
15	配合间隙≤0.05 mm	1×9	每处超差扣1分		
16	互换间隙≤0.05 mm	1×9	每处超差扣1分		
17	安全文明生产	4	酌情扣分		
现场记录					

课题二 刮削

一、刮削概述

用刮刀刮除工件表面薄层的加工方法称为刮削，如图 5—2—1 所示。先在工件上涂一层显示剂，经过推研，使工件上较高的部位显示出来（这种显示高点的操作方法称为研点），然后用刮刀刮去较高部分的金属层，经反复研点和刮削，使工件表面达到所要求的尺寸精度和几何精度。

图 5—2—1 刮削

刮削加工后的工件表面，由于反复地受到刮刀的推挤和压光作用，使表面组织变得比原来紧密，并能获得很高的尺寸精度、形状精度、接触精度和很小的表面粗糙度值，可使运动部件的接触面改善存油条件，以减小摩擦，如机床导轨面、轴瓦等。

刮削是一种古老的精加工方法，目前仍不能被机器所代替，其劳动强度大，生产效率低。但是，由于所用的工具简单，且不受工件形状和位置以及设备条件的限制，同时具有切削量小、切削力小、产生热量小、装夹变形小等特点，所以刮削在机械制造以及工具、量具制造或修理中占有非常重要的地位。

二、刮削余量

刮削每次只能刮去很薄的金属，若余量太大，则劳动强度大，生产效率低；若余量太小，则上道工序刀痕不能去除。刮削余量一般为 0.05 ~ 0.4 mm，具体数值见表 5—2—1。

表 5—2—1 刮削余量 mm

平面宽度	平面刮削余量				
	平面长度				
	100 ~ 500	> 500 ~ 1 000	> 1 000 ~ 2 000	> 2 000 ~ 4 000	> 4 000 ~ 6 000
100 以下	0.1	0.15	0.20	0.25	0.30
100 ~ 500	0.15	0.20	0.25	0.30	0.40

孔径	孔的刮削余量		
	孔长		
	100 以下	100 ~ 200	> 200 ~ 300
80 以下	0.05	0.08	0.12
80 ~ 180	0.10	0.15	0.25
> 180 ~ 360	0.15	0.20	0.35

三、刮削工具

常用的刮削工具包括刮刀、研具和显示剂，其特点及应用见表 5—2—2。

表 5—2—2　　常用刮削工具的特点及应用

工具		图示	特点及应用
刮刀	平面刮刀	手刮刀  挺刮刀	按刮削姿势分为手刮刀和挺刮刀。主要用来刮削平面，如平板、平面导轨、工作台等，也可用来刮削外曲面。按所刮表面精度要求不同，可分为粗刮刀、细刮刀和精刮刀三种
	曲面刮刀	  三角刮刀 蛇头刮刀	按刀头形状分为三角刮刀和蛇头刮刀。主要用来刮削内曲面，如滑动轴承的轴瓦等
研具	平面研具	 标准平板 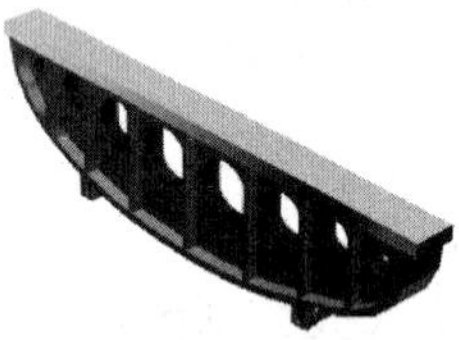 桥形平尺	研具是用来研磨接触点和检验刮削面精确性的工具，通过与刮削表面磨合，以接触点多少和疏密程度来显示刮削平面的平面度，提供刮削依据。标准平板用来检查较宽的平面；桥形平尺用来检验狭长的平面，如检验机床导轨面的直线度误差等
	角度研具		用来检验两个刮削面成角度的组合平面，如 V 形导轨面、燕尾导轨面等。其形状有 55°、60°等多种
	曲面研具	一般以相配合的工件为研具，如主轴的轴颈等	用来检验曲面的接触精度和几何精度

续表

<table>
<tr><th colspan="2">工具</th><th>图示</th><th>特点及应用</th></tr>
<tr><td rowspan="2">显示剂</td><td>红丹粉</td><td></td><td rowspan="2">用来显示刮削表面误差位置和大小。将其均匀涂抹于研具或刮削表面，对研后凸起部分就被显示出来
红丹粉分铅丹和铁丹两种，前者呈橘红色，后者呈红褐色。使用时，用机油或牛油调和而成，广泛用于铸铁等黑色金属工件
普鲁士蓝油是用普鲁士蓝粉和蓖麻油及适量机油调和而成的，呈深蓝色。多用于精密工件和有色金属及其合金的工件</td></tr>
<tr><td>普鲁士蓝油</td><td></td></tr>
</table>

四、刮削接触精度的检查

刮削接触精度常用25 mm×25 mm 正方形方框内的研点（接触点）数来检验，如图 5—2—2 所示。研点的数目越多，接触精度越高。在平面刮削中，各种平面接触精度研点数的要求见表 5—2—3。在曲面刮削中，应用较多的是对滑动轴承内孔的刮削，其接触精度研点数的要求见表 5—2—4。

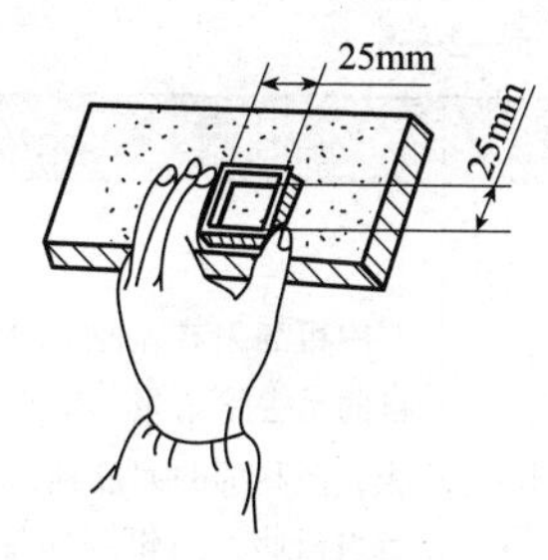

图 5—2—2　接触精度的检验方法

表 5—2—3　　各种平面接触精度研点数的要求

平面种类	每 25 mm×25 mm 内的研点数	应用
一般平面	2～5	较粗糙机件的固定结合面
	>5～8	一般结合面
	>8～12	机床台面、一般基准面、机床导向面、密封结合面
	>12～16	机床导轨及导向面、工具基准面、量具接触面
精密平面	>16～20	精密机床导轨、直尺
	>20～25	1 级平板、精密量具
超精密平面	>25	0 级平板、高精度机床导轨、精密量具

注：表中 1 级平板、0 级平板指通用平板的精度等级。

表 5—2—4　　　　滑动轴承内孔接触精度研点数的要求

轴承直径（mm）	机床或精密机械主轴轴承			锻压设备和通用机械的轴承		动力机械和冶金设备的轴承	
	高精度	精密	普通	重要	普通	重要	普通
	每 25 mm×25 mm 内的研点数						
≤120	25	20	16	12	8	8	5
>120	—	16	10	8	6	6	2

五、刮削方法及工艺

根据被刮削面的形状，刮削分为平面刮削和曲面刮削两种。

1. 平面刮削

（1）平面刮削步骤

为了保证工件的刮削质量，提高生产效率，刮削时一般按粗刮、细刮、精刮和刮花的步骤进行，其方法及工艺要求见表 5—2—5。

表 5—2—5　　　　平面刮削的方法及工艺要求

步骤	方法及工艺要求	刮刀几何角度要求
粗刮	用粗刮刀在刮削面上均匀地铲去一层较厚的金属。目的是去除余量、锈斑及机械刀痕。可采用连续推铲法，使刮削的刀迹连成长片。研点时，显示剂可调得适当稀些。当粗刮到每 25 mm×25 mm方框内有 3～4 个研点时，粗刮即结束	刀刃平直 楔角90°~92.5°
细刮	用细刮刀在经粗刮的表面上刮去稀疏的大块研点，进一步改善不平现象。细刮时可采用短刮法，且随着研点的增多，刀迹逐步缩短。在每刮一遍时需按一定方向刮削，刮第二遍时要与第一遍交叉方向刮削，以消除原方向的刀迹。研点时，显示剂可调得适当干些，要求涂得薄而均匀。当达到每 25 mm×25 mm 方框内有 10～14 个研点时，细刮即结束	刀刃圆弧半径较大 楔角92.5°~95°
精刮	用精刮刀在细刮的基础上，通过点刮法进一步增加研点，改善表面质量，使刮削面符合各项精度要求。精刮时刀迹要更小，不能重复，落刀要轻，起刀要快，并始终交叉地进行刮削。显示剂应涂得更薄，只轻微改变刮削面的颜色即可	刀刃圆弧半径较小 楔角95°~97.5°

续表

步骤	方法及工艺要求	刮刀几何角度要求
刮花	刮花的目的，一是为了增加刮削面的美观，二是为了改善滑动件之间的润滑条件，并且还可以根据花纹消失多少来判断平面的磨损程度。但是，在接触精度要求高、研点要求多的工件中，不应该刮成大块花纹，否则不能达到所要求的刮削精度。常见的刮削花纹见下图： 斜纹花　鱼鳞花　半月花　燕子花	

（2）平面研点方法

研点的方法应根据工件不同形状和刮削面积的大小有所区别。

1）中小型工件的研点。一般是研具固定不动，工件在研具上进行研点，如图 5—2—3 所示。推研时压力要均匀，避免显示失真。如果工件表面小于研具工作面，推研时最好不超出研具；如果工件表面等于或稍大于研具工作面，允许工件超出研具工作面，但超出部分应小于工件长度的 1/3。推研应在整个研具工作面上进行，以防止研具局部磨损。

2）大型工件的研点。将工件固定，研具在工件表面上研点，如图 5—2—4 所示。推研时，研具超出工件表面的长度应小于研具长度的 1/5。对于面积大、刚度低的工件，研具的质量要尽可能减轻，必要时还要采取卸荷推研。

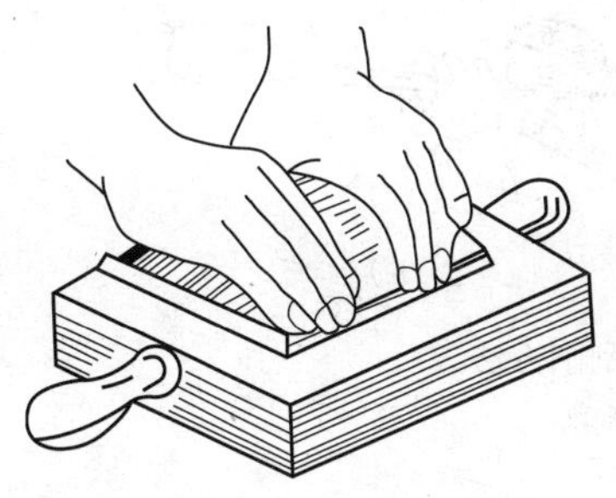

图 5—2—3　中小型工件的研点

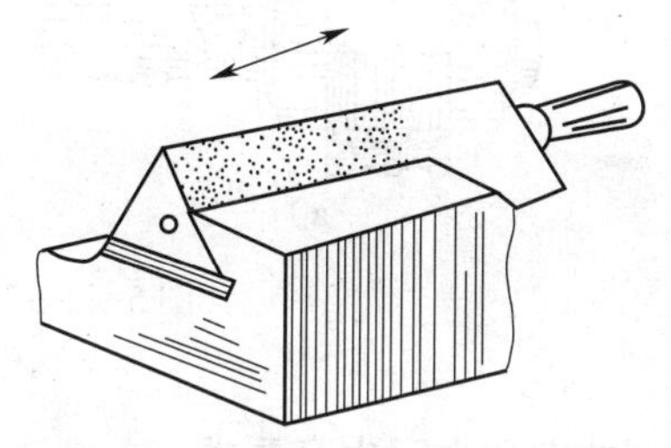

图 5—2—4　大型工件的研点

3）形状不对称工件的研点。推研时应在工件某个部位施加托力或压力（或配重），如图 5—2—5 所示，但用力的大小要适当、均匀。研点时还应注意，如果两次研点有矛盾，应分析原因，认真检查推研方法，谨慎处理。

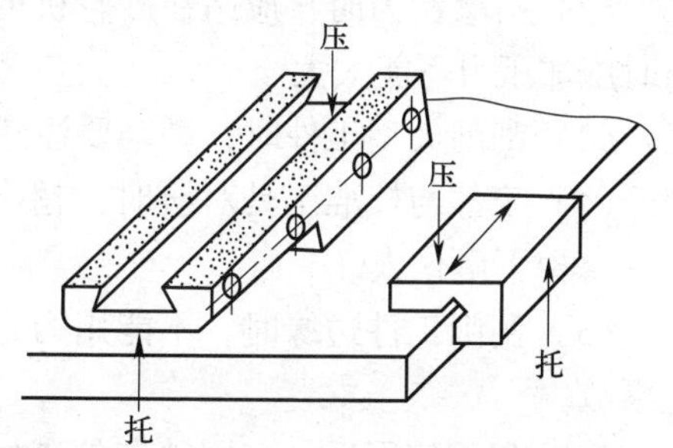

图 5—2—5　形状不对称工件的研点

（3）刮削面几何精度检验方法

常用刮削面几何精度的检验方法如图 5—2—6 所示，应根据实际情况合理、有效地选择。

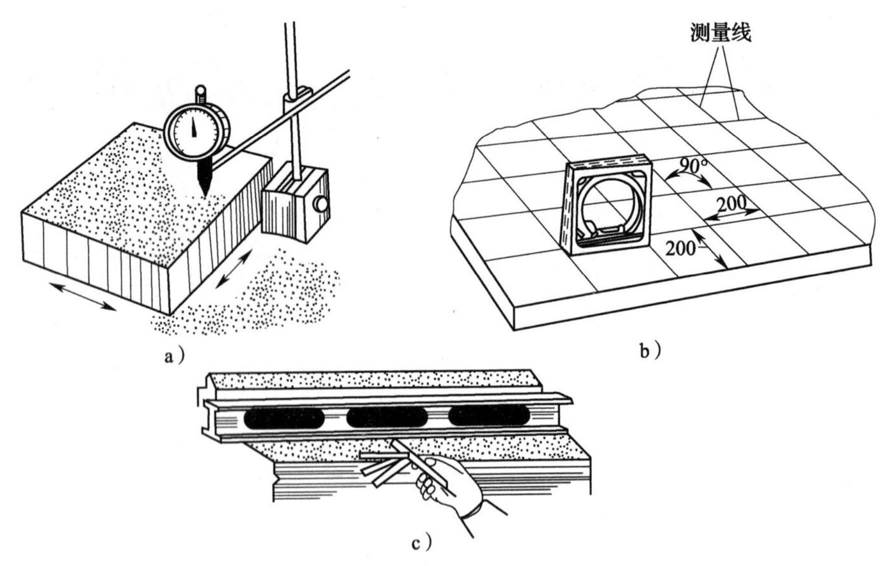

图 5—2—6　常用刮削面几何精度的检验方法

a）用指示表检测平行度　b）用水平仪检测大型工件平面度　c）用塞尺检测配合面间隙

2. 曲面刮削

曲面刮削方法如图 5—2—7 所示。轴瓦研点时，应根据轴在轴承内的工作情况合理分布，以获得良好的工作效果。在轴承长度方向上，中间研点可以少些；在轴承圆周方向上，受力大的部位应该刮成较密的贴合点，以减少磨损，使轴承在负荷情况下保持几何精度。

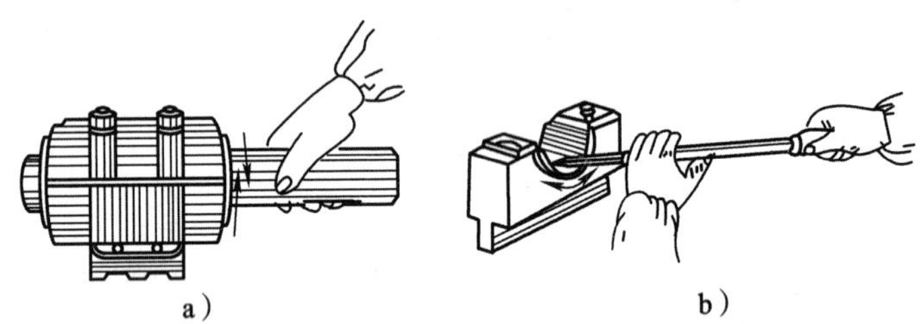

图 5—2—7　曲面刮削方法

a）研点　b）刮削

六、刮削的安全文明生产要求

（1）刮削前，工件的锐边、锐角必须去掉，防止伤手。

（2）刃磨刮刀时，应站在砂轮机的侧面或斜侧面。力的作用方向应通过砂轮轴线，刃磨时施加压力不能太大。

（3）刮削大型工件时，搬动要注意安全，安放要平稳。

（4）工件与校准工具对研时，超出部分不能过长，用力不宜过猛，以防工件（或校准工具）掉下砸伤人。

（5）刮削工件边缘时，不能用力过猛，避免刮刀刮出工件时，连刀带人一起冲出而发生事故。

（6）刮刀使用后，应用纱布包裹好并妥善安放，三角刮刀用毕不要放在经常与手接触的地方。

技能训练

任务　V 形架的刮削

1. 训练要求

（1）掌握粗、细、精平面刮刀的刃磨要求及刃磨方法。

（2）掌握平面刮削的基本操作方法，能按图样要求完成 V 形架的刮削。

2. 训练准备

（1）设备：砂轮机、台虎钳、刮削架。

（2）工具、量具：平面刮刀、显示剂、百分表及表架、正弦规、量块、标准平板等。

（3）材料：精铣后的 V 形架（各刮削面均留有 0.1 mm 的刮削余量）。

（4）V 形架图样，如图 5—2—8 所示。

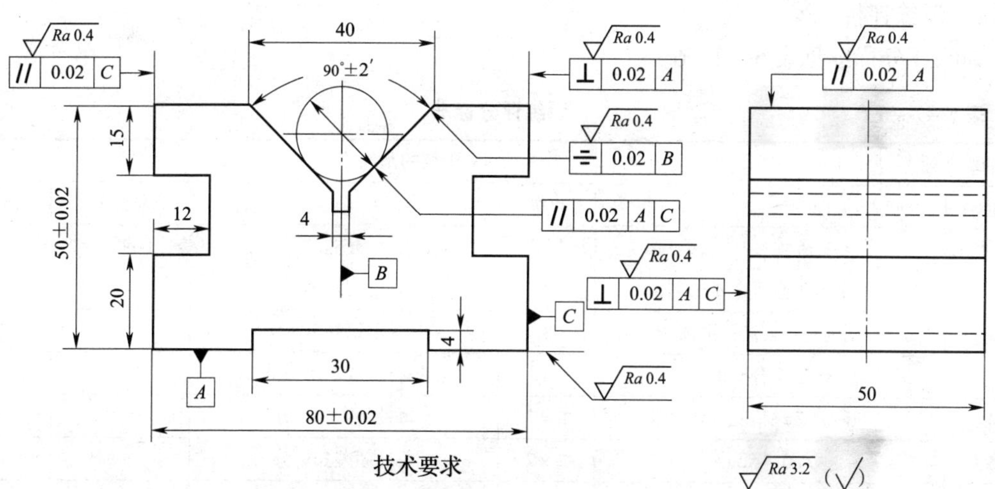

图 5—2—8　V 形架图样

3. 训练要点

（1）刮削前，应先检查工件精铣后的误差情况，并制定刮削工艺。

（2）为提高刮削效率，各刮削面应按粗刮、细刮、精刮的步骤进行。直至所刮削的面达到图样要求后，再刮削另一面。

（3）由于粗、细、精刮刀要求的几何形状不同，因此刃磨方法也不同。刃磨时，为使刃口锋利，应在油石上精磨。首先按图 5—2—9a 所示的方法将刮刀两大平面刃磨平整，然后再精磨端面。刃磨粗刮刀时，左手扶住手柄，右手紧握刀身端部，使刮刀直立在油石上，略前倾地向前推移，拉回时刀身略微提起，以免磨损刃口，如图 5—2—9b 所示。刃磨细、精刮刀端面时，左手根据刮刀端部的圆弧大小扶在摆动的中心位置，右手紧握刀身端部，使刮刀端面紧贴油石摆动，如图 5—2—9c 所示。

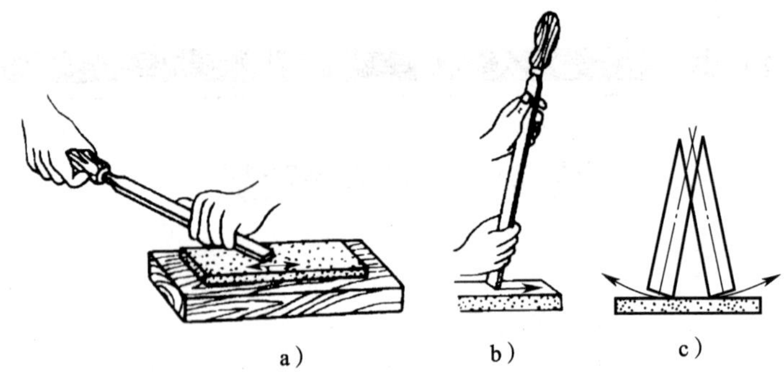

图 5—2—9　刮刀刃磨方法

a）刃磨两大平面　b）刃磨粗刮刀端面　c）刃磨细、精刮刀端面

（4）由于 V 形架棱边较多，刮削时应尽量与棱边倾斜一定角度，不可用力过猛，以免发生事故。

（5）精刮时，落刀要轻，每刮一遍刀迹要交叉。

4. 训练评价

训练评分标准见表 5—2—6。

表 5—2—6　　**训练评分标准**

训练课题	V 形架的刮削				
姓名		班级		总得分	
序号	项目	配分	评分标准	实测结果	得分
1	刮刀刃磨符合要求	4	不符合要求不得分		
2	刮削姿势自然、协调	3	酌情扣分		
3	研点符合要求	4	不符合要求不得分		
4	刮削面的接触精度符合要求	5×7	每处超差扣 5 分		
5	$Ra0.4\ \mu m$	2×7	每处超差扣 2 分		
6	90°±2′	5	超差不得分		
7	⊥ 0.02 A	4	超差不得分		
8	⊥ 0.02 A C	3×2	每处超差扣 3 分		
9	// 0.02 A	4	超差不得分		
10	// 0.02 C	4	超差不得分		
11	// 0.02 A C	4×2	每处超差扣 4 分		
12	（80±0.02）mm	3	超差不得分		
13	（50±0.02）mm	3	超差不得分		
14	安全文明生产	3	酌情扣分		
现场记录					

课题三 研磨

用研磨工具和研磨剂从工件表面上研去一层极薄金属层的精加工方法称为研磨，如图 5—3—1 所示。

一、研磨特点

图 5—3—1　研磨

（1）在研磨过程中，研磨剂中的磨料被压嵌在研具表面上，形成无数切削刃，由于研具和工件的相对运动，对工件产生微量的切削作用，均匀地从工件表面切去一层极薄的金属。借助研具的精确型面，可使研磨后的工件获得精确的尺寸、形状和极小的表面粗糙度值，尺寸精度可达 IT5 ~ IT3，表面粗糙度值可达 Ra0. 01 ~ 0. 008 μm。

（2）操作方法简单，不需复杂设备，但加工效率较低。

（3）研磨后的工件能提高表面的耐磨性、抗腐蚀性及疲劳强度，从而延长使用寿命。

二、研磨余量

研磨是微量切削，因此研磨余量不能太大，否则会使研磨时间增加，并缩短研具的使用寿命，一般在 0. 005 ~ 0. 03 mm 比较合适。研磨余量的大小应根据工件尺寸大小和精度要求有所不同，有时研磨余量就留在工件的公差范围之内。

三、研具

研具是保证被研磨工件几何精度的重要因素，因此对其材料、精度和表面粗糙度都有较高的要求。

1. 研具材料

在研磨加工中，研具必须具备两条基本要求：一是研具材料要容易嵌入磨料，二是研具能较长时间地保持几何精度。所以，研具材料的硬度应比被研磨工件低，组织要细致均匀，具有较高的耐磨性、稳定性以及较好的嵌存磨料的性能。常用研具材料的特点及应用见表 5—3—1。

表 5—3—1　　常用研具材料的特点及应用

研具材料	特点及应用
灰铸铁	具有硬度适中、嵌入性好、价格低、研磨效果好等特点，是一种应用广泛的研磨材料
球墨铸铁	球墨铸铁比灰铸铁的嵌入性更好，且更加均匀、牢固，常用于精密工件的研磨
软钢	软钢韧性较好，不易折断，常用来制作小型工件的研具
铜	铜的性质较软，嵌入性好，常用来制作研磨软钢类工件的研具

2．研具的类型

不同形状的工件需要不同形状的研具，常用研具的类型、特点及应用见表 5—3—2。

表 5—3—2　　常用研具的类型、特点及应用

类型	图示	特点及应用
研磨平板	 有槽研磨平板 　光滑研磨平板	主要用来研磨平面，如研磨量块、精密量具的测量面等。其中，有槽的用于粗研，光滑的用于精研
研磨环	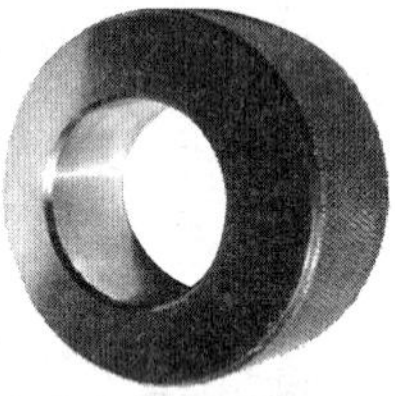 固定式圆柱孔研磨环 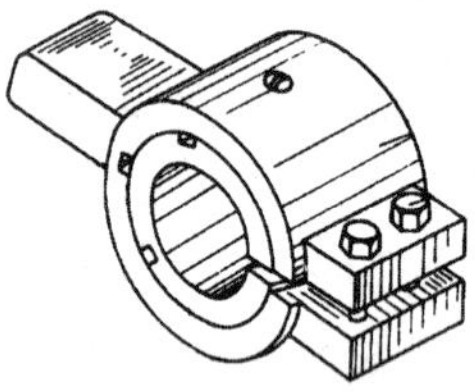　可调式圆柱孔研磨环 　圆锥孔研磨环	主要用来研磨轴类工件的外圆柱表面和圆锥表面。研磨环有固定式和可调式两种。固定式研磨环制造简单，但磨损后无法补偿，多用于单件工件的研磨。可调式研磨环的尺寸可在一定的范围内调整，使用寿命较长
研磨棒	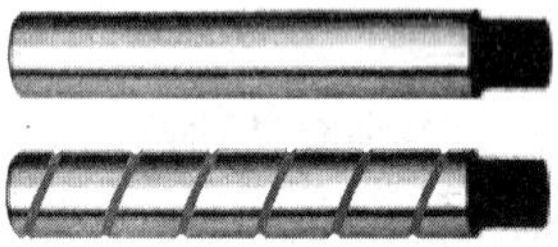 固定式圆柱研磨棒 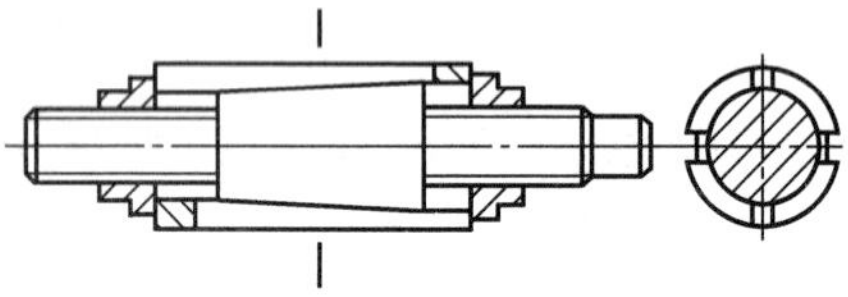　可调式圆柱研磨棒 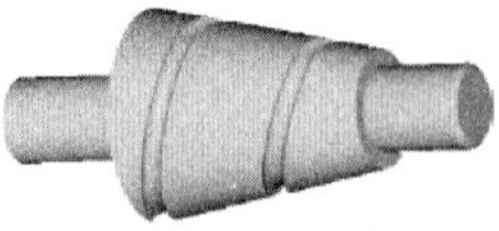　左向螺旋槽圆锥研磨棒 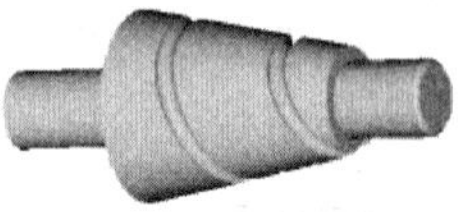　右向螺旋槽圆锥研磨棒	主要用来研磨套类工件的内孔。研磨棒有固定式和可调式两种，其中，固定式研磨棒又分光滑和带槽两种

四、研磨剂

研磨剂是指由磨料、分散剂和辅助材料制成的用于研磨的混合剂。

1．磨料

磨料在研磨中起切削作用，研磨效率、研磨精度与选用磨料的种类和粒度有密切的关系。按磨料的来源分为天然磨料和人造磨料，按磨料的硬度分为普通磨料和超硬磨料。常用磨料的成分及特性见表 5—3—3。

表 5—3—3　　常用磨料的成分及特性（摘自 GB/T 16458—2009）

<table>
<tr><th colspan="3">分类</th><th>成分及特性</th></tr>
<tr><td rowspan="15">普通磨料</td><td colspan="2">天然刚玉</td><td>一种天然磨料，主要成分 Al_2O_3 含量为 90% ~95%，密度 3.9 ~4.1 g/cm³</td></tr>
<tr><td colspan="2">金刚砂</td><td>一种天然磨料，是天然刚玉和赤铁矿或磁铁矿、石英等的混合体，密度 3.7 ~4.3 g/cm³</td></tr>
<tr><td colspan="2">石榴石</td><td>一种天然磨料，化学式为 $A_3B_2[SiO_4]$，密度 3.5 ~4.2 g/cm³</td></tr>
<tr><td rowspan="7">电熔刚玉</td><td>棕刚玉</td><td>一种人造刚玉磨料，用矾土经电弧炉熔炼制成，Al_2O_3 含量 95% 左右，并含少量的氧化钛等其他成分，呈棕褐色，密度不小于 3.90 g/cm³</td></tr>
<tr><td>白刚玉</td><td>一种人造刚玉磨料，用铝氧粉经电弧炉熔炼制成，Al_2O_3 含量 98% 左右，呈白色，密度不小于 3.90 g/cm³</td></tr>
<tr><td>单晶刚玉</td><td>一种人造刚玉磨料，以矾土、硫化物为主要原料，经电弧炉熔炼，颗粒由水解制成，Al_2O_3 含量不少于 98%，多为等积状的单晶体，呈浅灰色，密度不小于 3.95 g/cm³</td></tr>
<tr><td>微晶刚玉</td><td>一种人造刚玉磨料，炼制的刚玉溶液经急速冷却而制成，晶体一般小于 300 μm，Al_2O_3 含量 95% 左右，密度不小于 3.90 g/cm³</td></tr>
<tr><td>铬刚玉</td><td>一种人造刚玉磨料，用铝氧粉加入少量氧化铬在电弧炉内熔炼制成，Al_2O_3 含量不少于 98.5%，多呈粉红色，密度不小于 3.90 g/cm³</td></tr>
<tr><td>锆刚玉</td><td>一种人造刚玉磨料，是氧化铝和氧化锆的共熔混合物，为微晶结构</td></tr>
<tr><td>黑刚玉</td><td>一种人造刚玉磨料，又名人造金刚砂，由刚玉、铁尖晶石等组成，Al_2O_3 含量不少于 77%，密度不小于 3.61 g/cm³</td></tr>
<tr><td colspan="2">陶瓷刚玉</td><td>利用化学法合成氧化铝超细粉体，然后通过烧结的方法制成的具有微晶结构的刚玉磨料</td></tr>
<tr><td rowspan="3">碳化硅</td><td>绿碳化硅</td><td>一种人造磨料，呈绿色光泽的结晶，SiC 含量 98.5% 左右，密度不小于 3.18 g/cm³</td></tr>
<tr><td>黑碳化硅</td><td>一种人造磨料，呈黑色光泽的结晶，SiC 含量 98% 左右，密度不小于 3.12 g/cm³</td></tr>
<tr><td>立方碳化硅</td><td>一种人造磨料，碳化硅的低温相，主要物相为 β - SiC，属立方晶系，色泽为黄绿色</td></tr>
<tr><td colspan="2">碳化硼</td><td>一种人造磨料，分子式为 B_4C，属六方晶系，呈黑色金属光泽，在电炉中用碳素材料还原硼酸制得</td></tr>
<tr><td rowspan="2">超硬磨料</td><td colspan="2">金刚石</td><td>目前所知自然界中最硬的物质，化学成分为 C，是碳的同素异构体，密度 3.52 g/cm³。它包括天然金刚石、人造金刚石、单晶金刚石、多晶金刚石、微晶金刚石、纳米金刚石等</td></tr>
<tr><td colspan="2">立方氮化硼</td><td>立方晶系结构的氮化硼，分子式为 BN，用人工方法制造。它包括单晶立方氮化硼、多晶立方氮化硼、微晶立方氮化硼、纳米立方氮化硼等</td></tr>
</table>

国家标准把磨料的粒度分为粗磨粒和微粉两部分，GB/T 2481.1—1998 将粗磨粒划分为 F4 ~ F220 共 26 个号，GB/T 2481.2—2009 将微粉划分为 F230 ~ F2000 共 13 个号。选用时应根据工件的精度要求合理选取。

2. 分散剂

分散剂使磨料均匀分散在研磨剂中，起稀释、润滑和冷却等作用，常用的分散剂有煤油、机油、动物油、甘油、酒精和水等。

3. 辅助材料

辅助材料主要是混合脂，常由硬脂酸、脂肪酸、环氧乙烷、三乙醇胺、石蜡、油酸和十六醇等几种材料配成，在研磨过程中起乳化、润滑和吸附作用，并促使工件表面产生化学变化，生成易脱落的氧化膜或硫化膜，以提高加工效率。此外，辅助材料中还有着色剂、防腐剂和芳香剂等。

根据分散剂和辅助材料的成分和配比不同，研磨剂分为液态研磨剂、研磨膏和固体研磨剂三种。液态研磨剂不需要稀释即可直接使用。研磨膏可直接使用或加分散剂稀释后使用，用油稀释的称为油溶性研磨膏，用水稀释的称为水溶性研磨膏。固体研磨剂常温时呈块状，可直接使用或加分散剂稀释后使用。

五、研磨方法

研磨分手工研磨和机械研磨两种。手工研磨应选择合理的运动轨迹，以提高研磨效率、工件表面质量和延长研具寿命。手工研磨的运动轨迹有直线形、直线与摆动形、螺旋线形、8 字形和仿 8 字形等，如图 5—3—2 所示。常用的研磨方法见表 5—3—4。

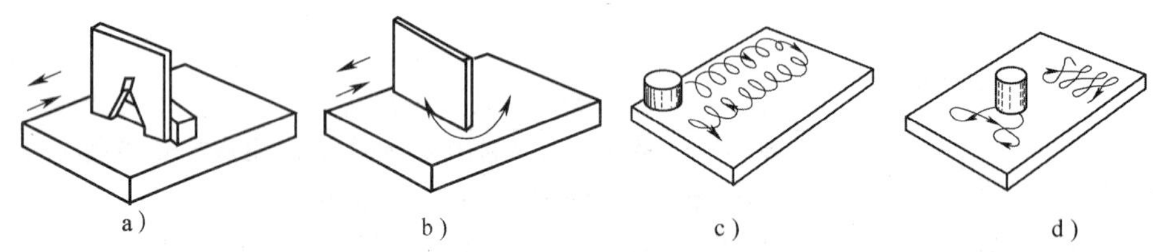

图 5—3—2　研磨运动轨迹

a）直线形　b）直线与摆动形　c）螺旋线形　d）8 字形和仿 8 字形

表 5—3—4　常用的研磨方法

类型	图示	方法
平面研磨	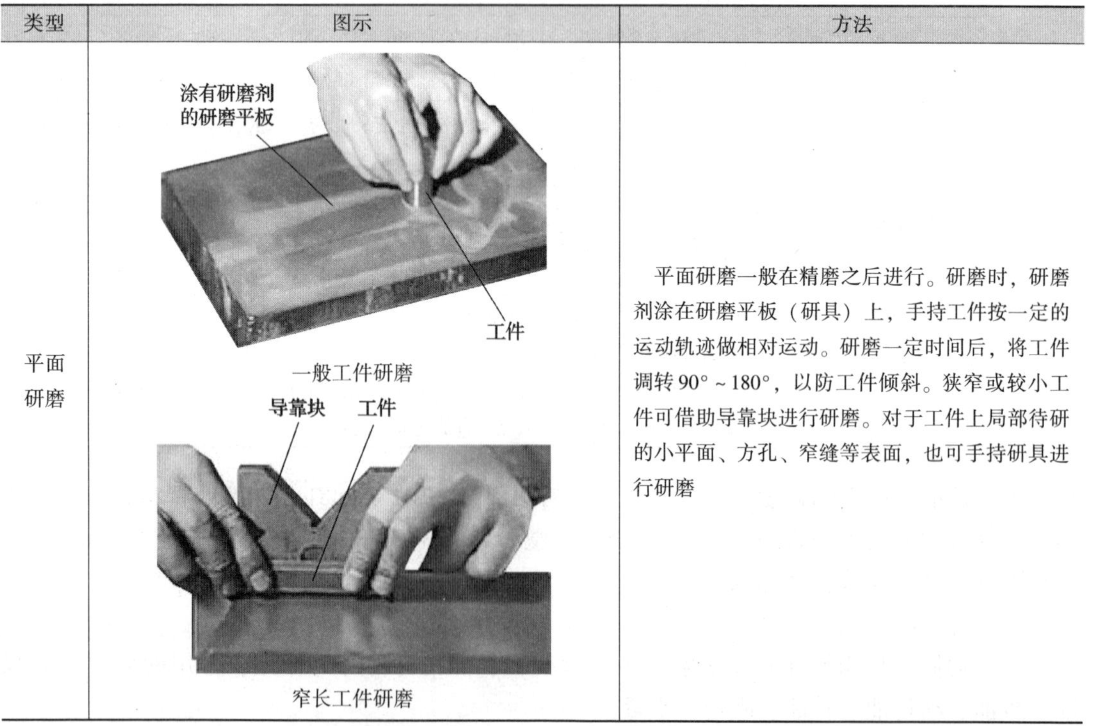一般工件研磨 窄长工件研磨	平面研磨一般在精磨之后进行。研磨时，研磨剂涂在研磨平板（研具）上，手持工件按一定的运动轨迹做相对运动。研磨一定时间后，将工件调转 90° ~ 180°，以防工件倾斜。狭窄或较小工件可借助导靠块进行研磨。对于工件上局部待研的小平面、方孔、窄缝等表面，也可手持研具进行研磨

续表

类型	图示	方法
外圆研磨		外圆研磨一般在精磨或精车基础上进行。手工研磨外圆可在车床上进行，在工件和研磨环之间涂上研磨剂，工件由车床主轴带动旋转，工件直径小于 80 mm 时，转速为 100 r/min，直径大于 100 mm 时，转速为 50 r/min。研磨环用手扶持做轴向往复移动，其移动速度视研磨出现的网纹倾斜角度来控制。当出现 45°网纹时，说明研磨环的移动速度适宜
内孔研磨	圆柱孔研磨　圆锥孔研磨	内孔研磨需在精磨、精铰或精镗之后进行，方法与外圆柱面的研磨相反。研磨时，将研磨棒夹在机床上并转动，把工件套在研磨棒上进行研磨

六、研磨时的注意事项

工件表面研磨质量的好坏、研磨效率的高低，除与研磨剂的选用及研磨的方法有关外，还须注意以下两个问题。

1. 研磨的压力和速度

在研磨过程中，压力大、速度快，则研磨效率高。若压力太大、速度太快，工件表面粗糙，则工件容易发热而变形，甚至会因磨料压碎而使表面划伤，因而必须合理加以控制。对于较小的硬工件或粗研磨时，可用较大的压力、较低的速度进行研磨；对于较大、较软的工件或精研磨时，就应用较小的压力、较快的速度进行研磨。在研磨中，应防止工件发热，若发热，应暂停，待冷却后再进行研磨。

2. 研磨中的清洁工作

在研磨中，必须重视清洁工作才能研磨出高质量的工件表面。若忽视了清洁工作，轻则拉毛工件表面，重则拉出深痕而造成废品。另外，研磨后应及时将工件清洗干净并采取防锈措施。

技能训练

任务　刀口形直角尺的研磨

1．训练要求

（1）掌握各种研具、研磨剂的选用方法及要求。

（2）掌握研磨的基本操作方法，并能按图样要求完成刀口形直角尺的研磨。

2．训练准备

（1）工具、量具：研磨平板、研磨剂、标准平尺、角度量块、灯箱、导靠块、千分表及表架等。

（2）材料：淬火后经磨削加工的刀口形直角尺毛坯（各研磨面均留有 0.02～0.03 mm 的研磨余量）。

（3）刀口形直角尺图样，如图 5—3—3 所示。

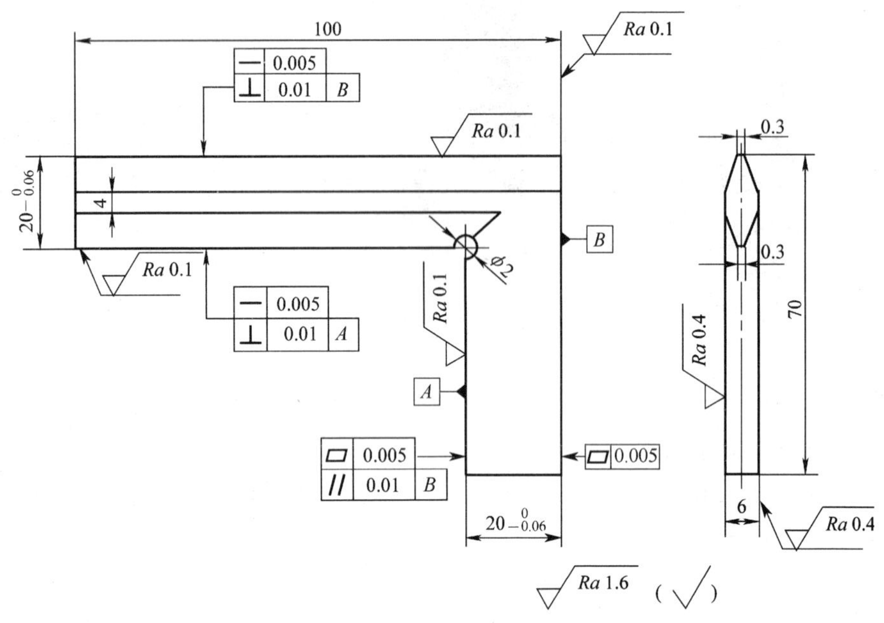

图 5—3—3　刀口形直角尺图样

3．训练要点

（1）研磨加工方法有压嵌研磨法和涂覆研磨法，应根据具体要求合理选择。

1）压嵌研磨法。压嵌研磨法适用于尺寸精度在 1 μm 左右、表面粗糙度值在 *Ra*0. 8 μm 以上的工件表面。压嵌研磨法以物理作用为主，兼有化学作用。工作时，预先将细微粉粒均匀地撒在两研具工作表面上，再使研具互相对研，将细微粉粒嵌入研具工作表面，构成具有一定牢度的“多刃”研削面，工件经这种嵌附微粒的研具研磨后，表面纹路细密，能得到准确的尺寸精度和很小的表面粗糙度值。

压嵌研磨法的研磨效率较低，而且对工作场地的清洁度要求较高，一般用于研磨精度要求较高的工件。

2）涂覆研磨法。涂覆研磨法以物理作用为主，兼有化学作用，工作时，把研磨剂涂覆在研具或工件表面上进行研磨，磨料在研具和工件表面间处于浮动的半运动状态，从而对工件表面起滚挤、摩擦和研削的综合作用。采用涂覆研磨法研磨时，研具的使用时间不宜过长，且须保证有足够的切削液，否则磨料将由浮动逐步变为呆滞和静止，对工件的作用则变为以刮削为主，不仅使工件达不到预期的质量要求，而且会使加工面出现划痕等缺陷。

（2）粗、精研磨工作要分开进行，若粗、精研磨采用同一块平板作为研具，在改变研磨工序前，必须进行全面清洗，以清除上道工序留下的较粗磨料。

（3）研磨剂每次上料不宜太多，并要分散均匀，以免将工件边缘研坏。

（4）研磨时需特别注意清洁工作，不要使研磨剂中混入杂质，以免反复研磨时划伤工件表面。

（5）在研磨时需使用整个平板表面，使平板各部分磨损均匀。

（6）研磨窄平面要采用导靠块，研磨时使工件靠紧，保持被研平面与侧面垂直，以避免产生倾斜和圆角。

（7）应经常改变工件在研具上的研磨位置，以防止因研具磨损而降低研磨质量。同时，为了使工件均匀受压，应在研磨一段时间后将工件掉头研磨。

（8）超精研磨前，要用天然油石把嵌入平板表面的硬质点磨平，以保证工件得到较小的表面粗糙度值。

（9）可采用光隙法（其方法与用刀口尺测量平面度相似，具体参见第二单元课题三）进行角度检验，如图5—3—4所示。

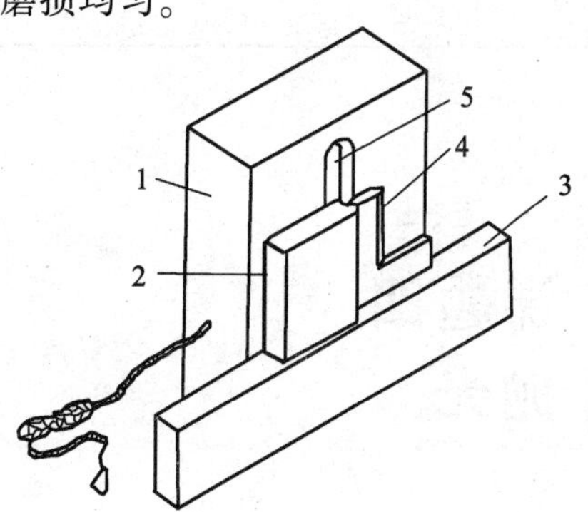

图5—3—4　用光隙法进行角度检验
1—灯箱　2—角度量块　3—标准平尺
4—工件　5—荧光灯

4. 训练评价

训练评分标准见表5—3—5。

表5—3—5　训练评分标准

训练课题	刀口形直角尺的研磨				
姓名		班级		总得分	
序号	项目	配分	评分标准	实测结果	得分
1	$20^{\ 0}_{-0.06}$ mm	5×2	每处超差扣5分		
2	∥ 0.01 B	8	超差不得分		
3	⏥ 0.005	6×2	每处超差扣6分		
4	$Ra0.1$ μm	4×4	每处超差扣4分		
5	⊥ 0.01 A	10	超差不得分		
6	⊥ 0.01 B	10	超差不得分		
7	— 0.005	8×2	每处超差扣8分		

续表

序号	项目	配分	评分标准	实测结果	得分
8	*Ra*0.4 μm	4×2	每处超差扣4分		
9	安全文明生产	10	酌情扣分		
现场记录					

课题四 抛光

利用机械、化学或电化学的作用，使工件获得光亮、平整表面的加工方法称为抛光，如图5—4—1所示。抛光表面具有半光亮到镜面光亮的效果，且没有明显的线条纹。

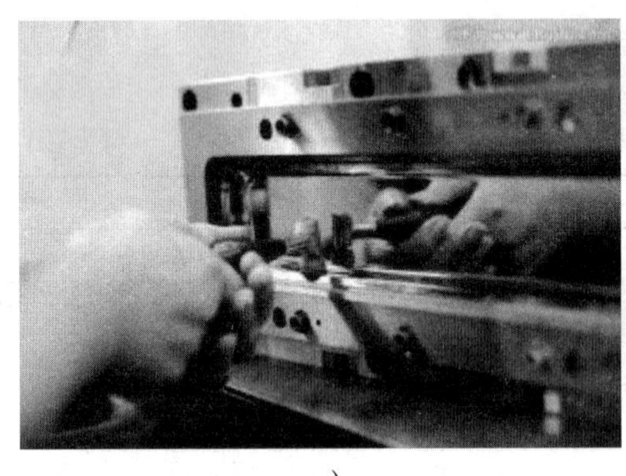

a）

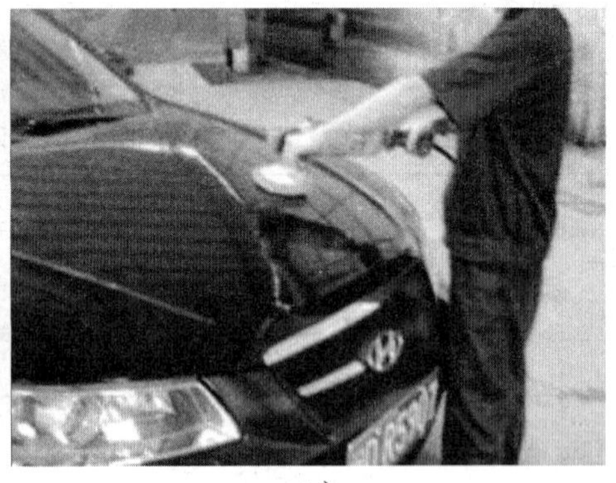

b）

图5—4—1　抛光

a）模具抛光　b）汽车抛光

一、模具抛光特点

表面抛光一般只要求获得光亮的表面即可，但模具加工中所说的抛光与其他行业中要求的表面抛光有很大的不同，严格来说，模具抛光应该称为光整加工，它不仅对抛光本身有很高的要求，而且对表面平整度、光滑度以及几何精度也有很高的要求。

随着玻璃、塑料等制品的日益广泛应用，对产品加工质量的要求越来越高，对生产此类制品的模具型腔表面质量的要求也相应提高，尤其是对生产光学镜片、光盘等模具型腔的表面粗糙度要求极高，往往需要达到镜面抛光的程度，因而对模具的抛光提出了更高要求。抛光可增加工件的美观度，改善材料表面的耐腐蚀性、耐磨性，同时使模具具有其他优点，如使塑料制品易于脱模，减少生产注塑周期等。所以，抛光在模具制作过程中是一道非常重要的工序。

二、抛光磨具

1. 涂附磨具

涂附磨具是指用粘接剂把磨料黏附在可挠曲的基材上制成的磨具，常用的有砂页（砂布、砂纸）、砂卷、砂带、砂盘、砂页盘、带轴页轮等，其标记方法及含义见表 5—4—1。

表 5—4—1　常用涂附磨具

分类	图示	标记方法示例	含义
砂页（砂布、砂纸）		砂页 GB/T 15305.1—230×280—A　P60	砂页尺寸为 230 mm×280 mm，磨料为棕刚玉 A，粒度为 P60
砂卷	A 型 未装卡盘砂卷　B 型 装有卡盘砂卷	砂卷 GB/T 15305.2—2008 A 25×50 000 mm（另外还应标注粒度）	A 型砂卷，宽度为 25 mm，长度为 50 000 mm
砂带		砂带 GB/T 15305.3—50×800（另外还应标注运转方向和粒度）	砂带宽度为 50 mm，长度为 800 mm
砂盘	A 型　B 型	砂盘 GB/T 19759—A—100—A　P60 砂盘 GB/T 19759—B—100×12—A　P60	A 型砂盘，外径为100 mm，磨料为棕刚玉 A，粒度为 P60 B 型砂盘，外径为100 mm，内径为 12 mm，磨料为棕刚玉 A，粒度为 P60

续表

分类	图示	标记方法示例	含义
砂页盘	A 型　B 型	砂页盘 A　180 A P80 80 m/s GB/T 20962	A 型砂页盘，外径为 180 mm，磨料为棕刚玉，粒度为 P80，最高速度为 80 m/s
带轴页轮		带轴页轮 GB/T 23539—2009　60 × 20 × 6 × 30（另外还应标注最大工作线速度、最大允许转速和粒度）	带轴页轮，直径为60 mm，宽度为 20 mm，轴径为 6 mm，轴自由长度为 30 mm

2. 磨头

磨头是指由磨料和粘接剂制成的、带柄使用的、有盲孔或螺孔的小直径固结磨具。国家标准 GB/T 4127. 12—2008 规定了带柄和不带柄两类，按形状分为圆柱磨头、半球形磨头、球形磨头、截锥磨头、椭圆锥磨头、圆头锥磨头、60°锥磨头等，如图 5—4—2a 所示。磨削抛光时，选用与抛光部位形状相似的磨头，装到手持式旋转抛光机（见图 5—4—2b）上对工件进行磨削抛光加工。磨头主要用来磨削抛光模具特殊部位，如沟槽、边角、复杂曲面等。

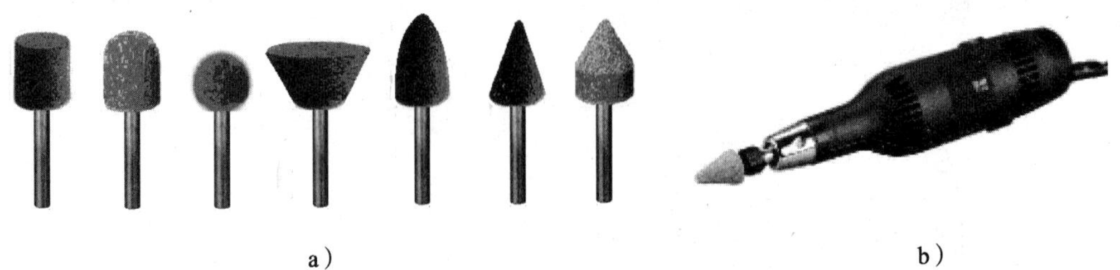

a）　　b）

图 5—4—2　抛光磨头

a）带柄抛光磨头　b）手持式旋转抛光机

3. 手持抛光磨石

手持抛光磨石属固结磨具的一种，国家标准 GB/T 4127. 11—2008 规定，按截面形状分为长方抛光磨石、正方抛光磨石、半圆抛光磨石、圆形抛光磨石、三角抛光磨石、刀形抛光磨石等，如图 5—4—3a 所示。抛光时应选用适合抛光部位的磨石，用食指轻压施力部位对工件进行抛光加工，如图 5—4—3b 所示，以防磨石折断。

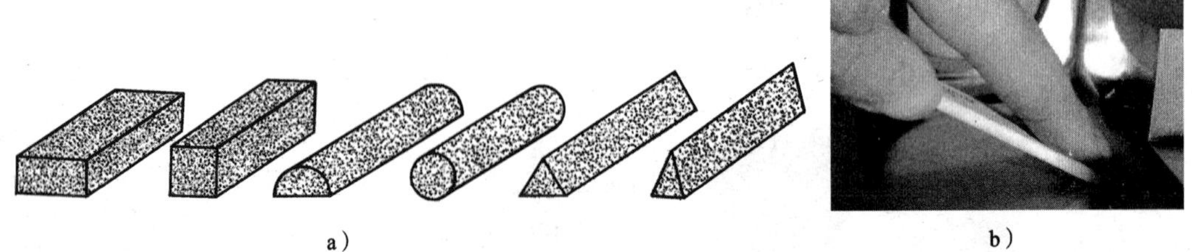

a）　　b）

图 5—4—3　手持抛光磨石

a）不同截面形状的磨石　b）用磨石抛光的方法

4. 竹片抛光磨具

竹片抛光磨具的作用是压着砂纸或带有抛光剂的毛毡布，在工件上研磨抛光，如图 5—4—4a 所示。不同形状的工件及不同的操作方法需要制作不同形状的竹片抛光磨具，如图 5—4—4b 所示。

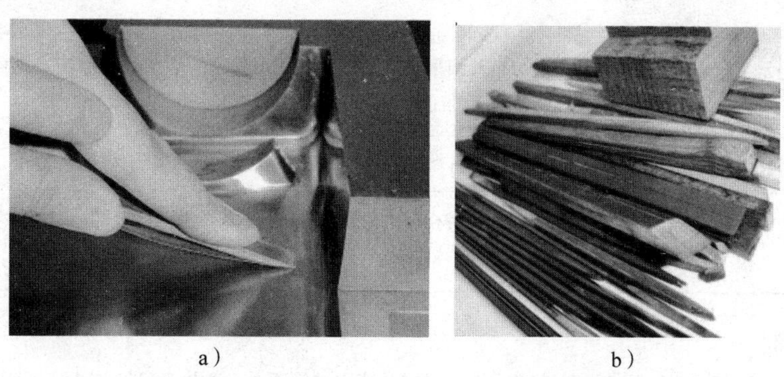

a）　　b）

图 5—4—4　竹片抛光磨具

a）竹片抛光磨具的应用　b）不同形状的竹片抛光磨具

5. 抛光锉刀

抛光锉刀主要用来锉削抛光模具的细小部位，通常安装在往复式抛光机上使用。金刚石抛光锉刀如图 5—4—5a 所示，手持式往复抛光机如图 5—4—5b 所示。

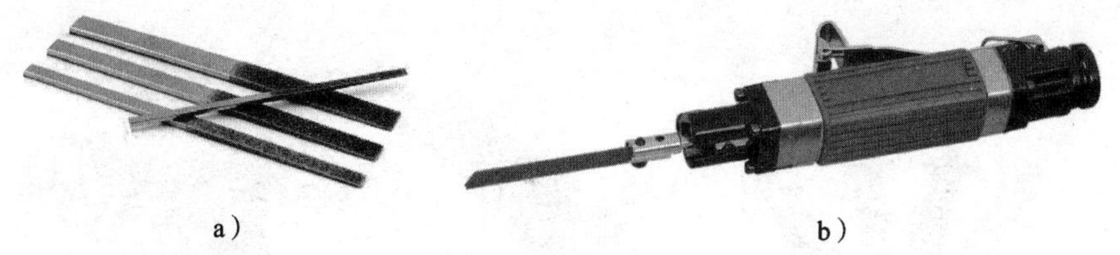

a）　　b）

图 5—4—5　抛光锉刀

a）金刚石抛光锉刀　b）手持式往复抛光机

6. 抛光轮

抛光轮的种类繁多，通常是由若干抛光轮片压合或缝合而成的平面轮，如图 5—4—6 所示。抛光轮的材料与磨光轮稍有不同，它是由弹性更好的各种棉布、细毛毡、丝绸、鹿皮、剑麻、羊毛、尼龙等制成的。使用时应安装在旋转式抛光机上，并借助适宜的抛光剂对工件进行抛光加工。常用抛光轮的特点及应用见表 5—4—2。

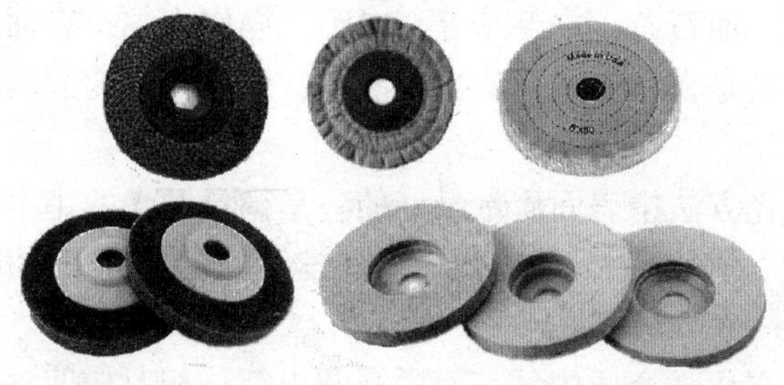

图 5—4—6　抛光轮

表 5—4—2　　常用抛光轮的特点及应用

名称	特点及应用
毛毡轮	采用纯羊毛制成，缩绒时间长，组织紧密，孔隙小，不像织物那样受经纬的限制，耐磨性能好
缝合式布轮	多用粗布、无纺布及细平布等制成，缝线可采用同心圆式、螺旋式或直辐射式。宜抛光各种镀层及形状较简单的工件
非缝合式整布轮	多用细软棉布制成。宜抛光形状复杂工件，或用于小型工件的精抛光
风冷布轮	采用45°角线裁法，呈环形皱褶状，中间装有金属圆盘，具有通风散热的特点。宜抛光大型工件

三、抛光剂

金属抛光剂是用于金属件表面抛光加工的化学物质，它与研磨剂基本相同，也是由磨料、分散剂和辅助材料混合而成的，但抛光剂中的磨料通常比研磨剂中的磨料更细，一般采用微粉，在抛光过程中均为自由磨料状态。同时，在辅助材料中还包含了增加光亮的化学试剂。抛光剂在常温下分为液体抛光剂、膏状抛光剂和固体抛光剂，如图 5—4—7 所示。由于抛光剂中的磨料种类、粒度以及辅助材料不同，因此，在选用抛光剂时，应根据被抛光工件的材质以及各抛光工序的具体要求选用。

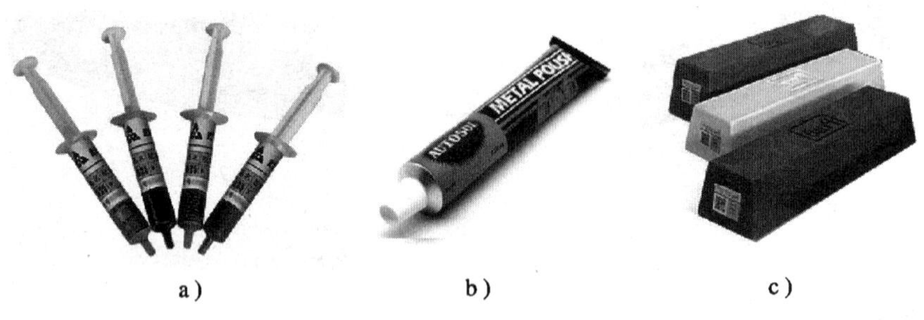

a)　　b)　　c)

图 5—4—7　抛光剂

a）液体抛光剂　b）膏状抛光剂　c）固体抛光剂

四、抛光方法及工作原理

1. 机械抛光

机械抛光是靠切削或使材料表面发生塑性变形而去掉工件表面凸出部分得到平滑面的抛光方法。一般使用砂纸、油石条、羊毛轮等，以手工操作为主，表面质量要求高的可采用超精研抛的方法。超精研抛是在含有磨料的研抛液中，采用特制的磨具紧压在工件被加工表面上做高速旋转运动。

机械抛光是各种抛光方法中表面质量最好的，是模具抛光的主要方法。利用该技术可使被加工表面的表面粗糙度值达到 $Ra0.008$ μm。光学镜片模具常采用机械抛光。

2. 化学抛光

化学抛光是让材料在化学介质中的表面微观凸出部分相对较凹部分优先溶解，从而得到平滑面的抛光方法。

该方法可以抛光形状复杂的工件，且可以同时抛光很多工件，效率高。化学抛光得到的表面粗糙度值一般为 $Ra10$ μm。化学抛光所用溶液的调整和再生比较困难，并且在操作过程中，硝酸散发出大量黄棕色有害气体而污染环境，故在应用上受到限制。

3. 电解抛光

电解抛光以被抛光工件为阳极、不溶性金属为阴极，两极同时浸入电解槽中，通以直流电产生有选择性的阳极溶解，从而达到工件表面光亮度增大的效果，其原理如图 5—4—8 所示。

电解抛光的优点：内外色泽一致，光泽持久；可整平机械抛光无法抛到的凹处；生产效率高，成本低廉；增加工件表面抗腐蚀性。

4. 超声波抛光

超声波抛光（见图 5—4—9）是利用工具断面做超声波振动，通过磨料悬浮液抛光脆硬材料的加工方法。即将工件放入磨料悬浮液中并一起置于超声波场中，依靠超声波的振荡作用，使磨料在工件表面磨削抛光。

超声波加工宏观力小，不会引起工件变形，适用于窄小部位，如工艺品的复杂形状、模具的复杂型腔、窄槽狭缝、盲孔等其他抛光工具无法到达或无法高效工作的部位。

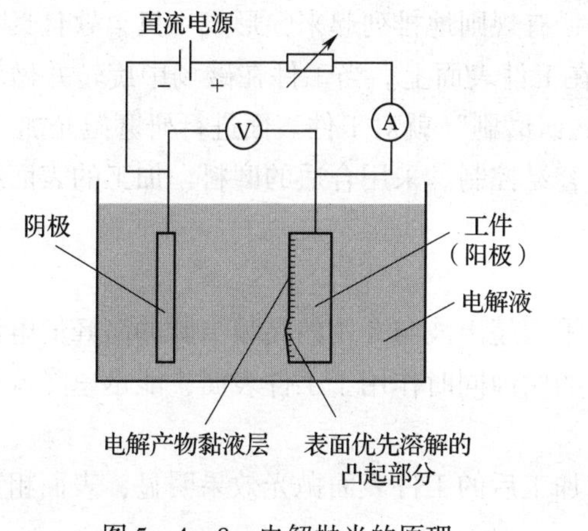

图 5—4—8 电解抛光的原理

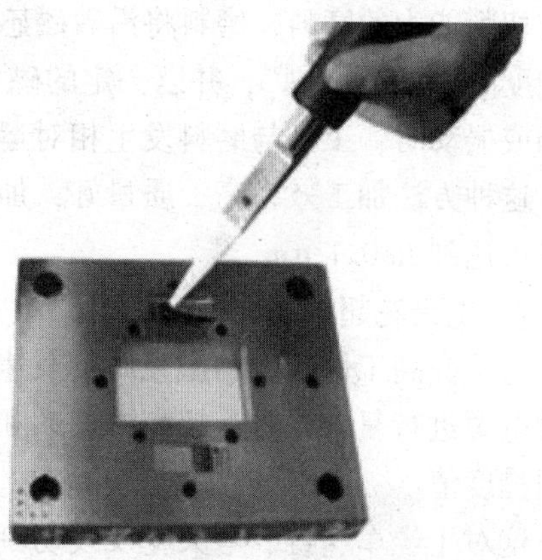
图 5—4—9 超声波抛光

5. 流体抛光

流体抛光依靠流动的液体及其携带的磨料冲刷工件表面，达到抛光的目的。常用的方法有磨料喷射加工、液体喷射加工、流体动力研磨等。流体抛光原理示意图如图 5—4—10 所示，它利用液压驱动，推动流体介质往复流过工件表面，对金属工件表面进行研磨抛光。流体介质主要采用在较低压力下流过性好的特殊化合物（聚合物状物质）掺入磨料制成，磨料可采用碳化硅粉末。

流体抛光的最大优点是流体介质可以通达工件复杂型腔部位（特别是其他抛光工具难以进入的部位），抛光表面均匀、完整，表面粗糙度值可达 $Ra0.1$μm。流体抛光常用于异形、不规则表面以及内孔、细缝、微孔等隐蔽部位的镜面抛光。

6. 磁研磨抛光

磁研磨抛光是利用磁性磨料在磁场作用下形成磨料刷，对工件进行研抛加工。其原理示意图如图 5—4—11 所示，将工件放入由两磁极形成的磁场中，在磁场中填充一种既有磁性

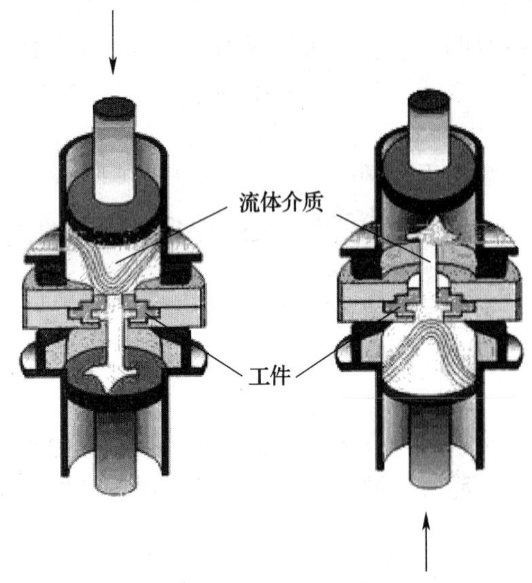

图 5—4—10　流体抛光原理示意图

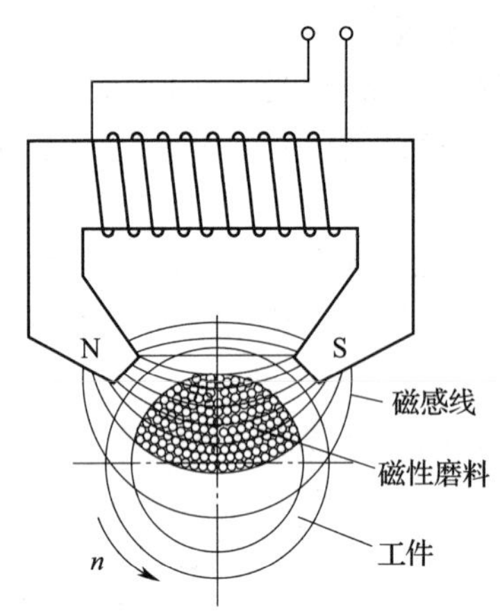

图 5—4—11　磁研磨抛光原理示意图

又有切削能力的磨料，磨料将沿着磁感线紧密、有规则地排列起来，形成一只柔软且具有一定刚度的“磁研磨刷”，并以一定的磁力作用在工件表面上。当工件在磁场中旋转并做轴向运动或振动时，工件与磨料发生相对运动，“磁研磨刷”就对工件表面进行研磨抛光加工。

这种方法加工效率高，质量好，加工条件容易控制。采用合适的磨料，加工的表面粗糙度值可达到 Ra0.1 μm。

7. 电火花超声复合抛光

为了提高工件表面的抛光质量及速度，可采用超声波与专用的高频窄脉冲高峰值电流的脉冲电源进行复合抛光，超声波振动和电脉冲的腐蚀同时作用于工件表面，能迅速降低其表面粗糙度值。

这对于经车、铣、电火花及线切割等工艺加工后的工件表面抛光效果明显，表面粗糙度值可达到 Ra1.6 μm。

五、抛光工艺过程

要想获得高质量的抛光效果，提高抛光效率，必须合理选择抛光磨具和抛光工艺。抛光工艺的选择主要取决于前期加工后的表面状况。通常抛光的基本过程如下：

1. 粗抛

粗抛的目的是利用抛光锉刀或磨头、抛光磨石等固结磨具去掉前期较深的机械加工痕迹。例如，精铣、电火花加工、磨削等工艺加工后的表面可以选择转速为 35 000 ~ 40 000 r/min 的旋转表面抛光机进行抛光，然后采用手持抛光磨石加煤油进行抛光。抛光磨石的使用顺序：180 号→240 号→320 号→400 号→600 号→800 号→1000 号。

2. 半精抛

半精抛的主要目的是利用砂纸、砂页盘等涂附磨具对工件表面进行抛光，以进一步降低抛光面的表面粗糙度值。通常使用砂纸的号数依次为 400 号→600 号→800 号→1000 号→1200 号→1500 号。

3. 精抛

精抛的主要目的是利用各种抛光轮（如布轮、毛毡轮等）配以适宜的抛光剂对工件表面进行抛光，使其表面达到半光亮或镜面要求。

六、抛光时的注意事项

（1）在确定抛光工艺时，应根据操作者的经验、所使用的工艺装备及材料性能等情况来确定。

（2）用砂纸抛光时，需要利用软的木棒或竹棒。在抛光圆弧面或球面时，使用软木棒可以更好地配合圆弧面和球面的弧度。而较硬的木条，如樱桃木，则更适用于平整表面的抛光。应修整木条的末端使其能与钢件表面形状吻合，以避免木条（或竹条）的锐角接触钢件表面而造成较深的划痕。

（3）在进行每一道打磨抛光工序时，磨具应从不同的45°方向去打磨抛光，以避免工件产生波浪等高低不平现象，直至消除上一级的砂纹，然后才可转换下一道更细砂号的砂纸。

（4）在抛光时，应先用较粗粒度的抛光剂进行抛光，然后再逐步减小抛光剂的粒度。一般情况下，抛光剂涂在磨具上，每个抛光磨具只能使用同一种粒度的抛光剂，不能混用。

（5）抛光过程应分开在两个工作地点完成，即粗磨加工地点和精抛加工地点分开，而且要注意清洗干净上一道工序残留在工件表面的磨料。要求每更换一次不同粒度号的磨料，就要用煤油清洗一次，绝不能把不同粒度的磨料相互混淆使用。

（6）精抛时，工件需转到无尘间进行抛光，确保空气中无灰尘等微粒粘在工件表面上。精度要求在 $Ra1$ μm 及以上的抛光工艺，在清洁的抛光室内即可进行。若进行更加精密的抛光，则必须在绝对洁净的空间，因为灰尘、烟雾、头皮屑和口水沫都有可能使高精密抛光表面报废。

（7）精抛时，尽量在较轻的压力下进行，尤其是抛光预硬钢件和用细研磨膏抛光时。当用8000号研磨膏抛光时，常用载荷为100～200 g/cm^2，但要保持此载荷的精准度很难，为了更容易做到这一点，可以在木条上做一个薄且窄的手柄，例如加一铜片或者在竹条上切去一部分而使其更加柔软，这样可以帮助控制抛光压力，确保模具表面压力不会过高。

（8）抛光用的润滑剂和稀释剂有煤油、汽油以及牌号为L—AN32和L—AN46的全损耗系统用油、无水乙醇及工业透平油等。对这些润滑剂、清洗剂、稀释剂均要加盖保存。使用时，应分别采用玻璃吸管吸点法，轻轻地点在抛光件上，不要用毛刷往抛光件上涂抹。

（9）使用抛光毡轮、海绵抛光轮、牛皮抛光轮等柔软抛光磨具时，一定要经常检查这些柔性物质的磨损状况，以防止因磨损过量而露出与其粘接的金属杆，造成抛光面的损伤。一般要求当柔性部分还有2～3 mm时，要及时更换新轮。

（10）抛光工艺完成后，工件表面要做好防尘保护工作。当抛光过程停止时，应仔细去除所有研磨剂和润滑剂，保证工件表面洁净，随后应在工件表面喷淋一层模具防锈涂层。

七、影响抛光表面质量的因素

影响抛光表面质量的因素及改善措施见表5—4—3。

表 5—4—3　　　　影响抛光表面质量的因素及改善措施

表面质量缺陷	产生原因	改善措施
抛光表面有划痕	抛光前工件表面有毛刺，使抛光表面划伤	抛光前应将毛刺清除干净
	抛光剂中磨料粗细不均，使抛光面划痕深浅不一	抛光前应鉴定抛光剂，可用 400 倍显微镜观察。更换不合格的抛光剂，或对其做沉淀、过滤等分选
	抛光剂中磨料片状结构多，加工时磨料不易产生滚压作用，易出现滑压现象，导致抛光面产生较深的划痕	
	抛光剂黏度过大，使磨料不易产生滚压作用，划压概率大，易出现较大、较多的划痕	适当稀释抛光剂
	抛光剂质量差、杂质多。例如使用干性油，易生成薄而硬的油膜，某些添加剂易变质，有沉淀物，空气中尘埃侵入等，均易导致抛光面产生划痕	应使用不干性油类作抛光剂，避免使用易变质的添加剂（如乳化液等）。抛光环境应干净
	抛光剂混合不均或磨料供给不均匀，使各工件表面抛磨不均，抛光过程不稳定，导致表面呈橘皮状，或有小白点和划圈等	抛光剂要搅拌均匀，磨料供给均匀
	抛光剂介质中混有较多、较大的磨屑，导致抛光表面划伤	抛光剂应及时更换
	抛光研具的纤维粗细、软硬度相差悬殊，或抛光研具有硬质点等，导致划痕深浅不一，划伤抛光表面	应严格筛选抛光研具
	前面工序工件表面粗糙度值大或划伤严重，抛光时无法消除	在预加工时要保证工件质量
	抛光后未及时清洗，表面受腐蚀。操作过程中或运输、存放时碰伤、划伤工件抛光面	应及时清洗，加强责任心
抛光表面粗糙度值降低不明显或各部位的抛光量过大	抛光研具刚度过小，使去除工件表面层金属的能力较弱，且抛光时间不足	适当提高抛光研具的运行速度或更换刚度较大的抛光研具
	抛光研具吸附抛光液及镶嵌游离磨料的能力低，使抛光能力降低	选用吸湿性和与磨料的粘接性及亲和性较好的研具
	抛光研具的刚度过大，使工件表面局部切除量过大；抛光研具的仿形能力过弱，不能完全触及工件型面各个部位	适当降低抛光研具的运动速度或采用刚度较小的抛光研具
	工艺参数选择不当，例如抛光压力过大或过小，抛光速度过高或过低，抛光余量过多或过少；抛光工艺方法不能适应表面粗糙度值低的加工等	调整工艺参数，更换工艺方法

任务　模具型芯和型腔的抛光

1. 训练要求

(1) 熟悉各种抛光方法的工作原理。

(2) 能正确、规范地使用各种常用抛光磨具。

(3) 掌握机械抛光的操作方法，能按图样要求完成模具型芯和型腔的抛光。

2. 训练准备

(1) 工具、量具：抛光剂、常用抛光磨具、千分尺、游标卡尺、百分表及表架等。

(2) 材料：精铣加工后的模具型芯和型腔（各抛光面均留有 0.04 ~ 0.08 mm 的抛光余量）。

(3) 模具型芯和型腔图样，分别如图 5—4—12 和图 5—4—13 所示。

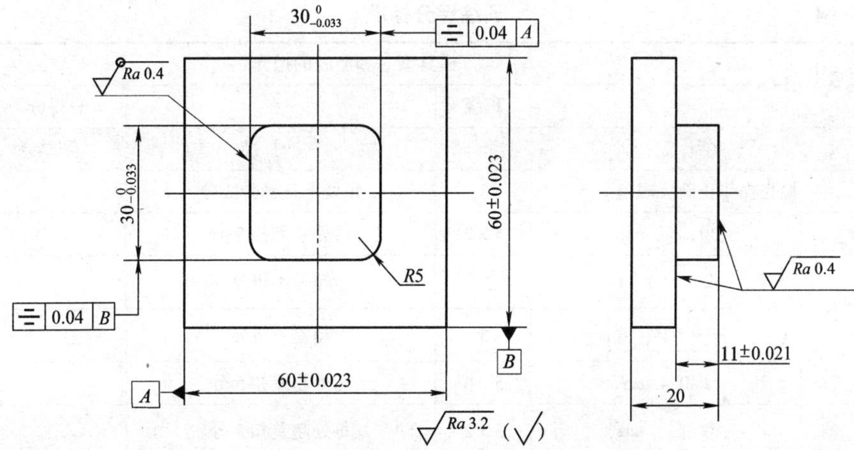

图 5—4—12　模具型芯图样

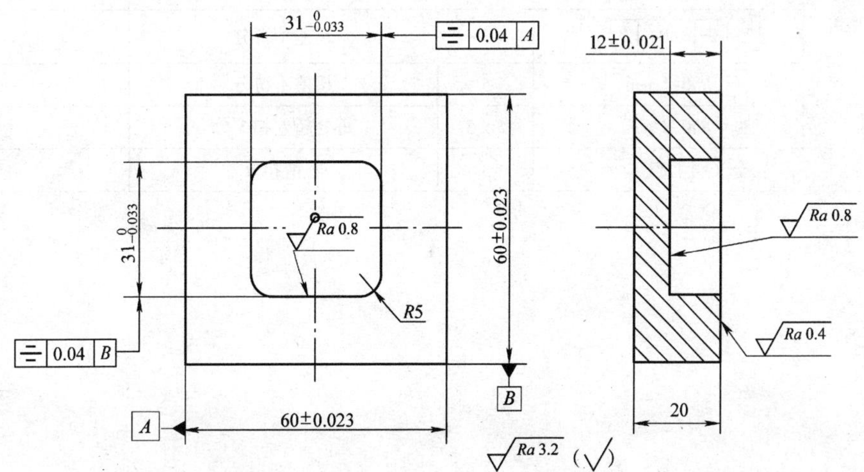

图 5—4—13　模具型腔图样

3. 训练要点

（1）由于抛光的原理与研磨基本相同，因此，对研磨的工艺要求同样适用于抛光。

（2）当开始抛光加工模腔时，应先检查工件表面，用煤油清洗干净表面，使磨具面不会粘上污物而失去切削功能。

（3）粗抛时要按先难后易的顺序进行，较深底部要先抛，最后抛侧面和大平面。

（4）为防止模具工件抛出倒扣，或有贴合面需保护的情况，可用锯片或砂纸贴在边上，以起到理想的保护效果。

（5）工件的平面用铜片或竹片压着砂纸抛光时，砂纸不应大过工件，否则会抛到不应抛的地方。

（6）抛光模具平面用前后拉动的方法时，拉动磨石的柄应尽量放平，不要超出25°，若斜度太大，易在工件上抛出很多粗纹。

（7）抛光工具的形状应跟模具的表面形状接近，这样才能确保工件不被抛变形。

4. 训练评价

训练评分标准见表5—4—4。

表5—4—4　　训练评分标准

训练课题	模具型芯和型腔的抛光					
姓名			班级		总得分	
序号	项目		配分	评分标准	实测结果	得分
1	抛光操作正确、规范		5	每处不正确扣2分		
2	型芯	$30_{-0.033}^{0}$ mm	5×2	每处超差扣5分		
3		⌯ 0.04 A	3	超差不得分		
4		⌯ 0.04 B	3	超差不得分		
5		Ra0.4 μm	5×6	每处超差扣5分		
6	型腔	$31_{-0.033}^{0}$ mm	5×2	每处超差扣5分		
7		⌯ 0.04 A	3	超差不得分		
8		⌯ 0.04 B	3	超差不得分		
9		Ra0.4 μm	5	超差不得分		
10		Ra0.8 μm	5×5	每处超差扣5分		
11	安全文明生产		3	酌情扣分		
现场记录						

第六单元

装　配

课题一 常用电动工具及起重设备

一、手电钻

手电钻是一种便携式电动工具，如图 6—1—1 所示。在机械装配与维修中，当受工件形状或加工部位的限制不能用钻床钻孔时，则可使用手电钻加工。

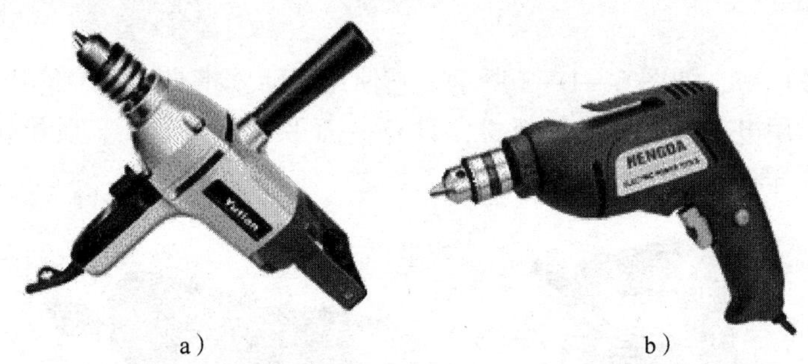

a)　　b)

图 6—1—1　手电钻

手电钻的电源电压分单相（220 V）和三相（380 V）两种。手电钻的规格用最大钻孔直径来表示，常用的有 ϕ6 mm、ϕ13 mm 等，在使用时可根据不同情况进行选择。

手电钻使用时必须注意以下几点：

(1) 连接电源时，应注意电源电压与手电钻的额定电压是否相符。

(2) 使用前应检查接地线是否良好，以确保安全。

(3) 使用时，须开机空转 1 min，检查传动部分是否正常。如有异常，应排除故障后再使用。

(4) 三相手电钻试转时，应观察钻轴的旋转方向是否正确。

(5) 钻头必须锋利，钻孔时不宜用力过猛。当孔即将钻穿时，须相应减轻压力，以防事故发生。

二、电磨头

电磨头（见图 6—1—2）属于高速磨削工具，适用于工件的修理、修磨和除锈，在夹具的装配调整中也可使用。当用布轮代替砂轮使用时，则可进行抛光作业。

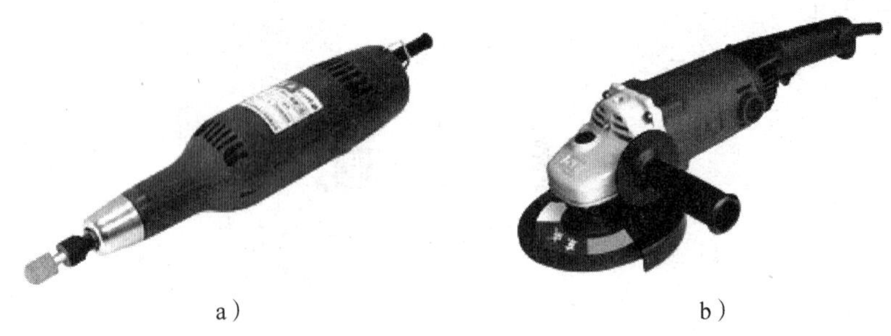

a） b）

图 6—1—2 电磨头

电磨头使用时必须注意以下几点：

(1) 使用前应开机空转 2 ~ 3 min，检查旋转声音是否正常。若有异常，则应排除故障后使用。

(2) 新装砂轮应修整后使用，否则所产生的离心力会造成严重振动，影响加工质量。

(3) 砂轮外径不得超过电磨头铭牌上规定的尺寸。工作时，砂轮与工件的接触力不宜过大，更不能用砂轮冲击工件，以防砂轮爆裂造成事故。

三、电剪刀

电剪刀俗称铁皮剪，如图 6—1—3 所示。它使用灵活，携带方便，能用来剪切各种几何形状的金属板材。用电剪刀剪切后的板材，具有板面平整、变形小、质量好的优点，因此，它是各种复杂大型样板进行落料加工的主要工具之一。

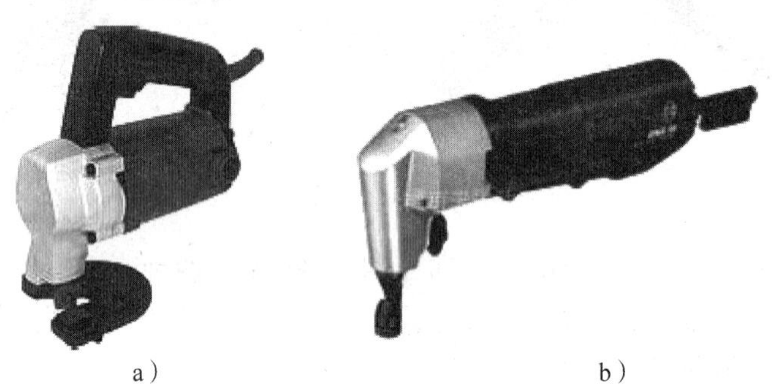

a） b）

图 6—1—3 电剪刀

使用电剪刀时必须注意以下几点：

(1) 使用前，应确定电源完好无损，电源插头插实后方可正常使用，且必须戴钢丝手套。

(2) 开机前，应检查整机各部分螺钉是否紧固，然后开机空转，待运转正常后方可使用。

(3) 剪切时，两刀刃的间距需根据材料厚度进行调整。当剪切厚材料时，间距 S 为 0.2 ~ 0.3 mm；当剪切薄材料时，间距 S 与材料厚度 H 有关，计算公式如下：

$$S = 0.2H$$

进行小半径剪切时，须将两刃口间距调整到 0.3 ~ 0.4 mm。

四、电动扳手

电动扳手是以电源为动力的螺栓拧紧工具，如图 6—1—4 所示。常用的有冲击扳手、定转矩扳手、扭力扳手等，具有操作方便、省时省力、效率高等特点，广泛应用于装配生产线等场合。

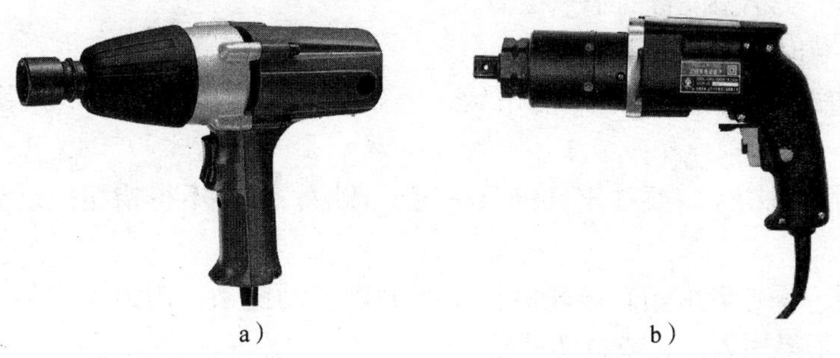

a）　　b）

图 6—1—4　电动扳手

使用电动扳手时应注意以下几点：

（1）检查现场所接电源与电动扳手铭牌是否相符，是否接有漏电保护器。

（2）根据螺母大小选择匹配的套筒，并妥善安装。

（3）尽可能在使用时找好反向力矩支靠点，以防反作用力伤人。

（4）使用时，若发现电动机碳刷异常，应立即停止工作，进行检查处理，排除故障。此外，必须保持碳刷清洁干净。

五、千斤顶

千斤顶是一种小型起重工具，如图 6—1—5 所示，主要用来起重工件或重物。模具钳工常用它来拆卸和装配过盈配合的工件。千斤顶具有体积小、操作简单、使用方便等优点。

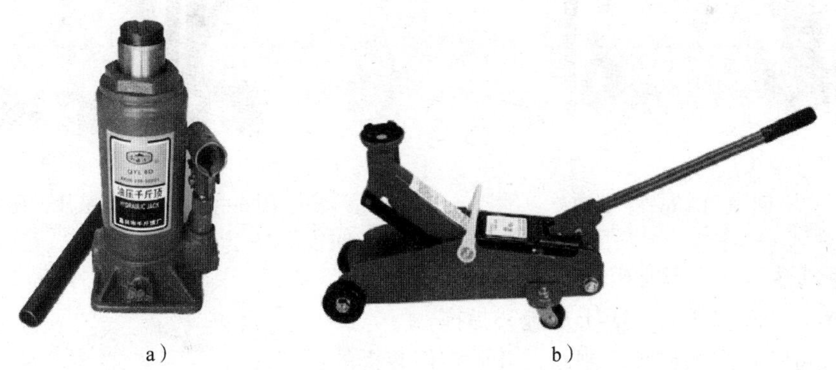

a）　　b）

图 6—1—5　千斤顶

使用千斤顶时应注意以下几点：

（1）千斤顶应垂直安放在重物下面。

（2）合用多个千斤顶升降重物时，要有人统一指挥，尽量保持各个千斤顶的升降速度和高度一致，以免重物发生倾斜。

（3）千斤顶加垫的木板或铁板等表面不能有油污，以防受力时打滑。

(4) 起重较重的工件时，应在重物下面垫枕木，以防意外。

(5) 重物不得超过千斤顶的负载能力。

六、手动葫芦

手动葫芦是一种使用方便、操作简单的手动起重工具，如图6—1—6所示，一般用于机械的垂直起吊或中、小型设备的水平拉动。

使用手动葫芦时应注意以下几点：

(1) 使用前严格检查手动葫芦的吊钩、链条，不得有裂纹，棘爪弹簧应保证制动可靠。

(2) 使用时，吊钩一定要挂牢，链条一定要理顺，链环不得错扭，以免使用时卡住链条。

(3) 起重时，操作者应站在链轮的同一平面内拉动链条，用力应均匀、缓和。拉不动时应检查原因，不得用力过猛或抖动链条。

七、手动液压升降车

手动液压升降车是一种使用灵活、操作方便的小型起重、搬运机械，如图6—1—7所示。在机械维修时，常用来现场起重、搬运设备零部件。

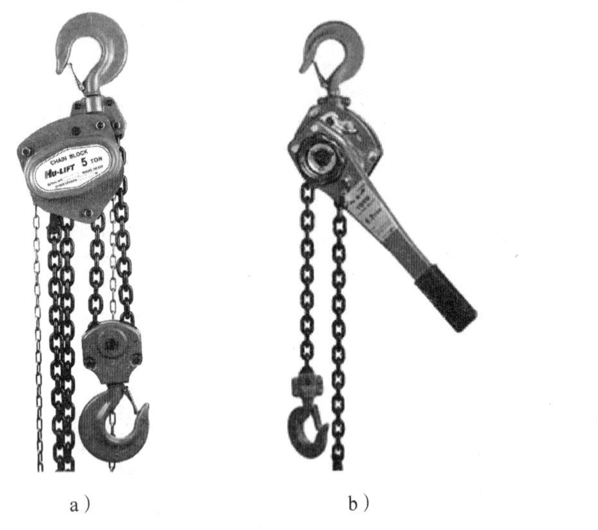

a)　　b)

图6—1—6　手动葫芦

图6—1—7　手动液压升降车

使用手动液压升降车时应注意以下几点：

(1) 多人一同作业时，应听从统一指挥。

(2) 起重时，应先将脚轮制动，并固定好装拆的零部件。

(3) 移动时应保持缓慢、平稳。

八、单梁桥式起重机

单梁桥式起重机（见图6—1—8）是一种小型有轨起重设备，一般起重量为1～16 t。它由横梁、小车和电动葫芦等组成，具有体积小、质量轻、使用方便等优点，通常安装于生产车间，在大型模具的安装和维修中经常使用。

图 6—1—8　单梁桥式起重机

使用单梁桥式起重机时应注意以下几点：

（1）使用前，应试车检查各控制系统是否灵敏、安全可靠。

（2）电动葫芦的限位器是防止吊钩上升或下降超过极限位置的安全装置，不能当作行程开关使用。

（3）不准倾斜起吊或拖拉重物。

（4）吊运工件时，操作人员与工件应保持 1 m 以上的距离。吊运前方应无人、无障碍。操作人员跟车行走时，应注意防止拌倒。

（5）严禁超载起吊重物和长时间将重物吊在空中。

技能训练

任务　起重设备和吊装工具的使用

1. 训练要求

（1）熟悉常用起重设备和吊装工具的结构、性能及使用要求。

（2）掌握单梁桥式起重机的操作方法及安全注意事项，能正确、规范地完成物品的吊装工作。

2. 训练准备

（1）设备：单梁桥式起重机。

（2）工具、量具：钢丝绳、吊钩、链条等。

（3）材料：可根据实际情况进行选择，如注射模等。

3. 训练要点

在装配、安装和调试大中型模具时，经常使用起重设备和吊装工具。常用的起重设备有桥式起重机、电动葫芦、手动葫芦等。常用的吊装工具有钢丝绳、链条、吊钩以及专用吊装绳索等。使用过程中，必须按照相应起重设备和吊装工具的安全操作规程操作。

（1）工作前要明确分工，统一信号，准备好吊装工具、起重设备等，并确定专人负责指挥。

（2）严禁用铁丝、麻绳和三角带作吊装工具。

（3）严禁钢丝绳超负荷使用，严禁用一根钢丝绳代替两根。

（4）起吊时，吊钩要垂直于重心，绳与地面垂直线的夹角一般不超过 45°。

(5) 零部件起吊在稍离地面时要暂停，检查起重设备、吊装工具是否牢固可靠，零部件是否平稳，棱角处是否已加软垫，确保无误后方可继续起吊。吊件上、下严禁站人。

(6) 必须在指导教师或安全员的监督下完成吊装工作。

4. 训练评价

训练评分标准见表6—1—1。

表6—1—1　　训练评分标准

训练课题	起重设备和吊装工具的使用				
姓名		班级		总得分	
序号	项目	配分	评分标准	实测结果	得分
1	吊装方案的制定正确、合理	20	酌情扣分		
2	吊装设备的检查正确、规范	10	每处错误扣2分		
3	吊装工具选用正确	10	选用错误不得分		
4	物品吊挂方法正确	10	不符合要求不得分		
5	起吊操作正确	10	不符合要求不得分		
6	物品离地后的检查正确	10	不符合要求不得分		
7	吊装运行平稳	10	不符合要求不得分		
8	物品下落操作正确	10	不符合要求不得分		
9	安全文明生产	10	酌情扣分		
现场记录					

课题二
装配工艺概述

一、装配的概念

机械产品一般由许多零件和部件组成。零件是构成机器或产品的最小单元，由两个或两个以上的零件结合成机器的一部分称为部件。按规定的技术要求，将零件或部件进行配合和连接，使之成为半成品或成品的工艺过程称为装配。

在装配过程中，最先进入装配的零件或部件称为装配基准件，可以独立进行装配的部件称为装配单元。

装配是机械制造过程的最后阶段，在产品制造过程中占有非常重要的地位，装配工作的好坏，对产品质量起着决定性作用。

二、装配工艺过程

工艺过程是指改变生产对象的形状、尺寸、相对位置或性质等，使其成为成品或半成品的过程。产品的装配工艺过程包括以下四个阶段：

1. 装配前的准备

（1）熟悉产品的装配图、工艺文件和技术要求，了解产品的结构、零件的作用以及相互连接关系。

（2）确定装配方法、顺序，准备所需要的工具。

（3）对将要进入装配的零件进行清理和清洗，去除零件上的毛刺、锈蚀及油污。

（4）对有些零件还需要进行刮削等修配工作，对有特殊要求的零件还要进行平衡试验、密封性试验等。

2. 装配工作

装配工作是装配工艺过程中的主要阶段，分为部件装配和总装配。

（1）部件装配

把零件装配成部件的过程称为部件装配。

（2）总装配

把零件和部件装配成最终产品的过程称为总装配。

3. 调整、精度检验和试车

（1）调整

调整是调节零件或机构的相互位置、配合间隙、结合面松紧等，使各零部件之间达到规定的设计要求。

（2）精度检验

精度检验是指机构或机器的几何精度检验和工作精度检验等。几何精度是指机器静态时的精度，工作精度一般指机器工作状态下的精度。

（3）试车

试车是指设备装配后，按设计要求进行的运转试验，其目的是检验机器运转的灵活性、振动、工作温升、噪声、转速、功率等性能是否符合要求。

4. 喷漆、油封、装箱

喷漆是为了防止非加工面锈蚀，并使机器的外表更加美观；油封是为了防止零件的配合面及零件的已加工面锈蚀；装箱是为了便于运输和存储。

三、装配的组织形式

装配的组织形式随着生产类型、产品复杂程度和技术要求的不同而不同。一般分为固定式装配和移动式装配两种。

1. 固定式装配

固定式装配是将产品或部件的全部装配工作安排在一个固定的工作地点进行。在装配过程中，产品的位置不变，装配所需的零件和部件都汇集在工作场地附近。固定式装配主要应用于单件生产或小批量生产。

2. 移动式装配

移动式装配是指工作对象（部件或组件）在装配过程中，有顺序地由一个工人转移到另一个工人，即所谓“流水装配法”。移动式装配时，常利用传送带、滚道或地面传输线运送装配对象。每一工作地点由一个工人或一组工人重复地完成固定的工作内容，工人技术熟练，并且广泛地使用专用设备、专用工具和采用互换性原则，因而装配质量好，生产效率高，生产成本低，适用于大批量生产，如汽车、拖拉机的装配。

四、装配工艺规程

1. 装配工艺规程及作用

装配工艺规程是指导装配施工的主要技术文件之一。它规定产品及部件的装配顺序、装配方法、装配技术要求、检验方法及装配时所需的设备、工具、时间定额等，是提高产品质量和效率的必要措施，也是组织生产的重要依据。

2. 编制装配工艺规程的方法和步骤

(1) 对产品进行分析

研究产品装配图、装配技术要求及相关资料，了解产品的结构特点和工作性能，确定装配方法和装配的组织形式。

(2) 确定装配顺序

通过工艺分析，将产品分解成若干个装配单元。由于产品的装配总是从装配基准件开始，所以，根据装配单元确定装配顺序时，应首先确定装配基准件，然后根据装配结构的具体情况，按照“先下后上，先内后外，先难后易，先精密后一般，先重大后轻小”的原则，同时安排必要的检验工序并确定装配顺序。

例如，图 6—2—1 所示为某锥齿轮轴组件的装配图。经分析，装配基准件为锥齿轮轴，其装配顺序示意图如图 6—2—2 所示。

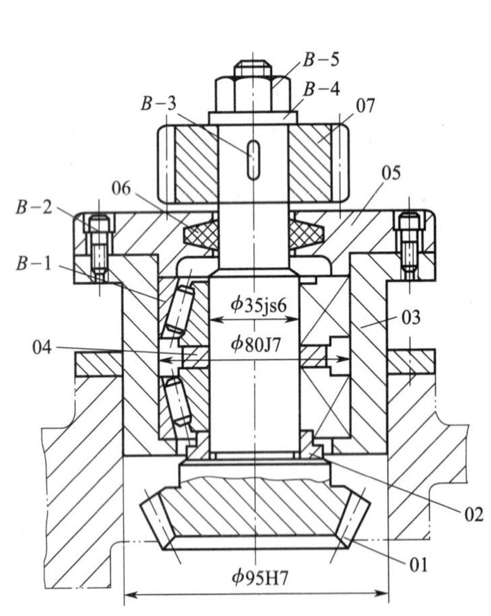

图 6—2—1　锥齿轮轴组件的装配图

01—锥齿轮轴　02—衬垫　03—轴承套　04—隔圈　05—轴承盖　06—毛毡圈　07—圆柱齿轮　B-1—轴承　B-2—螺钉　B-3—键　B-4—垫圈　B-5—螺母

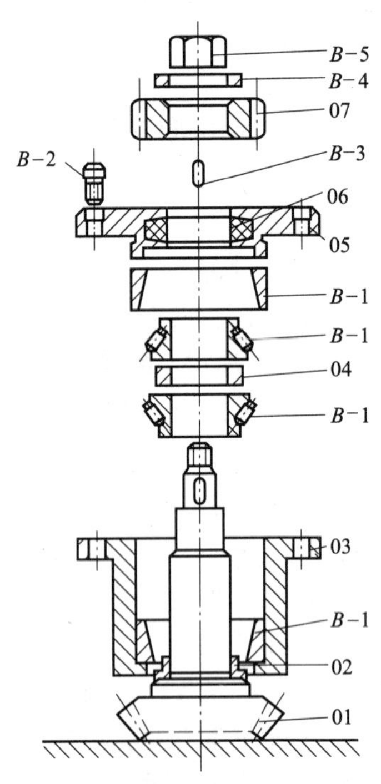

图 6—2—2　锥齿轮轴组件的装配顺序示意图

（3）绘制装配单元系统图

装配单元系统图是表示产品装配单元的划分及其装配顺序的示意图。装配单元系统图的绘制方法如下：

1）先画一横线，在横线左端画出代表基准件的长方格，在横线的右端画出代表产品的长方格。

2）按装配顺序从左向右将代表直接装到产品上的零件或组件的长方格从横线引出，零件画在横线上面，组件画在横线下面。

3）用同样方法把每一组件及分组件的系统图展开画出。

图 6—2—3 所示为锥齿轮轴组件的装配单元系统图。

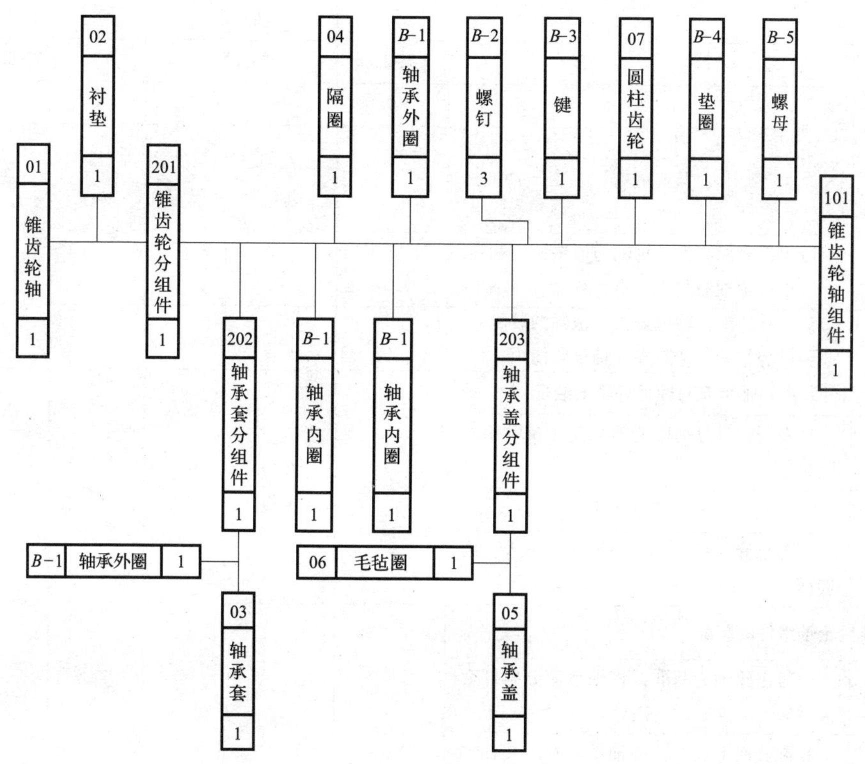

图 6—2—3　锥齿轮轴组件的装配单元系统图

由此可见，装配单元系统图表明了产品零部件间的相互装配关系及装配流程，可以用来指导和组织装配工艺过程。

（4）划分装配工序和装配工步

根据装配单元系统图，将装配工作划分成装配工序和装配工步。由一个工人或一组工人在不更换设备或地点的情况下完成的装配工作称为装配工序。用同一工具，不改变工作方法，并在固定的位置上连续完成的装配工作，称为装配工步。

装配工作一般由若干个装配工序组成，一个装配工序可包括一个或几个装配工步，如锥齿轮轴组件装配就由四个工序组成。

（5）编写装配工艺文件

编写装配工艺文件主要是编写装配工艺卡片，它包含着完成装配工艺过程所必需的资料。单件或小批生产时，不需要制定工艺卡片，工人按装配图和装配单元系统图进行装配。成批生产时，应根据装配系统图分别制定总装和部件装配的装配工艺卡片。表 6—2—1 为锥齿轮轴组件装配工艺卡片，它简要说明了每一工序的工作内容、所需设备和工夹具、工人技术等级、时间定额等。大批量生产需一序一卡。

表 6—2—1　　锥齿轮轴组件装配工艺卡片

<table>
<tr><td colspan="3" rowspan="2">（锥齿轮轴组件装配图）</td><td colspan="3">装配技术要求</td></tr>
<tr><td colspan="3">（1）组装时，各装入零件应符合图样要求
（2）组装后，锥齿轮轴应转动灵活，无轴向窜动</td></tr>
<tr><td rowspan="2">（厂名）</td><td colspan="2" rowspan="2">装配工艺卡</td><td>产品型号</td><td>部件名称</td><td>装配图号</td></tr>
<tr><td></td><td>轴承套</td><td></td></tr>
<tr><td>（车间名称）</td><td>工段</td><td>班组</td><td>工序数量</td><td>部件数</td><td>净重</td></tr>
<tr><td>（装配车间）</td><td></td><td></td><td>4</td><td>1</td><td></td></tr>
</table>

<table>
<tr><td rowspan="2">工序号</td><td rowspan="2">工步号</td><td rowspan="2">装配内容</td><td rowspan="2">设备</td><td colspan="2">工艺装备</td><td rowspan="2">工人技术等级</td><td rowspan="2">时间定额</td></tr>
<tr><td>名称</td><td>编号</td></tr>
<tr><td>Ⅰ</td><td>1</td><td>分组件装配：锥齿轮轴与衬垫的装配
以锥齿轮轴为基准，将衬垫套装在轴上</td><td></td><td></td><td></td><td></td><td></td></tr>
<tr><td>Ⅱ</td><td>1</td><td>分组件装配：轴承盖与毛毡圈的装配
将已剪好的毛毡圈塞入轴承盖槽内</td><td></td><td></td><td></td><td></td><td></td></tr>
<tr><td rowspan="4">Ⅲ</td><td colspan="2">分组件装配：轴承套与轴承外圈的装配</td><td rowspan="4">压力机</td><td rowspan="4">塞规
卡板</td><td rowspan="4"></td><td rowspan="4"></td><td rowspan="4"></td></tr>
<tr><td>1</td><td>用专用量具分别检查轴承套孔及轴承外圈尺寸</td></tr>
<tr><td>2</td><td>在配合面上涂上机油</td></tr>
<tr><td>3</td><td>以轴承套为基准，将轴承外圈压入孔内底面</td></tr>
<tr><td rowspan="8">Ⅳ</td><td colspan="2">锥齿轮轴组件的装配</td><td rowspan="8">压力机</td><td rowspan="8"></td><td rowspan="8"></td><td rowspan="8"></td><td rowspan="8"></td></tr>
<tr><td>1</td><td>以锥齿轮轴为基准，将轴承套分组件套装在轴上</td></tr>
<tr><td>2</td><td>在配合面上加油，将轴承内圈压装在轴上并紧贴衬垫</td></tr>
<tr><td>3</td><td>套上隔圈，将另一轴承内圈压装在轴上，直至与隔圈接触</td></tr>
<tr><td>4</td><td>将另一轴承外圈涂上油，压至轴承套内</td></tr>
<tr><td>5</td><td>装入轴承盖分组件，调整端面的高度，使轴承间隙符合要求后，拧紧三个螺钉</td></tr>
<tr><td>6</td><td>安装键，套装圆柱齿轮、垫圈，拧紧螺母，在配合面加油</td></tr>
<tr><td>7</td><td>检查锥齿轮轴转动的灵活性及轴向窜动</td></tr>
</table>

<table>
<tr><td></td><td></td><td></td><td></td><td></td><td></td><td></td><td></td><td></td><td>共　张</td></tr>
<tr><td>标记</td><td>处数</td><td>更改文件</td><td>签字</td><td>日期</td><td>设计
（日期）</td><td>审核
（日期）</td><td>标准化（日期）</td><td>会签
（日期）</td><td>第　张</td></tr>
</table>

课题三 装配前的准备工作

一、装配前零件的清理和清洗

在装配过程中，零件的清理和清洗工作对提高装配质量、延长产品使用寿命具有重要的意义，特别是对于轴承、精密配合件、液压元件、密封件以及有特殊清洗要求的零件更为重要。

1. 零件的清理

装配前要清除零件上的型砂、铁锈、切屑、研磨剂、油污等。清理时，要避免划伤重要的配合表面。清理后，箱体零件内壁的不加工表面要涂以浅色油漆。

2. 零件的清洗

（1）清洗方法

单件、小批量生产时，零件可在清洗槽中手工清洗；成批或大量生产时，常用清洗机清洗。在清洗方法上，可以采用气体清洗、浸酯清洗、喷淋清洗、超声波清洗等。

（2）常用清洗剂

常用的清洗剂有汽油、煤油、柴油和化学清洗液等。煤油、柴油的清洗力不及汽油，清洗后干燥较慢，但比汽油安全。化学清洗液含有表面活性剂，对油脂、水溶性污垢具有良好的清洗能力，且配制简单，稳定耐用，无毒，不易燃，使用安全，以水代油，节约能源，常用于清洗钢件上以油为主的油垢和机械杂质。工业汽油适用于清洗较精密的零部件，航空汽油适用于清洗质量要求更高的零件。使用汽油清洗时要注意防火。

（3）清洗时的注意事项

1）严禁用汽油清洗橡胶制品（如密封圈等），以防发胀变形，应使用酒精或化学清洗液清洗。

2）滚动轴承不能使用棉纱清洗，已加注防锈润滑脂的密封滚动轴承不需要清洗。

3）清洗后的零件，应等零件上油滴干后再进行装配。清洗后暂不装配的零件应妥善保管，防止污物和灰尘再次污染。

4）零件的清洗工作，可分为一次清洗和二次清洗，零件在第一次清洗后，应检查有无碰损和划伤，待进行修整后再进行二次清洗。

二、零件的密封性试验

对于某些要求密封的零件，如机床的液压缸、阀体、泵体及压力容器等，要求在一定的压力下具有可靠的密封性，因此，在装配前应进行密封性试验。密封性试验有气压法和液压法两种。

1. 气压法

对于承受工作压力较小的零件，可采用如图 6—3—1 所示的气压法密封性试验。试验前，将试件各孔全部封闭，然后浸入水中，并向试件内部通入压缩空气，水中无气泡说明试件不泄漏，当有泄漏时，可根据气泡密度来判断试件是否符合技术要求。

2. 液压法

液压法密封性试验适用于承受工作压力较高的零件。对于容积较小的零件，可采用手动泵进行密封性试验，图 6—3—2 所示为三位五通阀体的液压法密封性试验。试验前，按要求装好两端的密封圈和端盖，封闭其他孔口，加压至规定的试验压力后，仔细观察试件各部位是否有泄漏、渗透等现象，以此来判断试件的密封性能。

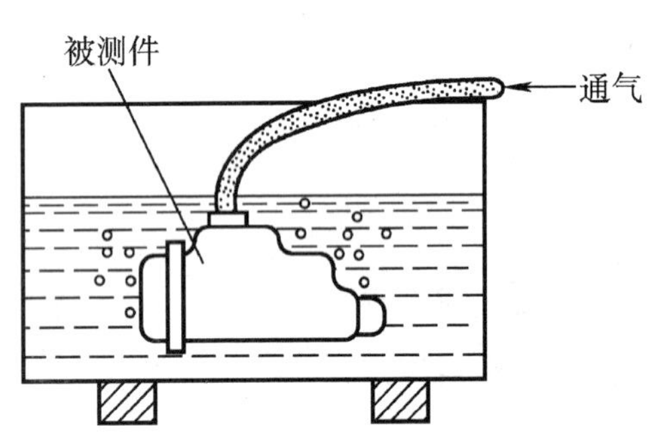

图 6—3—1　气压法密封性试验

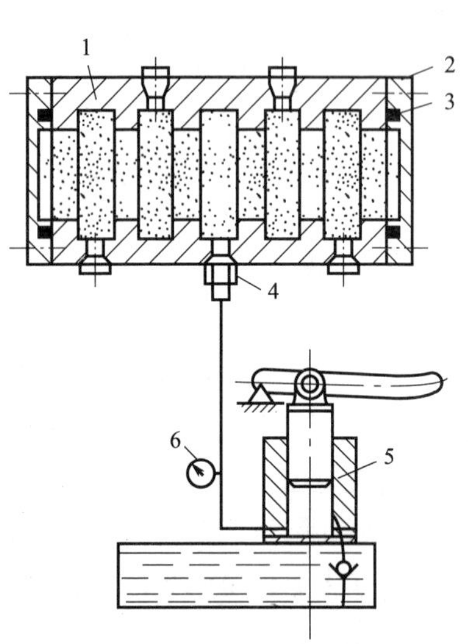

图 6—3—2　液压法密封性试验

1—被测件　2—端盖　3—密封圈　4—接头
5—手动液压泵　6—压力表

三、旋转件的平衡

机器中的旋转件（如带轮、飞轮、叶轮及各种转子等），由于材料密度不均、本身形状对旋转中心不对称、加工或装配产生误差等原因，造成重心与旋转中心发生偏移，旋转时因有不平衡量而产生离心力，使旋转中心无法固定，引起机械振动，从而使机器工作精度降低，零件寿命缩短，噪声增加，甚至发生破坏性事故。

旋转件的不平衡形式有静不平衡和动不平衡两种。

1. 静不平衡的排除

如图 6—3—3 所示，旋转件在径向各截面上有不平衡量，由此产生的离心力的合力通过旋转件重心，不会引起使旋转轴线倾斜的力矩，这种不平衡称为静不平衡。其特点：静止时，不平衡量自然地处于铅垂线的下方；旋转时，不平衡离心力只产生垂直于旋转轴线方向的振动。

（1）静平衡试验

调整产品或零部件使其达到静态平衡的过程称为静平衡试验。其方法是首先确定旋转件上不平衡量的大小和位置，然后去除或抵消不平衡量对旋转的不良影响。静平衡试验的步骤如下：

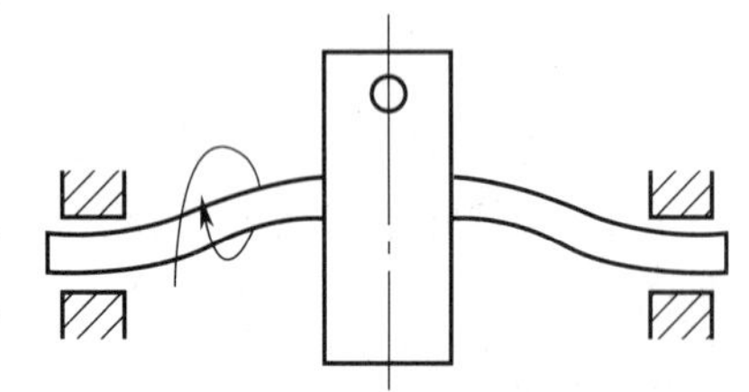

图 6—3—3　零件的静不平衡

1）将待平衡的旋转件装上心轴后，放在平衡支架上。平衡支架应采用圆柱式或棱式，如图 6—3—4 所示。支承面应坚硬、光滑，有较高的直线度、平行度，并应准确调至水平，以使旋转件在其上滚动时有较高的灵敏度。

图 6—3—4　静平衡装置

a）圆柱式平衡支架　b）棱式平衡支架

2）用手轻推旋转体使其缓慢转动，待自动静止后在旋转件的下方做标记，重复转动若干次，如所做标记位置不变，则为不平衡量方向。

3）如图 6—3—5 所示，在与标记相对称部位粘上一质量为 m 的橡皮泥，使 m 对旋转中心产生的力矩恰好等于不平衡量 G 对旋转中心产生的力矩，即 $mr = Gl$，此时旋转件获得静平衡。

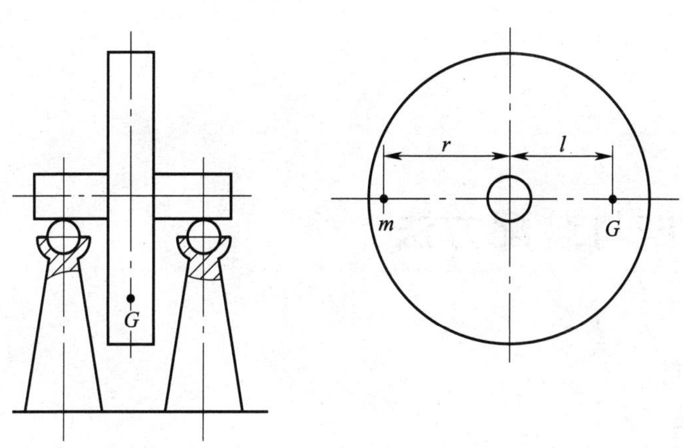

图 6—3—5　静平衡法

4）去掉橡皮泥，在其所在部位加上质量相当于 m 的重块，或在不平衡量处（与 m 相对直径上 r 处）去除一定质量（m）。待旋转件在任何位置均能在支架上停留时，静平衡试验即告结束。

（2）静平衡试验的应用

静平衡试验只能平衡旋转件重心的不平衡，无法消除不平衡力矩。因此，静平衡试验只适于长径比较小（如盘类旋转件）或长径比虽然大但转速不太高的旋转件。

2. 动不平衡的排除

如图 6—3—6 所示，旋转件在径向截面上有不平衡量且由此产生的离心力形成不平衡力矩，所以旋转件旋转时不仅会产生垂直于轴线的振动，而且会产生使旋转轴线倾斜的振动，这种不平衡称为动不平衡。

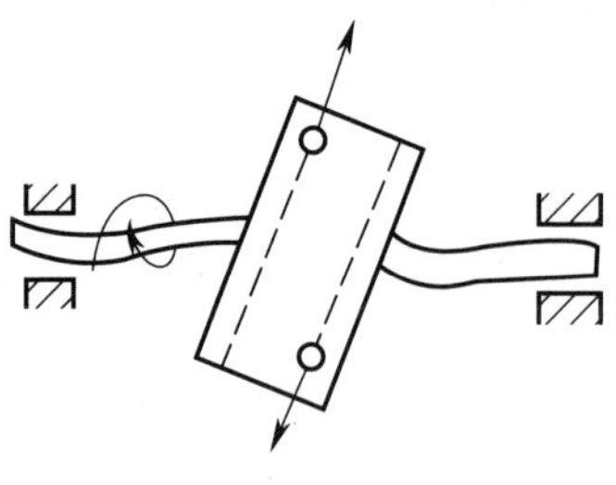

图 6—3—6　零件的动不平衡

对旋转的零部件在动平衡试验机上进行试验和调整，使其达到动态平衡的过程称为动平衡试验。对于长径比较大或转速较高的旋转件，必须进行动平衡试验。图 6—3—7 所示为 HYQ—100 型机床主轴动平衡机。

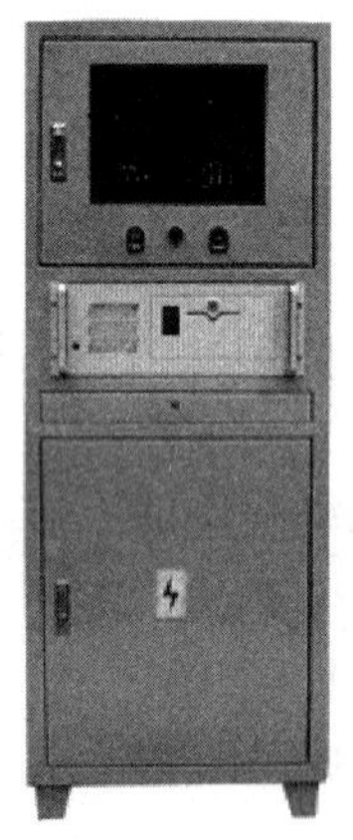

图 6—3—7　HYQ—100 型机床主轴动平衡机

课题四 装配尺寸链与装配方法

一、装配尺寸链

1. 装配尺寸链定义

在零件加工或产品装配过程中，为了达到加工精度或装配精度，要涉及各零件的许多有关尺寸。例如，图 6—4—1a 中齿轮孔与轴配合间隙 A_Δ 的大小，与孔径 A_1 及轴径 A_2 的大小有关；图 6—4—1b 中齿轮端面和机体孔端面配合间隙 B_Δ 的大小，与机体孔端面距离尺寸 B_1、齿轮宽度 B_2 及垫圈厚度 B_3 的大小有关；图 6—4—1c 中，机床床鞍和导轨之间配合间隙 C_Δ 的大小与尺寸 C_1、C_2 及 C_3 的大小有关。这些尺寸可以组成一个封闭外形，这些互相联系且按一定顺序排列的封闭尺寸组即尺寸链。尺寸链具有两大特性：

（1）关联性：尺寸链中各尺寸相互联系、相互影响，像链条一样一环扣一环。

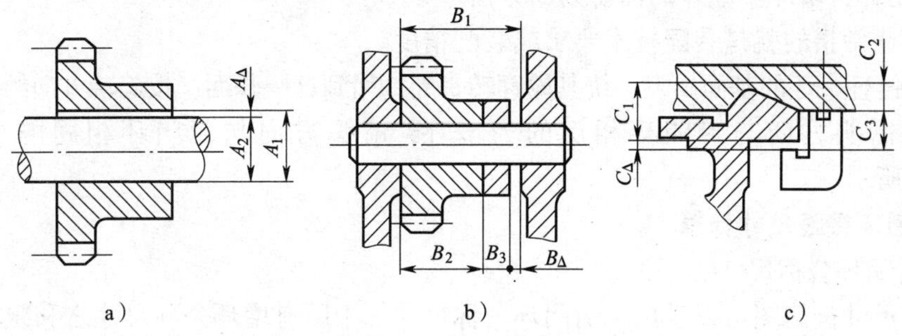

图 6—4—1　装配尺寸链

（2）封闭性：有关尺寸首尾相接，呈封闭状态。

由此可知，影响某一装配精度的各有关装配尺寸所组成的尺寸链即装配尺寸链。

2．装配尺寸链简图

简便起见，通常不绘出该零部件的具体结构，也不必按严格的比例绘制，只要依次绘出各有关尺寸，排列成封闭的外形，这种示意图称为尺寸链简图。表示各零件之间相互装配关系的尺寸链简图称为装配尺寸链简图，图 6—4—1 所示三种情况的装配尺寸链简图如图 6—4—2 所示。

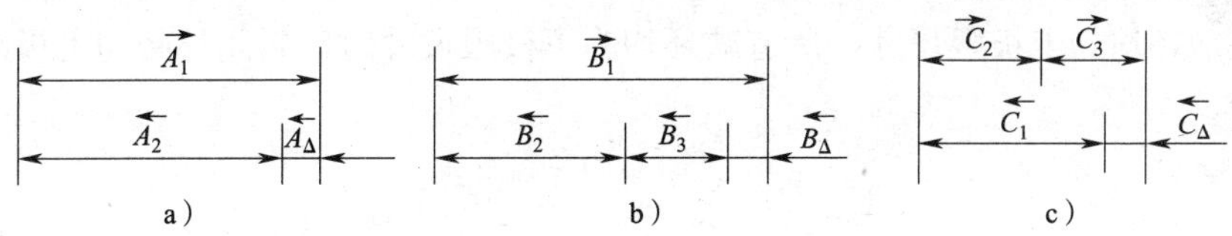

图 6—4—2　装配尺寸链简图

3．装配尺寸链的环

根据尺寸链的关联性和封闭性，可以判断出每个尺寸链至少由 3 个尺寸组成，构成尺寸链的每一个尺寸都称为环。为了便于区分各环的作用、含义以及相关数值的计算，将环又细分为以下几种。

（1）封闭环

在零件加工或机器装配过程中，最后自然形成（或间接获得）的尺寸，称为封闭环。一个尺寸链只有一个封闭环，如图 6—4—2 中的 A_Δ、B_Δ和 C_Δ。

（2）组成环

尺寸链中除封闭环以外的其余尺寸均称为组成环。同一尺寸链中的组成环，用同一字母表示，如 A_1、A_2、A_3，B_1、B_2、B_3，C_1、C_2、C_3等。

（3）增环

在其他组成环不变的条件下，当某组成环增大时，封闭环随之增大，那么该组成环称为增环。图 6—4—2 中的 A_1、B_1、C_2、C_3为增环，用符号$\overrightarrow{A_1}$、$\overrightarrow{B_1}$、$\overrightarrow{C_2}$、$\overrightarrow{C_3}$表示。

（4）减环

在其他组成环不变的条件下，当某组成环增大时，封闭环随之减小，那么该组成环称为减环。图 6—4—2 中的 A_2、B_2、B_3、C_1为减环，用符号$\overleftarrow{A_2}$、$\overleftarrow{B_2}$、$\overleftarrow{B_3}$、$\overleftarrow{C_1}$表示。

4. 封闭环、增环、减环的简易判断方法

封闭环通常指的就是装配技术要求或装配精度。

由尺寸链任一环的基面出发，绕其轮廓转一周，回到这一基面，按旋转方向给每个环标出箭头，凡是箭头方向与封闭环相反的为增环，箭头方向与封闭环相同的为减环，如图6—4—2所示。

5. 封闭环极限尺寸计算

（1）封闭环公称尺寸

由装配尺寸链简图可以看出，封闭环公称尺寸等于所有增环公称尺寸之和减去所有减环公称尺寸之和，即：

$$A_{\Delta} = \sum_{i=1}^{m} \overrightarrow{A_i} - \sum_{i=1}^{n} \overleftarrow{A_i}$$

式中 A_{Δ}——封闭环公称尺寸，mm；

$\overrightarrow{A_i}$——第 i 个增环公称尺寸，mm；

$\overleftarrow{A_i}$——第 i 个减环公称尺寸，mm；

m——增环数目；

n——减环数目。

（2）封闭环上极限尺寸

当所有增环均为上极限尺寸，所有减环均为下极限尺寸时，封闭环必为上极限尺寸，其计算公式为：

$$A_{\Delta\max} = \sum_{i=1}^{m} \overrightarrow{A}_{i\max} - \sum_{i=1}^{n} \overleftarrow{A}_{i\min}$$

式中 $A_{\Delta\max}$——封闭环上极限尺寸，mm；

$\overrightarrow{A}_{i\max}$——各增环上极限尺寸，mm；

$\overleftarrow{A}_{i\min}$——各减环下极限尺寸，mm。

（3）封闭环下极限尺寸

当所有增环均为下极限尺寸，所有减环均为上极限尺寸时，则封闭环必为下极限尺寸，其计算公式为：

$$A_{\Delta\min} = \sum_{i=1}^{m} \overrightarrow{A}_{i\min} - \sum_{i=1}^{n} \overleftarrow{A}_{i\max}$$

式中 $A_{\Delta\min}$——封闭环下极限尺寸，mm；

$\overrightarrow{A}_{i\min}$——各增环下极限尺寸，mm；

$\overleftarrow{A}_{i\max}$——各减环上极限尺寸，mm。

（4）封闭环公差

将以上两式相减，可得封闭环公差为：

$$\delta_{\Delta} = \sum_{i=1}^{m+n} \delta_i$$

式中 δ_{Δ}——封闭环公差，mm；

δ_i——各组成环公差，mm。

上式表明，封闭环公差等于各组成环公差之和。

例 图 6—4—1b 所示齿轮轴装配中，要求装配后齿轮端面和箱体凸台端面之间具有0.1～0.3 mm 的轴向间隙。已知 $B_1=80^{+0.1}_{0}$ mm，$B_2=60^{0}_{-0.06}$ mm，那么 B_3尺寸应控制在什么范围内才能满足装配要求？

解：(1) 绘制尺寸链简图。

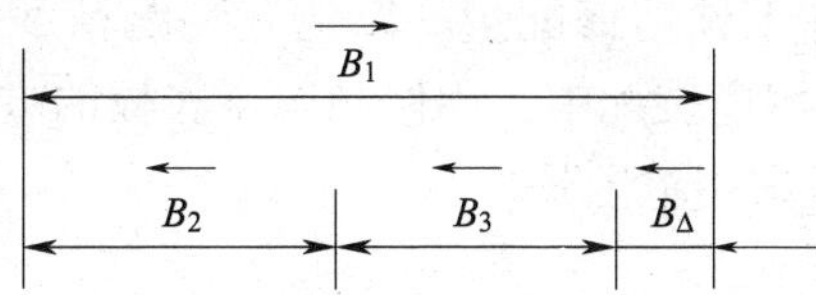

(2) 确定封闭环、增环、减环分别为 B_Δ，$\overrightarrow{B_1}$，$\overleftarrow{B_2}$、$\overleftarrow{B_3}$。

(3) 列尺寸链方程式，计算 B_3的公称尺寸。

$$B_\Delta=B_1-(B_2+B_3)$$

$$B_3=B_1-B_2-B_\Delta=80-60-0=20\ (\text{mm})$$

(4) 确定 B_3的极限尺寸。

$$B_{\Delta\max}=B_{1\max}-(B_{2\min}+B_{3\min})$$

$$B_{3\min}=B_{1\max}-B_{2\min}-B_{\Delta\max}=80.1-59.94-0.3=19.86\ (\text{mm})$$

$$B_{\Delta\min}=B_{1\min}-(B_{2\max}+B_{3\max})$$

$$B_{3\max}=B_{1\min}-B_{2\max}-B_{\Delta\min}=80-60-0.1=19.9\ (\text{mm})$$

故 $B_3=20^{-0.10}_{-0.14}$ mm。

二、装配方法

零件精度是保证装配精度的基础，装配精度直接与零件制造精度有关，但装配精度并不完全取决于零件精度。如果在装配时采取一定的工艺措施，即使零件制造精度降低，也能保证装配要求。常用的工艺措施有：对零件进行测量、挑选，对某一装配件进行修配，调整装配件位置等。为正确处理装配精度与零件制造精度的关系，妥善解决生产的经济性与使用要求之间的矛盾，生产中可采用不同的装配方法。

1. 互换装配法

在装配时，各配合零件不经修配、选择或调整即可达到装配精度的方法称为互换装配法。互换装配法的装配精度完全依赖于零件的制造精度，其特点及适用范围是：

(1) 装配操作简便，生产效率高。

(2) 装配时间易确定，便于组织流水线装配。

(3) 零件磨损后，更换方便。

(4) 对零件精度要求高。

(5) 适用于组成环数少、装配精度要求不高的场合或大批量生产中。

2. 分组装配法

在成批或大量生产中，将产品各配合副的零件按实测尺寸分组，装配时按组进行互换装配以达到装配精度的方法称为分组装配法。这种装配方法的装配精度取决于分组数。其特点及适用范围是：

（1）经分组后零件的配合精度高。

（2）可增大零件的制造公差，使零件制造成本降低。

（3）虽然增加了测量、分组等工作，但可以提高装配精度。

（4）适用于大批量生产中装配精度要求很高、组成环数较少的场合。

3. 修配装配法

在装配时，修去指定零件上预留修配量，以达到装配精度的方法称为修配装配法。如图 6—4—3所示，在卧式车床尾座装配中，用修刮尾座底板的方法以保证车床前后顶尖的等高度。这种装配方法的特点及适用范围是：

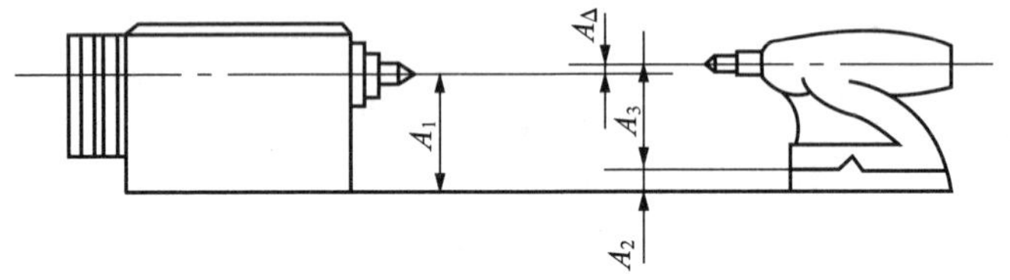

图 6—4—3 修刮尾座底板

（1）零件的加工精度要求降低。

（2）不需要高精度的加工设备，节省机械加工时间。

（3）装配工作复杂化，装配时间增加。

（4）适于单件、小批生产或成批生产精度高的产品。

4. 调整装配法

在装配时，用改变产品中可调整零件的相对位置或选用合适的调整件以达到装配精度的方法称为调整装配法。调整装配法分为可动调整（调整零件的相对位置）和固定调整（调整选用零件的尺寸）两种，如图 6—4—4 所示。其特点是：

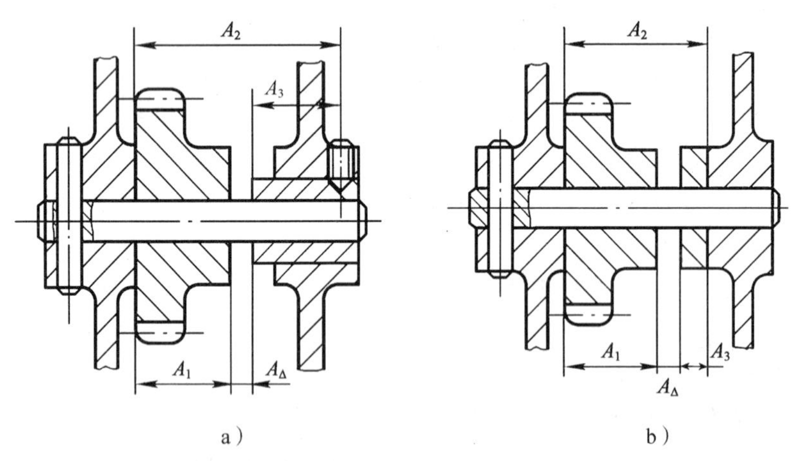

图 6—4—4 调整装配法

a）可动调整 b）固定调整

（1）装配时，零件不需任何修配加工，只靠调整就能达到装配精度。

（2）可以定期进行调整，容易恢复配合精度，对于容易磨损而需要改变配合间隙的结构极为有利。

(3) 容易使配合件的刚度受到影响，甚至会影响配合件的位置精度和寿命。

三、装配尺寸链解法

不论采用哪种装配方法，都需要应用尺寸链的概念。根据装配精度（即封闭环公差）对装配尺寸链进行分析，并合理分配各组成环公差的过程，称为解尺寸链。

下面以互换法解尺寸链为例，说明解装配尺寸链的方法。

例 图 6—4—5 所示为齿轮箱装配图，装配要求为轴向窜动量 $A_{\Delta}=0.2\sim0.7$ mm。已知 $A_1=122$ mm，$A_2=28$ mm，$A_3=A_5=5$ mm，$A_4=140$ mm，试用完全互换法解尺寸链。

解：(1) 绘出尺寸链简图，并校验各环公称尺寸。

其中 A_1、A_2 为增环，A_3、A_4、A_5 为减环，A_{Δ} 为封闭环。

$$A_{\Delta}=(A_1+A_2)-(A_3+A_4+A_5)=(122+28)-(5+140+5)=0$$

各环公称尺寸确定无误。

(2) 确定各组成环公差及极限尺寸。首先求出封闭环公差：

$$\delta_{\Delta}=0.7-0.2=0.5\ (\text{mm})$$

根据 $\delta_{\Delta}=\sum_{i=1}^{m+n}\delta_i=\delta_1+\delta_2+\delta_3+\delta_4+\delta_5=0.5$ mm，同时考虑各组成环尺寸的大小、加工和测量的难易程度，合理分配各环尺寸公差：

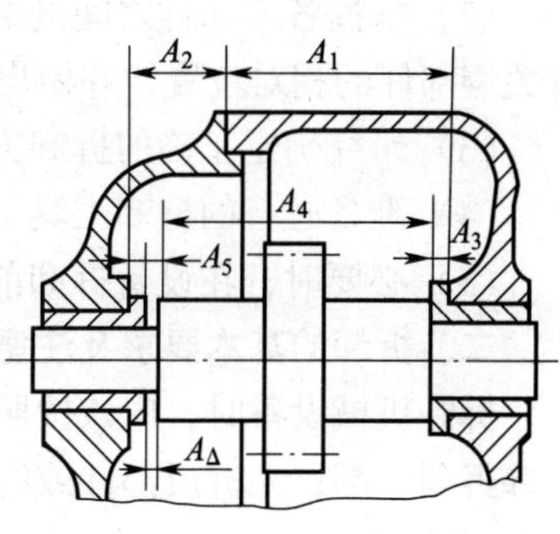

图 6—4—5 齿轮箱装配图

$$\delta_1=0.20\ \text{mm},\ \delta_2=0.10\ \text{mm},\ \delta_3=\delta_5=0.05\ \text{mm},\ \delta_4=0.10\ \text{mm}$$

(3) 确定协调环。为满足装配精度要求，应在各组成环中选择一个环，其极限尺寸由封闭环极限尺寸方程式来确定，此环称为协调环。一般选择便于加工和测量的组成环为协调环。本题选 A_4 为协调环。

(4) 确定各组成环极限偏差，并计算协调环极限尺寸。

根据“入体原则”及各组成环公差值，确定各组成环极限偏差和协调环极限尺寸：

$$A_1=122^{+0.20}_{\ \ 0}\ \text{mm},\ A_2=28^{+0.10}_{\ \ 0}\ \text{mm},\ A_3=A_5=5^{\ \ 0}_{-0.05}\ \text{mm}$$

$$\begin{aligned}A_{4\min}&=A_{1\max}+A_{2\max}-A_{3\min}-A_{5\min}-A_{\Delta\max}\\&=122.20+28.10-4.95-4.95-0.7=139.70\ (\text{mm})\\A_{4\max}&=A_{1\min}+A_{2\min}-A_{3\max}-A_{5\max}-A_{\Delta\min}\\&=122+28-5-5-0.2=139.80\ (\text{mm})\end{aligned}$$

所以 $A_4=140^{-0.20}_{-0.30}$ mm。

课题五
零件拆卸与修理

一、拆卸前的准备工作

拆卸是机器或模具修理过程中的重要环节。在拆卸过程中，若考虑不周、方法不当，就会造成被拆卸零部件的损坏，甚至使整台机器或模具的精度、性能降低。拆卸前的准备工作如下：

(1) 熟悉有关技术资料，查阅说明书、装配图及历次修理记录，详细了解机器或模具的结构、工作原理、性能、精度检验标准等。

(2) 掌握各零部件之间的装配关系、连接和定位方法、配合性质及盈隙大小，测量出有关零部件的相对位置，并做出标记和记录。

(3) 研究确定正确的拆卸方法。

(4) 准备必备的拆卸工具，特别是专用和自制的特殊工具、量具。

(5) 必要时，在设备拆卸前应制定相应的安全措施。

二、拆卸的基本要求及注意事项

拆卸机械设备时，应该按照与装配相反的顺序进行，一般按照“从外部拆到内部，从上部拆到下部；先拆成部件或组件，再拆成零件”的原则进行。另外，在拆卸中还必须注意下列事项：

(1) 对不易拆卸或拆卸后会降低连接质量和损坏一部分连接零件的，应当尽量避免拆卸。如密封零件、过盈连接、铆接连接件和焊接连接件等。

(2) 用击卸法冲击零件时，必须垫好软衬垫，或使用软材料（如纯铜）做的锤子，以防止损坏零件表面。

(3) 拆卸时，用力应适当，注意保护主要结构件。对于相配合的两零件，在不得已必须采用破坏性拆卸时，应保存价值较高、制造困难或质量较好的零件。

(4) 长径比较大的零件，如较精密的细长轴、丝杠等零件，拆下后应立即清洗、涂油并竖直悬挂。重型零件可用多支点支承卧放，以免变形。

(5) 拆下的零件应尽快清洗，并涂防锈油，妥善保管。零件较多时，要按部件分门别类做好标记后放置。拆下的高精度零件应单独存放。

(6) 拆下的细小、易丢失的零件，如螺钉、螺母、垫圈及销等，清洗后尽可能再装到主要零件上去，防止丢失。轴上零件拆下后，最好按原次序方向临时装回轴上或用钢丝串起来放置。

(7) 拆下的各种液压件，在清洗后均应将进出口封好，以免灰尘等杂质侵入。

(8) 在拆卸旋转部件时，应尽量不破坏原来的平衡状态。

(9) 容易产生位移而又无定位装置或有方向性的相配件，在拆卸时应先做好标记，以便装配时辨认。

三、常用的拆卸方法

根据零部件结构特点的不同，应采用合理的拆卸方法。常用拆卸过盈连接的方法有击卸法、拉拔法、顶压法、加热法和破坏法等。

1. 击卸法

击卸法是用锤子或其他重物的冲击能量，把零件拆下来的一种方法，它具有使用工具简单、操作灵活方便、适用广泛等特点，是拆卸工作中最常用的方法。击卸时要注意保护受击部位，如图 6—5—1 所示。

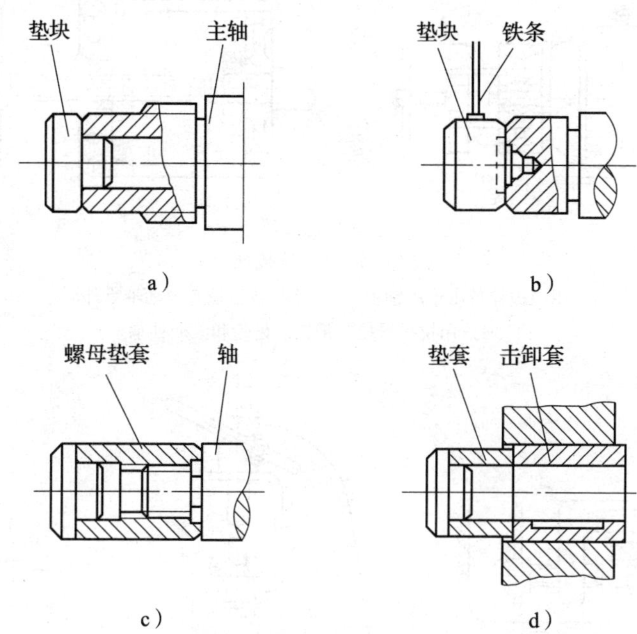

图 6—5—1　击卸时的保护

a）保护主轴的垫块　b）保护轴端中心孔　c）保护轴端螺纹的垫套　d）保护轴套的垫套

2. 拉拔法

拉拔法是利用专用拉拔器把零件拆卸下来的一种静力拆卸方法。它具有拆卸件不受冲击力、拆卸安全、不容易损坏零件等特点，适用于拆卸精度较高、不许敲击和无法敲击的零件。拉拔法的常见应用如图 6—5—2 所示。

3. 顶压法

顶压法是利用压力机、C 形夹头等设备和工具进行的一种静力拆卸方法，如图 6—5—3 所示。一般用于形状简单的小型过盈配合件。

4. 加热法

加热法是利用金属材料热胀冷缩的物理特性，将包容件加热膨胀后进行拆卸的方法。加热法适用于配合过盈量较大或无法用击卸法拆卸的连接，如滚动轴承的拆卸。如图 6—5—4 所示，在加热前用石棉把靠近轴承部分的轴颈隔离开，防止轴受热胀大，用拉拔器卡爪钩住轴承内圈，给轴承施加一定拉力，然后迅速将加热到 100℃左右的热油浇注在轴承内圈上，待轴承内圈受热膨胀后，即可用拉拔器将轴承拉出。

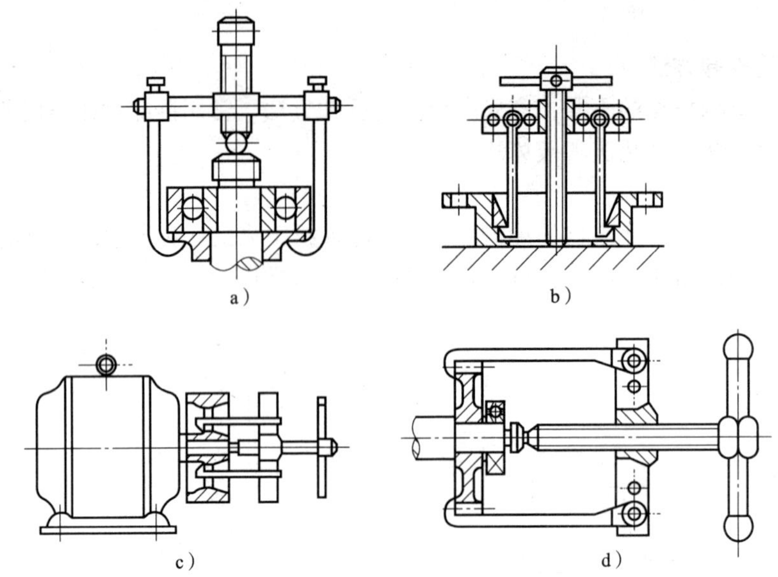

图 6—5—2　拉拔法

a）用拉拔器拉出滚动轴承　b）用拉拔器拉卸滚动轴承外圈

c）、d）用拉拔器拉卸带轮、齿轮和滚动轴承

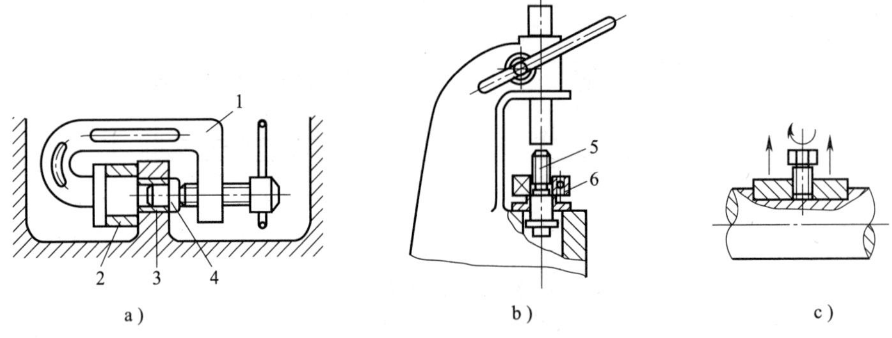

图 6—5—3　顶压法

a）用 C 形夹头拆卸　b）用压力机拆卸　c）用螺钉顶压拆卸

1—C 形夹头　2—垫套　3—被卸套　4—压头　5—轴　6—轴承

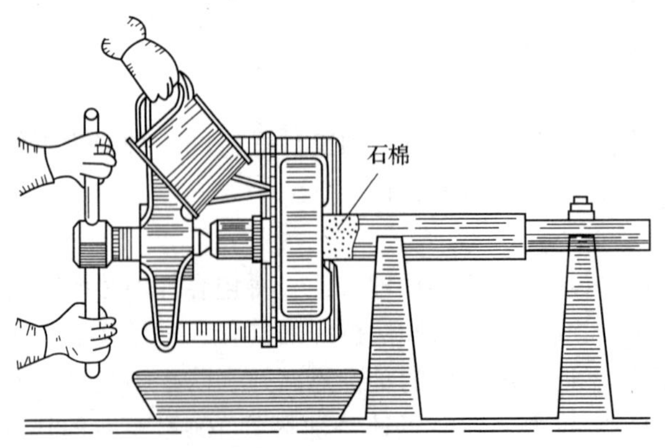

图 6—5—4　用加热法拆卸零件

5. 破坏法

破坏性拆卸是拆卸中应用最少的一种方法，只有在拆卸焊接、铆接或严重锈蚀等固定连接件时，才不得已采用保存主要零件、破坏次要零件的一种方法。破坏性拆卸一般采用车、锯、錾、钻、气割等方法，将次要零件或已损坏零件拆卸下来。图6—5—5所示为用车削方法将轴套切去的破坏性拆卸法。

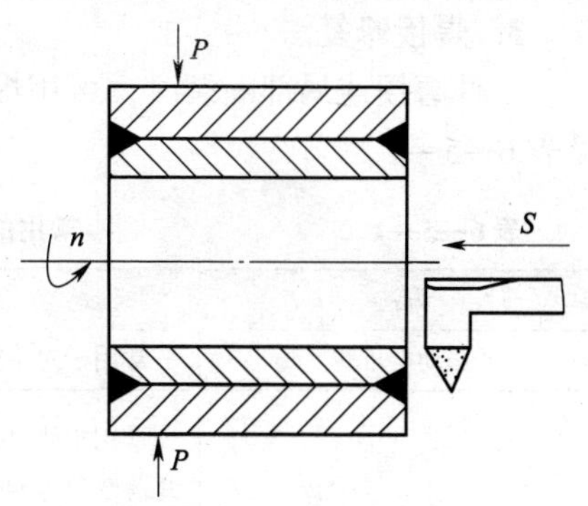

图6—5—5　破坏性拆卸法

四、零件常用的修复方法

1. 电镀修复法

常用的有镀铬、镀铁和电刷镀。电镀修复法不但能恢复磨损零件的尺寸，还能改善表面性能，提高硬度、耐磨性、耐腐蚀性等，多用于轴与轴颈的修复。

图6—5—6所示为电刷镀原理图。刷镀时，将专用直流电源的负极接到零件上（作为电刷镀时的阴极），正极与刷镀笔相连接（作为电刷镀时的阳极）。刷镀笔通常采用高纯细石墨块作阳极材料，石墨块包裹着棉套。蘸满刷镀液的刷镀笔以一定的相对运动速度在零件上移动，并保持适当的压力。在刷镀笔与零件接触部位，金属离子在电场力的作用下沉积在零件表面上形成镀层，时间越长沉积越厚，直至达到要求。

电刷镀技术是电镀技术的新发展，它具有设备轻便、工艺灵活、沉积速度快、镀层种类多、镀层结合强度高、环境污染小、适应范围广等特点。

2. 金属喷涂修复法

金属喷涂修复法有气喷法和电喷法两种，多用于轴或轴颈的修复，也可用来修复导轨、青铜轴承等。

气喷法如图6—5—7所示。它是利用氧—乙炔焰熔化非自熔金属合金或尼龙塑料或粉末，并通过压缩空气将熔融金属或尼龙塑料吹成雾状，向零件磨损部位喷涂的一种方法。

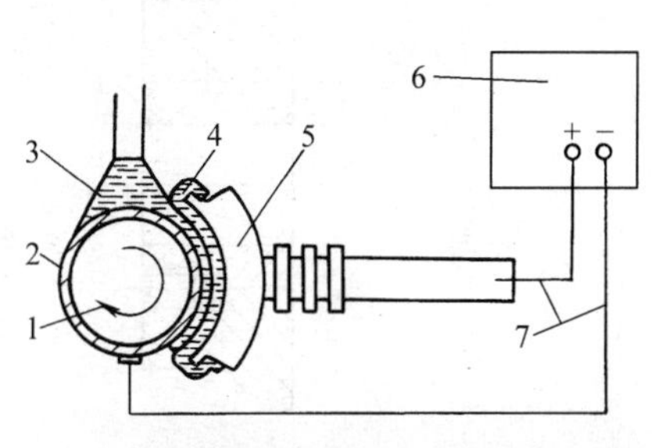

图6—5—6　电刷镀原理图

1—零件　2—镀层　3—刷镀液　4—阳极包套
5—刷镀笔　6—电源　7—电缆线

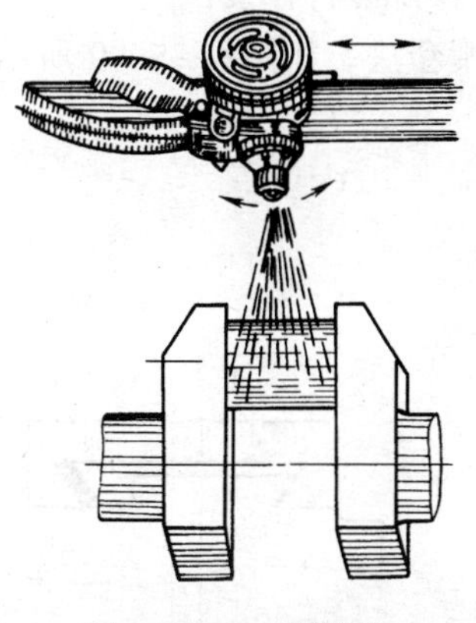
图6—5—7　气喷法

电喷法是利用一般焊接电弧熔化两根不断进给的电极（金属丝），然后通过压缩空气把熔融金属吹成雾状，向零件上喷涂。

3．焊接修复法

零件磨损或局部断裂时，可用焊接的方法进行修复。常用的焊接修复方法及其应用范围见表6—5—1。

表6—5—1　常用的焊接修复方法及其应用范围

方法	应用范围
振动电堆焊	常用于对主轴、花键轴、齿轮等零件进行修复
气焊	常用于修复断裂损坏的碳素钢、合金钢、铸铁和有色金属及其合金零件，还可以修复薄壁零件和低熔点合金
手工电弧焊	常用于修复碳素钢、合金钢和铸铁零件
气体保护电弧焊	用于修复不锈钢、耐热钢以及铝、镁、钛合金等制成的零件
钎焊	用熔点低于零件材料的填充金属（钎料）连接零件或填补缺陷。常用于修复碳素钢、合金钢、铸铁、有色金属及其合金等制成的零件

4．粘接修复法

利用粘接剂对零件的磨损、缺陷部位进行修补，如在机床导轨面上粘接金属或非金属导轨板，对轴、套、拨叉等零件断裂处进行粘接修复等。图6—5—8所示为用粘接法补偿镶条厚度。

5．机械加工修复法

（1）改变尺寸修复法

相配合零件的配合表面磨损后，可对其主要零件（如轴）进行切削加工，恢复其几何精度和表面粗糙度，并按其新尺寸配作与之配合的零件，达到配合要求。

修复的原则：对结构复杂而贵重的零件，进行切削加工恢复精度，而对其相配件，则重新制作。

（2）镶加零件修复法

1）镶套法。如图6—5—9所示，将箱体磨损孔加大后压入镶套，用骑缝螺钉固定。

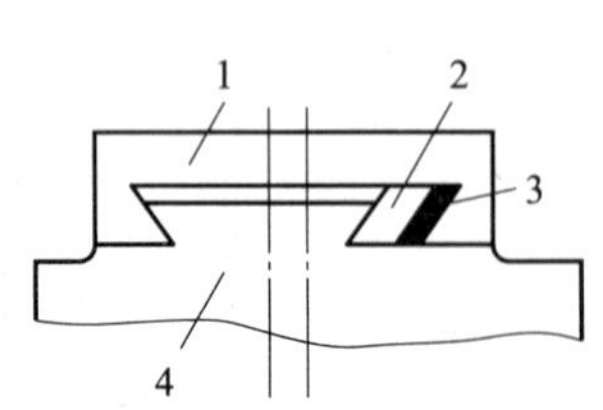

图6—5—8　用粘接法补偿镶条厚度

1—中滑板　2—镶条　3—环氧树脂粘接剂　4—床鞍

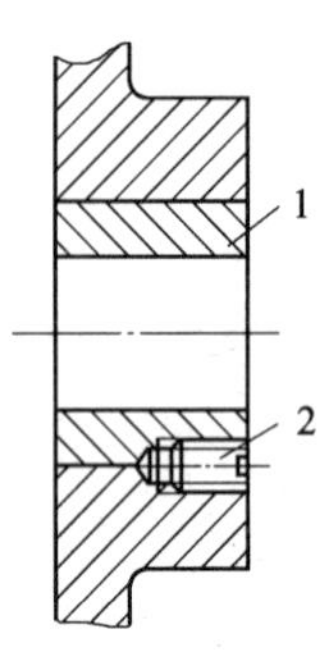

图6—5—9　用镶套法修复箱体孔

1—镶套　2—骑缝螺钉

2）加垫法。当轴肩磨损时，可切去磨损部位，加一个适当尺寸的垫进行补偿，如图 6—5—10 所示。

3）机械加固法。如图 6—5—11 所示，在裂纹端部钻一卸荷孔，用钢板加固。

图 6—5—10　加垫法

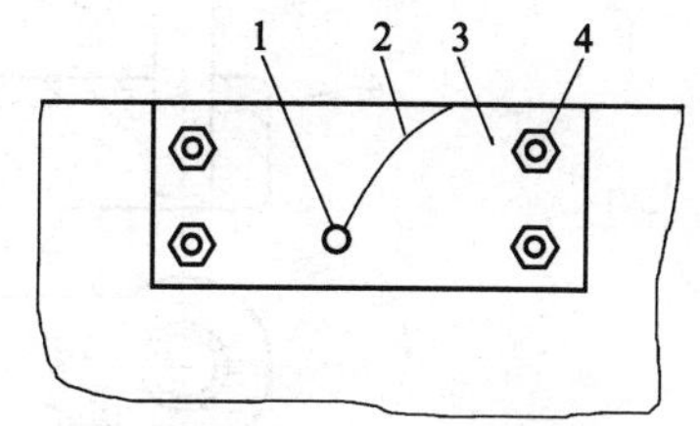

图 6—5—11　机械加固法

1—卸荷孔　2—裂纹　3—钢板　4—螺钉

技能训练

任务　滑动四柱导向模架的拆卸及零件的清理清洗

1. 训练要求

（1）熟悉常用清洗剂的特点及应用。

（2）掌握零部件的常用拆卸方法和零件的清理清洗方法，能按要求完成滑动四柱导向模架的拆卸及零件的清理清洗。

2. 训练准备

（1）设备：压力机、滑动四柱导向模架。

（2）工具、量具：专用软金属垫块、常用拆卸和清理清洗工具。

（3）材料：煤油或化学清洗剂。

（4）滑动四柱导向模架图样，如图 6—5—12 所示。

3. 训练要点

（1）拆卸前，应查阅相关标准等资料，熟悉各零件之间的配合关系，并确定拆卸工艺。

（2）对位置或方向有要求的零部件，拆卸前应做好标记。

（3）拆卸时，若出现无法拆动等异常情况，应仔细查找原因，绝不能猛敲或猛打。

（4）拆卸大型零件时，要坚持安全第一的原则，仔细检查锁紧螺钉及压板等零件是否拆开。

（5）对于高精度配合零件的损伤或划伤部位，应用细油石、细砂纸进行修理。

（6）清洗零件时，应按先精密后一般的原则进行，并特别注意零件的配合孔、油槽、台阶处的清洗。

（7）拆卸后的各组成零件按先后顺序放置、登记。

（8）清理清洗后的零件必须妥善放置，避免因放置不当引起磕碰、变形或二次污染等。

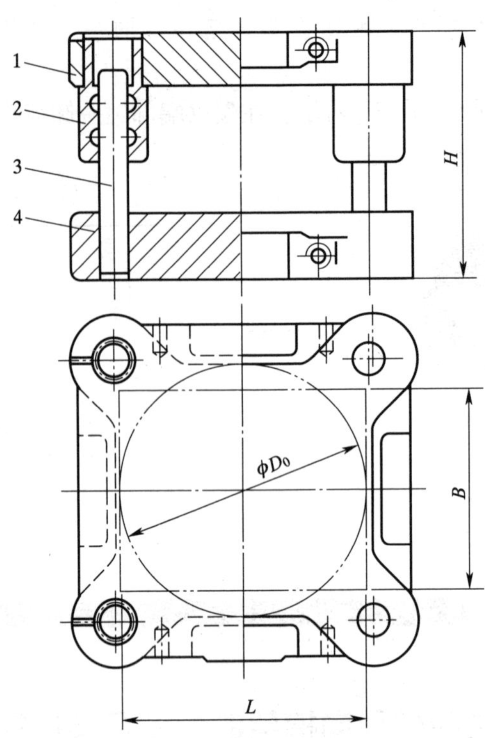

图 6—5—12　滑动四柱导向模架

1—上模座　2—导套　3—导柱　4—下模座

4. 训练评价

训练评分标准见表 6—5—2。

表 6—5—2　　**训练评分标准**

训练课题	滑动四柱导向模架的拆卸及零件的清理清洗				
姓名		班级		总得分	
序号	项目	配分	评分标准	实测结果	得分
1	拆卸工艺方案正确、合理	10	不符合要求不得分		
2	拆卸工具的使用正确、规范	10	每处不正确扣 2 分		
3	导柱、导套标记正确	10	每处不正确扣 2 分		
4	导柱拆卸正确、规范	20	不符合要求不得分		
5	导套拆卸正确、规范	20	不符合要求不得分		
6	零件的清理到位	10	不符合要求不得分		
7	零件妥善存放	10	不符合要求不得分		
8	安全文明生产	10	酌情扣分		
现场记录					

第七单元

固定连接的装配与修理

在机械产品中，零件之间的连接方法包括固定连接和活动连接两种，其中最常见的固定连接有螺纹连接、键连接、销连接和过盈连接等。

课题一 螺纹连接的装配与修理

螺纹连接是机械设备中最基本的一种连接方法，它是一种可拆卸的固定连接，具有结构简单、连接可靠、装拆方便等优点，在机械中应用非常广泛。

一、常用装拆工具

螺纹连接的紧固件主要有螺栓、螺钉、螺柱、螺母等，现已标准化。其种类繁多，形状各异，因此，螺纹连接的装拆工具也各有不同，其特点及应用见表 7—1—1。

表 7—1—1　　常用螺纹连接装拆工具的特点及应用

工具名称		图示	特点及应用
旋具	一字旋具		规格用旋体长度表示。使用时，应根据螺钉沟槽的宽度选用
	十字旋具		主要用来装拆头部带十字槽的螺钉，其优点是旋具不易从槽中滑出
扳手	活扳手		开口尺寸可在一定范围内调节。使用时，应让固定钳口承受主要作用力，否则容易损坏扳手。其规格用长度表示

续表

工具名称		图示	特点及应用
扳手	呆扳手	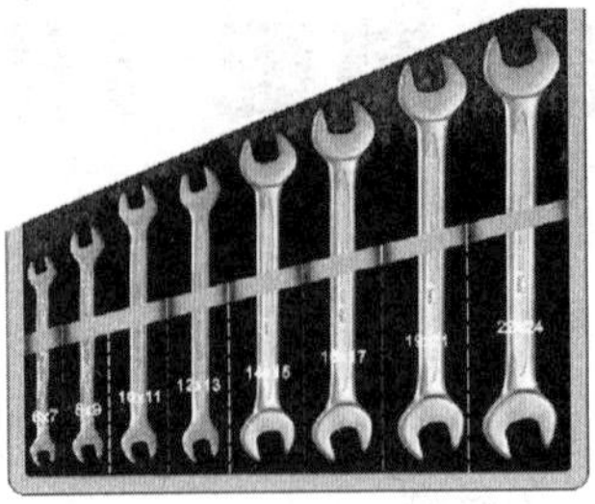	其规格用开口尺寸表示，一般由多把不同规格的呆扳手组成一套。用于装拆六角形或方头的螺母或螺钉
	梅花扳手	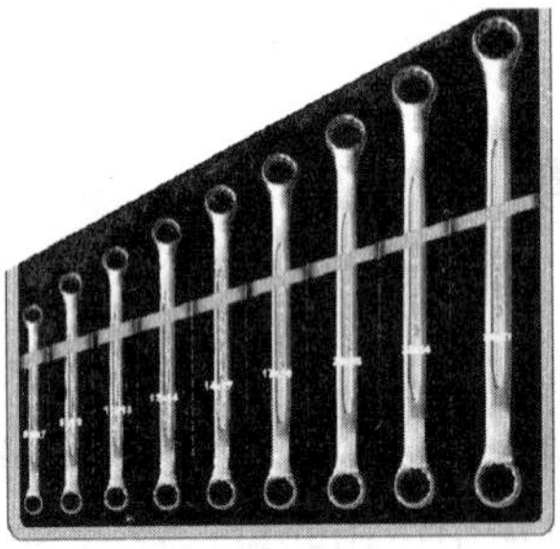	其特点是承载能力大、换位转角小(30°)。适用于工作空间狭小而不能容纳普通扳手的场合
	套筒扳手		由不同规格的梅花套筒组成一套。在受结构限制其他扳手无法装拆或为了节省装拆时间时采用，使用方便，工作效率较高
	内六角扳手	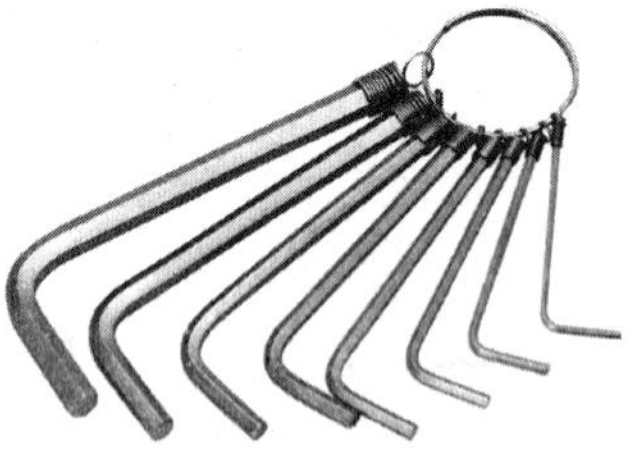	用于装拆内六角螺钉。其规格用六方的对边尺寸表示，使用时必须与螺钉配套
	钩头扳手		用于装拆圆螺母

续表

工具名称		图示	特点及应用
扳手	扭力扳手	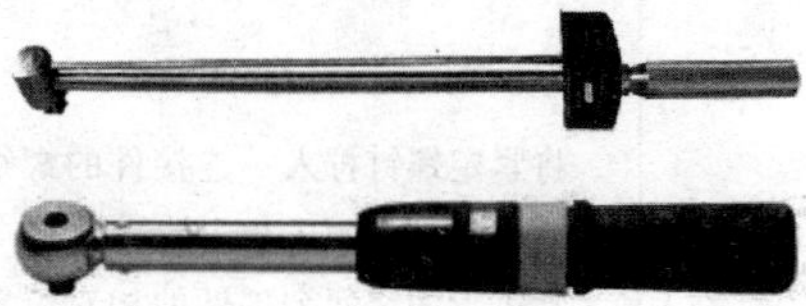	常用的有指针型和数显型，主要用于有预紧力要求的场合
	棘轮扳手		此扳手不用换位，反复摆动手柄即可拧紧或松开螺母或螺钉。具有使用方便、效率高等特点

二、螺纹连接的类型

螺纹连接的主要类型有螺栓连接、螺钉连接、双头螺柱连接和紧定螺钉连接等，其结构、特点及应用见表7—1—2。

表7—1—2　　常见螺纹连接的结构、特点及应用

类型	结构	特点及应用
螺栓连接	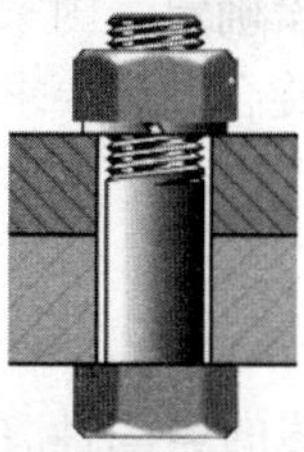	无须在连接件上加工螺纹，连接件不受材料的限制 主要用于连接件不太厚并能从两边进行装配的场合
螺钉连接	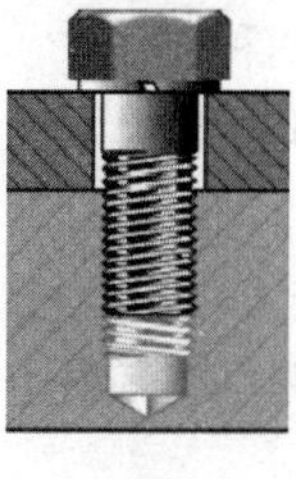	螺钉直接拧入一连接件的螺纹孔中，结构简单 主要用于连接件的结构受到限制且不需经常装拆的场合
双头螺柱连接		将螺柱一端拧入并紧固在一连接件的螺纹孔中，拆卸时只需旋下螺母，螺柱仍留在机体螺纹孔内，故螺纹孔不易损坏 主要用于连接件的结构受到限制且需经常装拆的场合

续表

类型	结构	特点及应用
紧定螺钉连接		将紧定螺钉拧入一连接件的螺纹孔中，其末端顶住另一零件的表面，或顶入相应的凹坑中 常用于固定两个零件的相对位置，并可传递不大的力或转矩

三、螺纹连接的装配技术要求

1. 保证一定的拧紧力矩

为了达到连接可靠和紧固的目的，装配时要施加一定的拧紧力矩，保证螺纹牙间产生足够的预紧力和摩擦力矩。

2. 有可靠的防松措施

螺纹连接一般都具有自锁性，正常情况下不会自行松脱，但在冲击、振动、变负载或工作温度变化很大的情况下，为了保证连接的可靠，必须采取有效的防松措施。

3. 保证螺纹连接的配合精度

螺纹连接的配合精度由螺纹公差带和旋合长度两个因素确定。国家标准将用于连接的螺纹分为精密、中等、粗糙三种，每种各有规定的公差带和旋合长度要求，以保证足够的连接强度。

四、螺纹连接的装配要点

1. 双头螺柱的装配

(1) 双头螺柱装配必须保证与机体螺孔的配合有足够的紧固性（在装拆螺母过程中，双头螺柱不能松动）。通常利用螺纹尾部的不完整牙型来实现过盈配合而达到紧固的目的。

将双头螺柱拧入机体螺孔的方法很多，常用的有以下两种：

1) 双螺母拧紧法。如图 7—1—1 所示，先将两个螺母相互锁紧在双头螺柱上，然后转动上面的螺母，将双头螺柱拧入螺孔。

2) 长螺母拧紧法。如图 7—1—2 所示，先将长螺母旋入双头螺柱上，再拧紧止动螺钉，然后扳动长螺母，即可将双头螺柱拧入螺孔。取下长螺母时，先旋松止动螺钉，再拧出长螺母。

(2) 双头螺柱的装配应保证螺柱轴线与机体表面垂直，配合面应加注润滑油。

2. 螺钉、螺栓、螺母的装配

螺钉、螺栓、螺母的装配要求如下：

(1) 应保证螺钉或螺母端面与零件表面接触良好。

(2) 被连接件应紧密贴合，受力均匀，连接牢固。

(3) 拧紧成组螺钉或螺母时，应先中间、后两边、对称、分层次、逐步拧紧，以确保连接件及螺钉受力均匀，如图 7—1—3 所示。

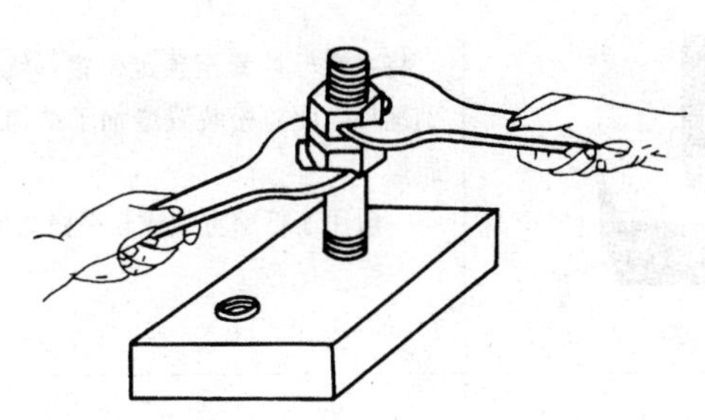

图 7—1—1　双螺母拧紧法

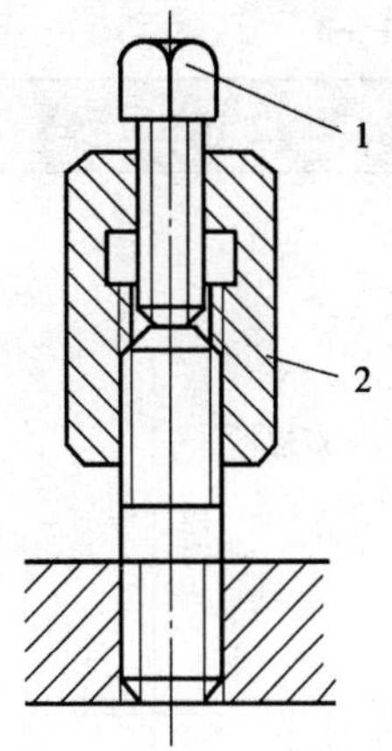

图 7—1—2　长螺母拧紧法

1—止动螺钉　2—长螺母

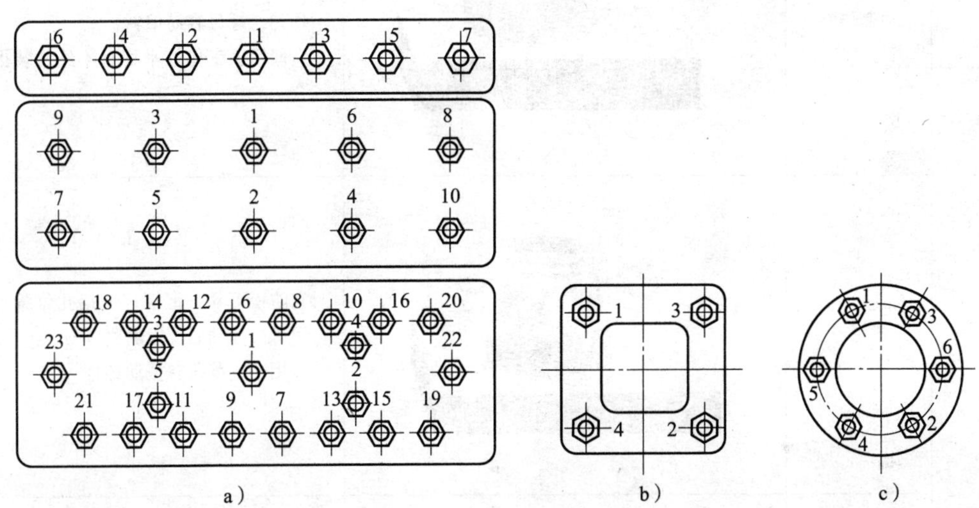

图 7—1—3　拧紧成组螺钉的顺序

a）长方形结构　b）方形结构　c）圆形结构

五、螺纹连接的预紧

螺纹连接的预紧就是在正常状态下把螺纹拧紧后，再加大拧紧力量，使螺纹连接在承受工作载荷之前受到预紧力的作用（材料有微量的变形）。

螺纹进行预紧的目的是增强螺纹连接的刚度、紧密性和防松性能，保证螺纹连接的正常工作，提高螺纹件的疲劳强度。

常用预紧力的控制方法有转矩法（用扭力扳手控制）、扭角法（控制螺钉或螺母的转角）和控制螺栓伸长法。

六、螺纹连接的防松

螺纹连接一般都具有自锁性，通常情况下，不会自行松脱，但在冲击、振动或交变载荷下，为避免螺纹连接松动，螺纹连接应有可靠的防松装置。常用螺纹连接的防松方法、特点及应用见表 7—1—3。

表 7—1—3　　常用螺纹连接的防松方法、特点及应用

防松方法		图示	特点及应用
附加摩擦力防松	双螺母		将主螺母拧紧至预定位置，然后拧紧副螺母。此防松装置增加了结构尺寸和质量 一般用于低速重载或较平稳的场合
	弹簧垫圈		此防松装置结构简单，但容易刮伤螺母和被连接件表面，同时，因弹力分布不均匀，螺母容易偏斜 一般用于工作较平稳且不经常装拆的场合
机械防松	槽螺母		它防松可靠，但螺杆上销孔位置不易与螺母最佳锁紧位置的槽口吻合 多用于变载荷和振动场合
	止动垫圈	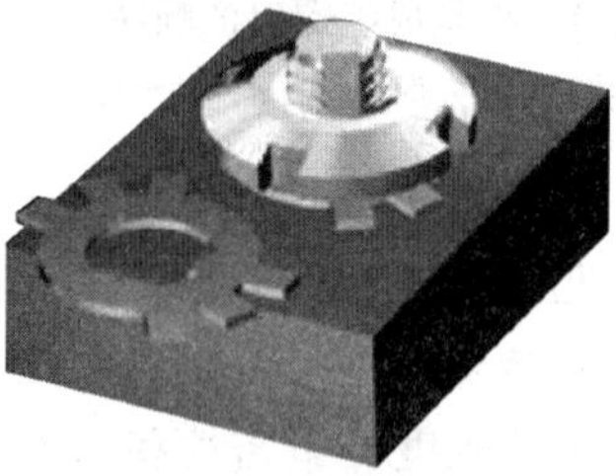	装配时，先把垫圈的内翅插入螺杆槽中，然后拧紧螺母，再把外翅弯入螺母的外缺口内 常用于受力不大的圆螺母防松
	带耳垫圈	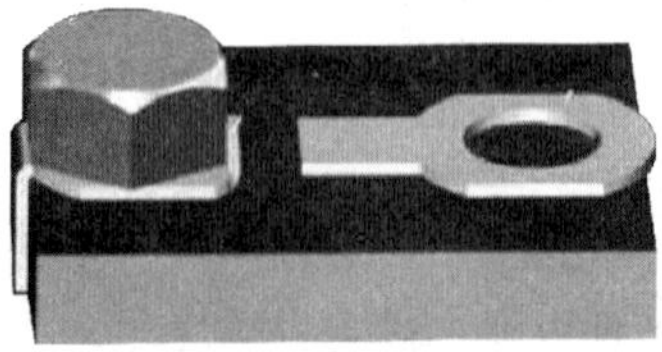	垫圈耳部分别与连接件和六角螺钉或螺母紧贴，防止回松 常用于连接部分可容纳弯耳的场合

续表

防松方法		图示	特点及应用
机械防松	串联钢丝	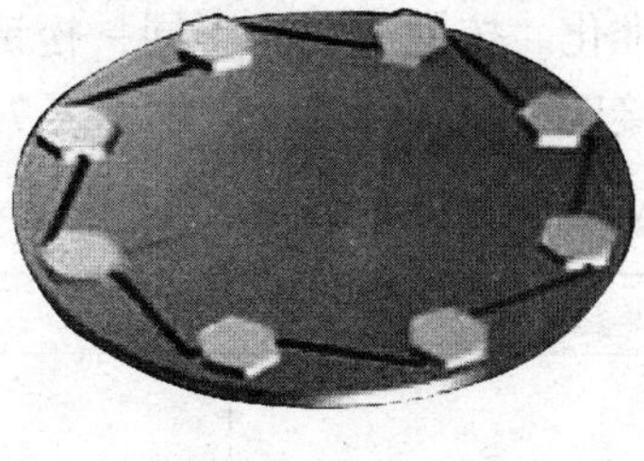	用钢丝穿过各螺钉头部的径向小孔，利用钢丝的相互牵制作用防止回松。使用时应注意钢丝的穿绕方向 适用于结构紧凑的成组螺纹连接
破坏螺纹副防松	焊点或冲点	 焊点或冲点	将螺钉或螺母拧紧后，在螺纹旋合处焊点或冲点。防松效果好 用于不再拆卸的场合

七、螺纹连接的修理方法

螺纹连接的损坏形式和修理方法见表7—1—4。

表7—1—4　　螺纹连接的损坏形式和修理方法

损坏形式	修理方法
螺孔损坏，使配合过松	可将螺孔钻大，攻制大直径的新螺纹，配换新螺钉。当螺孔的螺纹只损坏端部几牙时，可将螺孔加深，配换稍长的螺钉
螺钉、螺柱的螺纹损坏	一般更换新的螺钉、螺柱
螺钉头拧断	若螺钉断处在孔外，可在螺钉上锯槽、锉方或焊上一个螺母后再拧出。若断处在孔内，可用比螺纹小径小一点的钻头将螺钉钻出，再用丝锥修整内螺纹
螺钉、螺柱因锈蚀难以拆卸	可将煤油加入锈蚀处，待煤油渗入螺纹部分后拆卸；也可用锤子敲打螺钉或螺母，使铁锈受振动脱落后拧出螺钉或螺母

课题二 键连接的装配与修理

键连接是通过键实现轴和轴上零件间的周向固定以传递运动和转矩的。其中，有些类型还可以实现轴向固定和传递轴向力。它具有结构简单、工作可靠、装拆方便等优点，应用广泛。键连接可分为松键连接、紧键连接和花键连接。

一、松键连接的装配

1. 松键连接的特点及应用

键是键连接的主要零件，现已标准化。按键的结构不同，松键连接分为普通平键连接、半圆键连接、滑键连接和导向平键连接四种，其特点及应用见表 7—2—1。

表 7—2—1　　松键连接的特点及应用

键连接类型	图示	特点及应用
普通平键连接	 A型　B型　C型 普通平键 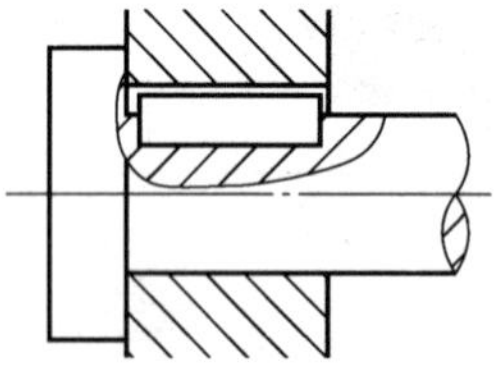	普通平键连接靠键的侧面传递转矩，只对轴上零件做周向固定，不能承受轴向力，轴与轮毂的同轴度较高 应用广泛，常用于高精度或传递重载荷、冲击载荷及双向转矩的场合
半圆键连接	半圆键 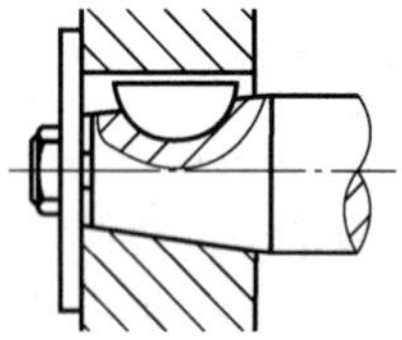	半圆键连接的工作原理与普通平键连接相同。轴上键槽用与半圆键半径相同的盘形铣刀铣出，因此半圆键在槽中可绕其几何中心摆动，以适应轮毂槽底面的斜度 半圆键连接的结构简单，制造和装拆方便，但由于轴上键槽较深，对轴的强度削弱较大，故多用于轻载连接，尤其是锥形轴端与轮毂的连接中
滑键连接	 滑键 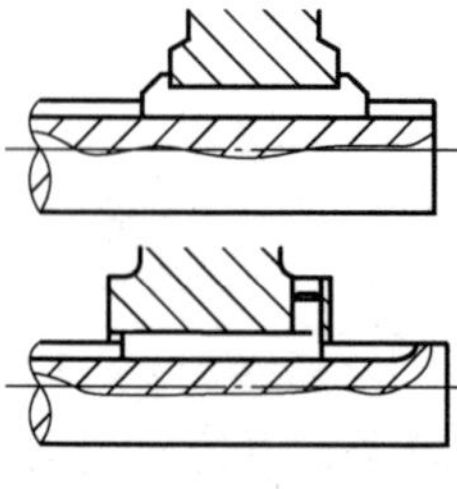	将键固定在轮毂上，键随轮毂一起沿键槽滑动 适用于轴向移动距离较大的场合

续表

键连接类型	图示	特点及应用
导向平键连接	导向平键	导向平键用螺钉固定在轴上的键槽中，轮毂沿键的侧面做轴向滑动 用于轮毂沿轴向移动距离较小的场合

2. 松键连接的装配技术要求

（1）应保证键与键槽的配合要求。键与键槽的配合性质一般取决于机构的工作要求。

（2）键与键槽应有较小的表面粗糙度值。

（3）键装入键槽中应与槽底贴紧，长度方向与键槽有0.1 mm的间隙，键与轮毂键槽底部有0.3～0.5 mm的间隙。

3. 松键连接的装配要点

（1）清理键与键槽上的毛刺，以防配合后产生较大过盈而影响配合的正确性。

（2）对于重要的键连接，装配前应检查键的直线度、键槽与轴线的对称度和平行度。

（3）用键的头部与键槽试配，应能使键较紧地嵌在键槽中（对普通平键和导向平键而言）。

（4）在配合面上加润滑油，用铜棒将键轻轻敲入键槽中，使键与键槽底部贴紧，允许长度方向有0.1 mm的间隙。

（5）试配并安装轮毂（齿轮、带轮等）时，键与键槽的非配合面应有间隙，以保证轴与轴上零件的同轴度要求。装配后，套件在轴上不允许有圆周方向的晃动。

二、紧键连接的装配

紧键连接主要指楔键连接，楔键有普通楔键和钩头楔键两种，如图7—2—1所示。楔键上、下两面是工作面，键的上表面与轮毂槽的底面各有1:100的斜度，键侧与键槽间有一定的间隙。装配时需打入，靠楔紧作用来传递转矩。紧键连接还能轴向固定零件，并传递单方向的轴向力，但会使轴上零件与轴的配合产生偏心和歪斜，多用于对中性要求不高、转速较低的场合。钩头楔键用于不能从另一端将键打出的场合。

装配楔键时一定要用涂色法检查键与轮毂槽底面的接触情况，若接触不良，应对轮毂槽进行修整，合格后，在配合面加润滑油，用铜棒轻轻敲入，保证轮毂周向、轴向紧固可靠。对于钩头楔键，钩头与轮毂端面间应留一定的距离，以便拆卸。

三、花键连接的装配

花键连接由轴和轮毂孔上的多个键齿和键槽组成，如图7—2—2所示。按齿形不同，分为矩形花键和渐开线花键；按使用要求不同，分为动花键连接和静花键连接。它具有承载能力强、传递转矩大、同轴度高和导向性好等优点，但制造成本高，适用于载荷大和同轴度要求高的传动机构中，在机床和汽车中应用广泛。

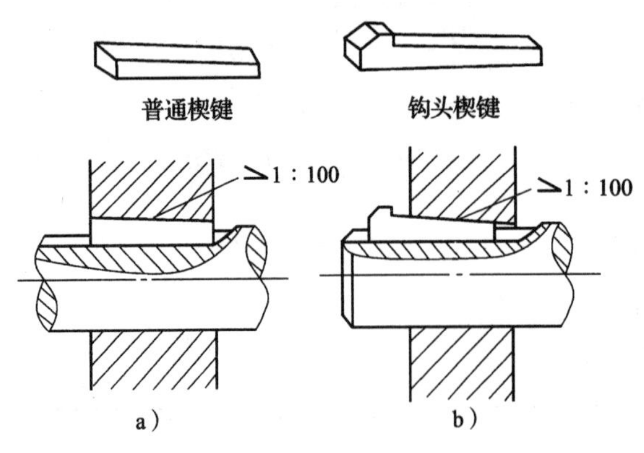

图 7—2—1 楔键连接

a）普通楔键连接 b）钩头楔键连接

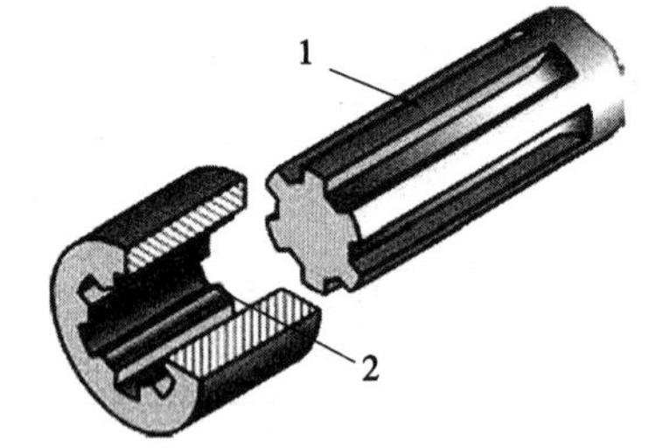

图 7—2—2 花键连接

1—外花键（花键轴） 2—内花键（花键孔）

1. 静花键连接的装配

内花键与外花键之间有少量过盈。当过盈量较小时，可用铜棒轻轻敲入；过盈量较大时，可将内花键加热到 80 ~ 120℃后再进行装配。

2. 动花键连接的装配

内花键零件能在花键轴上自由滑动，没有阻滞现象。连接时应保证正确的配合间隙，但用手摆动时不应感觉有明显的周向间隙。装配时，应用涂色法检查配合情况，修整套件与花键轴，加注润滑油后装入。

3. 花键连接的定心方式

花键连接的定心方式有大径定心、小径定心和键侧定心三种。但国家标准《矩形花键尺寸、公差和检验》（GB/T 1144—2001）中只规定了小径定心一种，其理由如下：

（1）采用小径定心，有利于以花键孔为基准。

（2）小径定心稳定性好，易实现热处理后磨削花键的工艺，可获得较高的精度。

四、键连接的修理方法

键连接的损坏形式和修理方法见表 7—2—2。

表 7—2—2　　键连接的损坏形式和修理方法

损坏形式	修理方法
松键和紧键损坏	一般是更换新键
轮毂或轴上的键槽损坏	将损坏的键槽加宽，再配制新键
尺寸较大的外花键磨损	可镀铬或堆焊，然后加工到规定尺寸予以修复。堆焊时要缓慢冷却，以防花键轴变形

课题三 销连接的装配与修理

销连接主要用来固定零件之间的相对位置，起定位作用，也可用于轴与轮毂的连接，传递不大的载荷，还可作为安全装置中的过载剪断元件，如图 7—3—1 所示。它具有连接可靠、定位方便、装拆容易、制造简便等特点，在各种机械中应用广泛。

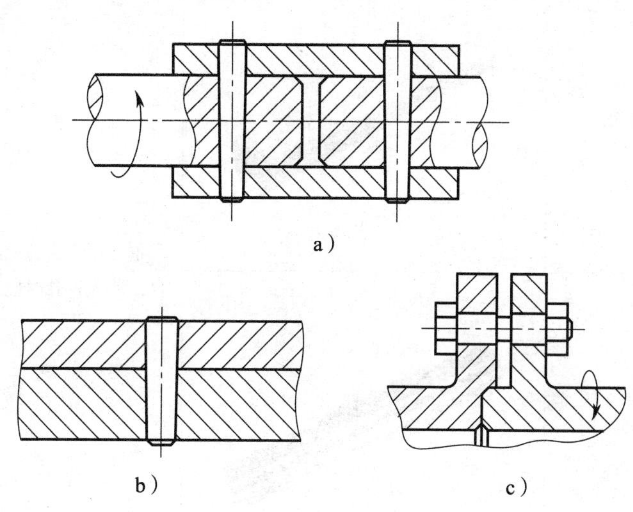

图 7—3—1 销连接

a）连接作用 b）定位作用 c）过载保护

一、销的种类

销是销连接中的主要元件，它的种类较多，其中圆柱销和圆锥销是最基本的类型，这两类销均已标准化，因此在机械制造中应用广泛。常用圆柱销和圆锥销的特点及应用见表 7—3—1。

表 7—3—1 常用圆柱销和圆锥销的特点及应用

类型		图示	特点及应用
圆柱销	普通圆柱销		普通圆柱销利用微量过盈固定在销孔中，经过多次装拆后，连接的紧固性及定位精度降低，故只宜用于不常拆卸处，可用来连接和定位
	带内螺纹圆柱销		主要用于盲孔或从对面不便于拆卸的场合，装入盲孔时应在轴向上开通气槽

续表

类型		图示	特点及应用
圆锥销	普通圆锥销	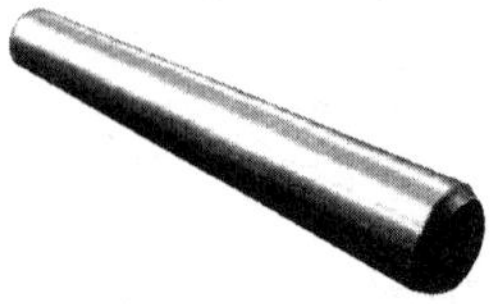	普通圆锥销有 1∶50 的锥度，装拆比普通圆柱销方便，多次装拆对连接的紧固性及定位精度影响较小，可用来连接和定位
	带内螺纹圆锥销	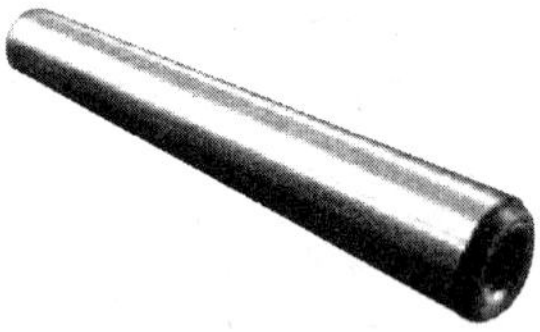	主要用于盲孔或从对面不便于拆卸的场合，装入盲孔时应在轴向上开通气槽
	大端带外螺纹圆锥销		
	小端带外螺纹圆锥销	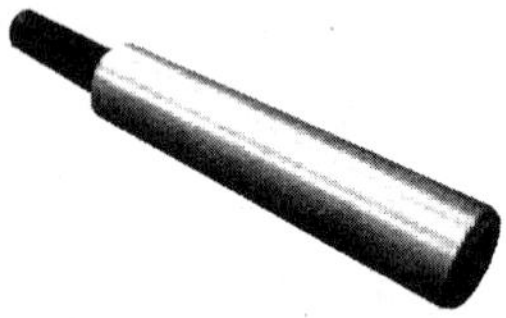	可用螺母锁紧，适用于有冲击的场合
	开尾圆锥销	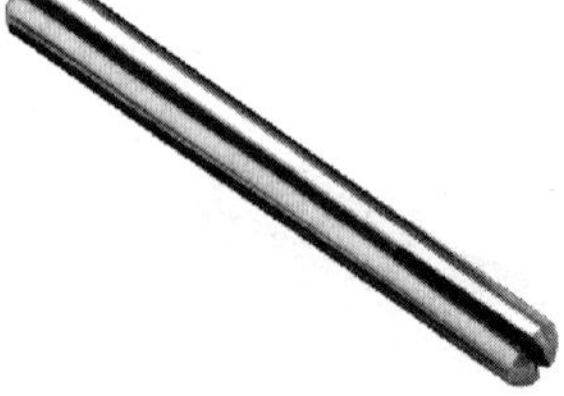	销尾可分开，能防止松脱，多用于受振动、冲击的场合

二、圆柱销的装配

为保证配合精度，必须同时钻削、铰削被连接件的两孔，然后在销上涂上润滑油，用铜棒轻轻将其敲入孔中。

三、圆锥销的装配

圆锥销在轴向力的作用下能保证自锁。圆锥销以小端直径和长度代表其规格。装配时，以小端直径选择钻头，同时钻削、铰削被连接件的两孔，孔径大小以圆锥销长度的 80% 左右能自由插入为宜，用铜棒轻轻敲入后，圆锥销的大端可稍露出或平于被连接件。

四、销连接的拆卸与修理

1. 拆卸

拆卸圆锥销时，应注意大、小端的方向。带螺尾圆锥销可用螺母旋出，如图 7—3—2 所示。拆卸带内螺纹的圆锥销和圆柱销时，可用螺钉旋出或用拔销器拔出，如图 7—3—3 所示。

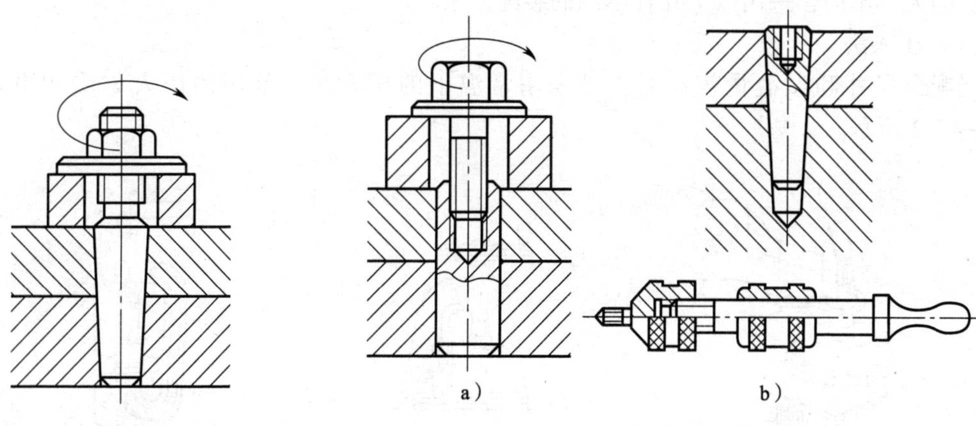

图 7—3—2　带螺尾圆锥销的拆卸

图 7—3—3　带内螺纹圆锥销或圆柱销的拆卸
a）用螺钉拆卸　b）用拔销器拆卸

2. 修理

销连接损坏或磨损时，一般是更换销。若销孔损坏或磨损严重时，可重新钻削、铰削较大尺寸的销孔，更换相适应的新销。

课题四
过盈连接的装配与修理

过盈连接是靠包容件（孔）和被包容件（轴）配合后的过盈量来达到紧固连接目的的一种连接方法，如图 7—4—1 所示。过盈连接能传递转矩、轴向力和一定的冲击载荷，具有结构简单、同轴度高、承载能力强等优点，但对配合面加工精度要求较高，装拆比较困难。

一、过盈连接的装配技术要求

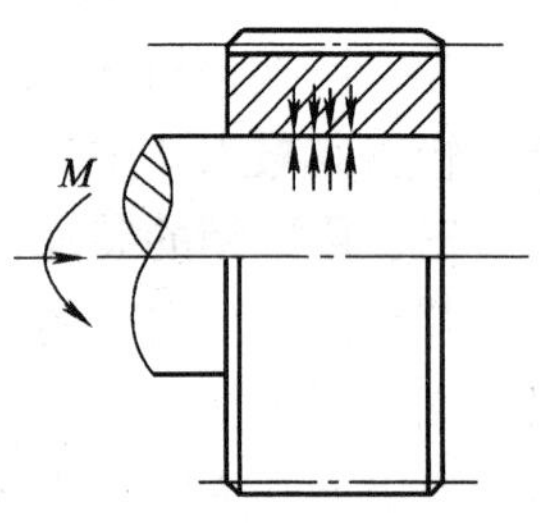

图 7—4—1　过盈连接

（1）配合件要有较高的几何精度，并保证配合时有足够、准确的过盈量。

（2）配合表面应有较小的表面粗糙度值。

（3）装配时，擦净配合表面并涂上润滑油，压入过程应连续，速度要稳定，不宜太快，一般以 2 ~ 4 mm/s 为宜，并准确地控制压入行程。

（4）装配细长件或薄壁零件前，应注意检查过盈量和几何误差，装配时最好沿垂直方向压入，以免变形。

二、过盈连接的装配方法

1. 圆柱面过盈连接的装配

装配圆柱面过盈连接时，相配合的孔口和轴端应有 3° ~ 5°的倒角，以便于装配。根据过盈量的大小不同，采用以下几种不同的装配方法：

（1）压入法

当配合尺寸和过盈量较小时，可采用常温下的压入法。常用的压入方法和设备如图 7—4—2 所示。

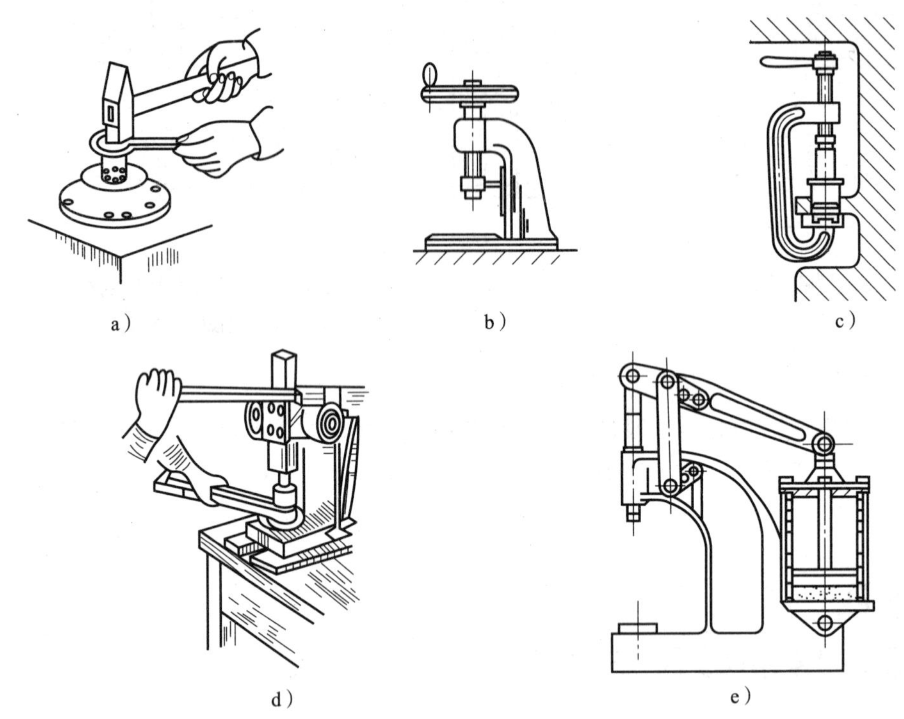

图 7—4—2　常用的压入方法和设备

a）锤子加垫块　b）螺旋压力机　c）C 形夹头　d）齿条压力机　e）气动杠杆压力机

（2）热胀法

热胀法是指利用金属材料热胀冷缩的物理特性，将包容件（孔）加热胀大，再将常温状态的被包容件（轴）压入，达到过盈连接的目的。加热温度和加热方法应根据过盈量及轮毂尺寸的大小来选择。常用的加热方法有沸水加热（80～100℃）、蒸汽加热（120℃）、油加热（90～230℃）、电阻炉加热、红外线辐射加热和感应加热等。

(3) 冷缩法

冷缩法是指利用热胀冷缩的特性将轴冷却，轴颈缩小后装入常温的孔中。常用的方法是采用干冰冷缩（－78℃）和液氮冷缩（－195℃）。

2. 圆锥面过盈连接的装配

圆锥面过盈连接是利用轴和孔零件在轴向上的相对位移，使径向产生过盈量而获得的过盈连接。常用的装配方法有两种：

(1) 螺母压紧法

如图7—4—3所示，拧紧螺母可使配合面压紧形成过盈连接。过盈量的大小取决于两零件在轴向上的相对位移量的大小。常用的锥度为1∶30～1∶8。

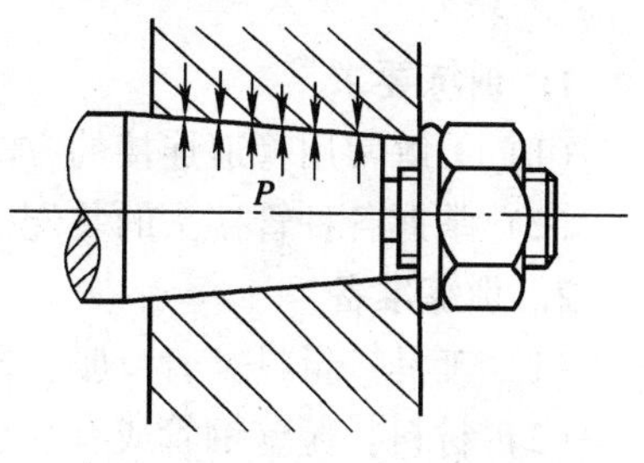

图7—4—3　螺母压紧法

(2) 液压套合法

如图7—4—4所示，装配时将高压油压入配合面间，使包容件内径胀大，被包容件外径缩小，同时施加一定的轴向力，使之互相压紧，当压紧到预定的轴向位置后，排出高压油，即可形成过盈连接。同样，也可以用高压油进行拆卸。

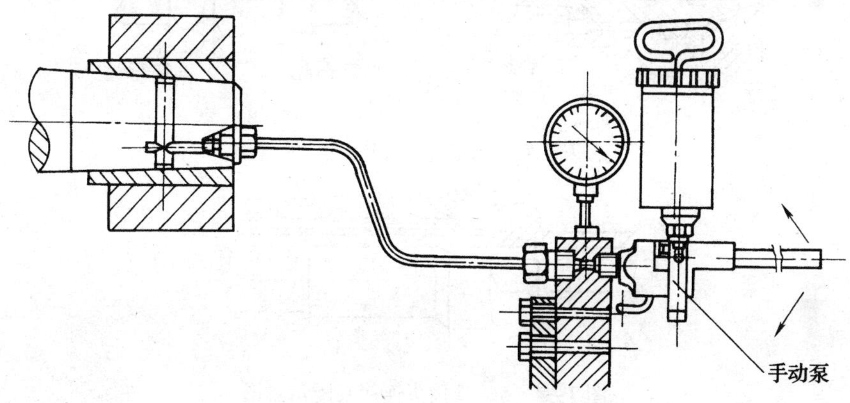

图7—4—4　液压套合法

利用液压套合法装卸过盈连接时，既不需要很大的轴向力，也不损伤配合表面，多用于承载较大且需多次装拆的场合，尤其适用于大型零件。

三、过盈连接的拆卸与修理

过盈连接的零件一般不进行拆卸，因为拆卸时容易损伤或破坏连接零件。过盈连接的损坏形式是过盈量的丧失而使配合松动。对于简单的包容件，一般采取更换的办法重新建立过盈连接。采用修复法时，一般先修复孔，以孔为基准，改变修复后的轴的尺寸，使轴、孔重新产生需要的过盈量。

轴的修复方法较多，可采用喷涂、刷镀、补焊后进行加工。经修复后的孔、轴配合面必须具有合格的尺寸精度、表面粗糙度及同轴度。

技能训练

任务一　管道的连接装配

1. 训练要求

(1) 了解常用管道连接的方法及要求。

(2) 掌握各种管接头的装配操作方法，能正确、规范地完成各种管接头的装配。

2. 训练准备

(1) 工具、量具：管口胀孔器等常用管道连接工具。

(2) 材料：薄壁钢管或有色金属管、中高压钢管、高压胶管、薄壁管接头、球形管接头、高压胶管接头等。

(3) 管接头连接装配示意图如图 7—4—5 所示。

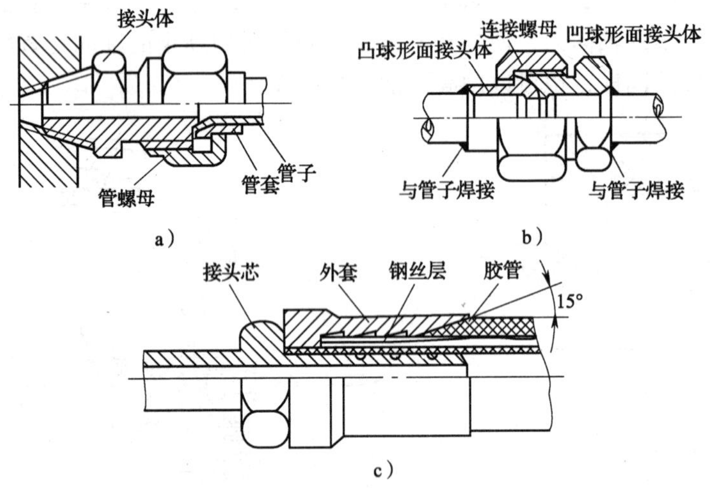

图 7—4—5　管接头连接装配示意图

a) 扩口薄壁管接头　b) 球形管接头　c) 高压胶管接头

3. 训练要点

管道是用来输送液体或气体的辅助装置，它由圆管、管接头、连接盘（法兰盘）和衬垫等组成。管道连接常用的圆管有钢管、有色金属管、橡胶软管和尼龙管等。如果管道连接不当，不仅会因泄漏而使液压系统失灵，而且还会造成液压元件损坏，甚至发生事故。

(1) 选择油管时，必须根据压力和使用场所合理选用，应有足够的强度，而且内壁光滑清洁，无砂眼、锈蚀、氧化皮等缺陷。

(2) 配管作业时，应对有腐蚀的圆管进行酸洗、中和、清洗、干燥、涂油、试压等工作，直到合格才能使用。

(3) 切断圆管时，断面应与轴线垂直。弯曲圆管时，不应弯扁。

(4) 对于较长的管道，各段应有支承，管道要用管夹固定，以防振动，并保证管道受温度影响时，有伸缩变形的余地。

（5）系统中任何一段管道或元件，应能单独拆装而不影响其他元件，以便于修理。

（6）所有管道都应进行二次拆装，以清除配管作业时对管道的污染。

（7）在管道的最高处，应安装排气装置。

（8）装配扩口薄壁管接头时，应依次将管螺母、管套套在薄壁管上，用管口胀孔器（见图7—4—6）将薄壁管口端扩至所需要的形状，或用旋转滚压扩口法（见图7—4—7）将薄壁管口端扩大。然后拧紧管螺母，通过管套将扩口薄壁管压紧在接头配合表面上，以实现管路连接。

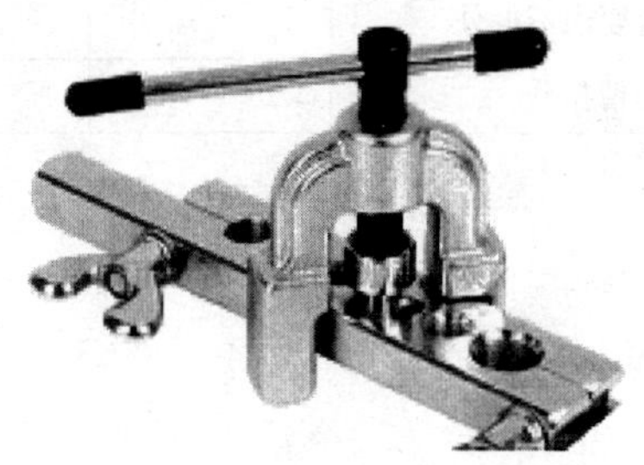

图7—4—6　管口胀孔器

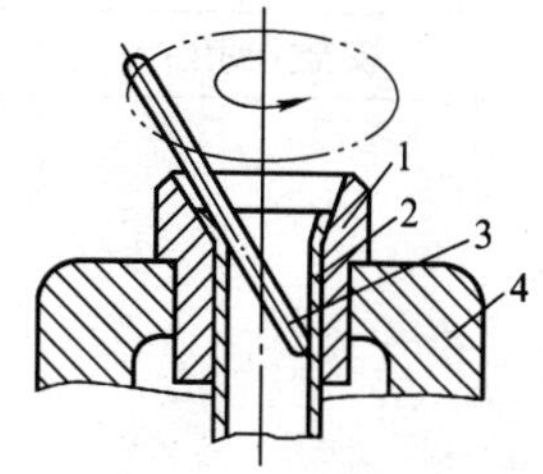

图7—4—7　旋转滚压扩口法

1—扩口模　2—薄壁管　3—小棒　4—虎钳口

（9）装配球形管接头时，应先研配凸、凹球形面，并用涂色法检查球形面是否达到足够的接触面积。然后将连接螺母套在球形面接头体上，分别把凸球形面接头体和凹球形面接头体与圆管焊接。最后拧紧连接螺母，使两球形面接头体表面紧密压合，以保证紧密性。

（10）装配高压胶管接头时，应先将胶管剥去一定长度的外胶层，剥离角约为15°，切不可损伤钢丝层。然后将剥皮后的胶管装入外套，使胶管端部与外套内螺纹之间留1 mm间隙，并在胶管外露端做标记，如图7—4—8所示。最后把接头芯拧入外套及胶管中，此时，胶管便被挤入外套和接头芯螺纹中，使胶管与接头芯及外套紧密连接起来。

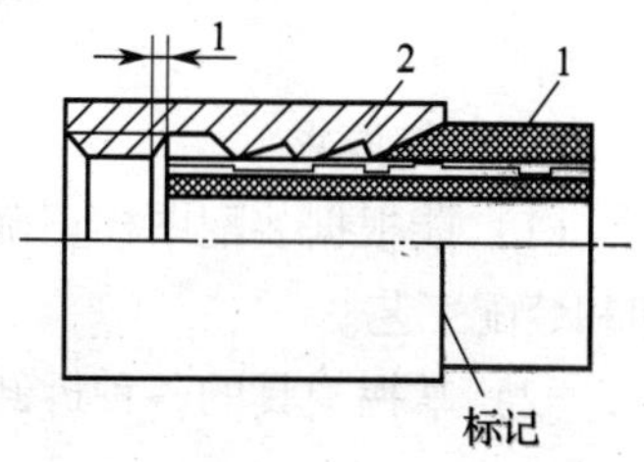

图7—4—8　将胶管装入外套

1—胶管　2—外套

（11）对连接好的管接头，应进行连接可靠性检查，对有高温、高压作用的管道连接，应按有关连接技术要求进行压力试验。

4. 训练评价

训练评分标准见表7—4—1。

表7—4—1　　训练评分标准

训练课题	管道的连接装配					
姓名			班级		总得分	
序号	项目		配分	评分标准	实测结果	得分
1	装配工艺的制定正确、合理		5	不正确不得分		
2	薄壁管接头	连接方法正确	10	不正确不得分		
3		扩口符合要求	10	不符合要求不得分		
4		连接质量符合要求	10	不符合要求不得分		

续表

序号	项目		配分	评分标准	实测结果	得分
5	球形管接头	连接方法正确	10	不正确不得分		
6		凹、凸球形面研配符合要求	10	不符合要求不得分		
7		连接质量符合要求	10	不符合要求不得分		
8	胶管接头	连接方法正确	10	不正确不得分		
9		剥管处理符合要求	10	不符合要求不得分		
10		连接质量符合要求	10	不符合要求不得分		
11	安全文明生产		5	酌情扣分		
现场记录						

任务二　模具的拆装与测绘

1. 训练要求

(1) 能根据装配图样正确分析模具各零部件之间的连接关系及要求，并制定合理的拆卸和装配工艺。

(2) 掌握模具的各种拆卸和装配操作方法，能按相关技术要求完成模具的拆卸与装配工作。

2. 训练准备

(1) 工具、量具：扳手、旋具、拔销器、铜棒、锤子、游标卡尺、千分尺、直角尺等。

(2) 材料：中等复杂程度的冷冲压模具（也可根据实际情况选取注射模），并配备相应的装配图或结构图。

3. 训练要点

(1) 模具的拆卸

在拆卸模具时，可一手将模具的某一部分（如冷冲压模具的上模部分、注射模的定模部分）托住，另一手用木锤或铜棒轻轻地敲击模具的另一部分（如冷冲压模具的下模部分、注射模的动模部分）的座板，使模具分开。禁止用很大的力来锤击其他工作面，或使模具左右摆动，防止对模具精度产生不良影响。然后用铜棒顶住销钉，用锤子将销钉拆除，用内六角扳手卸下紧固螺钉和其他紧固零件。在拆卸时要特别小心，禁止碰伤模具工作零件表面。拆卸下来的零件应放在指定的容器中，以防生锈或遗失。

在拆卸模具时，一般应遵循下列原则：

1）拆卸模具前，应按照各模具的结构预先制定拆卸顺序。如果拆卸顺序前后倒置或猛拆猛敲，极易造成零件损伤或变形，严重时还会导致模具难以装配复原。

2）模具的拆卸一般应先拆卸外部附件，然后拆卸主体部件。在拆卸部件或组合件时，应按照从外到内、从上到下的顺序，依次拆卸组合件或零件。

3）拆卸时，使用的工具必须保证不对零件造成损伤，应尽量使用专用工具，严禁用锤子直接在零件表面敲击。

4）拆卸时，对容易产生移位而又无定位的零件，应做好标记，各零件的安装方向也需辨别清楚，并做好相应标记，以免在装配复原时浪费时间。

5）对于精密的模具零件，如凸模、凹模和型芯等，应放在专用的盘内或单独存放，以防碰伤工作部位。

6）拆下的零件应尽快清洗，并涂防锈油，以免生锈或腐蚀。

（2）模具的测绘

模具测绘在模具拆卸之后进行。通过模具测绘有助于进一步认识模具零件，了解模具相关零件之间的装配关系。

由于模具测绘时主要采用游标卡尺、千分尺、角度尺等普通测量工具，测量结果远不及采用专用量具时精确，加之工具使用者的使用方法难免不够完善，由此产生的测量误差相应较大，因此需要对测量结果按技术资料上的理论数据进行必要的圆整。

（3）模具的装配复原

模具装配复原的过程主要取决于模具的结构类型，通常与模具拆卸的顺序相反。一般模具装配复原程序大致如下：

1）先装模具的工作零件（如凸模、凹模或型芯、镶件等），一般情况下，冷冲压模具先装下模部分比较方便（注射模先装动模部分比较方便）。

2）装配推料或卸料零部件。

3）在各模板上装入销钉并拧紧螺钉。

4）总装其他零部件。

4. 训练评价

训练评分标准见表 7—4—2。

表 7—4—2　　训练评分标准

训练课题	模具的拆装与测绘					
姓名			班级		总得分	
序号	项目		配分	评分标准	实测结果	得分
1	拆卸	拆卸工艺制定合理	10	不合理不得分		
2		工具使用正确	5	不正确不得分		
3		拆卸操作正确、规范	20	每处不正确扣 5 分		
4	测绘	测量操作正确、规范	10	每处不正确扣 2 分		
5		绘制视图正确	10	每处不正确扣 2 分		
6		标注正确	10	每处不正确扣 1 分		

续表

<table>
<tr><th>序号</th><th colspan="2">项目</th><th>配分</th><th>评分标准</th><th>实测结果</th><th>得分</th></tr>
<tr><td>7</td><td rowspan="3">装配复原</td><td>装配工艺制定合理</td><td>10</td><td>不合理不得分</td><td></td><td></td></tr>
<tr><td>8</td><td>工具使用正确</td><td>5</td><td>不正确不得分</td><td></td><td></td></tr>
<tr><td>9</td><td>装配操作正确、规范</td><td>10</td><td>每处不正确扣 5 分</td><td></td><td></td></tr>
<tr><td>10</td><td colspan="2">安全文明生产</td><td>10</td><td>酌情扣分</td><td></td><td></td></tr>
<tr><td>现场记录</td><td colspan="6"></td></tr>
</table>

第八单元

机 床 夹 具

课题一 机床夹具概述

在机床上用以装夹工件（或引导刀具）的装置称为机床夹具。它是机械制造工艺过程中的重要组成部分，广泛应用于机械加工、装配、检验等工艺过程中。

一、机床夹具的组成

图 8—1—1 所示为某轴套的零件图，其中 ϕ12H9 孔需要钻削加工，要求该孔轴线位于距左端面（30 ±0.1）mm 处，且限定在间距等于 0.05 mm、对称于基准轴线 *A* 和基准中心平面 *B* 的两平行平面之间。为满足此项技术要求，便于加工，采用了如图 8—1—2 所示的机床（钻床）夹具，它由以下几部分组成：

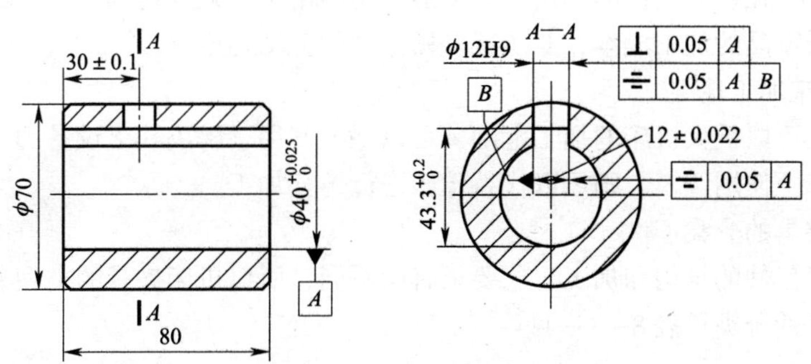

图 8—1—1　某轴套零件图

1. 定位元件

确定工件在机床上或夹具中占有正确位置的元件（起定位作用的零部件）称为定位元件。图 8—1—2 中的定位心轴 3、定位销 7 和夹具体 6（内侧平面）均是定位元件。

2. 夹紧装置

工件定位后将其固定，使其在加工过程中保持定位位置不变的装置称为夹紧装置。图 8—1—2 中的螺母 4 和开口垫圈 5 均为夹紧件（起夹紧作用的零部件）。

3. 导向元件

确定刀具相对于工件正确位置并引导刀具沿正确方向进行切削的元件（起引导刀具作用的零部件）称为导向元件，如图 8—1—2 中的钻套 1。

4. 夹具体

将定位元件、夹紧装置、导向元件等连接成一个整体的基础件（起支承作用的零部件）称为夹具体，如图 8—1—2 中的夹具体 6。

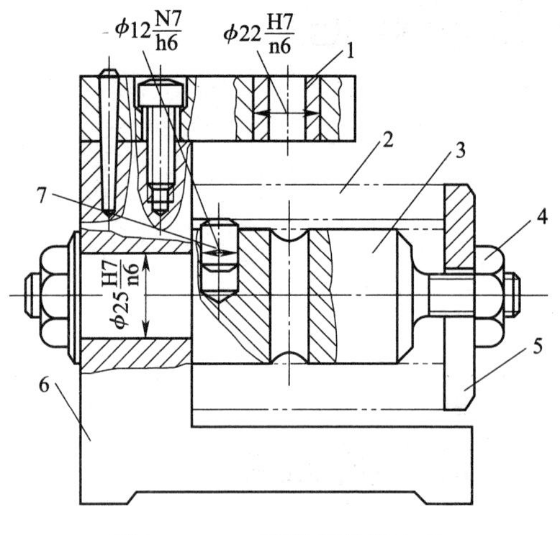

图 8—1—2　某轴套钻床夹具

1—钻套　2—工件　3—定位心轴　4—螺母　5—开口垫圈　6—夹具体　7—定位销

一般机床夹具至少由夹具体、定位元件和夹紧装置这三部分组成。而导向元件或某些辅助装置（如连接元件、对刀元件、分度装置等）则根据夹具的作用和要求而定。

二、机床夹具的作用

1. 保证加工精度

由图 8—1—2 可知，轴套在加工时，避免了因划线和找正而造成的加工误差，其工件的加工精度主要取决于夹具的制造精度。因此，采用夹具后更容易保证工件的精度，且在成批生产时，能始终保持加工精度的稳定性。如图 8—1—1 所示，ϕ12H9 孔轴线对 $\phi 40^{+0.025}_{0}$ mm 孔轴线的垂直度和对称度，以及（30 ± 0.1）mm 的尺寸精度都必须用夹具保证。它比划线找正加工的精度高，成批生产时工件加工精度稳定。

2. 提高劳动生产率，降低加工成本

采用夹具后，省去了划线、找正等工序，且装夹方便、迅速、安全、可靠，大大缩短了辅助时间。同时，在导向元件的作用下，可加大切削用量，减少切削时间。因此，能提高劳动生产率，降低产品的加工成本，并能减轻操作者的劳动强度。

3. 扩大机床加工范围

使用夹具还可以扩大机床的加工范围，可以一机多用，解决缺乏设备的困难。例如，在车床或摇臂钻床上使用镗模，则可以代替镗床进行镗孔加工。

三、机床夹具的分类

由于被加工工件的结构和加工工艺要求有所不同，所以机床夹具的类型非常多。常用金属切削机床夹具的分类见表 8—1—1。

表 8—1—1　　常用金属切削机床夹具的分类

分类方法	夹具种类	说明
按通用特性分类	专用夹具	专为某一工件的某一工序而设计的夹具
	通用夹具	加工两种或两种以上工件的同一夹具
	组合夹具	由可循环使用的标准夹具零部件（或专用零部件）组装成易于连接、拆卸和重组的夹具
	可调夹具	通过调整或更换个别零部件，能适应多种工件加工的夹具
	成组夹具	根据成组技术原理设计的用于成组加工的夹具
	标准夹具	已纳入标准的夹具

续表

分类方法	夹具种类	说明
按夹紧方式分类	手动夹具	以人力产生夹紧力的夹具
	气动夹具	以压缩空气产生夹紧力的夹具
	液压夹具	以压力油产生夹紧力的夹具
	电动夹具	以电力产生夹紧力的夹具
	磁力夹具	以磁力产生夹紧力的夹具
	自夹紧夹具	以离心力或切削力自动夹紧工件的夹具
按使用机床分类	车床夹具	在车床上使用的夹具
	铣床夹具	在铣床上使用的夹具
	镗床夹具	在镗床上使用的夹具
	钻床夹具	在钻床上使用的夹具
	磨床夹具	在磨床上使用的夹具
	组合机床夹具	在组合机床上使用的夹具

课题二 工件的定位

为了保证工件被加工表面的技术要求，必须使工件相对刀具和机床处于正确的加工位置。确定工件在机床上或夹具中占有正确位置的过程称为定位。

一、工件定位原理

1. 六点定位规则

一个尚未定位的工件，其位置是不确定的。如图 8—2—1 所示，在空间直角坐标系中，工件可沿三个坐标轴自由移动和绕这三个坐标轴自由转动，通常把这种运动的可能性称为自由度。用 $\vec{x}$、$\vec{y}$、$\vec{z}$ 分别表示沿 x 轴、y 轴和 z 轴的移动自由度。用 $\widehat{x}$、$\widehat{y}$、$\widehat{z}$ 分别表示绕 x 轴、y 轴、z 轴转动的自由度。也就是说，任何物体在空间中，如果不加任何约束和限制，都具有以上六个自由度。因此，要使工件在夹具中占有确定的位置，就必须限制这六个自由度。

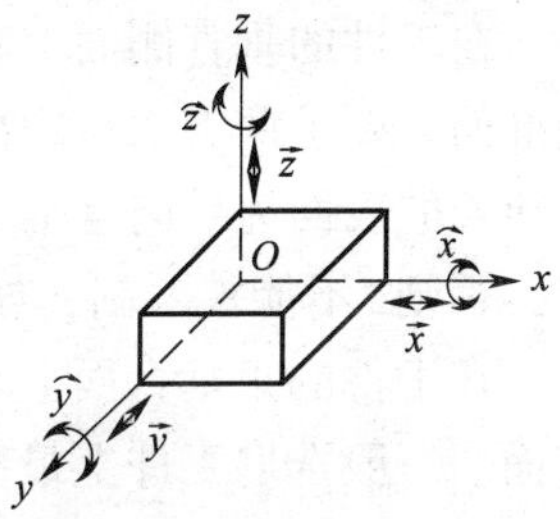

用合理分布的六个定位支承点与工件定位基准面（工件在加工中用作定位的基准）接触来限制工件的六个自由度，使工件在夹具中的位置完全确定的方法称为六点定位规则，简称六点定则。

图 8—2—1 工件的六个自由度

2. 定位支承点的分布

为使工件在夹具中的位置完全确定，六个定位支承点必须根据工件形状和加工要求合理分布。

(1) 长方体工件定位

如图 8—2—2 所示，在长方体工件上加工槽时，为保证加工尺寸 $A \pm \Delta A$，需要限制工件的 $\vec{z}$、$\widehat{x}$、$\widehat{y}$ 三个自由度；为保证尺寸 $B \pm \Delta B$，需限制 $\vec{x}$、$\widehat{z}$ 两个自由度；为保证尺寸 $C \pm \Delta C$，需限制 $\vec{y}$ 自由度。所以，应将工件的六个自由度全部加以限制，才能满足所有加工要求，其支承点应按图 8—2—3 所示分布。

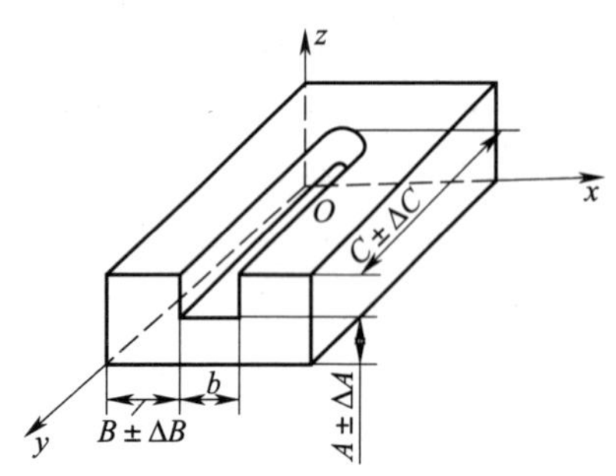

图 8—2—2 长方体工件加工要求简图

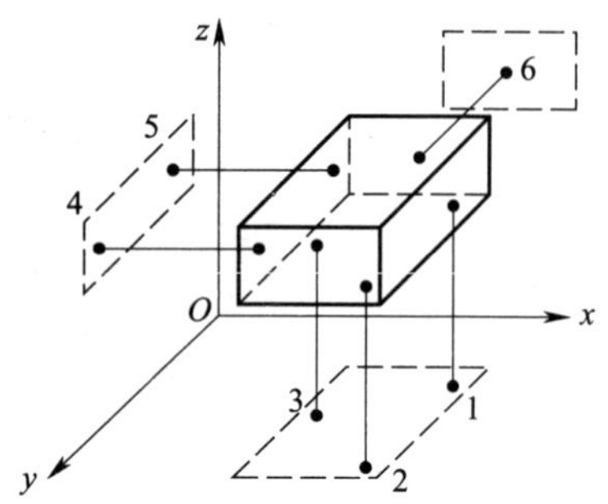

图 8—2—3 长方体工件定位支承点分布

在工件的底面上均匀布置三个支承点，可限制工件的 $\vec{z}$、$\widehat{x}$、$\widehat{y}$ 三个自由度，该平面称为主要定位基准面。这三个定位支承点应处于同一个水平面内，且相互距离要尽可能远(所组成的三角形面积尽量大些)，这样工件安放更平稳，也容易保证其各表面间的位置精度。由于主要定位基准面通常要承受较大的外力（如夹紧力、切削力等），所以往往选取工件上最大的表面作为主要定位基准面。主要定位基准的三个支承点不能处于同一直线上，否则将导致 $\widehat{y}$ 不能被限制，如图 8—2—4 所示。

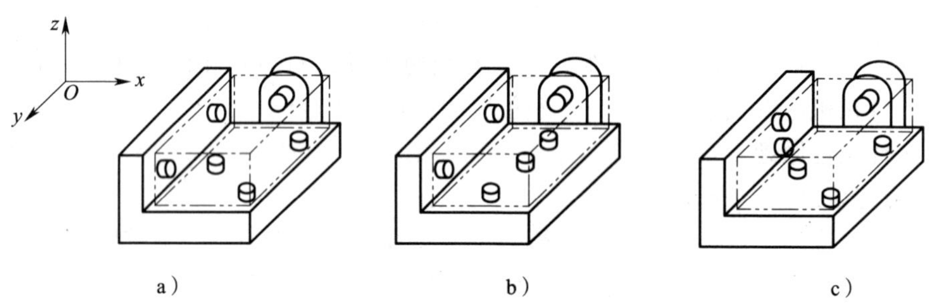

图 8—2—4 长方体工件定位支承点分布分析

a）正确 b）主定位基准错误 c）导向定位基准错误

在工件的垂直侧面上布置两个支承点，可限制工件的 $\vec{x}$、$\widehat{z}$ 两个自由度，该面称为导向基准面。要求两支承点距离要远些，并且要在同一平面上，以便导向正确。一般应选取工件上狭长的表面为导向基准面。导向定位基准的两个支承点的连线不能与主要定位基准面垂直，否则 $\widehat{z}$ 不能被限制，如图 8—2—4c 所示。

在工件的正垂直面上布置一个支承点，可限制工件的 $\vec{y}$ 自由度，该面称为止推定位基准面。一般选取工件上最窄小且与切削力方向相对应的表面作为止推定位基准面。

(2) 长轴类工件定位

如图 8—2—5 所示，在轴上铣槽，为保证槽宽 b 的中心平面相对于轴线对称，需在轴的侧母线上布置两个支承点，限制 $\vec{x}$、$\widehat{z}$ 两个自由度。为保证槽深尺寸 $H \pm \Delta H$ 及槽底面与轴线的平行度，需在下母线上布置两个支承点，限制 $\vec{z}$、$\widehat{x}$ 两个自由度。即在长轴类工件的圆柱面上布置 4 个支承点，可限制 4 个自由度，如图 8—2—6 所示。若将图 8—2—6a 所示的直角体旋转 45°，即可演变成 V 形架定位形式，其限制的自由度的数目不变，如图 8—2—6b 所示。为保证未加工槽与已有槽的相对位置，需在已有槽内布置一个支承点 6，限制 $\widehat{y}$ 自由度。为保证槽的长度尺寸 $L \pm \Delta L$，需在轴的端面上布置一个支承点 3，限制 $\vec{y}$ 自由度。

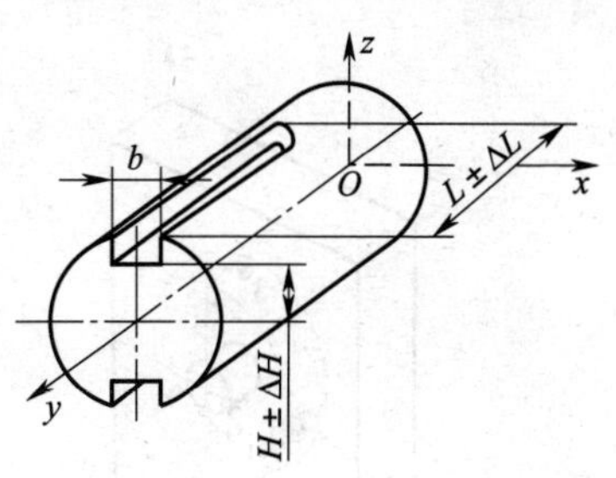

图 8—2—5　长轴类工件加工要求简图

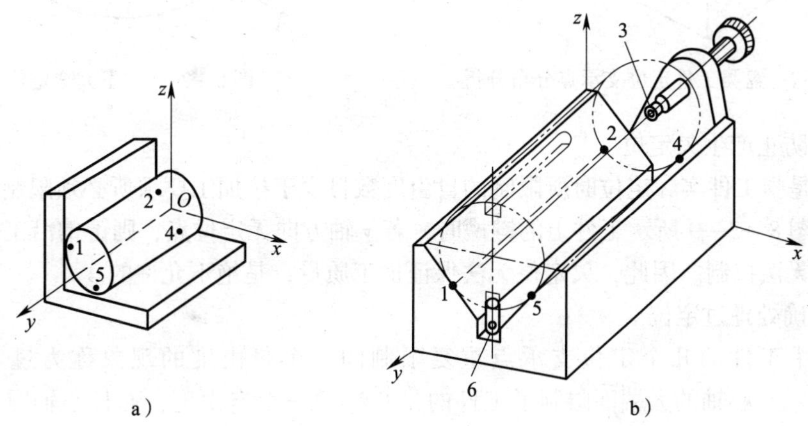

图 8—2—6　长轴类工件定位支承点分布分析

a) V 形架定位原理　b) V 形架定位支承点分布

长轴类工件在圆柱面上布置四个支承点，称为双导向支承。在端面上的一个支承钉限制一个移动自由度，称为止推支承。键槽上的定位销限制一个转动自由度，称为防转支承。防转支承应尽可能远离回转中心，以减小转角误差。

(3) 盘类工件定位

如图 8—2—7 所示，端面定位支承点 1、3、4 限制了工件的 $\vec{x}$、$\widehat{y}$、$\widehat{z}$ 三个自由度；短心轴的定位支承点 5、6 限制了工件的 $\vec{y}$、$\vec{z}$ 两个自由度；防转支承点 2 限制了工件的 $\widehat{x}$ 自由度。

通过以上分析可知，工件加工时应限制的自由度取决于加工要求，定位支承点的分布取决于工件形状。

3. 工件定位时应注意的问题

(1) 完全定位和不完全定位

工件在夹具中的六个自由度全部被限制，使工件在夹具中占有完全确定的唯一位置，称为完全定位。图 8—2—4a、图 8—2—6b 和图 8—2—7 所示的工件定位都是完全定位。但是，并非在所有情况下都必须使工件完全定位。如图 8—2—8 所示的圆盘工件，装入钻床夹具中钻 A 孔时，只要孔 A 的轴线在以 R 为半径的圆周上即可，对其在圆周上的位置不做要求。因此，就不需要限制工件 $\widehat{z}$ 自由度。这种没有完全限制工件的六个自由度就能满足加工要求的定位称为不完全定位。

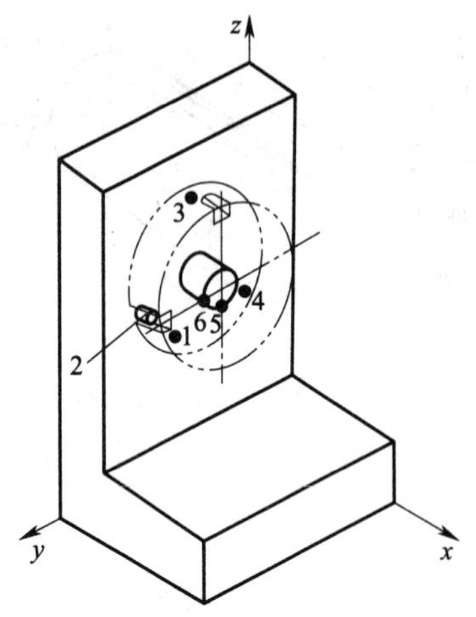

图 8—2—7　盘类工件定位支承点分布分析

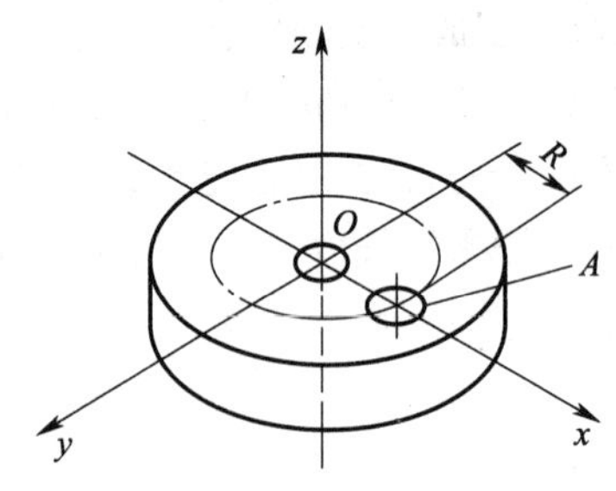

图 8—2—8　不完全定位

(2) 要防止产生欠定位

欠定位是指工件实际定位时所限制的自由度数目少于按加工要求所必须限制的自由度数目。如加工图 8—2—9 所示工件上的键槽时，若 y 轴方向无定位点，则键槽沿工件轴线方向的尺寸 A 就无法控制。因此，欠定位无法保证加工质量，是绝不允许的。

(3) 正确处理过定位

在夹具中工件的几个定位支承点重复限制同一个自由度的现象称为过定位。如图 8—2—10 所示，心轴的大端面限制了工件的 $\vec{x}$、$\widehat{y}$、$\widehat{z}$ 三个自由度，而长心轴限制了工件的 $\vec{y}$、$\vec{z}$、$\widehat{y}$、$\widehat{z}$ 四个自由度。此时，$\widehat{y}$、$\widehat{z}$ 两个自由度被重复限制，形成了过定位。

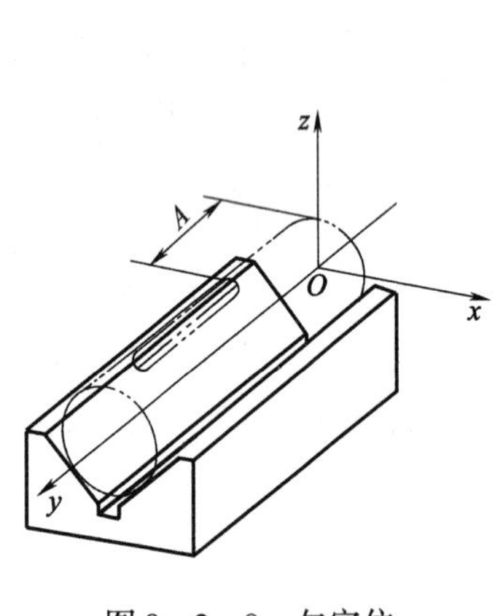

图 8—2—9　欠定位

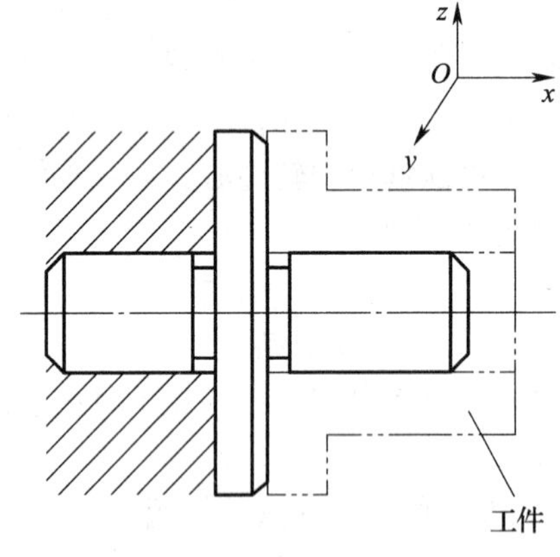

图 8—2—10　过定位

如果工件的定位基准面和定位元件精度不高，过定位可造成工件或定位元件夹紧后的变形。因此在工件定位时，应尽量避免出现过定位现象。但是，有时为了提高工件在加工中的刚度及稳定性，在工件定位基准面和定位元件精度很高的前提下，也可适当采用过定位。

二、定位方法和定位元件的选用

工件在夹具中定位，实际是定位支承点布置的具体实施，靠定位元件来完成。选择定位方法和定位元件时，应根据工件加工要求、定位基准的形状特点，确定定位支承点数目和布置方案，进而选定合适的定位元件，以保证工件定位的稳定性，并使定位误差最小。

1. 工件以平面定位

工件在夹具中大多数都以平面作为定位基准面，为增加定位的刚度和稳定性，常以支承钉或支承板等充当理论上的支承点。夹具中的支承分为基本支承和辅助支承两类。

（1）基本支承

基本支承是用来限制工件自由度，具有独立定位作用的定位支承。常用的有支承钉、支承板、自位支承和可调支承等。

1）支承钉。如图 8—2—11 所示，A 型平头支承钉，适用于定位基准较光滑的工件平面；B 型球头支承钉接触面积较小，便于与粗糙表面稳定接触，适用于工件粗基准定位；C 型齿纹头支承钉可增大接触间的摩擦力，更适合于粗基准侧面定位。支承钉多用于工件平面上需三点定位及侧面支承的场合。

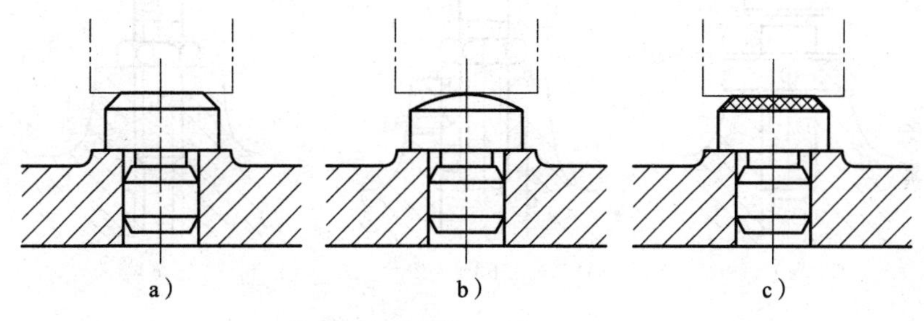

图 8—2—11　支承钉

a）A 型　b）B 型　c）C 型

2）支承板。如图 8—2—12 所示，A 型支承板结构简单，制造方便，但易将切屑埋在沉头螺钉坑中，不易清除，适用于侧面精基准定位支承；B 型支承板便于清除切屑，制造较麻烦，适用于底面精基准定位支承。

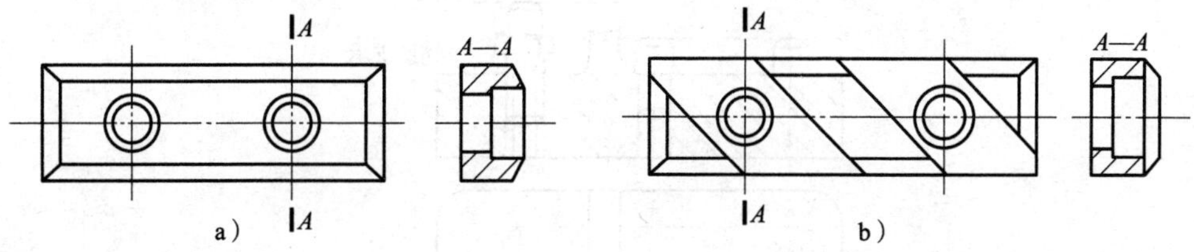

图 8—2—12　支承板

a）A 型　b）B 型

3）自位支承。又称浮动支承，是指支承本身在定位时所处的位置可以变动，以适应工件定位基准的变化。图 8—2—13 所示为杠杆式两点自位支承，定位时虽两点接触，但只起一个定位支承点的作用。这类支承主要用于工件刚度较低，而且定位基准面的形状和位置误差较大的场合。

4）可调支承。可调支承的结构如图 8—2—14 所示，当每批工件的加工余量不同，定位尺寸、基准稍有变化时，可采用可调支承。一般用于粗基准定位支承。

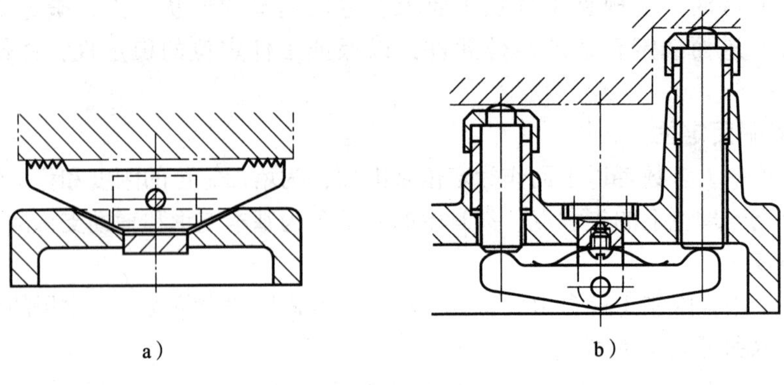

图 8—2—13　自位支承

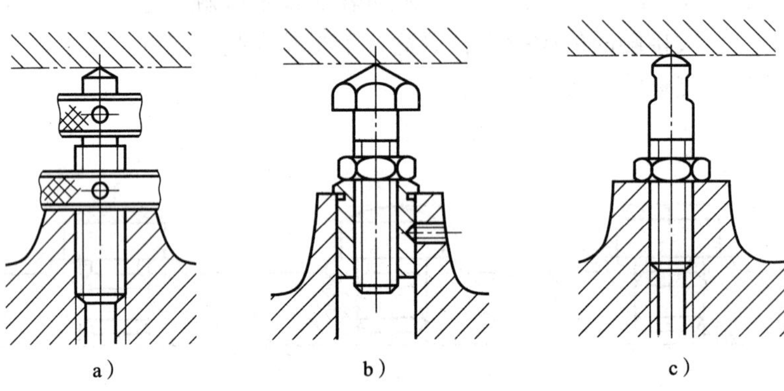

图 8—2—14　可调支承的结构

（2）辅助支承

辅助支承是指加强工件的安装刚度而不起定位作用的支承。如图 8—2—15 所示，辅助支承通常在工件定位后才与工件适当接触，以防止工件在切削力的作用下产生变形或振动。

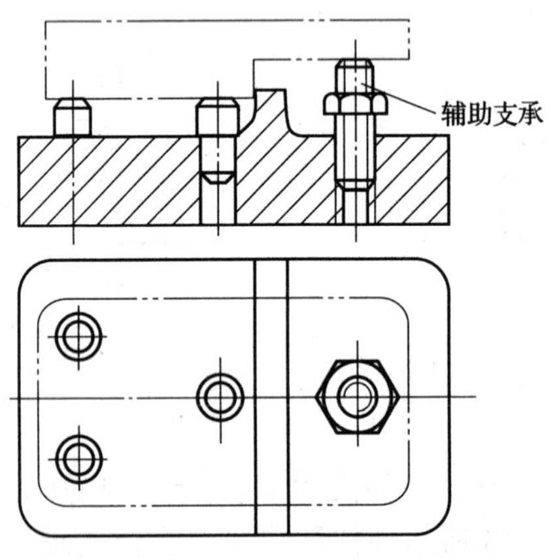

图 8—2—15　辅助支承

2. 工件以外圆柱面定位

工件以外圆柱面定位时，常用的定位元件有 V 形架（60°、90°、120°）、定位套等，其定位方法见表 8—2—1。

表 8—2—1　　　　　　　　工件以外圆柱面或内孔定位常用方法

工件定位基准	定位元件		定位简图	限制自由度
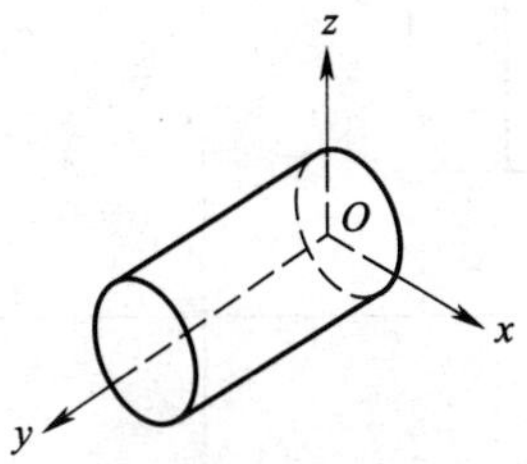 外圆柱面	V 形架	长 V 形架	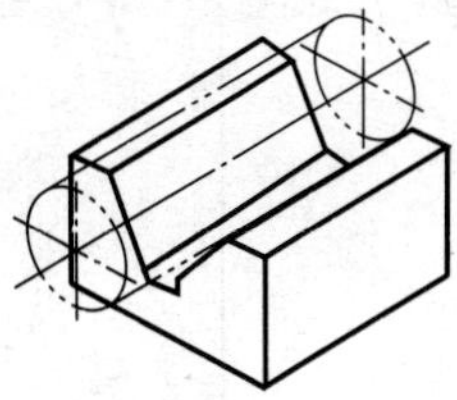	$\vec{x}$、$\vec{z}$ $\widehat{x}$、$\widehat{z}$
		短 V 形架	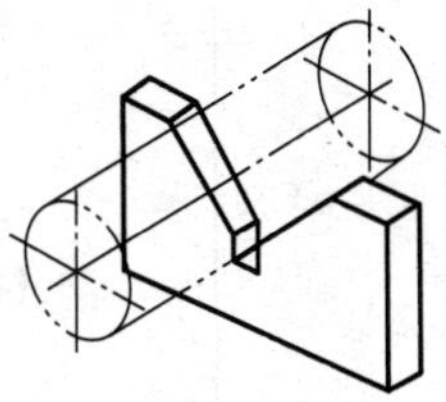	$\vec{x}$、$\vec{z}$
	定位套	长定位套	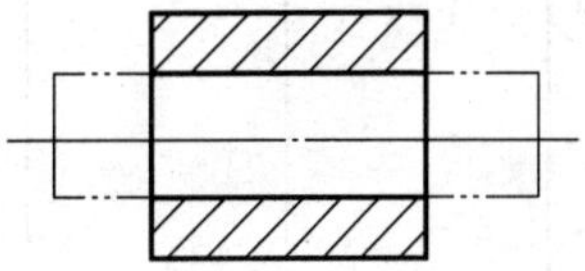	$\vec{x}$、$\vec{z}$ $\widehat{x}$、$\widehat{z}$
		短定位套	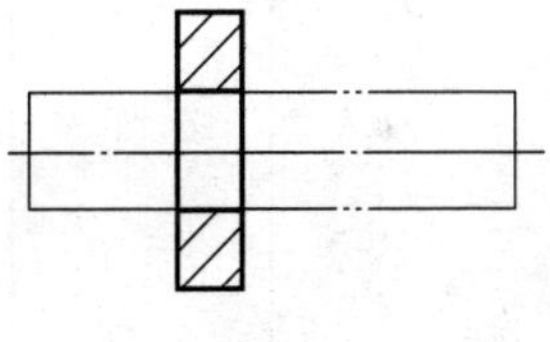	$\vec{x}$、$\vec{z}$
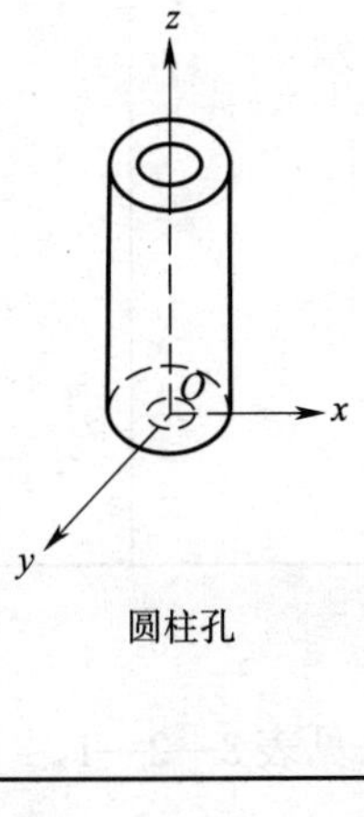 圆柱孔	圆柱销	长圆柱销	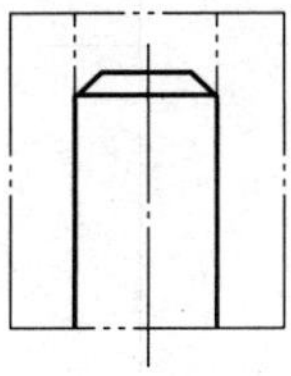	$\vec{x}$、$\vec{y}$ $\widehat{x}$、$\widehat{y}$
		短圆柱销	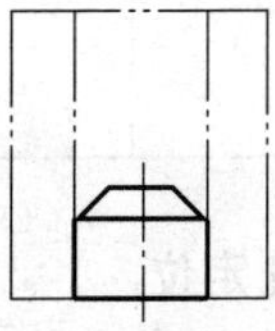	$\vec{x}$、$\vec{y}$

续表

工件定位基准	定位元件		定位简图	限制自由度
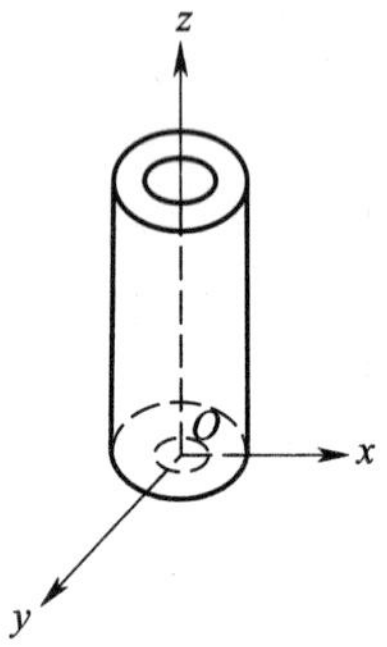 圆柱孔	削边销	长削边销	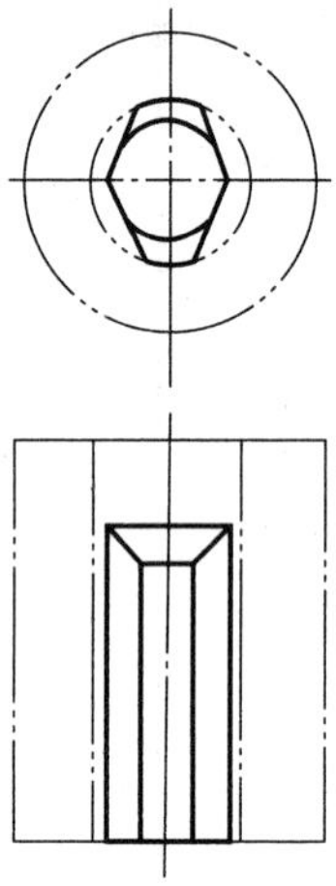	$\vec{y}$、$\widehat{x}$
		短削边销	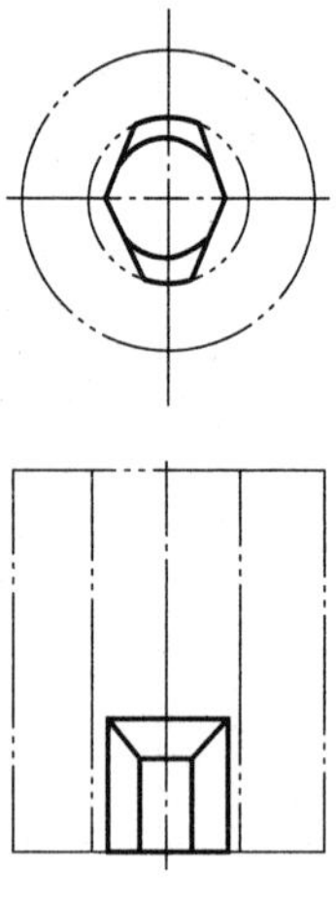	$\vec{y}$
	锥销		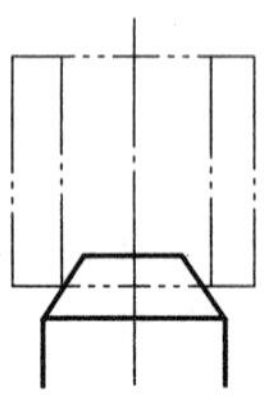	$\vec{x}$、$\vec{y}$ $\vec{z}$

3. 工件以圆柱孔定位

工件以圆柱孔定位时，常用的定位元件是心轴（销），其定位方法见表 8—2—1。

4. 选择工件定位基准时应注意的问题

（1）尽量使定位基准与设计基准重合，以消除基准不重合误差。

（2）尽量用已加工表面作为定位基准，以减小定位误差。当不得不用毛坯面作定位基准时，应尽量只使用一次，而且应选用表面较光滑、误差和加工余量较小的表面或与加工表面有直接关系的表面，以有利于保证加工精度要求。

课题三 工件的夹紧

工件定位后，为了不使工件受到切削力、离心力、惯性力以及工件自重的作用而产生位移和振动，必须对工件进行夹紧。因此，夹紧装置的合理、可靠和安全性对工件的加工质量和效率有着重大影响。

一、对夹紧装置的基本要求

为确保加工质量和提高生产率，对夹紧装置提出以下基本要求：

（1）保证加工精度。

（2）夹紧作用准确、安全、可靠。

（3）夹紧动作迅速，操作方便、省力。

（4）结构简单、紧凑，并有足够的刚度。

二、夹紧力确定的基本原则

夹紧力包括大小、方向和作用点三要素。

1. 夹紧力方向的选择

（1）夹紧力的作用方向应尽可能垂直于主要定位基准面，使夹紧稳定、可靠，保证定位精度，如图 8—3—1 所示，*B* 为主要定位基准面。

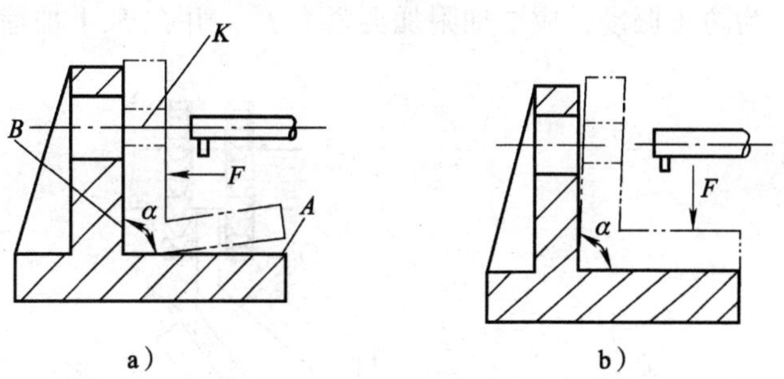

图 8—3—1　夹紧力的作用方向应垂直于主要定位基准面

a）正确　b）错误

（2）夹紧力的作用方向应尽量与切削力、工件重力方向一致，以减小工件在切削力的作用下所引起的夹紧力的削弱及工件振动。

2. 夹紧力作用点的选择

（1）夹紧力的作用点应能保持工件定位稳固，不至于使工件发生位移或偏转，如图 8—3—2 所示。

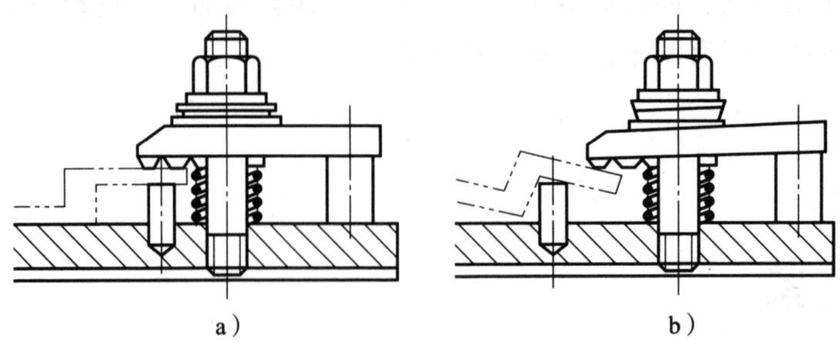

图 8—3—2　夹紧力的作用点应保持工件定位稳固

a）正确　b）错误

（2）夹紧力的作用点应在工件刚度高的部位，使夹紧变形尽可能小，如图 8—3—3 所示。

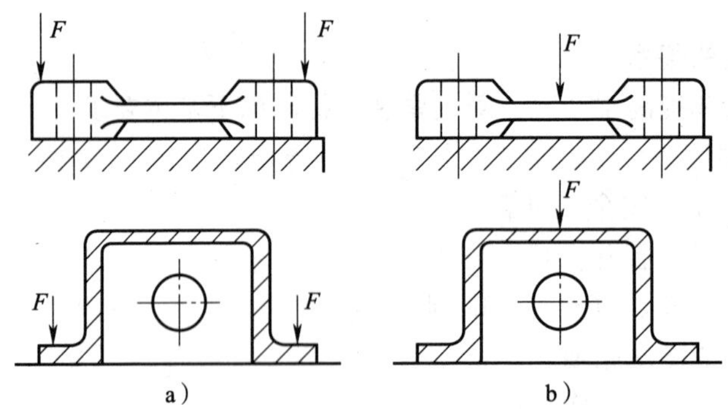

图 8—3—3　夹紧力的作用点应在工件刚度高的部位

a）正确　b）错误

（3）夹紧力的作用点应尽可能靠近工件被加工表面，以提高定位稳定性和夹紧可靠性。如图 8—3—4 所示，为防止振动，应增加附加夹紧力 F_2，并在 F_2下加辅助支承。

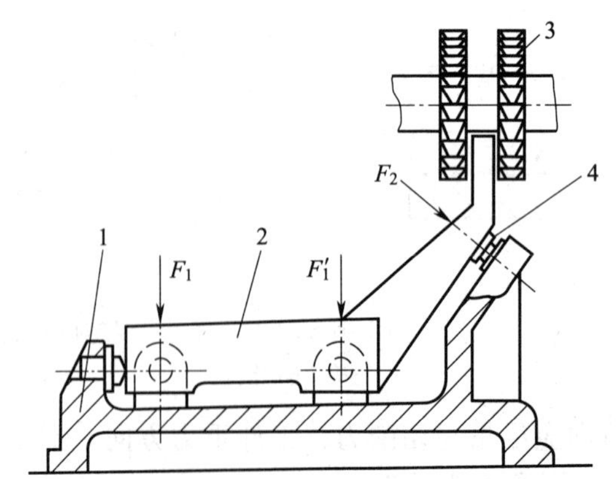

图 8—3—4　夹紧力的作用点应靠近工件被加工表面

1—夹具　2—工件　3—铣刀　4—辅助支承

3. 夹紧力大小的确定

夹紧力的大小必须能保证工件在加工过程中位置不变。夹紧力太小，在加工过程中将产生位移而破坏定位；夹紧力太大，将使工件变形，增大夹紧装置的结构尺寸，所以夹紧力的大小必须恰当。

夹紧力的大小可以计算，但一般情况下可根据经验估算出来。

三、常用夹紧装置

1. 斜楔夹紧装置

如图 8—3—5 所示，斜楔夹紧装置是利用楔块斜面将楔块推力转变为夹紧力，把工件夹紧的一种装置。为使斜楔有自锁作用，斜楔的斜面升角应小于摩擦角。

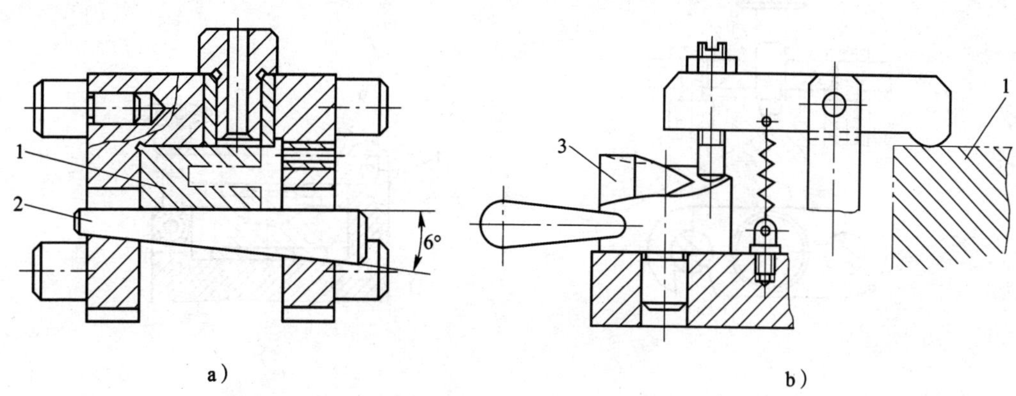

图 8—3—5　斜楔夹紧装置

a）普通斜楔夹紧机构　b）螺旋斜楔夹紧机构

1—工件　2—斜楔　3—螺旋斜楔

2. 螺旋夹紧装置

螺旋夹紧装置是利用螺杆旋进夹紧工件的。由于其结构简单，夹紧可靠，在夹具中应用广泛。缺点是夹紧和松开工件时比较费时、费力。

在夹紧机构中，螺旋夹紧的形式较多，螺旋夹紧装置如图 8—3—6 所示。

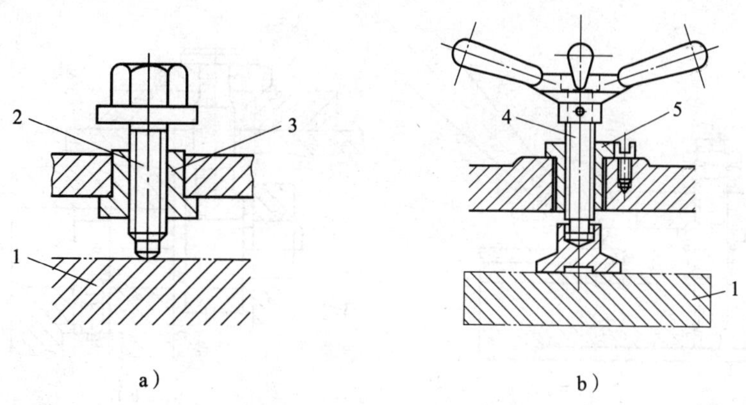

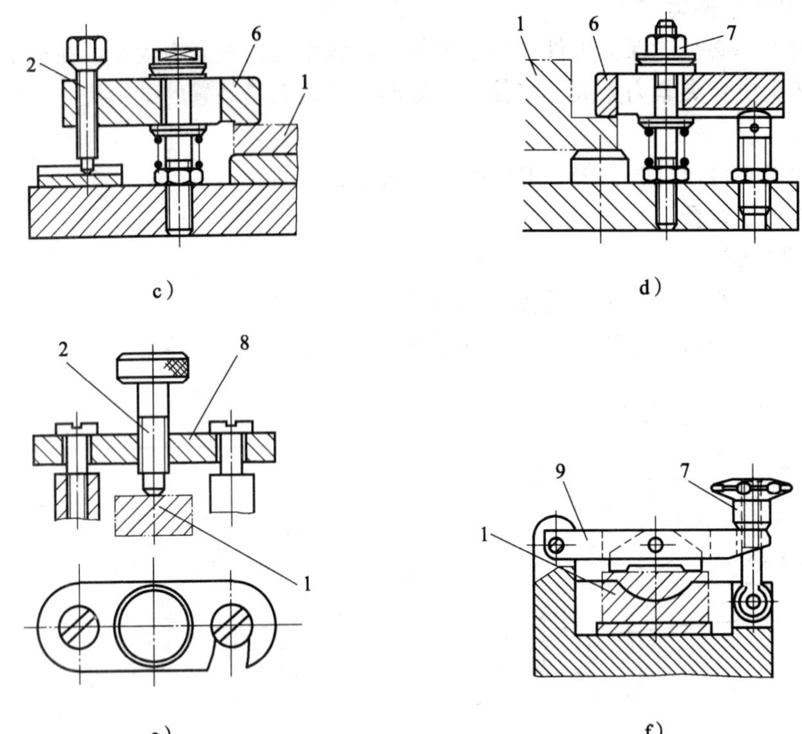

图 8—3—6　螺旋夹紧装置

a）螺钉夹紧　b）带压紧头螺旋夹紧　c）压板顶压夹紧　d）压板夹紧

e）旋转压板螺旋夹紧　f）翻转压板螺旋夹紧

1—工件　2—夹紧螺钉　3—螺母　4—夹紧螺杆　5—可换螺母　6—压板

7—夹紧螺母　8—旋转压板　9—翻转压板

3．偏心夹紧装置

如图 8—3—7 所示，偏心夹紧装置是利用偏心零件实现夹紧作用的一种机构。常用的偏心零件有偏心轮和偏心轴等，其特点是结构简单、夹紧迅速、自锁性好。

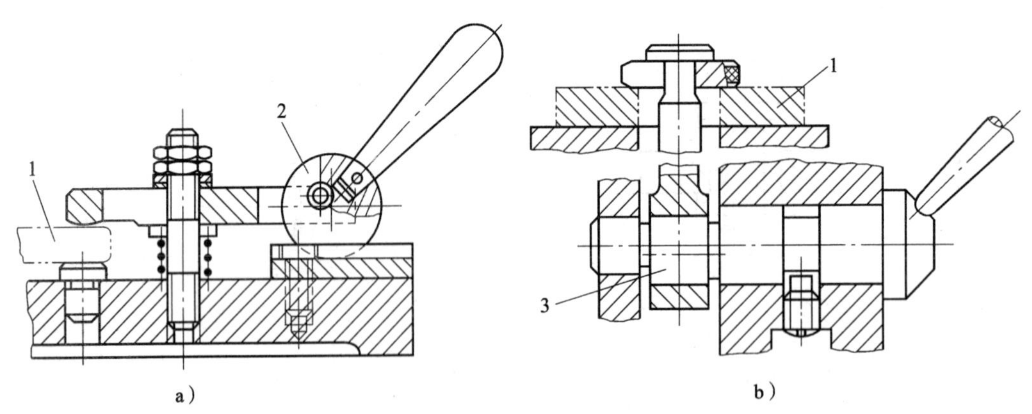

图 8—3—7　偏心夹紧装置

a）偏心轮夹紧机构　b）偏心轴夹紧机构

1—工件　2—偏心轮　3—偏心轴

4. 铰链夹紧装置

铰链夹紧装置是一种增力机构，它结构简单，增力倍数大，在气动或液压夹具中应用广泛。图 8—3—8 所示为铰链夹紧装置的五种基本类型。

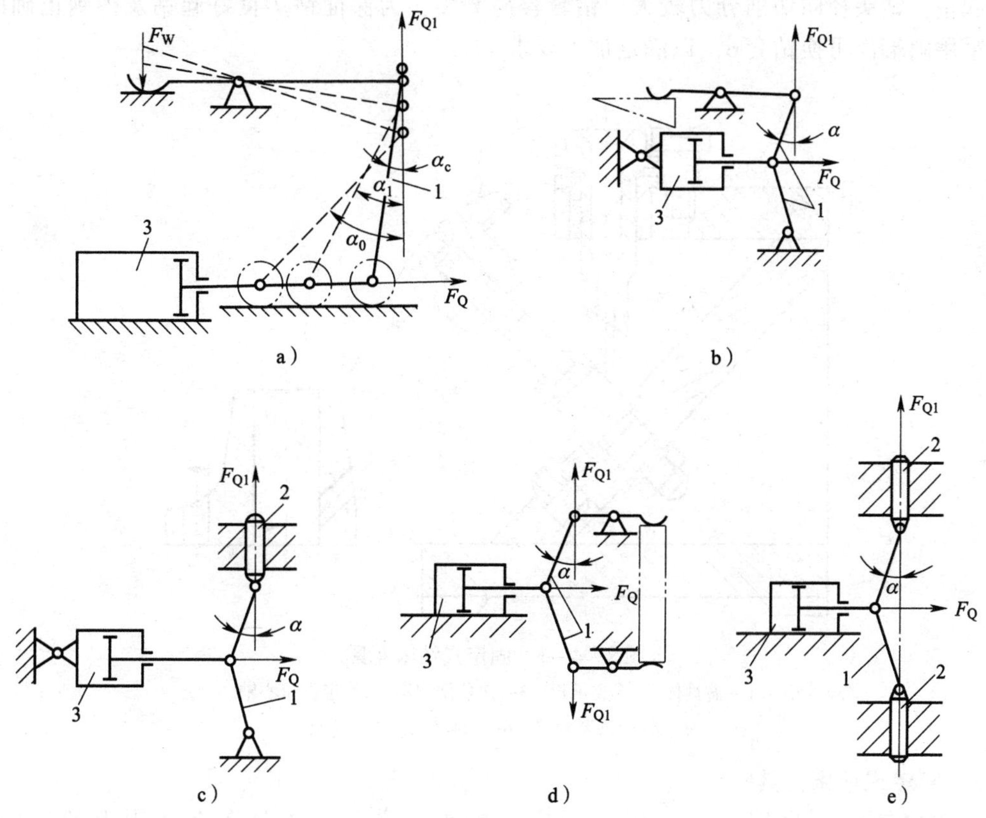

图 8—3—8　铰链夹紧装置的基本类型

a）单臂铰链夹紧装置　b）双臂单向作用铰链夹紧装置　c）双臂单向作用带移动柱塞铰链夹紧装置
d）双臂双向作用铰链夹紧装置　e）双臂双向作用带移动柱塞铰链夹紧装置
1—铰链臂　2—柱塞　3—气缸

课题四
钻床夹具与组合夹具

一、钻床夹具

在钻床上进行钻孔、扩孔、铰孔等孔加工时所用的机床夹具称为钻床夹具（俗称钻模）。因工件上被加工的孔分布情况不同，钻床夹具的类型也不同。常用的钻床夹具有固定式、回转式、移动式、翻转式和盖板式等类型。

1. 固定式钻床夹具

固定式钻床夹具在使用过程中，夹具和工件在机床上的位置固定不变。图 8—4—1 所示为钻削某工件斜孔用的固定式钻床夹具。根据工件的技术要求，此钻床夹具利用支承板 2 的平面和短心轴 4 作主定位支承，用定位削边销 3 限制被加工孔的周向位置，使工件在夹具中具有唯一正确位置。为方便工件装卸，采用快速螺旋夹紧机构（多头螺纹）。由于在工件斜面上起钻，钻头径向切削分力较大，钻套容易磨损，为保证钻头良好起钻及得到正确的引导，采用斜端面可换钻套 6，以满足加工要求。

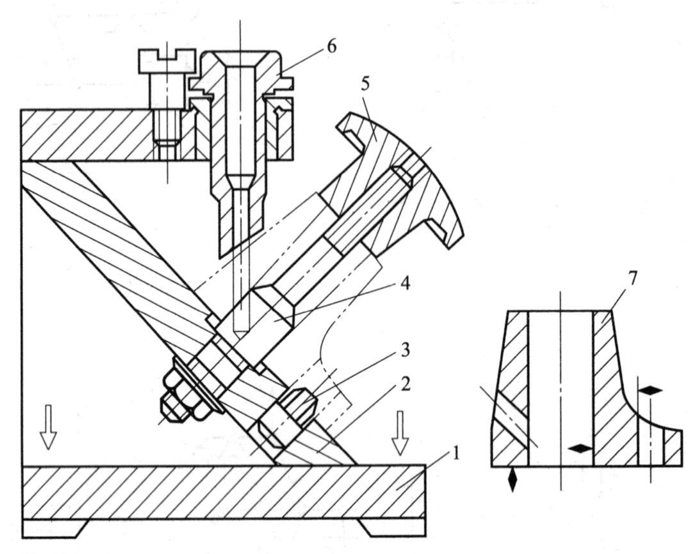

图 8—4—1　固定式钻床夹具

1—夹具体　2—支承板　3—定位削边销　4—定位短心轴

5—快速夹紧螺母　6—可换钻套　7—工件

2. 回转式钻床夹具

回转式钻床夹具用于加工同一圆周上的平行孔系，或分布在圆周上的径向孔。图 8—4—2 所示为钻削某圆盘工件径向均匀分布孔用的回转式钻床夹具。该夹具设有由分度盘 1 和分度销 6 等元件组成的分度装置，以保证被加工孔的周向位置。工件在夹具中以短心轴 7 和端面作主定位支承。用开口垫圈 9 和螺母 8 实现快速夹紧。当钻完一孔后，将分度销 6 拔出，通过手柄 3 带动分度盘 1 旋转至第二钻孔位置，从而进行下一个孔的钻削。

3. 移动式钻床夹具

移动式钻床夹具用于钻削中、小型工件同一表面上的多个孔。图 8—4—3 所示为某移动式钻床夹具，用于加工连杆大、小头上的孔。工件以端面及大、小圆弧面为定位基准面，在定位套 12 和 13、固定 V 形架 2 及活动 V 形架 7 上定位，先通过手轮 8 推动活动 V 形架 7 压紧工件，然后转动手轮 8 带动螺钉 11 转动，压迫钢球 10，使两片半月键 9 向外胀开而锁紧。V 形架带有斜面，使工件在夹紧分力作用下与定位套贴紧。通过移动钻床夹具的位置，使钻头分别在两个钻套 4、5 中导入，从而加工工件上的两个孔。

4. 翻转式钻床夹具

翻转式钻床夹具用于加工中、小型工件分布在不同表面上的孔。图 8—4—4 所示为加工某套筒径向孔的翻转式钻床夹具。工件以内孔及端面在台阶轴 1 上定位，用开口垫圈 2 和螺母 3 夹紧。钻完一组孔后，翻转 60°钻另一组孔。

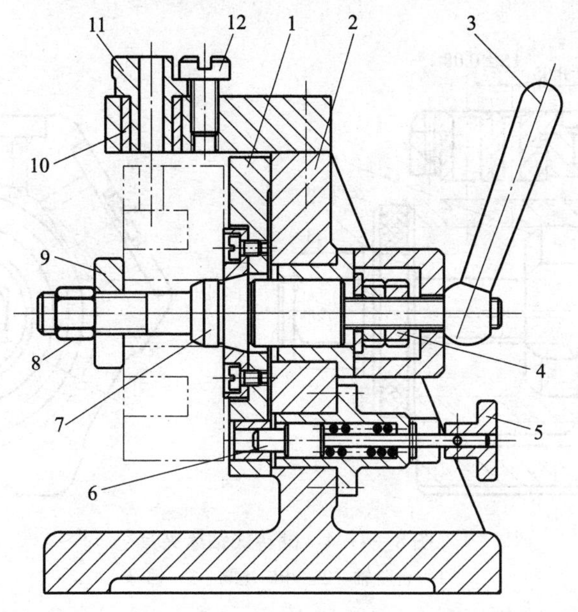

图 8—4—2　回转式钻床夹具

1—分度盘　2—夹具体　3—手柄　4、8—螺母　5—把手　6—分度销
7—短心轴　9—开口垫圈　10—衬套　11—钻套　12—螺钉

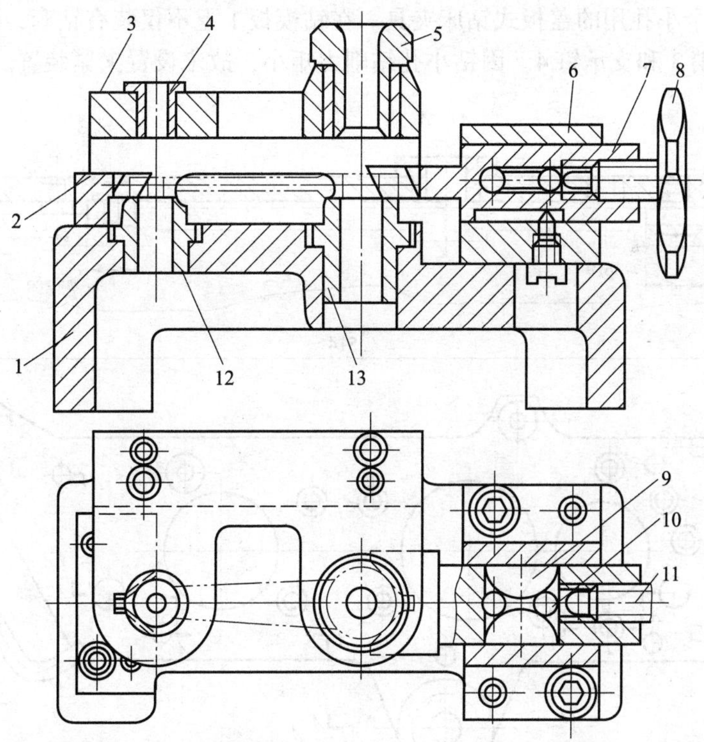

图 8—4—3　移动式钻床夹具

1—夹具体　2—固定 V 形架　3—钻模板　4、5—钻套　6—支座　7—活动 V 形架
8—手轮　9—半月键　10—钢球　11—螺钉　12、13—定位套

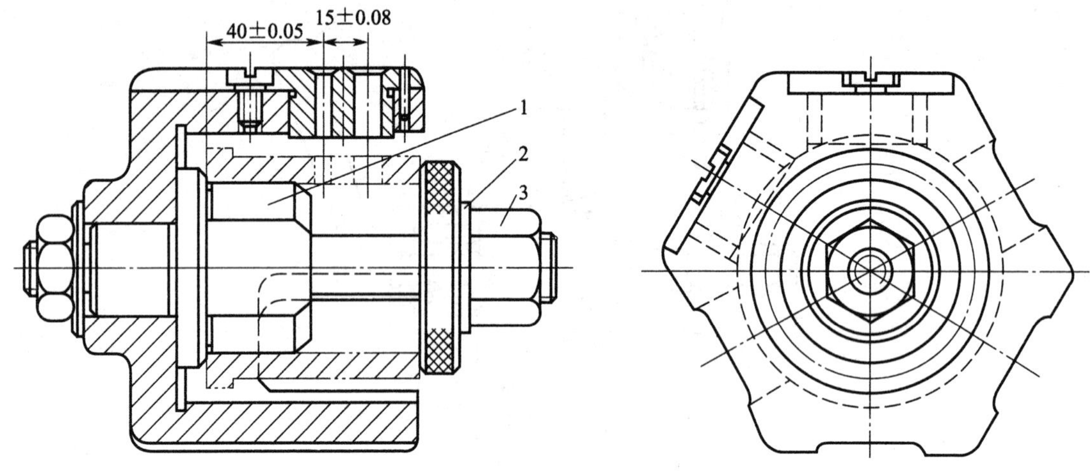

图 8—4—4　翻转式钻床夹具

1—台阶轴　2—开口垫圈　3—螺母

5. 盖板式钻床夹具

盖板式钻床夹具没有夹具体，钻模板上除钻套外，一般还装有定位元件和夹紧装置，只要将它覆盖在工件上即可进行加工，多用于加工大型工件上的小孔。图 8—4—5 所示为加工车床溜板箱上多个小孔用的盖板式钻床夹具。在钻模板 1 上不仅装有钻套，还装有定位用的圆柱销 2、削边销 3 和支承钉 4。因钻小孔钻削力矩小，故未设置夹紧装置。

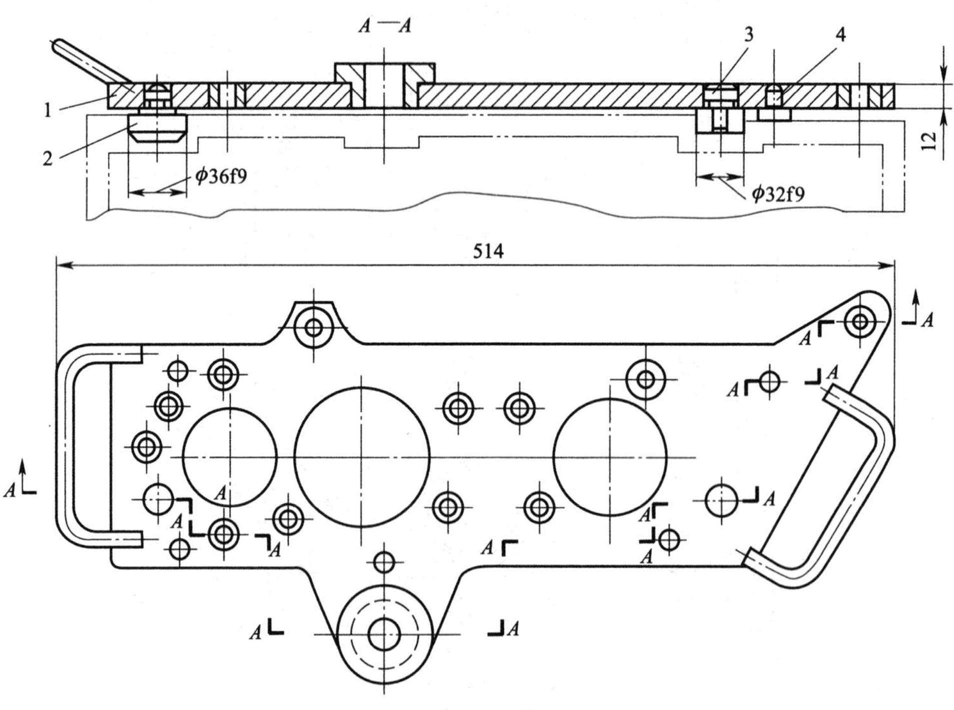

图 8—4—5　盖板式钻床夹具

1—钻模板　2—圆柱销　3—削边销　4—支承钉

二、组合夹具

组合夹具是一种标准化、系列化程度很高的柔性化夹具。它是由一套预先制定好的有各种不同形状、不同尺寸的高精度标准元件和组合件组成，使用时按照工件的加工要求，采用组合的方式组装成所需的夹具。使用完毕，可将夹具拆开，擦洗并归档保存，以便于再组装时使用。组合夹具主要用于新产品试制或单件、小批量生产及临时突击性生产。

1. 组合夹具元件

组合夹具元件按用途不同可分为基础件、支承件、定位件、导向件、夹紧件、紧固件、其他件、合件等，钻孔用组合夹具的元件如图 8—4—6 所示。

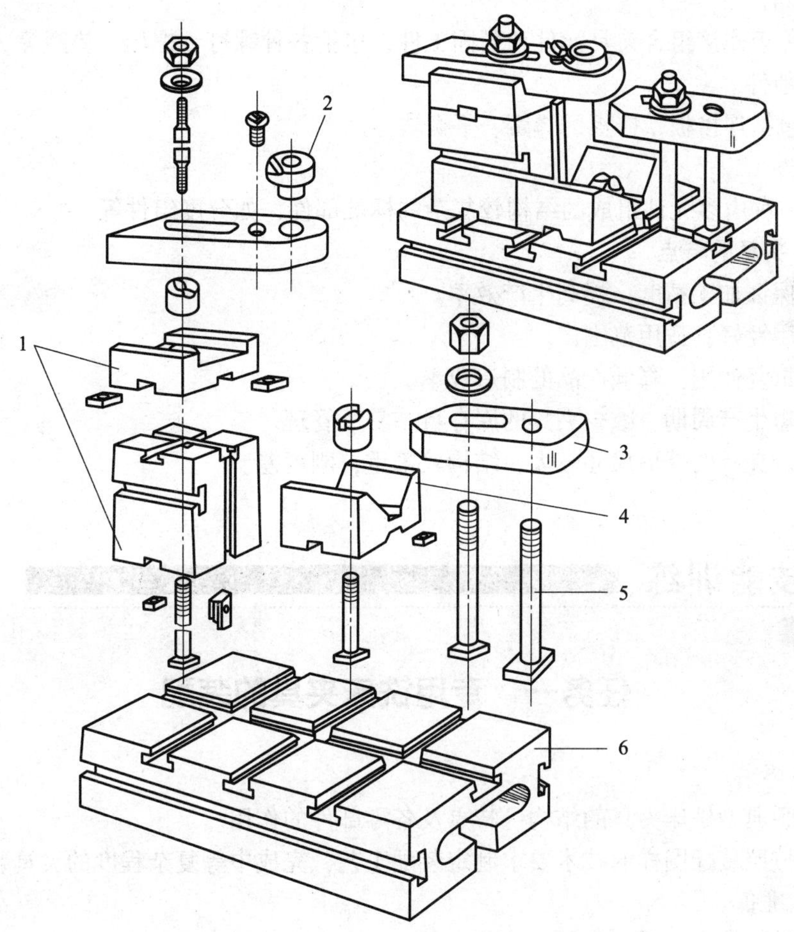

图 8—4—6　钻孔用组合夹具的元件

1—支承件　2—导向件　3—夹紧件　4—定位件　5—紧固件　6—基础件

（1）基础件

基础件主要作为夹具体，是各类元件组装的基础。常用的有各种形状的基础板和基础角铁等。

（2）支承件

支承件主要用作不同高度或角度关系的支承，包括各种方形支承、长方形支承、伸长板、角铁支承和角度垫板等。

(3) 定位件

定位件主要用于工件的定位及确定元件与元件之间的相对位置，如各种定位销、定位盘、定位支承、V 形支承、定位键等。

(4) 导向件

导向件是用来确定刀具与工件之间相对位置的元件，包括各种尺寸规格的钻套、钻模板、导向支承等。

(5) 夹紧件

夹紧件是指各种形式的压板、螺杆等，用于夹紧工件。

(6) 紧固件

紧固件用于连接组合夹具元件和紧固工件，包括各种螺钉、螺母、垫圈等。

(7) 其他件

其他件包括连接板、摇板、弹簧、平衡块等。

(8) 合件

合件是一种由多元件组成的结构较复杂的标准部件，如分度组件等。

2. 组合夹具的特点

(1) 能保证加工精度，提高生产效率。

(2) 通用性好，适用范围广。

(3) 可重复使用，降低产品的制造成本。

(4) 缩短生产周期，减少夹具的库存量，易于管理。

(5) 组合夹具的外形尺寸较大，结构较笨重，刚度差。

技能训练

任务一　专用铣床夹具的装配

1. 训练要求

(1) 熟悉典型铣床夹具的结构、特点及各零部件的作用。

(2) 能按照装配图样的技术要求制定装配工艺，完成中等复杂程度的夹具装配。

2. 训练准备

(1) 设备：铣床、钻床等。

(2) 工具、量具：直角尺、百分表、刮刀、显示剂、钻头、丝锥、铰刀、扳手等。

(3) 材料：铣床夹具零件。

(4) 铣床夹具装配图样，如图 8—4—7 所示。

3. 训练要点

(1) 分析铣床夹具的工作原理。图 8—4—7 所示为带分度装置的轴瓦铣开夹具。工件 8 在带轴分度盘 6 的端面和定位套 7 上定位，旋紧螺母 10，通过开口压板垫圈 9 将工件压紧。

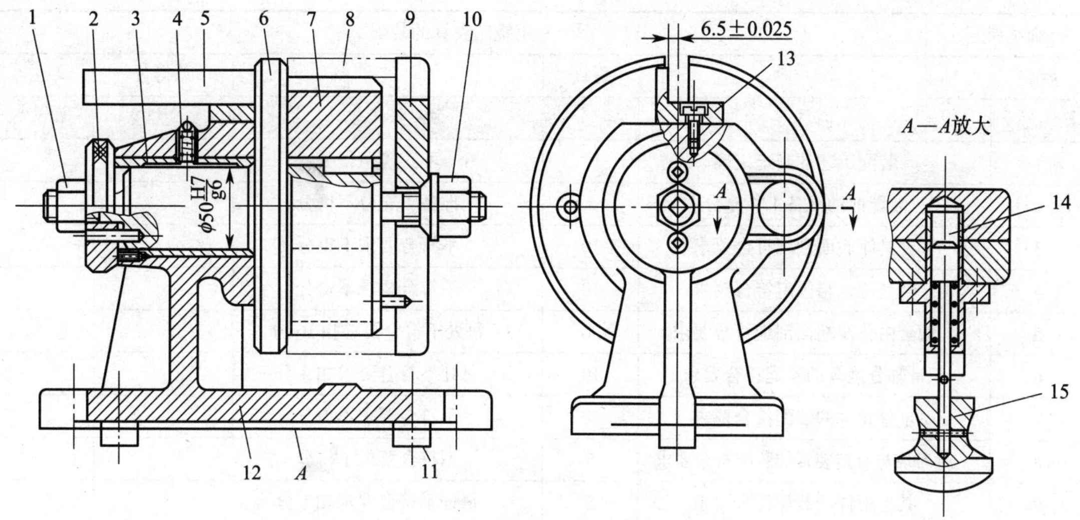

图 8—4—7　铣床夹具装配图样

1、10—螺母　2—调整螺母　3—轴套　4—油杯　5—导向件　6—带轴分度盘
7—定位套　8—工件　9—开口压板垫圈　11—定位键　12—夹具体
13—对刀块　14—定位销　15—对定装置

当铣开轴瓦的第一个开口后，松开螺母 1，拔出定位销 14，将带轴分度盘 6 连同夹紧的工件一起转过 180°，并将定位销 14 插入带轴分度盘 6 的另一个对定孔中，再拧紧螺母 1，将带轴分度盘 6 锁紧。当工件的第二个开口铣削完后，松开螺母 10，卸下开口压板垫圈 9，取下工件，即完成轴瓦的铣削加工。

（2）制定装配工艺。

（3）对应装配图样，领取零件，并检验各配合件及定位元件的精度是否符合要求。

（4）清理、清洗所有零件，并刮削夹具体 12 底面 *A*，保证底面与座孔轴线平行。

（5）找正油槽位置，将轴套 3 压入夹具体座孔内，钻、攻螺纹，用骑缝螺钉将轴套 3 固定，钻、铰油杯孔并装入油杯 4。

（6）以带轴分度盘 6 为基准，配刮轴套 3 内孔及座孔端面，使其达到配合要求（H7/g6）和垂直度要求。再次清洗夹具体组件及带轴分度盘 6。

（7）在带轴分度盘 6 上压入支承定位套 7 的对定销套及平键，并装入轴套 3 孔内，装调整螺母 2、定位销及螺母 1。

（8）装定位套 7、开口压板垫圈 9 和螺母 10。

（9）装对刀块 13 和导向件 5。

（10）装对定装置 15，保证对定时灵活。

（11）装定位键 11。

（12）进行夹具总检验，试切削工件。

（13）做标记，入库。

4. 训练评价

训练评分标准见表 8—4—1。

表 8—4—1　　训练评分标准

训练课题	专用铣床夹具的装配				
姓名		班级		总得分	
序号	项目	配分	评分标准	实测结果	得分
1	装配工艺的制定正确	10	不正确不得分		
2	装配前的准备工作充分	5	准备不充分不得分		
3	夹具体底面刮削符合要求	10	不符合要求不得分		
4	轴套压入与固定符合要求	10	不符合要求不得分		
5	轴套内孔及端面刮削符合要求	20	每处不符合要求扣 10 分		
6	带轴分度盘的装配符合要求	10	每处不符合要求扣 5 分		
7	定位元件的装配符合要求	10	不符合要求不得分		
8	对刀块与对定装置的装配符合要求	5	不符合要求不得分		
9	其他附件的装配符合要求	5	每处不符合要求扣 1 分		
10	总体检验及工件的试切削符合要求	10	不符合要求不得分		
11	安全文明生产	5	酌情扣分		
现场记录					

任务二　钻床组合夹具的装配

1. 训练要求

（1）掌握装配组合夹具的工艺方法和检测手段。

（2）能按照组合夹具的技术要求制定装配方案，完成组合夹具的装配。

2. 训练准备

（1）工具、量具：活扳手、呆扳手、铜棒、游标卡尺、游标深度卡尺、直角尺、量块、百分表等。

（2）材料：组合夹具元件。

（3）双臂曲柄零件图样，如图 8—4—8 所示。

3. 训练要点

（1）零件加工工序分析

图 8—4—8 所示零件上 $\phi25^{+0.01}_{0}$ mm 孔及其各平面在本工序开始前均已加工，本工序只钻、铰两个 $\phi10^{+0.02}_{0}$ mm 孔。

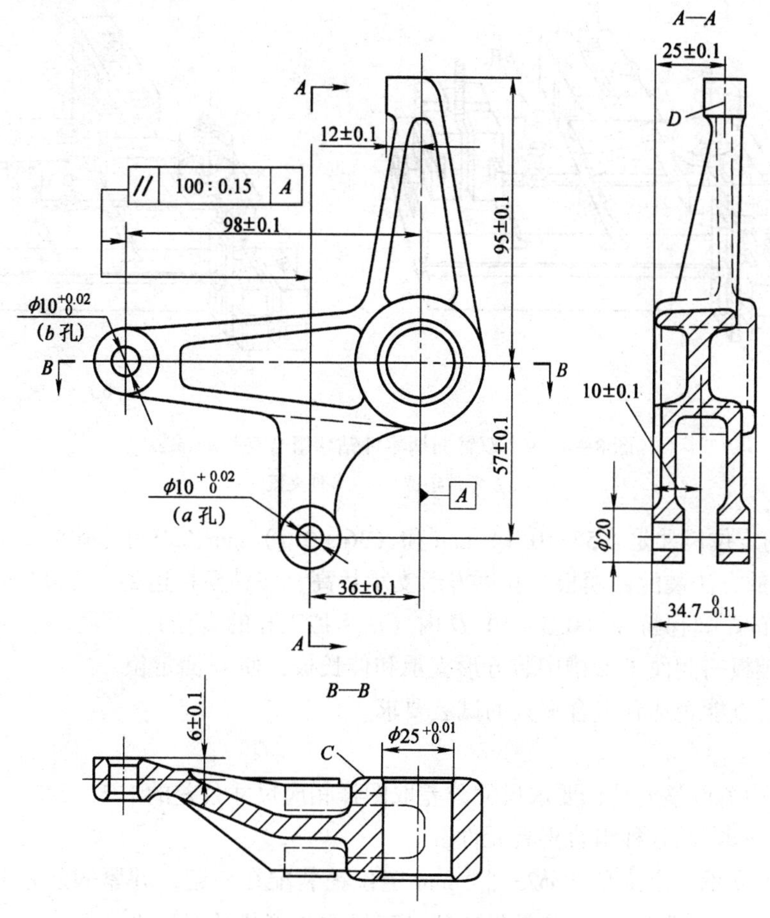

图 8—4—8　双臂曲柄零件图样

（2）拟定装配方案

按定位基准与工序基准相重合的原则，确定零件的定位基准面为 $\phi25^{+0.01}_{0}$ mm 孔及其端面 *C* 和平面 *D*。两个 $\phi10^{+0.02}_{0}$ mm 孔的中心分别以 $\phi25^{+0.01}_{0}$ mm 孔的中心确定。*a* 孔定位尺寸是（57 ±0.1）mm 和（36 ±0.1）mm，*b* 孔定位尺寸是（98 ±0.1）mm。$\phi25^{+0.01}_{0}$ mm 孔与端面 *C* 共限制了零件 5 个自由度，平面 *D* 限制了 1 个自由度，所以零件得到完全定位。

（3）试装

1）如图 8—4—9 所示，根据零件尺寸和两块钻模板的位置，选用 240 mm × 120 mm × 60 mm 长方形基础板。为了便于调整，在基础板的两 T 形槽相交处装 φ25 mm 圆柱形定位销和与其相配的定位盘，并装在一块 60 mm × 60 mm × 20 mm 方形支承块上，以使零件装得高些，便于在 *a*、*b* 孔的附近装可调辅助支承。

2）由于切削力的方向竖直向下，所以用贯穿基础板的压紧螺栓夹紧零件。

3）钻、铰 *b* 孔用的钻模板及方形支承应装在与 $\phi25^{+0.01}_{0}$ mm 圆柱形定位销同一条纵向槽内，这样便于调整尺寸（98 ±0.1）mm。

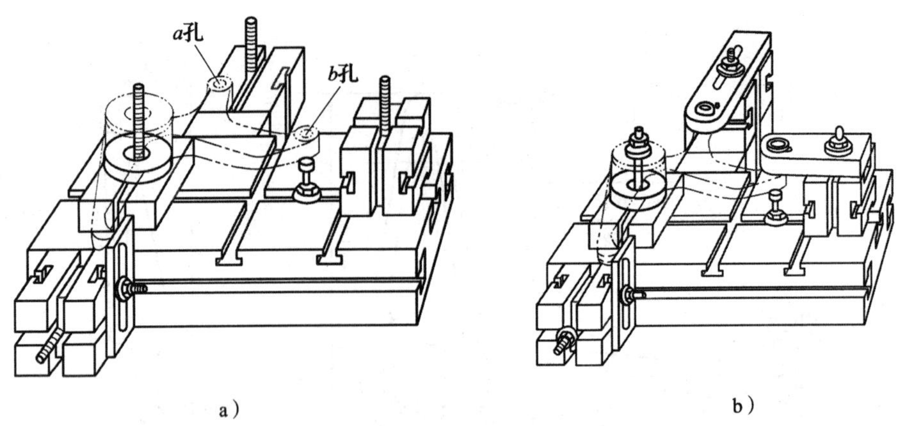

图 8—4—9　双臂曲柄零件钻床组合夹具的试装

a）零件定位　b）零件夹紧

4）a 孔的定位尺寸是（57 ±0.1）mm 和（36 ±0.1）mm，采用基础板后侧面 T 形槽中接出方形支承的方法装配钻模板，并用方形支承垫高，使钻模板达到所需高度。两个钻套下端与零件端面的距离保持在（0.5 ~1）D 内（D 为加工孔的直径）。

5）在基础板前侧面 T 形槽中装方形支承和伸长板，使 D 面定位。

6）最后检查能否达到组合夹具的试装要求。

（4）装配

装配过程中需调整夹具，要求尺寸公差取图样相应尺寸公差的 1/5 ~1/3。

1）清洗已选定的各种组合夹具元件。

2）把方形支承、定位盘和 $\phi25^{+0.01}_{0}$ mm 定位销装配在一起，并紧固从基础板的底部贯穿的螺栓，调整 $\phi25^{+0.01}_{0}$ mm 定位销轴心线处于纵向 T 形槽的对称平面上。

3）装配钻 b 孔的钻模板。在基础板的纵向 T 形槽中放入定位键，并装上高度适当的方形支承，然后在上端面定位槽中放入长定位键，装上钻模板，调整好尺寸（98 ±0.1）mm 后用螺钉、垫圈和螺母紧固。

4）装配钻 a 孔的钻模板。方形支承装在基础板后侧面的 T 形槽中，然后装入可调辅助支承钉，再装上高度适当的方形支承和钻模板，均由定位键定位后用螺钉、垫圈和螺母紧固。调整时，先移动方形支承，保证纵向定位尺寸（36 ±0.1）mm 后，固定方形支承。然后移动钻模板，调好尺寸（57 ±0.1）mm，并用螺钉固定。

5）装配 D 平面的定位元件。将方形支承装于基础板前面的 T 形槽中。在方形支承的右侧装上伸长板，移动方形支承，调整好伸长板与 $\phi25^{+0.01}_{0}$ mm 定位销的定位尺寸（12 ±0.1）mm，并用螺钉紧固。

（5）检验

1）检验各元件的夹紧是否符合要求，工件装卸是否方便。

2）检验 a、b 孔与 $\phi25^{+0.01}_{0}$ mm 定位销的定位尺寸以及（98 ±0.1）mm、（36 ±0.1）mm 和（57 ±0.1）mm 各尺寸。

3）检验 D 面与 $\phi25^{+0.01}_{0}$ mm 定位销的定位尺寸（12 ±0.1）mm。

4）检验两孔钻套轴线与 $\phi25^{+0.01}_{0}$ mm 定位销轴线的平行度误差，要求在 100 mm 内不超过 0.15 mm。

4．训练评价

训练评分标准见表 8—4—2。

表 8—4—2　　训练评分标准

训练课题	钻床组合夹具的装配				
姓名		班级		总得分	
序号	项目	配分	评分标准	实测结果	得分
1	装配工艺方案制定合理	15	不合理不得分		
2	装配前的准备工作充分	5	准备不充分不得分		
3	试装与检验合格	20	每处不合格扣 4 分		
4	装配与检验合格	20	每处不合格扣 4 分		
5	各定位尺寸符合要求	10	每处不合格扣 2 分		
6	夹具使用符合要求	5	不符合要求不得分		
7	// 100：0.15 A	5	超差不得分		
8	装配操作正确、规范	5	不正确不得分		
9	总体检验符合要求	10	每处不符合要求扣 2 分		
10	安全文明生产	5	酌情扣分		
现场记录					

第九单元

冷冲压模具的装配与调试

冷冲压是指在自然的常温环境中，在相应的锻压机械配合下，利用冷冲压模具对各种材料采用冲裁切割分离或加压产生塑性变形，从而获得一定形状和尺寸制件的加工方法。

课题一 常用冷冲压设备

在冷冲压生产中，主要使用的冲压设备是压力机，它分为机械压力机和液压机两大类，如开式可倾压力机、闭式双点压力机、四柱液压机等。

一、通用锻压机械的分类及型号

1. 型号的组成

我国目前执行的锻压机械型号是按《锻压机械　型号编制方法》（GB/T 28761—2012）编制的。其型号构成如图 9—1—1 所示。

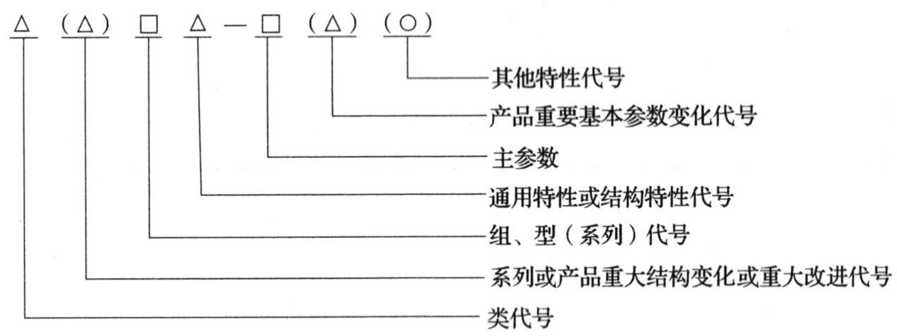

图 9—1—1　通用锻压机械型号构成

2. 分类及其代号

通用锻压机械分为机械压力机、液压机、自动锻压机、锤、锻机、剪切与切割机、弯曲矫正机和其他综合类，用大写汉语拼音字母表示，具体见表 9—1—1。

表 9—1—1　　通用锻压机械的分类及代号（摘自 GB/T 28761—2012）

类别	机械压力机	液压机	自动锻压机	锤	锻机	剪切与切割机	弯曲矫正机	其他综合类
字母代号	J	Y	Z	C	D	Q	W	T

对于具有两类特性的锻压机械，以主要特性分类为准。对分类中未能包含的锻压机械产品，应根据其锻压工艺和接近的类型产品进行分类命名。

3. 系列或产品重大结构变化或重大改进代号

当锻压机械的结构、性能指标有重大变化或更高的要求，并按新产品设计、试制和鉴定时，按改进的先后顺序选用正楷大写字母 A、B、C 等（I、O 字母除外），凡属局部的小改进或增减某些附属装置等，未对原锻压机械的结构、性能做重大的改进，其型号不变。

4. 组、型（系列）代号

国家标准将每类锻压机械划分为 10 个组，每组又划分为 10 个型（系列）。用两位阿拉伯数字组成，位于类代号或结构变化代号之后。具体表示方法见相关国家标准。

5. 通用特性或结构特性代号

通用特性代号有统一的规定含义，在各类锻压机械中表示的意义相同。当某类锻压机械有某种通用特性时，则在组、型（系列）代号后加通用特性代号。当需要排列多个通用特性代号时，应按重要程度顺序排列。具体通用特性代号见表 9—1—2。

表 9—1—2　　锻压机械的通用特性代号（摘自 GB/T 28761—2012）

名称	功能	代号	读音
数控	数字控制	K	控
自动	带自动送卸料装置	Z	自
液压传动	机器的主传动（力、能量来源）采用液压装置	Y	液
气动传动	机器的主传动采用气动装置	Q	气
伺服驱动	主驱动为伺服驱动	S	伺
高速	机器每分钟行程次数或速度显著高于同规格普通产品，有标准的以标准为准，没有标准的按高出同规格普通产品的 100% 以上计	G	高
精密	机器运动精度显著高于同规格普通产品，有标准的以标准为准，没有标准的按高出同规格普通产品的 25% 以上计	M	密
数显	数字显示功能	X	显
柔性加工	柔性加工功能	R	柔

对主参数相同而结构、性能不同的锻压机械，可加结构特性代号予以区分，在型号中没有统一的含义，并应排在通用特性代号之后。按结构的不同选用大写字母 A、B、C 等或字母组合（通用特性代号已用的字母和 I、O 两个字母不能再用）表示。

6. 主参数

主参数表示最大工作能力，其数值位于组、型（系列）或特性代号之后，并用短横线“—”隔开。有两个或多个主参数的，中间以“×”或“/”分开。当主参数为公称力（单位为 kN）时，表示主参数的数值为公称力实际数值的十分之一；当主参数为公称打击能量（单位为 kJ）时，表示主参数的数值为公称打击能量实际数值的十分之一；当主参数的单位为 mm、kg 时，表示主参数的数值为实际数值。

7. 产品重要基本参数变化代号

凡是主参数相同而重要的基本参数不同者，用A、B、C（I、O字母除外）等字母加以区别，位于主参数之后。

8. 其他特性代号

其他特性代号置于型号的最后，用以表示各类锻压机械的辅助特性，如不同的数控系统，反映锻压机械的控制轴数、移动工作台等。其他特性代号用A、B、C（I、O字母不得选用）等字母表示，如L表示数控轴数、F表示复合等。

9. 型号示例

JC21Z—200D表示经第三次重大改进，行程可调，带自动送料装置的2 000 kN开式固定台压力机。

J75GM—160表示1 600 kN闭式单点高速精密压力机。

二、机械压力机

机械压力机是指通过曲柄滑块机构将电动机的旋转运动转换为滑块的直线运动，对坯料进行成型加工的锻压机械。

在机械压力机上，每个曲柄滑块机构称为一个"点"。最简单的机械压力机采用单点式，即只有一个曲柄滑块机构。有的大工作面机械压力机，为使滑块底面受力均匀和运动平稳而采用双点式或四点式。

1. 结构

机械压力机按机身结构形式不同通常分为开式压力机和闭式压力机两大类。

开式压力机俗称冲床，应用最为广泛，开式压力机多为立式，图9—1—2所示为开式可倾压力机。机身呈C形，前、左、右三面敞开，结构简单，操作方便，机身可倾斜某一角度，以便使冲好的工件滑下，落入料斗，易于实现自动化。但开式压力机机身刚度较低，影响制件精度和模具寿命，仅适用于40～4 000 kN的中、小型压力机。闭式压力机机身呈框架形，图9—1—3所示为闭式双点压力机。机身前、后敞开，刚度和精度高，工作台面的尺寸较大，适用于压制大型工件，公称工作力多为1 600～60 000 kN。冷挤压、热模锻和双动拉深等重型压力机都使用闭式机身。

图9—1—2　开式可倾压力机

图9—1—3　闭式双点压力机

机械压力机主要包括工作机构、传动系统、操作系统、能源系统、支承部件和辅助部件等部分，其各部分的组成和作用见表 9—1—3。

表 9—1—3　　机械压力机主体结构各部分的组成和作用

名称	组成	作用
工作机构	由曲柄轴、连杆、滑块等零件组成的曲柄滑块机构	将旋转运动转化为往复直线运动
传动系统	由带传动机构和齿轮传动机构组成，将能量传到工作机构	传动过程中，转速逐渐降低，转矩逐渐增大
操作系统	由离合器、制动器等组成	控制工作机构的运行状态，实现间歇或连续工作
能源系统	由电动机和飞轮组成	开机后，电动机对飞轮进行加速，压力机短时工作能量由飞轮提供（飞轮起储存和释放能量的作用）
支承部件	由机身、工作台和紧固件组成	把压力机所有零部件连成一个整体
辅助部件	由气路系统、润滑系统、过载保护系统、拉伸垫（气垫）、快换模、打料装置、监控装置等组成	起提高压力机的安全性和操作方便性的作用

2. 特点

机械压力机动作平稳，工作可靠，广泛用于冲压、挤压、模锻和粉末冶金制件等工艺。机械压力机在数量上约占各类锻压机械总数的一半以上。机械压力机的规格用公称工作力（kN）表示，它是以滑块运动到距行程的下止点约 10 ~ 15 mm 处（或从下止点算起，曲柄转角 α 为 15° ~ 30°时）为计算基点设计的最大工作力。

3. 工作原理

如图 9—1—4 所示，机械压力机工作时，由电动机通过 V 带驱动大带轮（通常兼作飞轮），经过齿轮副和离合器带动曲柄滑块机构，使滑块和凸模直线下行。锻压工作完成后滑块回程上行，离合器自动脱开，同时曲柄轴上的制动器接通，使滑块停止在上止点附近。

机械压力机的载荷是冲击性的，即在一个工作周期内锻压工作的时间很短。短时的最大功率比平均功率大十几倍以上，因此在传动系统中都设置有飞轮。按平均功率选用的电动机启动后，飞轮运转至额定转速，积蓄动能。凸模接触坯料开始锻压工作后，电动机的驱动功率小于载荷，转速降低，飞轮释放出积蓄的动能进行补偿。锻压工作完成后，飞轮再次加速积蓄动能，以备下次使用。

机械压力机上的离合器与制动器之间设有机械或电气联锁，以保证离合器接合前制动器松开，制动器制动前离合器脱开。机械压力机的操作方式分为连续、单次行程和寸动（微动），大多数是通过控制离合器和制动器来实现的。滑块的行程长度不变，但其底面与工作台面之间的距离（称为封密高度）可以通过螺杆调节。

在实际生产中，有可能发生超过压力机公称工作力的现象。为保证设备安全，常在压力机上装设过载保护装置。为了保证操作者人身安全，压力机上面装有光电式或双手操作式人身保护装置。

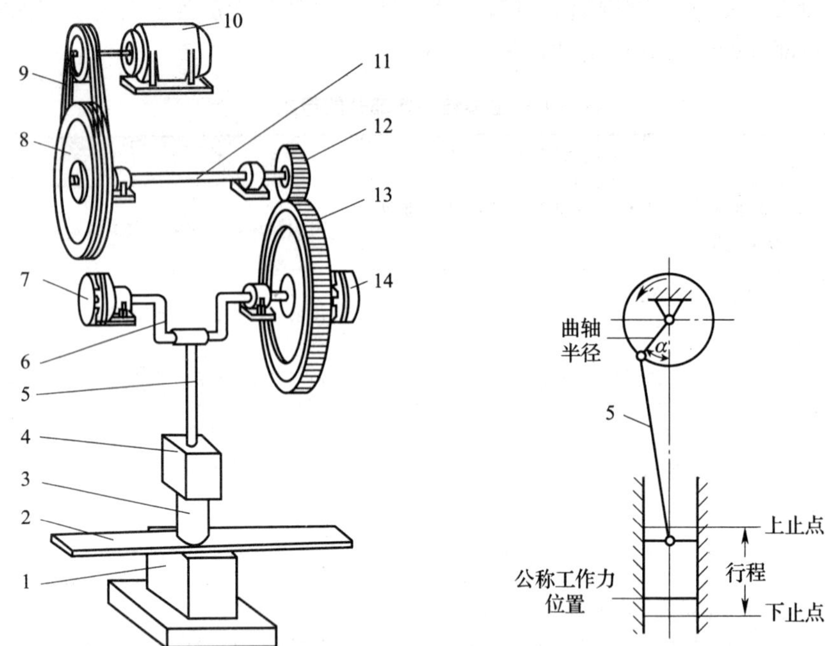

图 9—1—4　机械压力机工作原理图

1—凹模　2—板材　3—凸模　4—滑块　5—连杆　6—曲柄轴　7—制动器　8—大带轮
9—V 带　10—电动机　11—传动轴　12—小齿轮　13—大齿轮　14—离合器

4. 使用时的注意事项

（1）安装模具时，必须使模具的闭合高度与压力机的闭合高度相适应。调整压力机的闭合高度时，应采用寸动冲程。压力机的工作台不允许处于最低极限位置，而应处于其调节量的中限，模具固定要牢靠。

（2）使用前认真检查设备的操纵系统、润滑系统是否正常。检查离合器、制动器及防护装置是否安全、完好。

（3）为防止压力机的滑块被卡住，严禁超负荷作业。

（4）电动机启动后，要等飞轮转速正常后方可操纵滑块进行压力加工。工作中，操作人员不得离开岗位，也不准清理、调整、润滑设备。不准将手或工具等伸入滑块行程范围内。

（5）脚踏操纵板上应装安全罩，以免别人或其他物体误压而引起滑块突然下滑，造成意外事故。

（6）压力机长时间连续工作时，应注意检查电动机、离合器、制动器、滑块及导轨等处有无过热、冒烟、产生火花等现象。

（7）工作结束后，要使滑块落到下止点位置，并切断电源，整理好工作场地，做好交接班工作。

三、液压机

液压机是一种以液体为传动介质，根据帕斯卡原理制成的用于传递能量以实现各种工艺的机器。可用于对金属或非金属材料进行压力加工，如金属材料的拉伸、冲裁、弯曲、翻边、冷挤压等各种冲压工艺，或用于校正、压装，粉末冶金制件、磨料制件、塑料制件和绝缘制件的压制成型等，加工的能量由液压力产生。

1. 结构

液压机按其结构分为立式和卧式两类，其中，立式应用较为普遍，图 9—1—5 所示为立式四柱液压机。液压机通常由动力机构、控制机构、执行机构、辅助机构和工作介质组成。

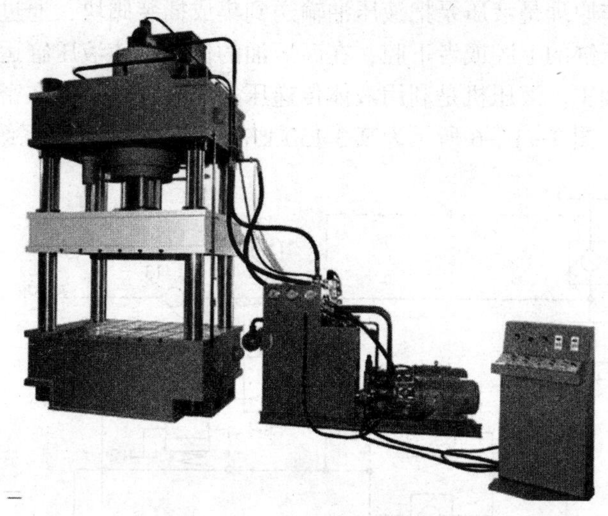

图 9—1—5 立式四柱液压机

（1）动力机构

动力机构是指将机械能转换成液压能的装置，通常采用液压泵作为动力机构，一般为容积式液压泵，低压（液压小于 2.5 MPa）用齿轮泵，中压（液压小于 6.3 MPa）用叶片泵，高压（液压小于 32.0 MPa）用柱塞泵。

（2）控制机构

控制机构利用各类阀（如单向阀、换向阀、溢流阀、减压阀、顺序阀、节流阀、调速阀等）控制液压油的流量、流向、压力，以实现执行机构的工作顺序。

（3）执行机构

执行机构是指将液压能转化为机械能的装置，如液压缸、液压电动机等。

（4）辅助机构

辅助机构主要指液压系统以外的其他装置。

（5）工作介质

工作介质是指传递动力的液体。按液体种类来分，有油压机和水压机两大类，水压机产生的总压力较大。一般中、小型液压机均采用矿物油为工作介质。

2. 特点

液压机与机械压力机相比有如下特点：

（1）工作平稳，冲击和振动小，噪声小。

（2）液压机易于实现大的工作压力，并且具有较大的工作空间和较长的工作行程。因此，液压机的适应性强，便于压制大型或较长、较高的工件。

（3）液压机在行程的任何位置均可产生额定的最大压力，并可长时间保压，这对许多成型工艺来说十分必要。

（4）滑块的总行程可以在一定范围内任意改变，滑块可以在一定范围内进行无级调速。

（5）液压元件已通用化、标准化、系列化，这给液压机的维护带来方便，并且液压机操作方便，便于实现自动控制。

3. 工作原理

液压机基本工作原理是液压泵把液压油输送到集成插装阀块，通过各个单向阀和溢流阀把液压油分配到液压缸的上腔或者下腔，在高压油的作用下使液压缸运动，并将压力传递给相关模具完成压力加工。液压机是利用液体传递压力的设备，液体在密闭的容器中传递压力时遵循帕斯卡定律。图 9—1—6 所示为某 3 150 kN 通用液压机液压系统图。

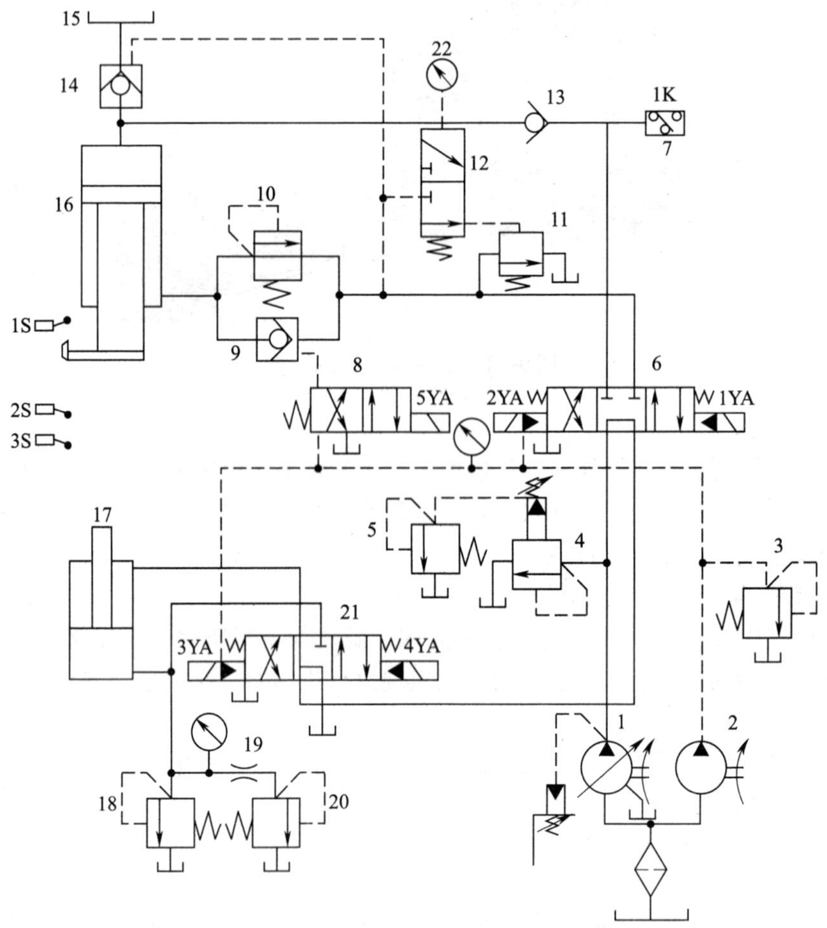

图 9—1—6　某 3 150 kN 通用液压机液压系统图

1—主泵　2—辅助泵　3、4、18—溢流阀　5—远程调压阀　6、21—电液换向阀

7—压力继电器　8—电磁换向阀　9—液控单向阀　10、20—背压阀

11—顺序阀　12—液控滑阀　13—单向阀　14—充液阀　15—油箱

16—上缸　17—下缸　19—节流器　22—压力表

该通用液压机液压系统采用主泵和辅助泵供油方式，主泵 1 是一个高压、大流量、恒功率控制的压力反馈变量柱塞泵，远程调压阀 5 控制高压溢流阀 4，限定系统最高工作压力，

其最高压力可达32 MPa。辅助泵2是一个低压小流量定量泵（与主泵为单轴双联结构），其作用是为电液换向阀、液控滑阀和液控单向阀的正确动作提供控制油源，辅助泵2的压力由低压溢流阀3调定。液压机工作的特点是上缸竖直放置，当上滑块组件没有接触到工件时，系统为空载高速运动；当上滑块组件接触到工件后，系统压力急剧升高，且上缸的运动速度迅速降低，直至为零，进行保压。

四、其他压力机

压力机按应用特点分还有双动拉深压力机、多工位自动压力机、回转头压力机等。

（1）双动拉深压力机

双动拉深压力机有内、外两个滑块，用于杯形件的拉深成型。拉深前，外滑块首先压紧板料外缘，然后内滑块带动凸模拉深杯体，以防板料外缘起皱。拉深完成后，内滑块先回程，外滑块后松开。内、外滑块公称工作力之比为（1～1.7）:1。

（2）多工位自动压力机

在多工位自动压力机上设有多个工位，装置多道成型模具，坯料依次自动向下一工位移动。在压力机的一次行程中，各工位同时进行各道成型工序，制成一个工件。

（3）回转头压力机

在回转头压力机的滑块与工作台之间设有可装置数十组模具的回转头，可按需要选用模具。坯料放在模具上而不再移动。每次行程完毕，回转头转动一个位置，完成一道工序。这种压力机定位精度高，便于调整产品，一机多用，多用于冲制仪器底板和面板等。回转头压力机可配上数控系统，根据编好的指令选用模具和板材成型部位，自动完成复杂的冲压工作。

课题二
冷冲压模具的装配

冷冲压模具在国家标准《模具　术语》（GB/T 8845—2017）中称为冲模，是指通过加压将金属、非金属板料或型材分离、成型或接合而获得制件的工艺装备。

为了适应冷冲压生产的需要，冲模的结构必须满足冲压生产的要求，即不仅能冲出合格的制品工件，而且要适应批量生产、操作使用方便、安全可靠、成本低廉、使用寿命长的要求，还要容易制造和便于维修。在冷冲压生产中，由于所要冲制的工件形状、材料性质不同，采用的冲模结构和类型也不同。

根据工艺性质分类，冷冲压模具可分为冲裁模、弯曲模、拉深模、成型模。根据工序组合方式分类，冷冲压模具可分为单工序冲模、级进模、复合模。根据导向方式分类，冷冲压模具可分为无导向冲模、导柱模、导板模。

一、冷冲压模具的基本类型

1. 冲裁模

冲裁模是指分离出所需形状与尺寸制件的冲模。冲裁模和其他冲模一样，按冲压性质可分为落料模、冲孔模、修边模、切口模、切舌模、剖切模、整修模、切断模等；按工序组合方式可分为单工序冲裁模、连续冲裁模、复合冲裁模；按导向方式可分为无导向敞开冲裁模、导柱导向冲裁模及导板导向冲裁模。下面以落料模为例介绍冲裁模的结构、工作原理及特点。

（1）无导向单工序落料模

落料模是指分离出带封闭轮廓制件的冲裁模。

1）结构及工作原理。如图 9—2—1 所示，无导向单工序落料模没有专门导向装置，模具的上半部分由上模座 1、凸模 2 组成，通过模柄安装在压力机滑块上做往复运动；下半部分由凹模 5、卸料板 3、导料板 4、下模座 6 和定位板 7 组成，通过螺栓、压板固定在压力机工作台上。导料板 4 对条料起导向作用，定位板 7 限制条料的送进步距。冲裁时，分离后的制件靠凸模直接从凹模洞口依次推出，箍在凸模上的废料由卸料板刮下，上、下模没有直接的导向关系。

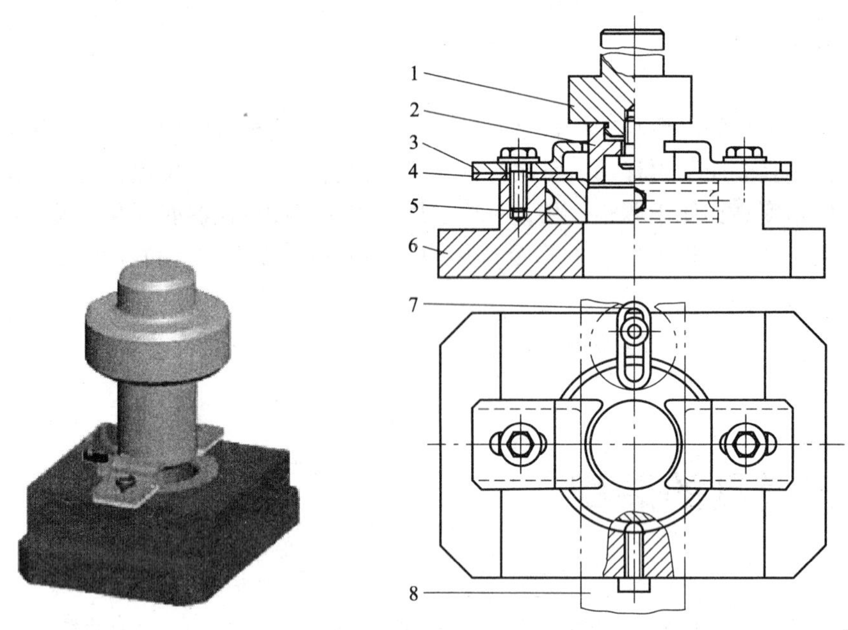

图 9—2—1　无导向单工序落料模

1—上模座　2—凸模　3—卸料板　4—导料板　5—凹模　6—下模座　7—定位板　8—条料

2）特点。该类模具具有一定的通用性，通过更换凹模和凸模，调整导料板、定位板、卸料板的位置，可以冲裁不同的制件，还可用于冲孔。它具有结构简单、制造容易、周期短、成本低的优点。但调试凹、凸模间隙时较为麻烦，冲裁件质量不高，模具寿命低，操作不安全。因此，常用于形状简单、精度要求不高、生产批量不大及试制性产品工件的冲裁。

（2）导板式单工序落料模

1）结构及工作原理。如图 9—2—2 所示，导板式单工序落料模在凹模的上面安装有一个起导向作用的导板。在冲裁过程中，当条料沿导料板 10 送到始用挡料销 20 时，凸模 5 由导板 9 导向而进入凹模，完成首次冲裁，冲下一个工件。条料继续送至固定挡料销 16 时，进行第二次冲裁，第二次冲裁时落下两个工件。此后，条料继续送进，其送进距离由固定挡料销 16 来控制，而且每一次冲压都是同时落下两个工件，分离后的工件靠凸模从凹模洞口中依次推出。

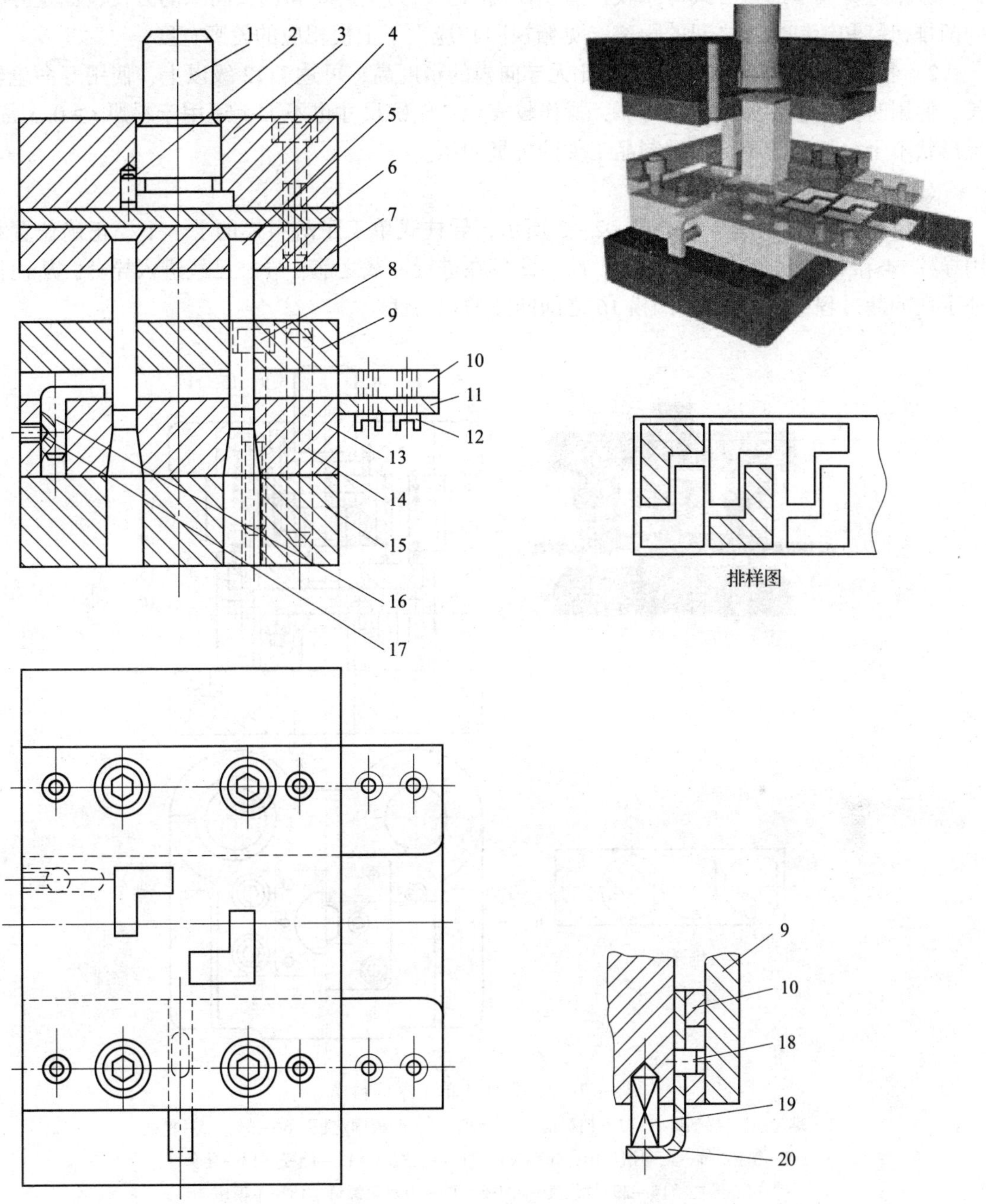

图 9—2—2　导板式单工序落料模

1—模柄　2—止动销　3—上模座　4、8—内六角螺钉　5—凸模　6—垫板　7—凸模固定板　9—导板　10—导料板　11—承料板　12—螺钉　13—凹模　14—圆柱销　15—下模座　16—固定挡料销　17—止动销　18—限位销　19—弹簧　20—始用挡料销这种冲模的主要特征是凸、凹模的正确配合依靠导板导向。为了保证导向精度和导板的使用寿命，工作过程中凸模始终不离开导板的导向孔做上、下运动，导板与凸模为间隙配合，其配合间隙必然小于凸、凹模间隙，为此，要求压力机行程较小。根据这个要求，选用行程较小且可调节的偏心式冲床较合适。在结构上，为了拆装和调整间隙的方便，固定导板的两排螺钉和销钉内缘之间的距离（见俯视图）应大于上模相应的轮廓宽度。

2）特点。导板式单工序落料模比无导向模的精度高，可达 IT12 级以上，使用寿命也较长，使用时安装较容易，卸料可靠，操作较安全，轮廓尺寸也不大。适用于料厚 $t \geqslant 0.5$ mm 且形状不十分复杂的中、小型制品工件的批量冲压。

（3）导柱式单工序落料模

1）结构及工作原理。如图 9—2—3 所示，导柱式单工序落料模的上、下模正确位置利用导柱 14 和导套 13 的导向来保证。凸、凹模在进行冲裁之前，导柱已经进入导套，从而保证了在冲裁过程中凸模 12 和凹模 16 之间间隙的均匀性。

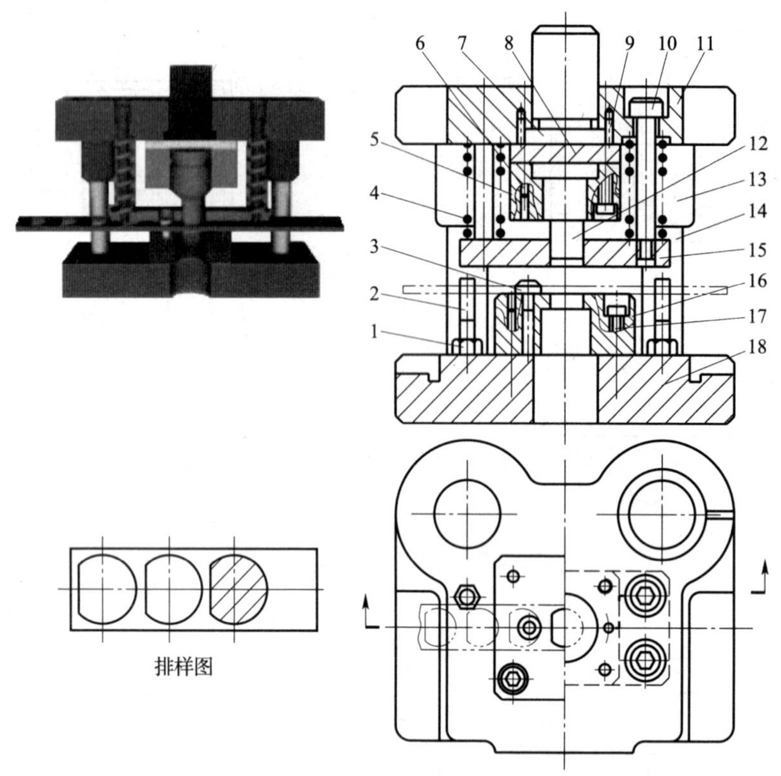

图 9—2—3　导柱式单工序落料模

1—螺母　2—导料螺钉　3—挡料销　4—弹簧　5—凸模固定板　6—销钉　7—模柄　8—垫板　9—止动销　10—卸料螺钉　11—上模座　12—凸模　13—导套　14—导柱　15—卸料板　16—凹模　17—内六角螺钉　18—下模座

上模座、下模座和导套、导柱装配组成的部件为模架。凹模 16 用内六角螺钉和销钉与下模座 18 紧固并定位。凸模 12 用凸模固定板 5、螺钉、销钉与上模座紧固并定位，凸模背面垫上垫板 8。压入式模柄 7 装入上模座并以止动销 9 防止其转动。

坯料沿导料螺钉 2 送至挡料销 3 定位后进行落料。箍在凸模上的边料靠弹压卸料装置进行卸料，弹压卸料装置由卸料板 15、卸料螺钉 10 和弹簧 4 组成。在凸、凹模进行冲裁工作之前，由于弹簧力的作用，卸料板先压住条料，上模继续下压时进行冲裁分离，此时弹簧被压缩。上模回程时，弹簧回复，推动卸料板，把箍在凸模上的边料卸下。

2）特点。导柱式单工序落料模的导向比导板式单工序落料模可靠，精度高，使用寿命长，使用及安装方便，但轮廓尺寸较大，模具较重，制造工艺复杂，成本较高。它广泛用于生产批量大、精度要求高的冲裁件，是目前最常用的冲模结构形式。

2. 弯曲模

弯曲模是指将制件弯曲成一定角度和形状的冲模，它分为预弯模、卷边模和扭曲模。

图 9—2—4 所示为台阶 U 形预弯模，其工作原理是将平板坯料 4 放在凹模 2 上，利用定位板 6 定位，凸模 3 安装在压力机滑块上，待压力机滑块下行时，凸模接触板料并逐渐向下压，板料受压产生弯曲变形，随着凸模的不断下降，板料弯曲半径逐渐减小，直到压力机滑块下降到下止点位置时，板料被紧紧地压在凸、凹模之间，其内弯曲半径与凹模弯曲半径相吻合，将板料弯曲成所要求的形状。当凸模抬起时，弹压顶杆 7 在弹簧力的作用下将制件顶出。

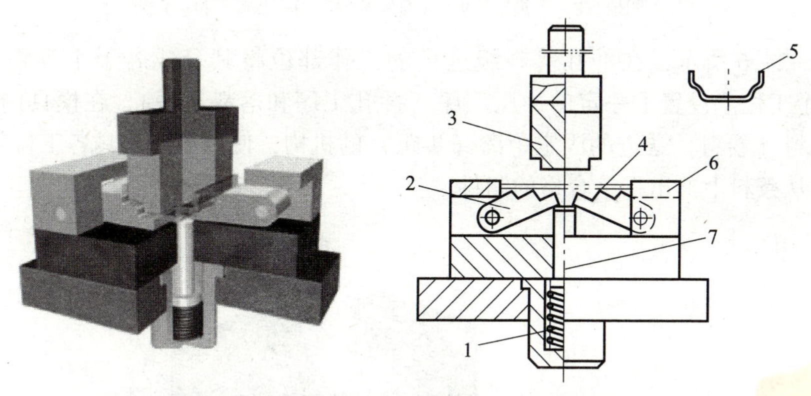

图 9—2—4　预弯模

1—弹簧　2—凹模　3—凸模　4—平板坯料　5—制件　6—定位板　7—弹压顶杆

3. 拉深模

拉深模是指把制件拉压成空心体，或进一步改变空心体形状和尺寸的冲模。拉深模分为反拉深模、正拉深模和变薄拉深模。

如图 9—2—5 所示，拉深模工作时，首先将平板坯料放在凹模 7 上并定位。待压力机滑块带着凸模 10 下降时，平板坯料同时受到凸模压力和压边圈 5 压力的作用，压边圈将坯料紧紧压住，防止坯料位置偏移，坯料则受凸模向下压力的继续作用，进入凹模洞口，最后被拉深成所要求的开口空心状工件。

拉深模是冷冲压生产中应用最为广泛的一种高效率加工模具。它主要用来压制圆筒形、圆锥形、球形及方盒形等制件。

4. 级进模

级进模又称连续模或跳步模，它是指压力机的一次行程中，在送料方向连续排列的多个工位上同时完成多道冲压工序的冲模。

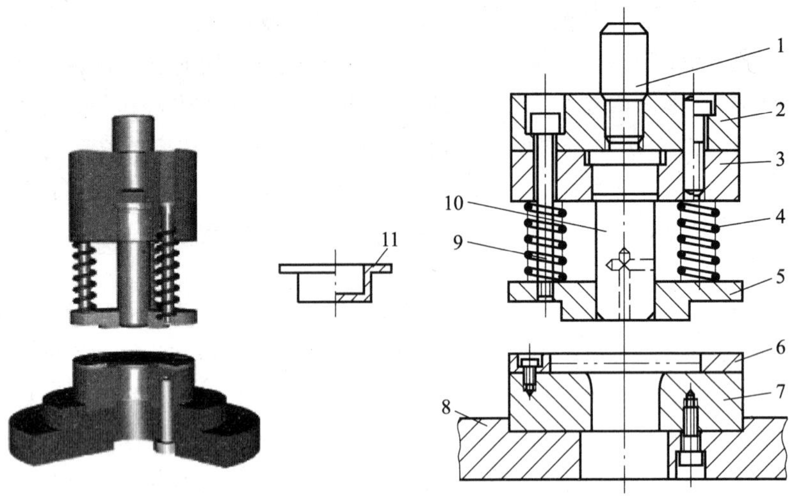

图 9—2—5　拉深模

1—模柄　2—上模座　3—凸模固定板　4—压边弹簧　5—压边圈　6—定位板
7—凹模　8—下模座　9—卸料板螺栓　10—凸模　11—制件

如图 9—2—6 所示，在冲孔落料级进模的工作部位将其分成若干个等距工位（两工位），在每个工位上设置了一定的冲压工序（冲孔工序和落料工序），在模具内或模具外设置了控制条料（卷料）送进的固定距离（步距）的机构，使条料沿模具各工位依序冲压后，到最后工位从条料上冲出一个合格的制件。

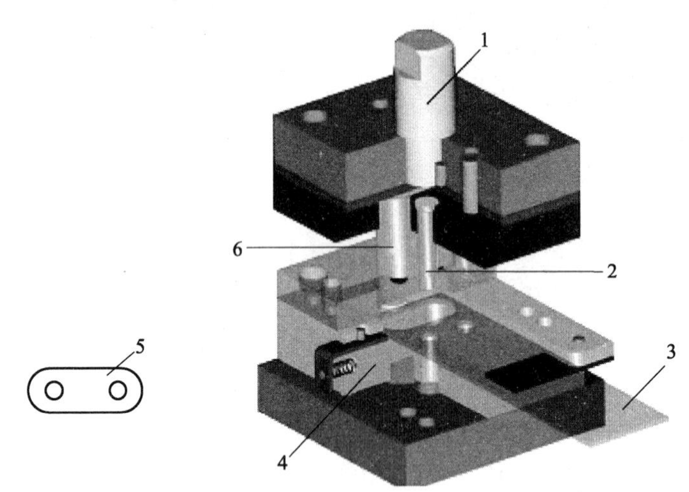

图 9—2—6　冲孔落料级进模

1—模柄　2—冲孔凸模　3—坯料　4—凹模　5—制件　6—落料凸模

采用级进模的生产效率较高，便于实现自动化，操作方便，安全可靠，适合制件的大批量生产。

5. 复合模

复合模是指在压力机的一次行程中，同时完成两道或两道以上冲压工序的单工位冲模。按凸、凹模的安装部位，复合模分倒装复合模和正装复合模。

复合模是冷冲压模具中多工序冲模的一种结构形式，它和级进模的作用方式不同。

图 9—2—7 所示为正装落料拉深复合模，它在压力机的一次行程中，坯料在一个位置上同时完成落料和拉深两道工序。复合模在结构上的主要特点是具有一个凸凹模，如在冲裁复合模中，凸凹模的外形为落料凸模，而内孔则为拉深或冲孔的凹模。

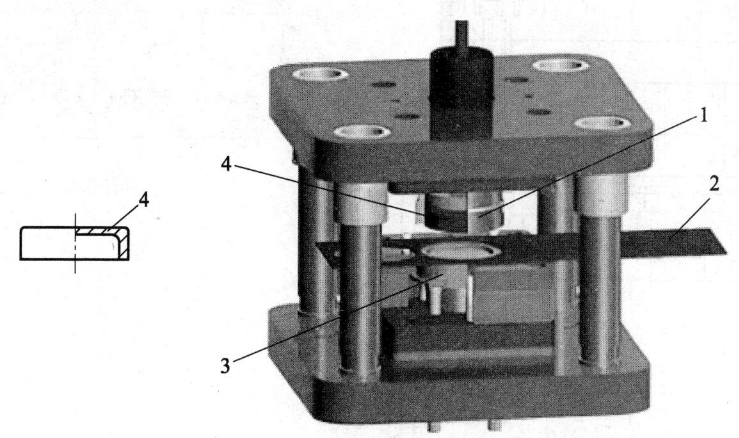

图 9—2—7　正装落料拉深复合模

1—凸凹模　2—坯料　3—凹模和凸模　4—制件

复合模加工制件的精度较高，生产效率高，且不受条料外形尺寸的精度限制。但模具零部件制造比较困难，成本较高，并且凸凹模容易受到最小壁厚的限制。

二、冷冲压模具的结构

冷冲压模具是一个完整的独立整体，它由各种不同零部件组合而成。按功能不同，分为工艺结构零件和辅助结构零件。工艺结构零件直接参与完成冲压过程，并和毛坯直接发生作用。辅助结构零件不与毛坯直接发生作用，但对模具完成工艺过程起保证作用，或对模具的功能起完善作用。

1．工艺结构零件

工艺结构零件分为工作零件，定位零件，压料、卸料及送料零件。

（1）工作零件

工作零件是直接对板料进行冲压加工（分离或成型）的零件，主要有凸模、凹模、凸凹模以及定位侧刃等，如图 9—2—8 中的零件 2、3、4、6 等。

（2）定位零件

定位零件是确定板料、制件或模具零件在冲模中正确位置的零件，主要有定位销、定位板、挡料销、始用挡料销、导正销、抬料销、导料板、侧刃挡块、止退键、侧压板、限位块、限位柱等。定位零件基本上都已标准化，可根据坯料或制件形状、尺寸、精度和模具结构形式及生产率要求等选用相应的标准件。在图 9—2—8 中，起定位作用的零件有左导料板 1、右导料板 5、挡板 15 等。利用这些零件确定坯料送进时在模具中有准确的位置，以保证冲压出合格的制件。

（3）压料、卸料及送料零件

压料、卸料及送料零件是使制件与废料得以脱模，保证实现正常冲压的零件。主要有压边圈（压料板）、卸料板、推件器、顶件器等。如图 9—2—8 所示的冲裁模中，利用切边凸模 14 将前一组完成冲裁的部分切掉，保证了冲裁时定位的准确和连续。

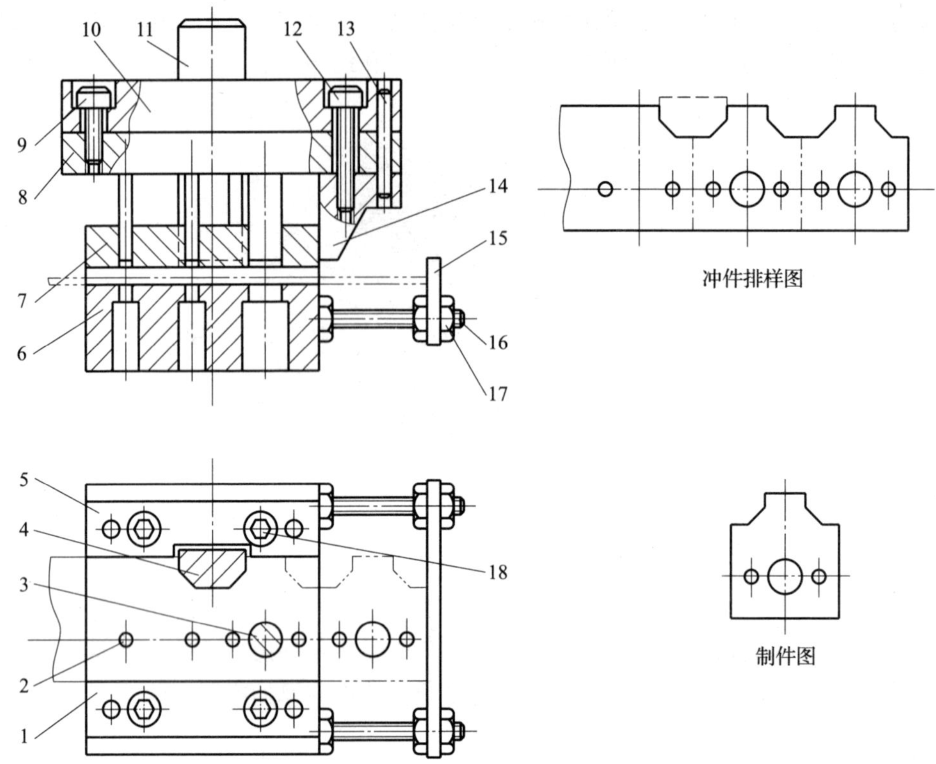

图 9—2—8　简单冲裁模装配示意图

1—左导料板　2、3、4—凸模　5—右导料板　6—凹模　7—导向板　8—固定板　9、12、18—内六角螺钉　10—盖板　11—模柄　13—圆柱销　14—切边凸模　15—挡板　16—双头螺柱　17—螺母

2. 辅助结构零件

辅助结构零件主要包括导向零件、固定零件以及其他零件。

（1）导向零件

导向零件是保证运动导向和确定上、下模相对位置的零件。主要有导柱、导套、滚珠导柱、滚珠导套、导板、滑块、耐磨板、凸模保护套等，如图 9—2—8 中的导向板 7。

（2）固定零件

固定零件是将凸模、凹模固定于上、下模座，以及将上、下模固定在压力机上的零件。主要有上模座、下模座、凸模固定板、凹模固定板、预应力圈、垫板、模柄、浮动模柄、斜楔等，如图 9—2—8 中的固定板 8、盖板 10、模柄 11 等。

3. 标准模架

模架指的是上模座、下模座、导柱、导套等的组合体。其主要作用是把模具的结构及工作零件连接起来，以保证模具工作部分在工作时有一个确定的相对位置。为了满足模具实际生产的需要，我国早已将冲模模架进行了标准化。标准化的实施有效地简化了模具设计程序，提高了模具制造质量和生产率，缩短了生产周期，降低了生产成本。

标准模架按导向形式的不同可分为滑动导向模架和滚动导向模架。按导向件的配置形式不同，标准模架又有对角导向模架、后侧导向模架、中间导向模架和四导柱导向模架等。滚动导向模架和滑动导向模架的结构基本相同，仅导向部分不同。滚动导向模架的导柱与导套之间装有滚动体（一般为钢球）和滚动体保持架。我国现行的国家标准为《冲模滑动导向模架》（GB/T 2851—2008）和《冲模滚动导向模架》（GB/T 2852—2008），其中对角导向模架如图 9—2—9 所示，后侧导向模架如图 9—2—10 所示，中间导向模架如图 9—2—11 所示，四导柱导向模架如图 9—2—12 所示。

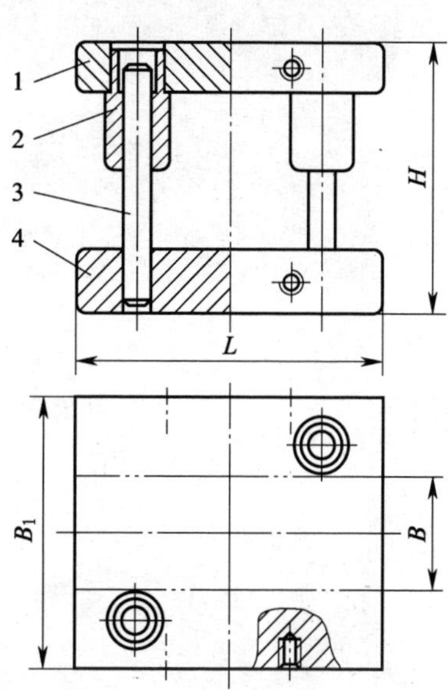

图 9—2—9　对角导向模架

1—上模座　2—导套　3—导柱　4—下模座

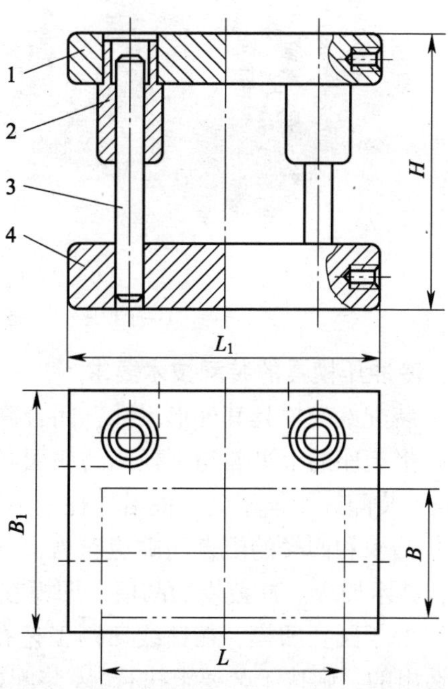

图 9—2—10　后侧导向模架

1—上模座　2—导套　3—导柱　4—下模座

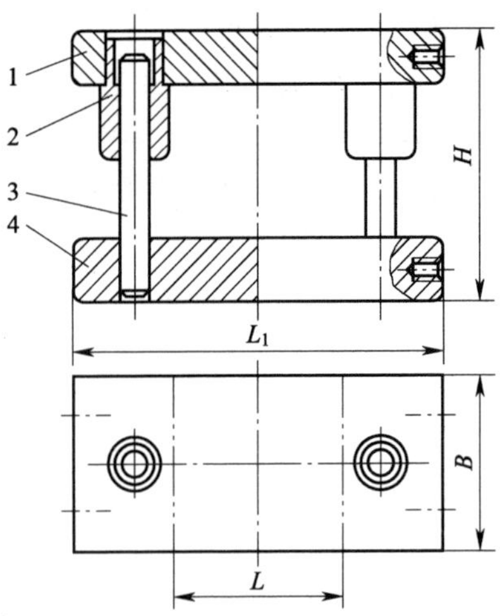

图 9—2—11　中间导向模架

1—上模座　2—导套　3—导柱　4—下模座

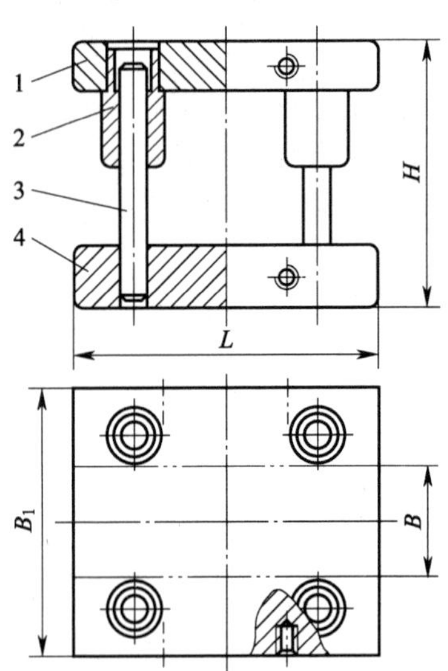

图 9—2—12　四导柱导向模架

1—上模座　2—导套　3—导柱　4—下模座

三、冷冲压模具的装配技术要求

（1）装配好的模具其外形尺寸、闭合高度应符合图样规定的要求。

（2）上模座的上平面与下模座的底面必须平行，一般要求在 300 mm 长度上误差不大于 0. 02 mm。装配好的模架，上模沿导柱上下滑动应平稳、灵活、无阻滞。

（3）凸模和凹模的配合间隙应符合图样要求，周围间隙应均匀一致；凸凹模的工作行程应符合技术要求。冲裁模的凸模、凹模在装配前必须先用油石进行修磨。

（4）对于圆孔凹模，在钻线切割工艺孔时，应一并将漏料孔钻出（若有因工艺问题不能预先钻出的，则按工艺要求执行）。装配好的模具，落料孔或出屑槽应畅通无阻，保证制件或废料能自由排出。

（5）模柄的圆柱部分应与上模座上平面垂直；模柄装入上模座后，其轴线对上模座上平面的垂直度误差在全长范围内不大于0.05 mm。

(6) 装入模架的每对导柱和导套的配合间隙应符合规定要求，它们之间的相对滑动平稳而均匀，无歪斜和阻滞现象；导柱和导套装配后，其轴线应分别垂直于下模座的底平面和上模座的上平面；装配后的导柱，其固定端面与下模座下平面应保留1~2 mm的距离，选用B型导套时，装配后其固定端面低于上模座上平面1~2 mm。

(7) 定位装置要保证定位正确、可靠，卸料及顶件装置灵活、正确，出料孔畅通无阻，保证制件及废料不卡在冲模内。

(8) 加工固定销孔时，应按钻—扩—铰的工艺进行。

(9) 各零件外形棱边（工作棱边除外）以及销孔、螺钉沉孔必须倒角。

(10) 各种附件应按图样要求装配齐全。

(11) 模具在压力机上的安装尺寸需符合选用设备的要求，起吊零件安全、可靠。

(12) 模具应在生产的条件下试模，试模所得制件应符合工序图要求，并能稳定地冲出合格的制件。

四、冷冲压模具的装配方法

1. 装配方案的确定

装配前必须仔细分析研究图样，根据模具的结构特点和技术要求，确定合理的装配方案。某冲裁模装配图如图9—2—13所示，该冲模在使用时，下模座部分被压紧在压力机的

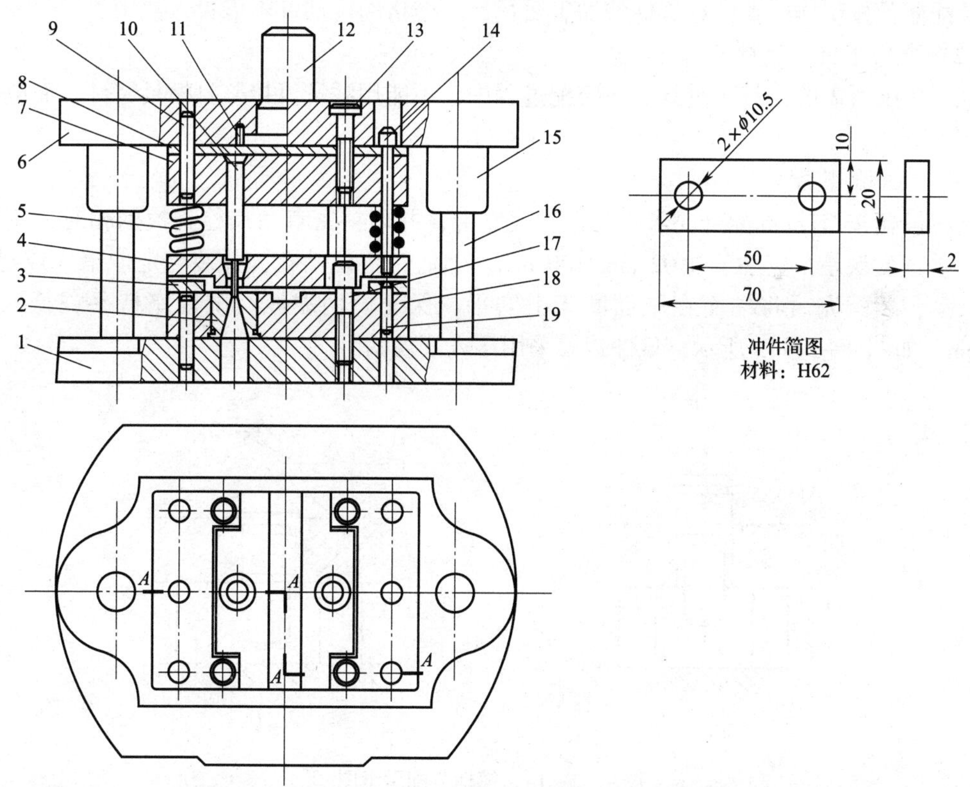

图9—2—13　某冲裁模装配示意图

1—下模座　2—凹模　3—定位板　4—弹压卸料板　5—弹簧　6—上模座　7、18—固定板　8—垫板　9、11、19—销钉　10—凸模　12—模柄　13、17—螺钉　14—卸料螺钉　15—导套　16—导柱

工作台上，是模具的固定部分。上模座部分通过模柄和压力机的滑块连为一体，是模具的活动部分。模具工作时，安装在活动部分和固定部分上的模具工作零件必须保持正确的相对位置，使模具获得正常的工作状态。装配模具时，为了方便地将上、下两部分的工作零件调整到正确位置，使凸模、凹模具有均匀的冲裁间隙，应正确安排上模、下模的装配顺序。否则，在装配中可能遇到困难，甚至出现无法装配的情况。

上模、下模的装配顺序应根据模具的结构来决定。对于无导柱的模具，凸模、凹模的配合间隙应在模具安装到压力机上时才进行调整。上模、下模的装配先后顺序对装配过程不会产生影响，可以分别进行。

装配有模架的模具时，一般应先将模架装配好后，再装配模具工作零件和其他结构零件。上模、下模部分的装配顺序，应根据上模和下模在装配和调整过程中所受限制的情况来决定。如果上模部分的零件在装配和调整时所受的限制最大，应先装上模部分，并以它为基准调整下模上的零件，并保证凸、凹模配合间隙均匀。反之，则先装模具的固定部分（下模），并以它为基准调整模具活动部分的零件。

通过上述分析，该模具的装配顺序为：模柄装配→模架装配（导套、导柱装配）→下模部分装配→上模部分装配→调整与试模。

2. 装配操作要点

（1）检查模具零件

装配前须按图样检查模具零件的加工质量，不合格的零部件不能投入使用。

（2）准备工具、量具

准备装配所需的工具、量具。在装配过程中，不能用锤子直接敲打模具零件，而应用铜棒进行装拆。

（3）模柄的装配

先将模柄按 H7/m6 配合要求压装在上模座上，并用精密直角尺检查模柄相对上模座上平面的垂直度误差，应小于 0.02 mm/100 mm。然后钻定位销孔，并装配定位销（或螺钉）防止转动，装配完后将端面在平面磨床上磨平，保证模柄端面与上模座持平或低 0.1 ~ 0.2 mm。如图 9—2—14 所示，该冲裁模采用压入式模柄。

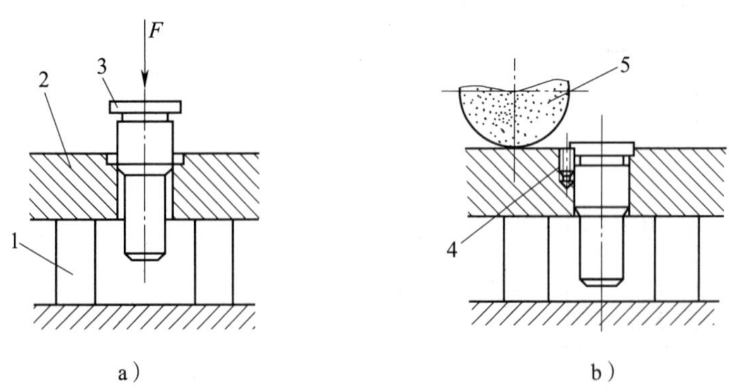

图 9—2—14　模柄装配示意图

a）模柄装配　b）磨平模柄端面

1—等高垫块　2—上模座　3—模柄　4—骑缝螺钉　5—砂轮

（4）导柱和导套的装配

冲模的导柱、导套与上模座、下模座均采用压入式连接，导柱、导套与模座的配合分别为 H7/r6 和 R7/r6，或采用粘接剂固定。导柱压入时要注意校正导柱对模座底面的垂直度。导柱装配后的垂直度误差采用比较测量法进行检验。导柱和导套的装配如图 9—2—15 所示。

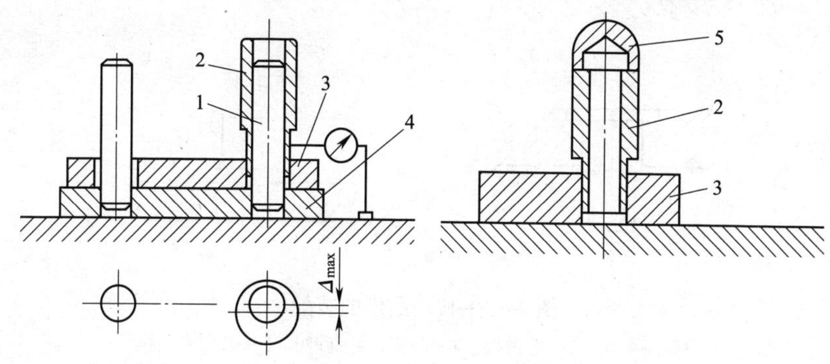

图 9—2—15　导柱和导套的装配

1—导柱　2—导套　3—上模座　4—下模座　5—球面形压块

按导柱和导套装配的先后顺序不同，可分为先压入导柱法和先压入导套法。

1）先压入导柱法

①选配导柱和导套。

②压入导柱。

③检测导柱与下模座下平面的垂直度。

④装导套。

⑤压入导套。

⑥检测模架的平行度（见图 9—2—16）。

2）先压入导套法

①选配导柱和导套。

②压入导套。

③装导柱。

④压入导柱。

⑤检测模架的平行度。

（5）凸模的装配

凸模的装配多采用压入固定法。凸模与固定板的配合常采用 H7/n6 或 H7/m6。

对于无台阶的凸模，要求涂上环氧胶以增强其结合力；若是直接用螺钉连接的，则应注意其位置准确度，并保证连接牢固。凸模装配好后，应检查其与上模座的垂直度，然后将固定板的上平面与凸模尾部一起磨平，为了保证凸模刃口锋利和平齐（指冲裁模），应将凸模的工作端面磨平，如图 9—2—17 所示。

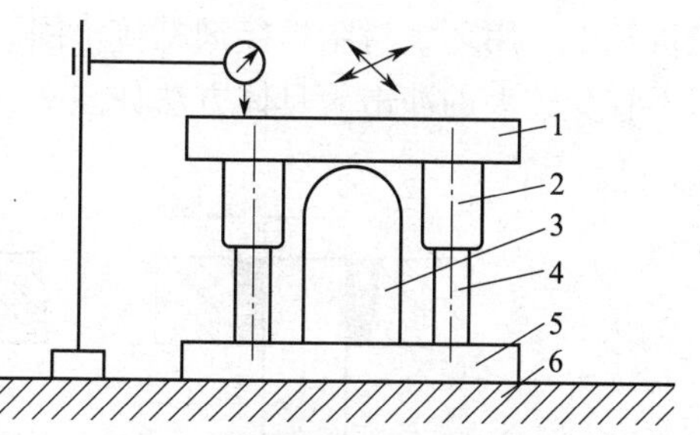

图 9—2—16　模架平行度的检测

1—上模座　2—导套　3—球面支承杆　4—导柱　5—下模座　6—标准平板

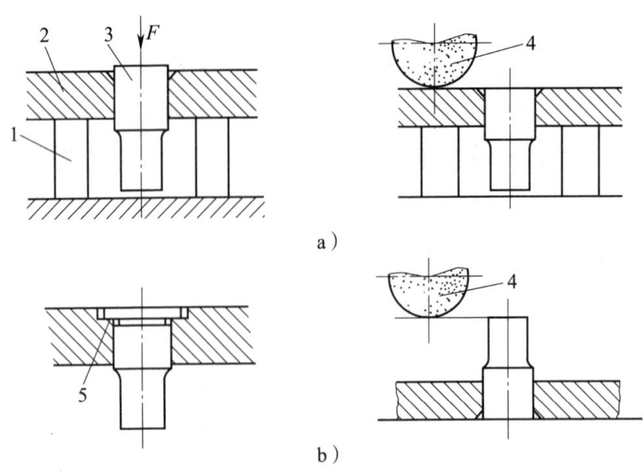

图 9—2—17　凸模的装配

1—等高垫块　2—上模板　3—凸模　4—砂轮　5—带台肩凸模

固定复杂异形和对孔中心距要求高的组合式凸模时，需要采用浇注低熔点合金法，如图 9—2—18 所示。该方法是以凹模为找正基准将各凸模用螺钉固定在工艺托板上，通过浇注低熔点合金将其固定。此方法操作简便，便于调整和维修，被浇注的型孔及零件加工精度要求较低。这种装配方法减轻了模具装配中各凸模、凹模的位置精度和间隙均匀性的调整工作。低熔点合金的配方参见有关设计手册。

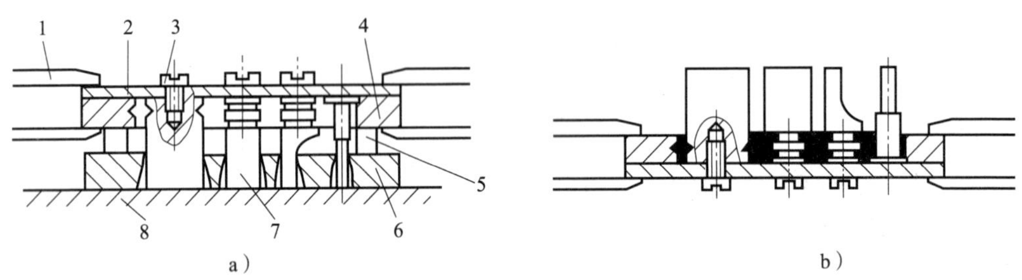

图 9—2—18　浇注低熔点合金法

a）凸模固定　b）浇注低熔点合金

1—平行夹板　2—托板　3—螺钉　4—凸模固定板　5—等高垫块　6—凹模　7—凸模　8—平板

冲裁厚度小于 2 mm 的冲模也可采用环氧树脂粘接剂固定。它是将凸模尾端放入凸模固定板孔中，用环氧树脂粘接剂粘接牢固。此法具有工艺简单、粘接强度高、不变形等优点，但不宜受较大的冲击。具体方法如图 9—2—19 所示。

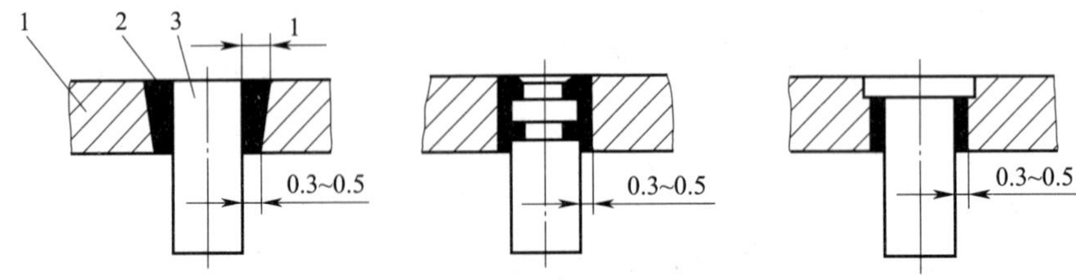

图 9—2—19　用环氧树脂粘接剂固定凸模

1—凸模固定板　2—环氧树脂粘接剂　3—凸模

（6）凹模的装配

凹模与固定板的配合常采用 H7/n6 或 H7/m6。将组装好凹模的固定板放在下模座上，按中心线、外形或标记线找正固定板的位置，用平行夹头夹紧，通过螺钉孔在下模座上钻出锥坑。拆去凹模固定板，在下模座上按锥坑钻螺纹底孔并攻螺纹。然后重新将凹模固定板置于下模座上找正，并用螺钉紧固好，按凹模上销孔的位置钻、铰下模座上的销孔，打入定位销。在组装好凹模的固定板上安装定位板。

（7）卸料板的装配

卸料板起压料和卸料作用。装配时应保证它与凸模之间有适当的间隙，装配方法如下：如图 9—2—13 所示，将弹压卸料板 4 套入已装在固定板上的凸模 10 内，在固定板之间垫上平行垫块，并用平行夹将它夹紧，然后按卸料板上的沉孔在固定板上钻出锥坑，拆开后按锥坑钻、攻固定板上的螺孔。

（8）凸模固定板的装配

如图 9—2—13 所示，将已装入固定板的凸模 10 插入凹模的型孔中。在凹模 2 与固定板 7 之间垫入适当高度的等高垫块，将垫板 8 放在固定板 7 上。粗调凸模、凹模间的相对位置后，再以导柱、导套定位安装上模座，用平行夹头将上模座 6 和固定板 7 夹紧。通过凸模固定板孔在上模座上钻锥坑。从导柱上取下后，按锥坑钻孔，然后用螺钉将上模座、垫板、凸模固定板稍加紧固。

（9）装配其他附件

按图样要求装配橡胶或弹簧以及其他附件。如图 9—2—13 所示，钻削、铰削定位销孔，装入定位销钉。将弹压卸料板 4 套在凸模上，装上弹簧 5 和卸料螺钉 14，检查卸料板运动是否灵活。在弹簧作用下卸料板处于最低位置时，凸模的下端面应缩在卸料板 4 的孔内约 0.5 ~1 mm。

3. 模具间隙的检查及调整

检查凸模和凹模间隙分布是否均匀，如有偏差，应用锤子轻敲固定板的侧面，调整凸模相对位置，使间隙趋于均匀，然后拧紧螺钉。

常用的检查及调整模具间隙的方法有透光法、测量法、垫片法、涂层法和镀铜法。

（1）透光法

调整凸模和凹模的配合间隙时，可将装好的上模部分套在导柱上，用锤子轻轻敲击固定板的侧面，使凸模插入凹模的型孔。再将模具翻转，从下模板的漏料孔观察凸模和凹模的配合间隙，用锤子敲击凸模固定板的侧面进行调整，使配合间隙均匀，这种调整方法称为透光法。为便于观察，可用手电筒从侧面进行照射。

（2）测量法

测量法是指将凸模插入凹模型孔内，用塞尺检查凸模和凹模不同部位的配合间隙，根据检查结果调整凸模和凹模之间的相对位置，使两者在各部分的间隙一致。测量法只适用于凸模和凹模配合间隙（单边）在 0.02 mm 以上的模具。

（3）垫片法

垫片法是指根据凸模和凹模配合间隙的大小，在凸模和凹模的配合间隙内垫入厚度均匀的纸条（易碎不可靠）或金属片，使凸模和凹模配合间隙均匀，如图 9—2—20 所示。

(4) 涂层法

在凸模上涂一层涂料（如磁漆或氨基醇酸绝缘漆等），其厚度等于凸模和凹模的配合间隙（单边），再将凸模插入凹模型孔，获得均匀的冲裁间隙。此法简便，对于不能用垫片法（小间隙）进行调整的冲模很适用。

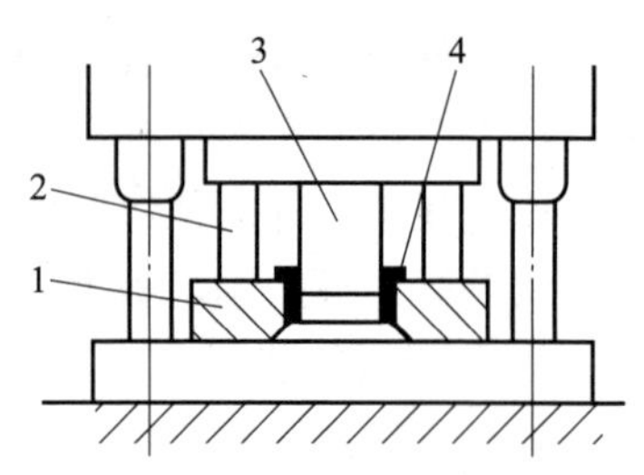

图 9—2—20　用垫片法调整凸模和凹模配合间隙

1—凹模　2—等高垫块

3—凸模　4—垫片

(5) 镀铜法

镀铜法和涂层法相似，在凸模的工作端镀一层厚度等于凸模和凹模单边配合间隙的铜层代替涂料层，使凸模和凹模获得均匀的配合间隙。镀层厚度用电流及电镀时间来控制，厚度均匀，易保证模具冲裁间隙均匀。镀层在模具使用过程中可以自行剥落，而在装配后不必去除。

经上述调整后，以纸作为冲压材料，用锤子敲击模柄，进行试冲。如果冲出的纸样轮廓齐整，没有毛刺或毛刺均匀，说明凸模和凹模间隙是均匀的；如果只有局部毛刺，则说明间隙是不均匀的，应重新进行调整，直到间隙均匀为止。

课题三
冷冲压模具的安装、调试与维修

一、冷冲压模具的试模与调整

冷冲压模具装配完成后，在生产条件下进行试冲，通过试冲可以发现模具的设计和制造缺陷，找出产生原因，对模具进行适当的调整和修理后再进行试冲，直到模具能正常工作，冲出合格的制件，才能交付使用。

1. 试模时的注意事项

(1) 试模前的模具必须进行退磁。

(2) 尽可能按工艺装备技术文件所指明的规格选定试模用冲床。

(3) 模具安装时应保证上模座的上平面和下模座的下底面分别与冲床滑块及工作台贴平，并装夹牢固。

2. 调模与调整方法

将滑块行程调到适合的程度，放上符合材质及尺寸规格的板料，然后试冲，并根据试冲出制件的相关尺寸情况及毛刺情况精调模具，直至将合格的制件冲出为止。冲裁模、弯曲模、拉深模试冲时的常见故障、产生原因及调整方法分别见表 9—3—1、表 9—3—2、表 9—3—3。

表 9—3—1　　冲裁模试冲时常见故障、产生原因及调整方法

常见故障	产生原因	调整方法
进料不畅通或料被卡死	（1）两导料板之间的尺寸过小或有斜度 （2）凸模与卸料板之间的间隙过大，使搭边翻扭不平整，使条料卡死 （3）用侧刃定距的冲裁模，导料板的工作面和侧刃不平行，使条料卡死 （4）侧刃与侧刃挡块不密合，形成毛刺，使条料卡死	（1）根据情况锉修或重装导料板 （2）减小凸模与卸料板之间的间隙 （3）重装导料板 （4）修整侧刃挡块，消除间隙
刃口相咬	（1）上模座、下模座、固定板、凹模、垫板等零件安装面不平行 （2）凸模、导柱等零件安装时不垂直 （3）导柱与导套配合间隙过大，使导向不准 （4）卸料板的孔位不正确或歪斜，使冲孔凸模移位	（1）修整有关零件，重装上模或下模 （2）重装凸模或导柱 （3）更换导柱或导套 （4）修整或更换卸料板
卸料不正常	（1）由于装配不正确，卸料机构不能动作。如卸料板与凸模配合过紧，或因卸料板倾斜而卡紧 （2）弹簧或橡胶的弹力不足 （3）凹模和下模座的漏料孔没有对正，料不能排出 （4）凹模有倒锥，造成工件堵塞	（1）修整卸料板、顶板等零件 （2）更换弹簧或橡胶 （3）修整漏料孔 （4）修整凹模
冲件质量不好： （1）有毛刺 （2）冲件不平 （3）落料外形和内孔位置不正，呈偏位现象	（1）刃口不锋利或淬火硬度低 （2）配合间隙过大或过小，或间隙不均匀，使冲件一边有显著带斜角毛刺	（1）修磨工作部分的刃口 （2）合理调整凸模和凹模的间隙
	（1）凹模有倒锥 （2）顶料杆与工件接触面过小 （3）导正销与预冲孔配合过紧，将冲件压出凹陷	（1）修整凹模 （2）更换顶料杆 （3）修整导正销
	（1）挡料销位置不正 （2）落料凸模上导正销尺寸过小 （3）导料板与凹模送料中心线不平行，使孔位偏斜 （4）侧刃定距不准	（1）修正挡料销 （2）更换导正销 （3）修整导料板 （4）修磨或更换侧刃

表 9—3—2　　弯曲模试冲时常见故障、产生原因及调整方法

常见故障	产生原因	调整方法
弯曲角度不够	（1）凸模和凹模的回弹角制造过小 （2）凸模进入凹模的深度太浅 （3）凸模和凹模之间间隙过大 （4）试模材料不对 （5）弹顶器的弹力太小	（1）加大回弹角 （2）调节冲模闭合高度 （3）调节间隙值 （4）更换试模材料 （5）加大弹顶器的弹力

续表

常见故障	产生原因	调整方法
弯曲位置偏移	（1）定位板的位置不对 （2）凹模两侧进口圆角大小不等，材料滑动不一致 （3）没有压料装置或压料装置的压力不足和压板位置过低 （4）凸模没有对正凹模	（1）调整定位板位置 （2）修磨凹模圆角 （3）加大压料力 （4）调整凸模和凹模位置
冲件的尺寸过长或不足	（1）凸模和凹模之间间隙过小，材料被挤长 （2）压料装置压力过大，将材料拉长 （3）设计时计算错误或不准确	（1）调整凸模和凹模间隙 （2）减小压料力 （3）改变坯料尺寸
冲件外部有光亮的凹陷	（1）凹模的圆角半径过小，冲件表面有划痕 （2）凸模和凹模之间间隙不均匀 （3）凸模和凹模表面粗糙度值太大	（1）加大圆角半径 （2）调整凸模和凹模间隙 （3）抛光凸模和凹模表面

表 9—3—3　　拉深模试冲时常见故障、产生原因及调整方法

常见故障	产生原因	调整方法
起皱	（1）压边装置的压力不足或压力不均匀 （2）凸模和凹模之间间隙过大或不均匀 （3）凹模圆角半径过大或不均匀	（1）调整压边力 （2）调整凸模和凹模间隙 （3）修磨圆角半径
破裂	（1）坯料质量不好，塑性差，金相组织不均匀，表面粗糙 （2）压边圈的压力过大，弹顶器的压缩比不合适 （3）凸模和凹模的圆角半径过小 （4）凸模和凹模之间间隙过小或不均匀 （5）拉深次数太少，材料变形程度过大 （6）润滑不良，或规定的中间退火工序没有进行	（1）更换坯料 （2）减小压边力 （3）加大圆角半径 （4）调整凸模和凹模间隙 （5）增加拉深次数 （6）加润滑油或坯料中间退火
尺寸过大或过小	（1）坯料尺寸设计时计算错误 （2）凸模和凹模之间间隙过大，使冲件侧壁鼓肚；间隙过小，使材料变薄 （3）压边圈的压力过大或过小	（1）改变坯料尺寸 （2）调整凸模和凹模间隙 （3）调整压边力
表面质量不好	（1）模具工作表面、坯料或润滑剂不清洁 （2）凹模淬火硬度低，表面粗糙度值太大 （3）圆弧与直线衔接不好，有棱角或凸起	（1）清理工作表面等 （2）对凸模和凹模进行抛光 （3）修磨凸模和凹模
高度不一	（1）凸模和凹模之间间隙不均匀 （2）定位板位置不对	（1）调整凸模和凹模间隙 （2）重新调整定位板
底部凸起	凸模上无排气孔	在凸模上做出排气孔

二、冷冲压模具的使用与维护

1. 正确选择和使用设备

（1）设备的类型、规格应符合模具设计文件或制件生产工艺文件的规定。

（2）应注意检查设备的精度，防止因设备精度太低而损坏模具。

（3）做好设备的计划检修及维护保养工作，避免设备运转状况不良和突发故障对模具的损害。

2. 正确领用和处理原材料

（1）原材料的品种、牌号、规格和质量应符合制件图样和生产工艺文件的规定。

（2）按工艺文件的规定做好原材料的处理工作。例如，对冲压坯料的热处理、预成型和表面润滑处理；对模锻坯料的加热、预锻；对塑料的干燥、预热；对合金液的熔炼。各种处理工作都应严格按照规范进行。

3. 正确装拆和调整模具

（1）严格按照操作规程规定的程序安装和拆卸模具。

（2）搬运模具时要小心轻放，不允许乱扔、乱摔。安装和拆卸大型模具时，应使用起吊设备，防止摔坏模具。

（3）模具在设备上应定位准确、夹紧可靠。安装模具的螺栓、螺母和压板应采用专用件。紧固用螺栓的旋合长度应大于螺栓直径的 2 倍。压板在压紧模具后，其压紧基面应平行于设备安装基面，不得偏斜。

（4）模具调整完毕，应锁紧设备调节机构的锁紧装置。

4. 安全文明生产

（1）坯料定位应正确，防止凸模因受偏载而折断。

（2）手工操作时，压力机不允许采用连续行程。必须保证送件、取件动作完成后，才开始下一次工作行程或下一个工作循环。

（3）冲裁作业时严禁叠片冲裁。

（4）送件、取件所用的工具应采用软质材料制作。

（5）制件没有起模时，不允许用硬质工具撬取，而应用铜棒等软质工具取出。

（6）经常观察设备和模具的工作状况，如有异常应及时处理，发生故障时应立即停机。

5. 注意事项

（1）妥善处理模具损坏事故，细致分析事故原因，进而采取适当措施防止同类事故的再次发生。

（2）做好预防性维修工作，防止一个零件的失效危害其他零件的安全。对已经失效的零件应及时修理或更换。

（3）妥善保管模具，防止模具生锈、遗失。

三、冷冲压模具的损坏原因及分析

冷冲压模具失效的基本形式有四种，即磨损失效、疲劳失效或热疲劳失效、塑性变形失效和断裂失效。

1. 磨损

模具在使用时的磨损是不可避免的，使用时间越长，则磨损量越大，磨损越严重。磨损的形式有磨料磨损、粘着磨损、腐蚀磨损、疲劳磨损等。

判断模具是否因磨损而失效的主要标准是制件的尺寸精度，当制件的尺寸超出允许的公差范围时即表示模具失效。如果模具的磨损导致制件的表面质量严重下降，那么制件的表面质量要求也是判断模具是否失效的依据。冲裁模的凸模和凹模刃口由于磨损而逐渐钝化，严重时将显著地劣化模具的工作条件和制件的质量。制件的毛刺高度随着凸、凹模刃口的钝化而逐渐增高，因而可以作为判断凸模和凹模刃口钝化程度的标志，当毛刺高度超过规定值时，表明刃口钝化严重，需要重新刃磨刃口后，模具才能继续使用。

2. 疲劳

模具一般都以间歇工作的方式进行工作，频繁地加载和卸载会使模具受力零件处于交变应力作用下。模具使用一段时间后，由于交变应力的作用，在零件表面或内部存在微观缺陷及应力集中的部位将会产生许多微裂纹。模具继续使用时，这些微裂纹将逐渐扩展，当微裂纹扩展到一定程度时，模具零件的承载能力被严重削弱，最终导致模具开裂或破损。

3. 塑性变形

当模具零件承受的载荷使零件内部的应力超过其自身材料的屈服强度时，零件就会产生塑性变形。常见的塑性变形失效有工作零件出现表面皱纹、局部塌陷和棱角倒塌，凸模出现镦粗、纵向弯曲现象，凹模出现胀大现象等。

4. 断裂

模具在正常工作时，因为某种原因而突然出现较大的裂纹，甚至分裂成几个部分，使模具立即丧失工作能力的失效形式称为断裂失效。常见的断裂失效有开裂、破裂、崩刃、折断等。

不同的失效形式之间常常有密切的联系和交互促进作用。磨损产生的沟痕往往成为疲劳裂纹和热疲劳裂纹的发源地，同时，深而尖锐的沟痕本身就可成为一次性断裂的起裂点。零件表面出现疲劳裂纹和热疲劳裂纹后，表面质量严重恶化，将使磨损加剧，裂纹的尖端出现应力集中，成为断裂源，促进一次性断裂的产生。

磨损虽然会导致模具失效，但在正常的工作条件下，模具在失效前都能在较长的时间内稳定、有效地工作。大部分模具的有效寿命决定于磨损失效，对于这些模具，磨损失效是它们的正常失效形式，其有效磨损寿命是确定模具期望寿命的依据。部分重载模具（如冷挤压模）的有效寿命主要决定于疲劳失效，部分冷、热温差很大的模具（如压铸模）的有效寿命主要决定于热疲劳失效。在疲劳和热疲劳失效前，模具一般也有较长的使用寿命，但习惯上仍将它们看作是模具的早期失效。如果模具质量存在问题，或者使用不当，塑性变形和断裂失效在模具使用的各个时期都有可能发生，而且一旦发生，其后果很可能是致命的，它们是造成模具早期失效的主要形式。

为保证和延长模具的寿命，一方面要通过各种途径保证和提高模具的耐磨性，使模具具有足够的有效磨损寿命；另一方面要采取各种措施，预防早期失效的出现，保证模具在有效寿命期内能够安全稳定地运行。

四、冷冲压模具的修理工艺及操作要点

1. 刃口崩刃

模具在使用中由于各种原因引起的崩刃，都会对制件的质量产生一定的影响。它是模具修理中最常见的修理内容之一，刃口崩刃的修理步骤如下：

（1）崩刃很小时，通常要将崩刃处用砂轮机磨大些，以保证焊接牢固，不易再次崩刃。

（2）用相应的焊条进行焊接，目前多采用堆焊的方法。堆焊之前一定要选好修理的基

准面，包括间隙面和非间隙面。

（3）将刃口的非间隙面修平（参考事先留下的基准）。

（4）对照过渡件进行划线，如果没有过渡件，可以用事先留下的基准粗磨间隙面。

（5）在压力机上对间隙面进行修配时，可借助黏土等辅助研配。在修配过程中一定要小心，开动压力机时尽量慢，必要时可用调整装模高度的方法研配，以避免发生刃口啃坏的现象。

（6）刃口间隙要合理，对于钢板冲压模，单边刃口间隙取板料厚度的1/20。但在实际操作过程中，可以用板料试冲的方法来检验间隙的大小，只要剪切后制件的毛刺达到要求即可，一般情况下，毛刺大小的判定标准是毛刺高度不大于板料厚度的1/10。

（7）检测刃口的间隙面是否与剪切的方向统一。

（8）间隙调整好后，用油石将刃口的间隙面推光滑，以减小生产中板料与刃口的摩擦及废料下落的阻力。

2. 毛刺

制件在修边、冲孔和落料时易出现毛刺过大的现象，产生毛刺的原因主要有模具刃口间隙过大和刃口间隙过小两类。间隙过大时，断面光亮带很小或基本上看不见，毛刺的特点为厚而大，不易除去；间隙过小时，断面出现两光亮带，由于间隙小，毛刺的特点为高而薄。

（1）间隙大时的修理方法

1）修边和冲孔工序采用凸模不动而修整凹模的办法，而落料工序时则以凹模为基准，即凹模尺寸不变，修整凸模。以上区别是为了保证产品尺寸不在修理前后受影响。

2）对着制件找出模具刃口间隙大的部位。

3）对此部位进行补焊，以保证模具刃口的硬度。

4）修配刃口间隙（其方法与刃口崩刃的方法相同）。

（2）间隙小时的修理方法

1）具体情况依据模具间隙的大小进行调整，以保证间隙合理。对于修边冲孔模而言，采用修磨凹模使间隙变大的办法；对于落料模而言，则采用修磨凸模的办法，从而保证工件的尺寸在修理前后不变。

2）修理完成后，测量其间隙面的垂直度，并检验刃口间隙是否达到合理的要求。

对于冲孔模，其产生毛刺后，如果是凸模或凹模磨损，可以找相应的标准件进行更换，如果没有标准件，可以采用补焊或测绘的方法进行制造。另外，特别指出一点，对于合金钢等焊接性能较差的材料，要进行特殊处理后再进行焊接，如预热等，否则会引起模具的开裂。

3. 拉毛

拉毛主要发生在拉延、成型和翻边等工序。解决方法如下：

（1）首先对照制件找出模具相应拉毛的位置。

（2）用油石将模具相应的位置推顺，注意圆角的大小统一。

（3）用细砂纸将模具推顺部位进行抛光，砂纸应在400号以上。

4. 修边和冲孔时带料

修边和冲孔过程中常产生带料现象，其主要原因是压料或卸料装置出现异常，解决方法如下：

（1）根据制件带料的部位找出模具的相应部位。

（2）检查模具压料板和卸料板是否存在异常。

（3）对压料板相应部位进行补焊。

（4）结合制件将补焊部位修顺，具体的型面与工序件配制。

（5）试冲。

（6）如果检查并非模具压料板和卸料板的问题，可以检查模具的刃口是否有拉毛现象。

5. 屑料阻塞

冲压件产生屑料阻塞的原因及相应的修理方法见表9—3—4。

表9—3—4　　屑料阻塞的产生原因及修理方法

产生原因	修理方法
漏料孔偏小	加大漏料孔间隙
漏料孔偏大，屑料翻滚	重新修改漏料孔
刃口磨损，毛边较大	修磨刃口
冲压油滴速太快，油黏	控制滴油速度，更换油的品种
凹模直刃部分表面粗糙，粉屑烧结附着于刃部	通过表面处理，降低表面粗糙度值
材质较软	更换材料

应急措施如下：凸模刃部端面修出斜度或弧形（注意方向），使用吸尘器在垫板落料孔处吹气。

6. 废料切不断

废料切不断的主要原因是操作人员在生产过程中没有及时对废料进行清理，造成废料堆积，使废料切刀崩刃。其修理的方法与修边崩刃的办法相似。需要注意的是在修理过程中一定要注意废料切刀的高度：如果修得太高，会导致废料切刀的再次损坏；如果修得过低，会形成废料切不断现象。故在修理废料切刀时不仅要考虑到切刀的间隙，同时切刀的高度也很重要。因此，在修理前一定要选好基准面。

7. 翻边整形制件变形

在翻边和整形过程中往往会出现制件的变形现象，在非表面件中一般不会对制件的质量产生多大影响，但在表面件中，只要有一点变形就会给外观带来很大的质量缺陷，影响产品的质量。翻边整形制件变形的产生原因及修理方法见表9—3—5。

表9—3—5　　翻边整形制件变形的产生原因及修理方法

产生原因	修理方法
由于制件在成型和翻边的过程中，板料发生变形、流动，若压料不紧就会造成制件变形	加大压料力，如果是弹簧压料，可采用加弹簧的办法。如果加大压力后，在局部还存在变形，可用红丹粉采用研磨的方法找出具体问题点，检查是不是压料面局部出现凹陷等情况，此时可采用焊补压料板的办法
在压料力够大的情况下，压料面压料不均匀，局部有空隙	压料板焊后与模具的下型面进行研配

8. 冲压件跳屑压伤

冲压件跳屑压伤的产生原因及修理方法见表9—3—6。

表9—3—6 冲压件跳屑压伤的产生原因及修理方法

产生原因	修理方法
模具间隙偏大	控制凸模和凹模加工精度或修改设计间隙
送料不当	送至适当位置时修剪料带并及时清理模具
冲压油滴速太快，油黏	控制滴油速度或更换油的品种以降低黏度
模具未退磁	研修后必须退磁
凸模磨损，屑料压附于凸模上	研修凸模刃口
凸模太短，插入凹模长度不足	调整凸模刃口插入长度
材质较硬，冲切形状简单	在凸模刃口端面装顶出装置或修出斜面或弧形，减小凸模刃部端面与屑料的贴合面积

应急措施是减小凹模刃口的锋利度，减小凹模刃口的研修量，增大凹模直刃部的表面粗糙度，采用吸尘器吸废料，降低冲速，减缓跳屑。

技能训练

任务一　单工序落料模的装配与调试

1. 训练要求

(1) 熟悉装配图样，分析该单工序落料模的结构、工作原理及各零部件之间的配合关系。

(2) 能正确、规范地完成单工序落料模的装配与调试。

2. 训练准备

(1) 设备：钻床等。

(2) 工具、量具：直角尺、百分表、麻花钻、丝锥、铰刀、扳手等。

(3) 材料：该单工序落料模所有零部件。

(4) 单工序落料模装配图样，如图9—3—1所示。

3. 训练要点

装配时应按部件装配、总装、调试的步骤进行，具体步骤如下。

(1) 组装凸模

将凸模10装入凸模固定板4中，保证凸模对固定板端面的垂直度要求，并将凸模和固定板端面磨平。

(2) 装配模柄

将模柄1压入上模座2中，保证模柄与上模座的配合符合要求H7/m6，并将模柄端面突出部分磨平，安装好模柄后，用直角尺检查模柄与上模座上平面的垂直度。

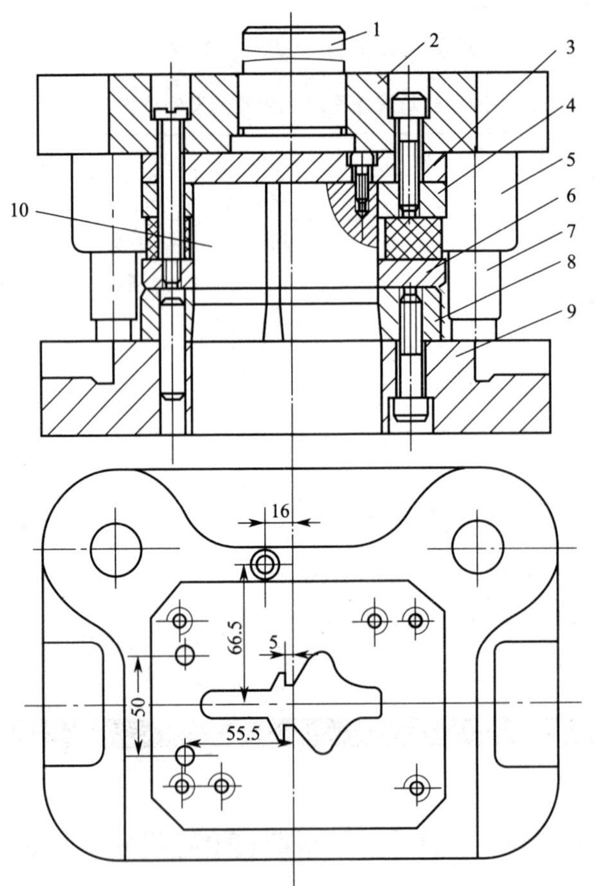

图 9—3—1　单工序落料模装配图样

1—模柄　2—上模座　3—垫板　4—凸模固定板　5—导套
6—卸料板　7—导柱　8—凹模　9—下模座　10—凸模

（3）装配模架

将导套 5 压入上模座，将导柱 7 装入下模座，并保证装配技术要求。

（4）装配凸模及凹模

把凸模 10 放入凹模 8 型孔内，两边垫等高垫块，并放入后导柱模架内，用划针把凹模外形划在下模座 9 上面，将凸模固定板 4 外形划在上模座 2 下平面上，初步确定凸模固定板和凹模在模座中的位置，然后分别用平行夹板夹紧上模和下模两部分，钻削上模座和下模座的螺钉固定孔，并将上模座翻过来，使模柄 1 朝上，按已划出的位置线将凸模固定板的位置对正，加工好凸模固定板的螺孔，按凹模 8 型孔划下模座上的漏料孔线。然后加工上模座 2 连接卸料板 6 的螺钉过孔以及下模座上的漏料孔，并按线每边均匀加大约 1 mm。最后用螺钉将凸模固定板 4 和垫板 3 紧固在上模座上，用螺钉将凹模紧固在下模座上（注意不要过紧，以便调整）。

（5）凸模与凹模的配合调整

将下模座的导柱放入上模座的导套内，并将上模座缓慢放下，使凸模进入凹模型孔内。如果凸模未进入凹模型孔内，可轻轻敲击凸模固定板，利用螺钉与螺钉过孔的间隙进行细微调整，直至凸模进入凹模型孔内。同时观察凸模与凹模的间隙，用同样的方法予以调整，并通过冲纸法试冲，直到间隙均匀为止。

（6）装配定位销

冲裁间隙调整均匀后，把上模组件取下，钻、铰定位销孔，配入定位销（销与孔应保持适当的过盈配合）。下模座的定位销孔按凹模销孔配作，同样配入定位销（销与孔应保持适当的过盈配合）。

（7）装配其他零部件

按装配图要求装配其他零部件。

（8）检验装配精度

检验运动精度、位置精度等，检验合格后打标记入库。

4. 训练评价

训练评分标准见表 9—3—7。

表 9—3—7　　　　　　　　　　　　训练评分标准

训练课题	单工序落料模的装配与调试				
姓名		班级		总得分	
序号	项目	配分	评分标准	实测结果	得分
1	装配工艺的制定合理	10	不合理不得分		
2	装配前的准备工作充分	5	准备不充分不得分		
3	凸模与固定板的装配符合要求	10	每处不符合要求扣 2 分		
4	模柄的装配符合要求	10	每处不符合要求扣 2 分		
5	凸模与凹模的装配符合要求	10	每处不符合要求扣 2 分		
6	模架的装配符合要求	10	每处不符合要求扣 2 分		
7	总装符合要求	20	每处不符合要求扣 4 分		
8	其他零部件装配符合要求	10	每处不符合要求扣 2 分		
9	装配精度检测合格	10	每处不符合要求扣 2 分		
10	安全文明生产	5	酌情扣分		
现场记录					

任务二　冲裁模的安装与调试

1. 训练要求

（1）熟悉常用冲压设备的结构、工作原理及使用操作规范。

（2）能正确、规范地安装、调整冲裁模，并进行试模。

2. 训练准备

（1）设备：冲裁模、开式可倾压力机。

（2）工具、量具：垫块、压板、扳手等。

（3）材料：冲裁料坯。

（4）冲裁模安装参考图，如图 9—3—2 所示。

图 9—3—2　冲裁模安装参考图

1—滑块　2—模柄锁紧螺栓　3—冲模　4—压板　5—工作台

3. 训练要点

安装、调试操作前，必须熟悉压力机的性能和操作规程，并进行静态和通电检查，确保压力机正常、无安全隐患。在安装、调试过程中，一定要注意安全，必须在指导教师监督下进行。安装、调试步骤如下：

（1）将压力机工作方式选择开关拨至调整位置，以调整操作方式将滑块降至下止点。

（2）松开压力机闭合高度（滑块下表面到工作台上表面之间的距离）锁紧螺母，调节螺杆（与连杆相连），将压力机闭合高度调至稍大于模具的闭合高度。松开滑块上用于夹紧模柄的夹紧块上的夹紧螺母和模柄锁紧螺栓。将限位螺钉调到最高位置。

（3）以调整方式将滑块上升至上止点，按下电动机停止按钮，关闭压力机（指大型压力机）。

（4）把模具安放在压力机工作台的中心位置，使模柄对准滑块上的模柄孔。此时，对于非弹压卸料的模具，应在上、下模之间垫上木块或等高垫块，使上模高于闭合位置。

（5）用撬杠插入飞轮外缘的孔内，转动飞轮使滑块下降，直至滑块到达下止点位置。在此过程中应注意调整模具位置，使模柄进入滑块模柄孔。

（6）调整压力机闭合高度，使滑块下表面与模具上模座紧密贴合。

（7）用扳手拧紧夹紧块上的夹紧螺母，然后拧紧模柄锁紧螺栓。

（8）安装固定下模的螺栓、垫块、压板，并稍微拧紧螺母，使下模初步固定在工作台上。

(9) 调整压力机闭合高度，先升高滑块，然后降低滑块使模具初步闭合。此时，对于开式模具应注意调整间隙。

(10) 启动压力机，以调整方式使滑块空行程运转数次，然后停止于下止点。

(11) 拧紧下模压板螺母，完全固定下模。

(12) 启动压力机，使滑块停止于上止点。

(13) 将压力机工作方式选择开关拨至脚踩单次或双手单次动作位置，再使滑块空行程运转数次。

(14) 当模具有顶件要求时，安装、调整弹顶器或气垫。

(15) 进行试冲，并根据试冲结果再次调整滑块闭合高度。试冲一次，调整一次，每次调整量不宜过大。模具上模有推件装置时，应同时调节打杆高度。

(16) 全面检查模具和压力机的运转状况，检查无误后方能进行首件试冲。

(17) 检验首件，合格后开始正常生产作业。

4. 训练评价

训练评分标准见表 9—3—8。

表 9—3—8　　训练评分标准

训练课题	冲裁模的安装与调试				
姓名		班级		总得分	
序号	项目	配分	评分标准	实测结果	得分
1	安装、调试工艺的制定正确	10	不正确不得分		
2	准备工作充分	5	准备不充分不得分		
3	压力机静态检查正确、规范	10	不正确不得分		
4	通电试车正确、规范	10	每处不正确扣 5 分		
5	安装操作正确、规范	10	每处不正确扣 5 分		
6	调整操作正确、规范	20	每处不正确扣 5 分		
7	试冲操作正确、规范	20	每处不正确扣 5 分		
8	制件首件检验与调试合格	10	每处不正确扣 5 分		
9	安全文明生产	5	酌情扣分		
现场记录					

任务三　弯形模的制作

1. 训练要求

(1) 结合弯形模结构示意图，能分析各零件的功用及技术要求。

(2) 掌握弯形模各零件的加工工艺及方法。

(3) 掌握弯形模的装配技术要求、装配工艺以及试模操作方法。

2. 训练准备

(1) 设备：钻床等。

(2) 工具、量具：麻花钻、丝锥、内六角扳手、游标卡尺、千分尺、直角尺等。

(3) 材料：各零件毛坯。

(4) 弯形模结构示意图如图 9—3—3 所示，各零件图样如图 9—3—4 至图 9—3—9 所示。

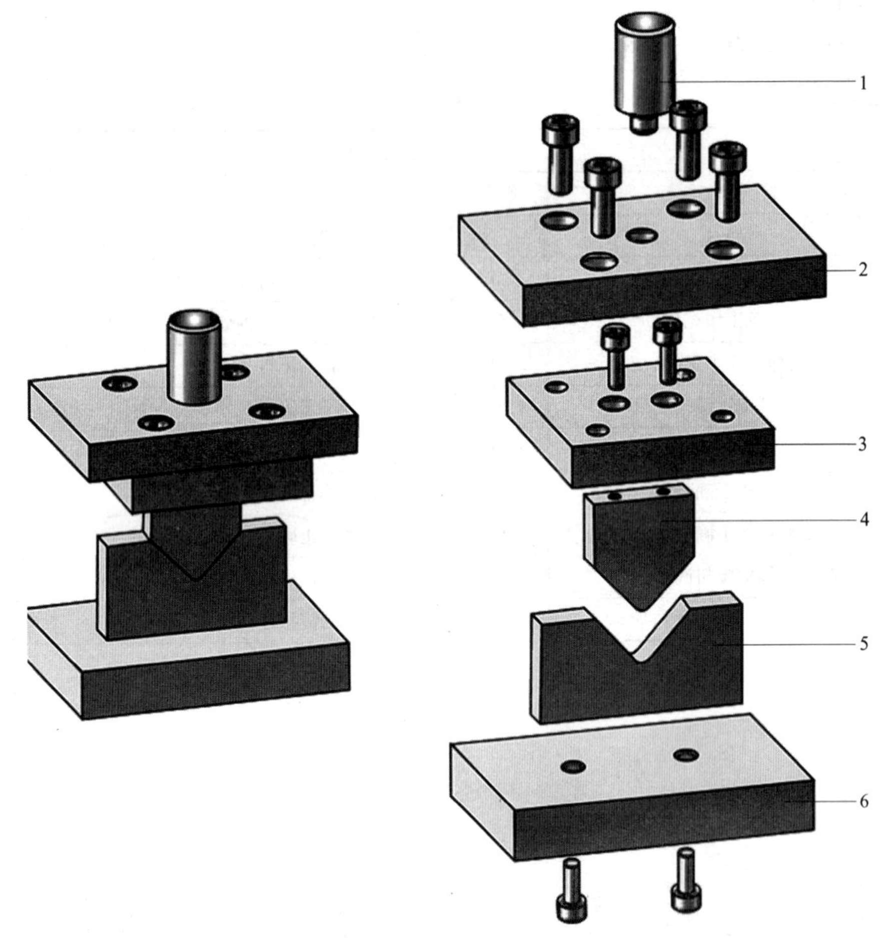

图 9—3—3　弯形模结构示意图

1—模柄　2—上模板　3—凸模固定板　4—凸模　5—凹模　6—下模板

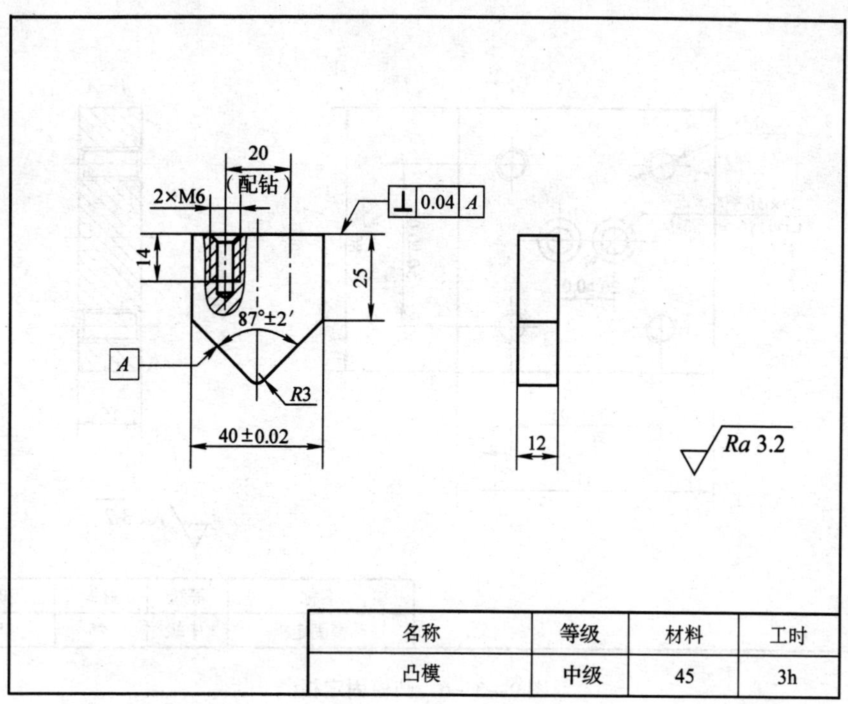

图 9—3—4　凸模

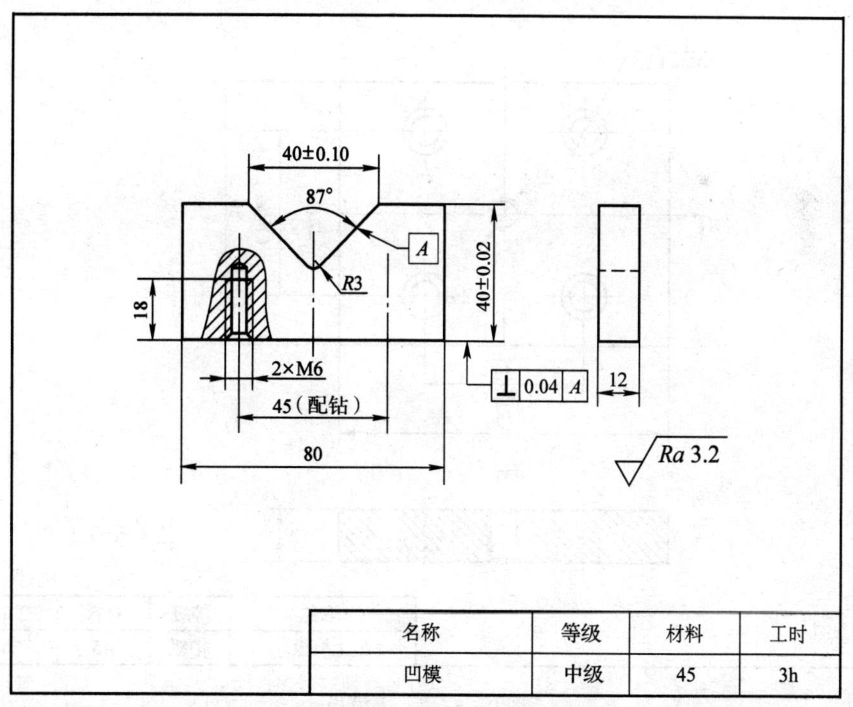

图 9—3—5　凹模

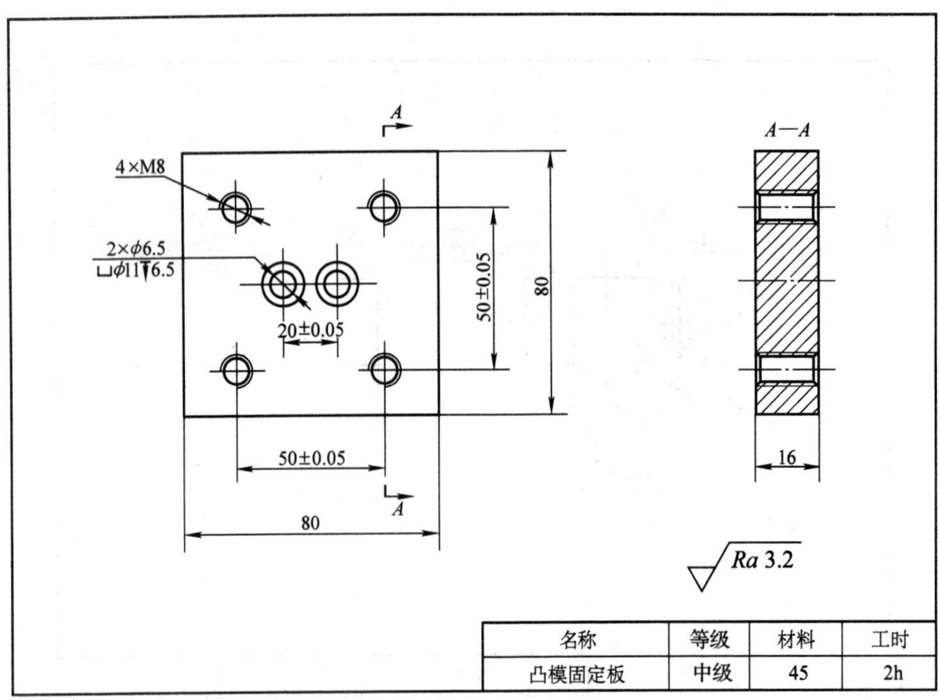

名称	等级	材料	工时
凸模固定板	中级	45	2h

图 9—3—6　凸模固定板

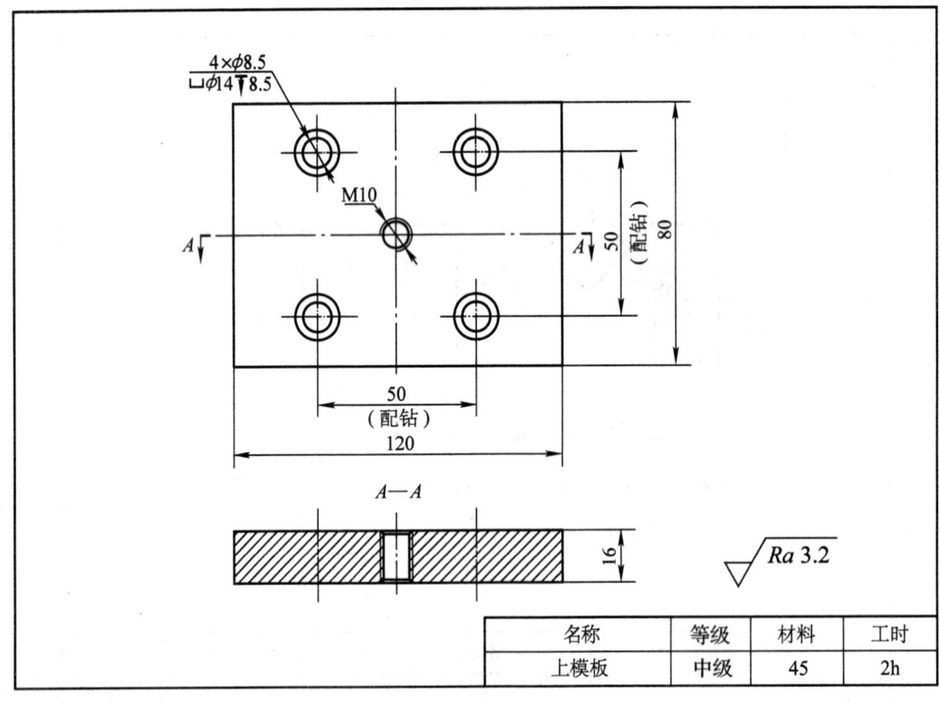

名称	等级	材料	工时
上模板	中级	45	2h

图 9—3—7　上模板

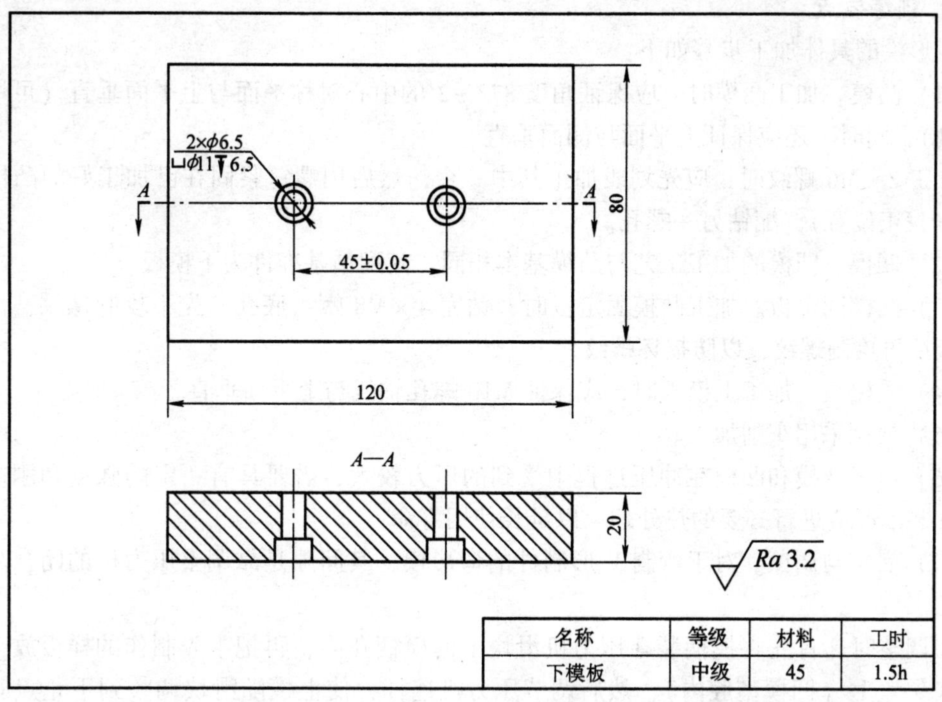

图 9—3—8　下模板

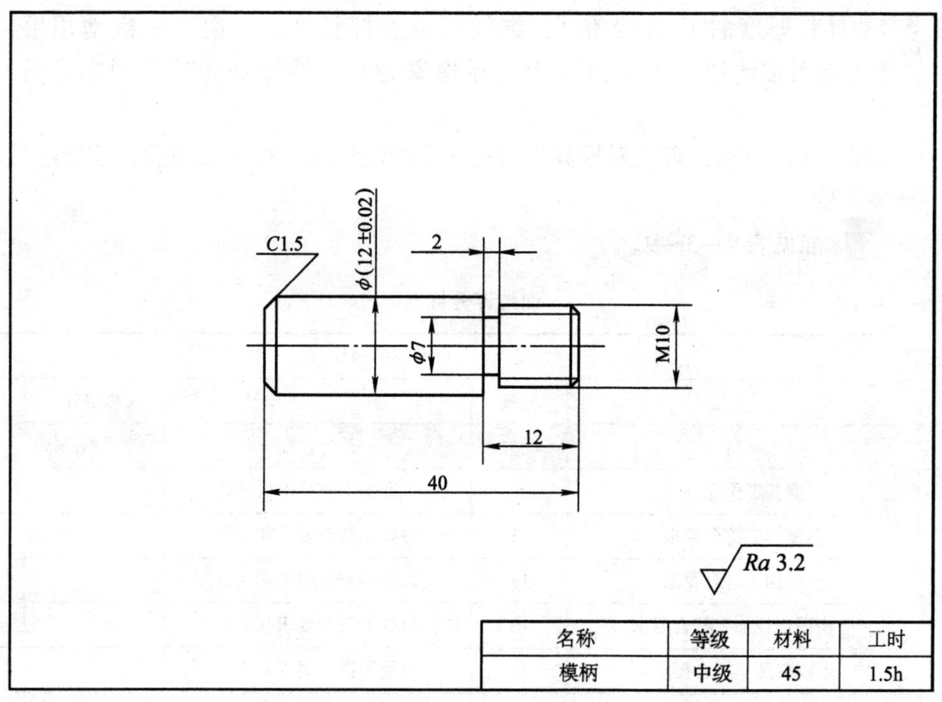

图 9—3—9　模柄

3. 训练要点

弯形模的具体加工步骤如下：

(1) 凸模。加工凸模时，应保证角度87°±2′的中心对称平面与上平面垂直（可用正弦规控制），同时，还应保证上平面与侧面垂直。

加工2×M6螺纹时，应先划线加工其中一个，然后用螺钉紧固在已加工好的凸模固定板上（找正位置），配钻另一螺孔。

(2) 凹模。凹模的加工工艺与凸模基本相同，其配钻基准件为下模板。

(3) 凸模固定板。加工凸模固定板时，钻完4×M8螺纹底孔，先不攻制螺纹，待配钻上模板后再攻制螺纹，以防损坏螺纹。

(4) 上模板。加工上模板时，应保证M10螺孔轴线与上平面垂直。

(5) 模柄采用车削加工。

(6) 由于凸模和凹模在冲压过程中受到的压力较大，需要具有一定的强度和刚度，因此，在装配前应进行必要的热处理，以延长使用寿命。

(7) 安装与调试。对于弯制V形制件的弯形模，其间隙是靠调整压力机的闭合高度来控制的。

在调整时，首先将模柄装在压力机滑块上的模柄孔内，再把事先制作的样板放在模具的工作位置上（凹模型腔内），然后调节压力机连杆，使上模随滑块调整到下止点时，既能压实样板，又不发生硬性顶撞及“咬死”现象。然后用压板固定下模，但不能将螺钉拧得过紧，此时再调整间隙，其方法是在凸、凹模之间垫一块比坯料略厚的垫片（其厚度一般为弯曲坯料厚度的1～1.2倍），继续调节连杆长度，一次又一次地用手扳动飞轮，直到滑块能正常地通过下止点而无阻滞现象为止。调整好后拧紧固定模具的各个螺栓。

(8) 试模。在试模前，首先对模具进行一次全面的检查，检查无误后，才能进行试冲。

4. 训练评价

训练评分标准见表9—3—9。

表9—3—9 训练评分标准

训练课题	弯形模的制作				
姓名		班级		总得分	
序号	项目	配分	评分标准	实测结果	得分
1	准备工作充分	5	准备不充分不得分		
2	凸模加工符合要求	15	每处不符合要求扣3分		
3	凹模加工符合要求	15	每处不符合要求扣3分		
4	凸模固定板加工符合要求	10	每处不符合要求扣2分		
5	上模板加工符合要求	10	每处不符合要求扣2分		
6	下模板加工符合要求	5	每处不符合要求扣1分		
7	模柄加工符合要求	5	每处不符合要求扣1分		
8	模具安装与调整符合要求	10	每处不符合要求扣5分		

续表

序号	项目	配分	评分标准	实测结果	得分
9	模具安装后的检查正确、规范	5	每处错误扣 1 分		
10	模具试模操作正确、规范	10	每处错误扣 5 分		
11	安全文明生产	10	酌情扣分		
现场记录					

任务拓展

图 9—3—10a 所示为落料模的结构图，各零件基本完成了机械加工，现要求模具钳工进行装配，以满足如图 9—3—10b 所示落料零件的要求。

图 9—3—11 至图 9—3—17 所示为落料模各零件的图样。其中，底板零件图如图 9—3—11 所示，凹模零件图如图 9—3—12 所示，卸料板零件图如图 9—3—13 所示，凸模固定板零件图如图 9—3—14 所示，上模板零件图如图 19—3—15 所示，凸模零件图如图 9—3—16 所示，模柄零件图如图 9—3—17 所示。训练评分标准见表 9—3—10。

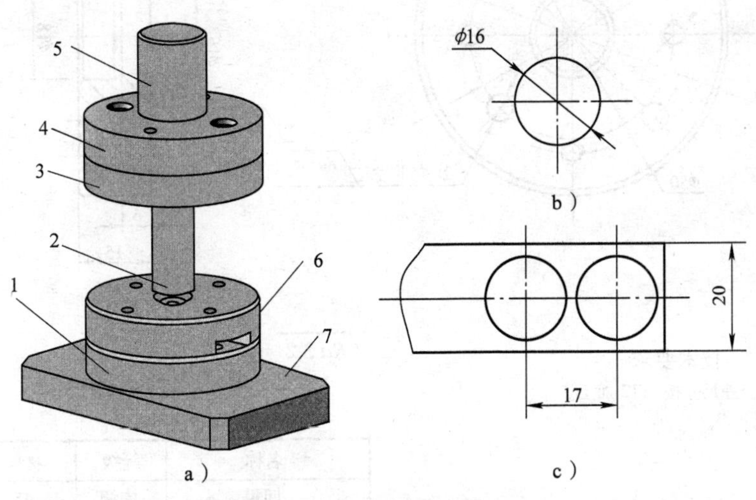

图 9—3—10　落料模及落料零件

a）落料模结构图　b）落料零件图　c）排样图

1—凹模　2—凸模　3—凸模固定板　4—上模板　5—模柄　6—卸料板　7—底板

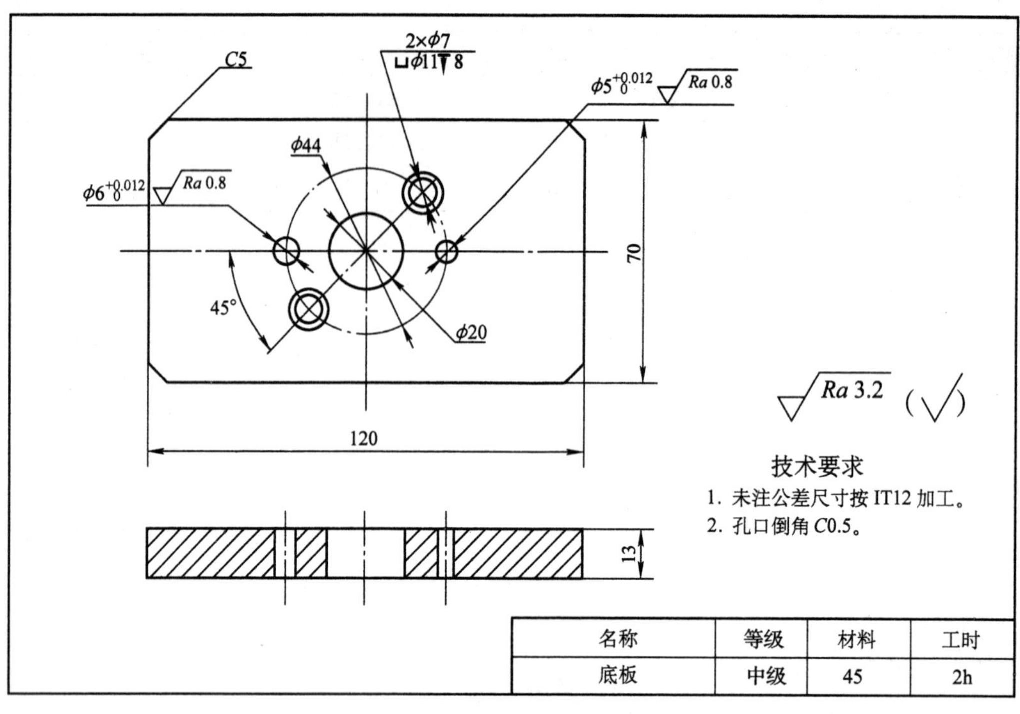

图 9—3—11　底板零件图

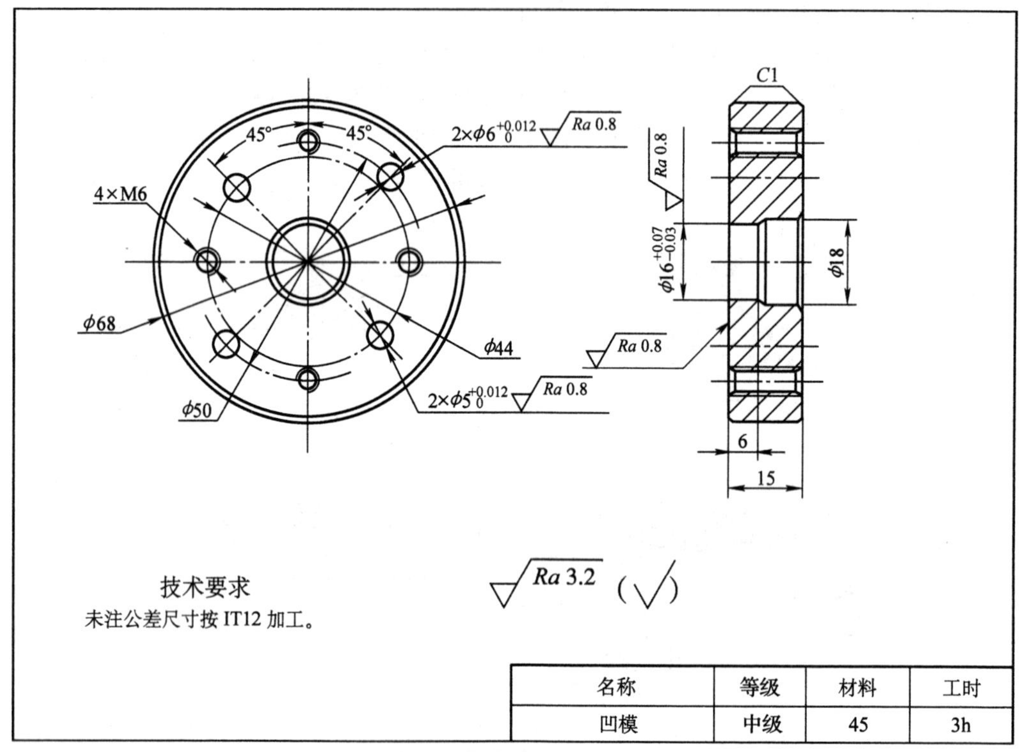

图 9—3—12　凹模零件图

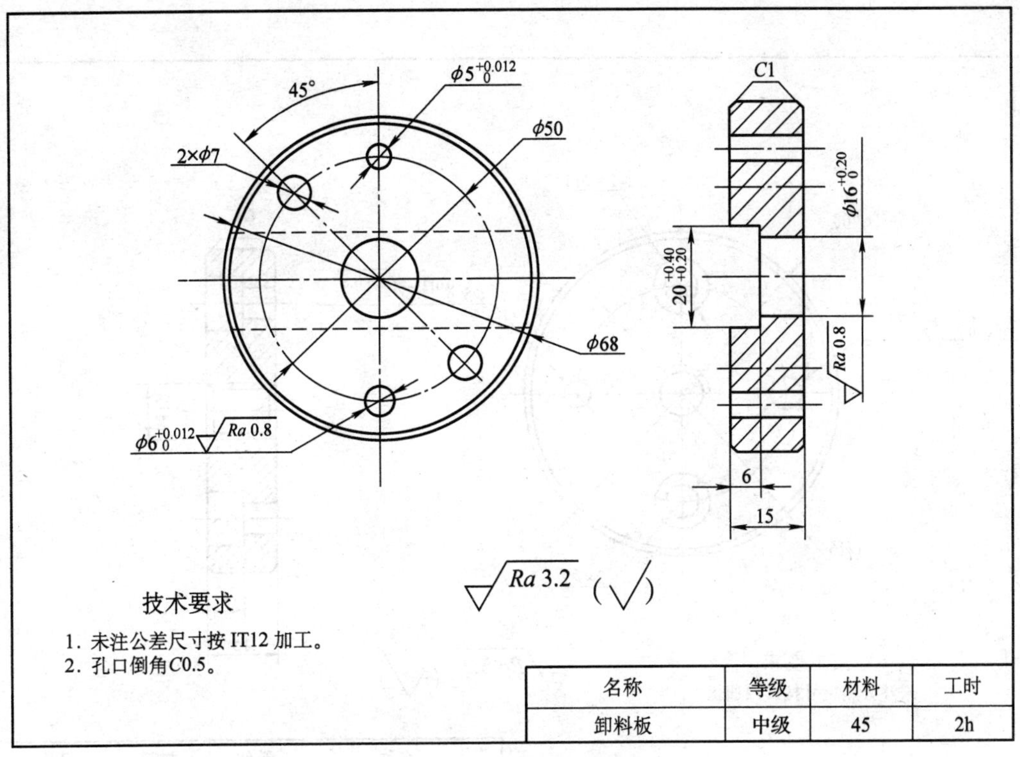

图 9—3—13　卸料板零件图

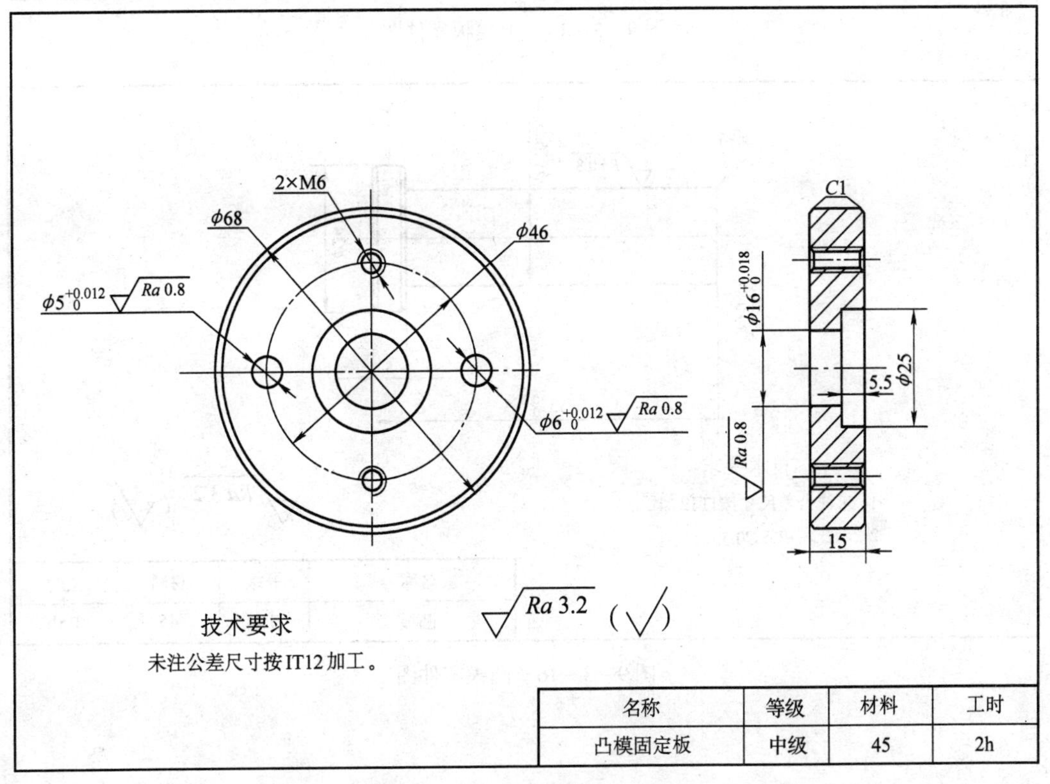

图 9—3—14　凸模固定板零件图

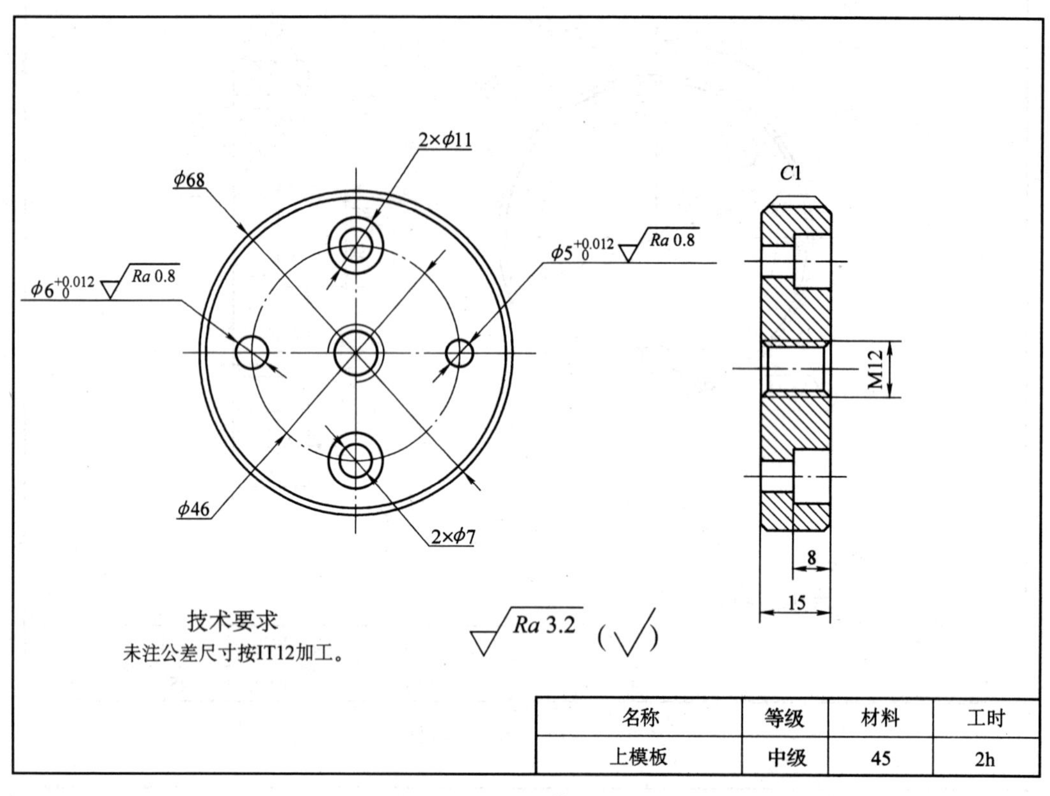

名称	等级	材料	工时
上模板	中级	45	2h

图 9—3—15　上模板零件图

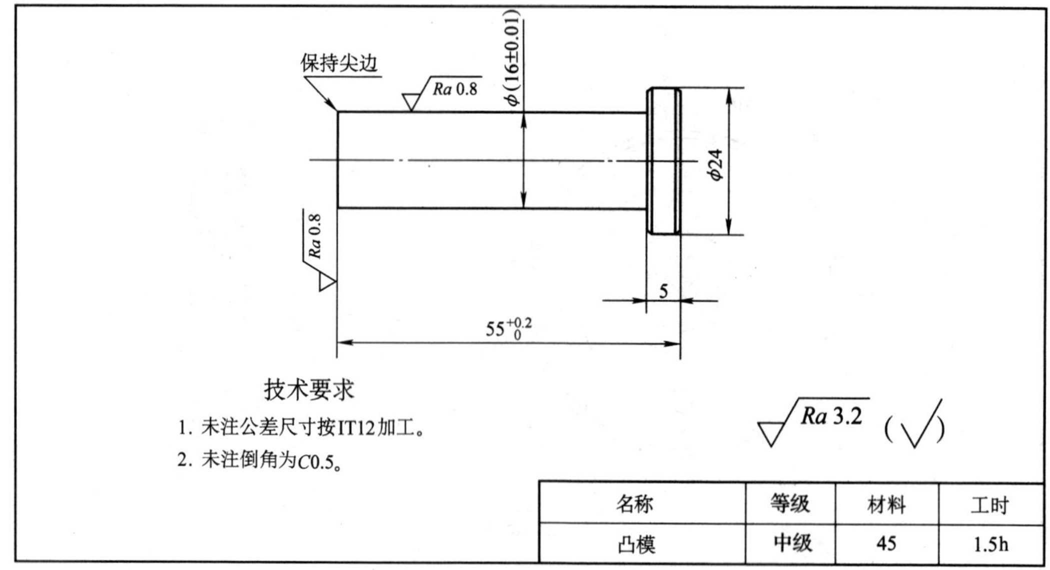

名称	等级	材料	工时
凸模	中级	45	1.5h

图 9—3—16　凸模零件图

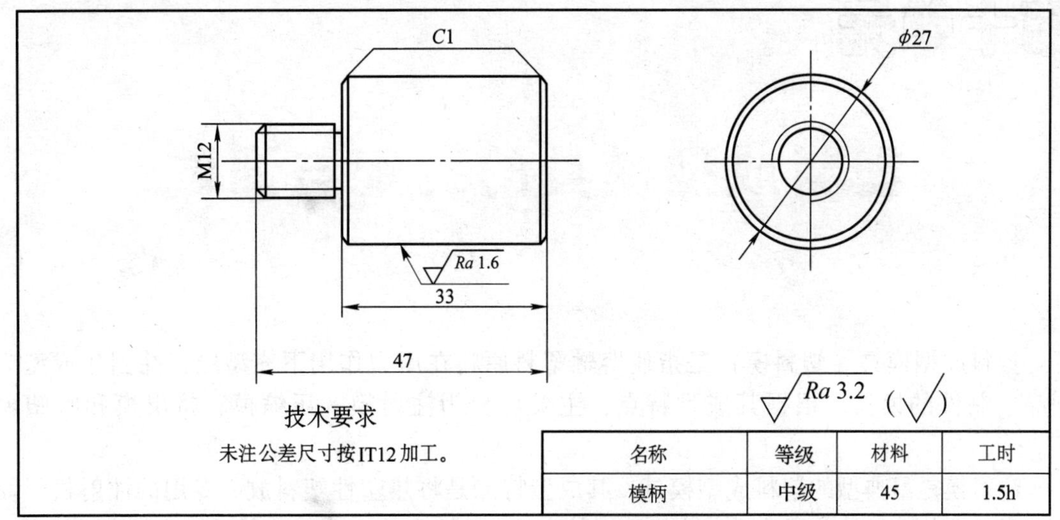

图 9—3—17　模柄零件图

表 9—3—10　　　　训练评分标准

训练课题	落料模的装配				
姓名		班级		总得分	
序号	项目	配分	评分标准	实测结果	得分
1	底板与凹模的装配符合要求	15	不符合要求不得分		
2	凹模组件与卸料板的装配符合要求	10	不符合要求不得分		
3	凸模与凸模固定板的装配符合要求	15	不符合要求不得分		
4	上模组件的装配符合要求	10	不符合要求不得分		
5	模具的调整正确	10	不符合要求不得分		
6	加工试件，尺寸允差为 ±0.5 mm	20	试件尺寸超差不得分		
7	装配时工具的使用正确	10	每错一处扣 2 分		
8	安全文明生产	10	酌情扣分		
现场记录					

第十单元

塑料成型模具的装配与调试

塑料成型模具（塑料模）是指使熔融塑料原料在压力作用下充型腔，并固化成型为制品、制件的模具。根据其成型特点，主要可分为注射模、压缩模、挤出模和吹塑模等。

注射模是最典型的塑料成型模具，其成型特点是将热塑性塑料放入专用的注射机料筒内，通过加热使其熔化成流动状态，再以较高的速度和压力，通过注射系统将其注入模具型腔内，待固化后形成所需的制品。注射模可用于制作形状复杂的塑料制品。

压缩模的成型特点是将热固性塑料放在模具型腔内，在压力机上通过加热板对其加热、加压后，使其软化充满型腔，经保温、保压一定时间后，软化的塑料就固化成与型腔形状相应的制件、制品。常用的热固性塑料如酚醛塑料由于具有较好的电气绝缘性能、力学性能、耐蚀性和热稳定性等优点，主要应用于电器、电信、仪器仪表及日用产品中。

挤出模的成型特点是在挤出机中通过加热、加压而使塑料以流动状态连续通过口模成型挤出，并经定型得到制品。挤出成型工艺主要用于热塑性塑料的成型加工，也可用于某些热固性塑料。挤出的制品都是连续的型材，如管材、棒材、板材等，生产率较高。

吹塑模是把塑料型坯放于模具中，然后合模，借助压缩空气吸胀、定形、冷却而得到一定形状中空塑件的方法，可制作塑料瓶等。

课题一 常用塑料成型设备

对塑料进行模塑成型的设备称为塑料成型设备。根据成型工艺方法不同，可分为塑料注射机、塑料压力成型机、塑料挤出成型机、吹塑中空成型机等，如图 10—1—1 所示。最为常用的是塑料注射机（俗称注射机）。

一、塑料注射机的分类与规格

1. 分类

（1）塑料注射机从外形上一般可分为卧式塑料注射机（见图 10—1—1a）、立式塑料注射机（见图 10—1—2a）、角式塑料注射机（见图 10—1—2b）三种。其中，卧式塑料注射机应用最广，机型最多。

a） b）
c） d）

图 10—1—1　塑料成型设备

a）塑料注射机　b）塑料压力成型机　c）塑料挤出成型机　d）吹塑中空成型机

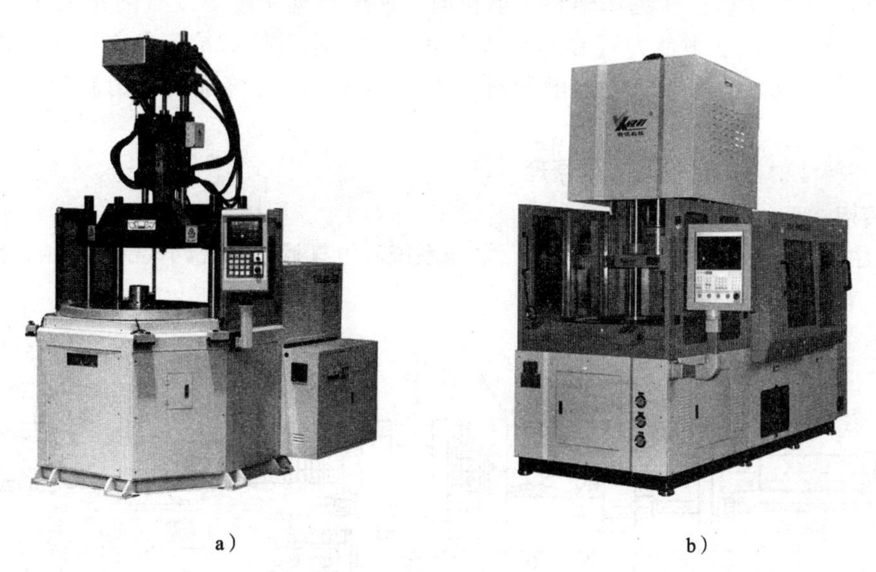
a） b）

图 10—1—2　塑料注射机

a）立式塑料注射机　b）角式塑料注射机

1）卧式塑料注射机。卧式塑料注射机是最常用的类型。其特点是注射总成的中心线与合模总成的中心线一致，并平行于安装地面。它的优点是重心低，工作平稳，模具安装、操作及维修均较方便，模具开距大，占用空间高度小，大、中、小型机均有广泛应用；缺点是占地面积大。

2）立式塑料注射机。其特点是合模装置与注射装置的轴线呈一线排列，而且与地面垂直。优点是占地面积小，模具装拆方便，嵌件安装容易，自料斗落入物料能较均匀地进行塑化，易实现自动化及多台机自动线管理等；缺点是顶出制品不易自动脱落，常需人工或其他方法取出。

3）角式塑料注射机。其特点是注射装置和合模装置的轴线互相垂直排列。根据注射总成中心线与安装基面的相对位置有卧立式、立卧式、平卧式之分：卧立式，注射总成中心线与基面平行，而合模总成中心线与基面垂直；立卧式，注射总成中心线与基面垂直，而合模总成中心线与基面平行。角式塑料注射机兼有卧式与立式塑料注射机的优点，特别适用于开设侧浇口非对称几何形状制品的模具。

（2）按动力驱动方式可分为液压式塑料注射机、全电动塑料注射机。

液压式塑料注射机是由液压驱动来提供机器锁模、射胶动作的能量。全电动塑料注射机则是由伺服阀来控制，没有液压系统，机器的动作能源全都来自电能，靠滚珠丝杠传动。

（3）塑料注射机按塑化方式不同，可分为柱塞式塑料注射机和螺杆式塑料注射机。

2. 型号规格

国家标准《橡胶塑料机械产品型号编制方法》（GB/T 12783—2000）规定，塑料注射机的型号由类代号、组代号、品种代号和规格参数组成。其中，类代号用“S”表示塑料；组代号用“Z”表示注射；品种代号用“L”表示立式，用“J”表示角式，卧式塑料注射机属于基本型，不标注品种代号；规格用合模力表示，单位为 kN。

例如，SZ—16000 的含义是合模力为 16 000 kN 的卧式塑料注射机。

由于在塑料注射机的型号中只标注了一个主参数（合模力），它反映不出该塑料注射机所有的使用功能，所以，在选用塑料注射机时，还应根据实际需要查阅相关的辅助参数，例如，注射成型机的注射能力（在一个成型周期中，注射机对给定塑料的最大注射容量或质量）、注射压力（注射机使熔融塑料注入模具型腔时需施加的压力）以及最大开距等。

二、塑料注射机的结构及工作原理

1. 结构

塑料注射机由注射系统、合模系统、液压系统和电气控制系统四大部分组成。卧式塑料注射机的结构如图 10—1—3 所示。

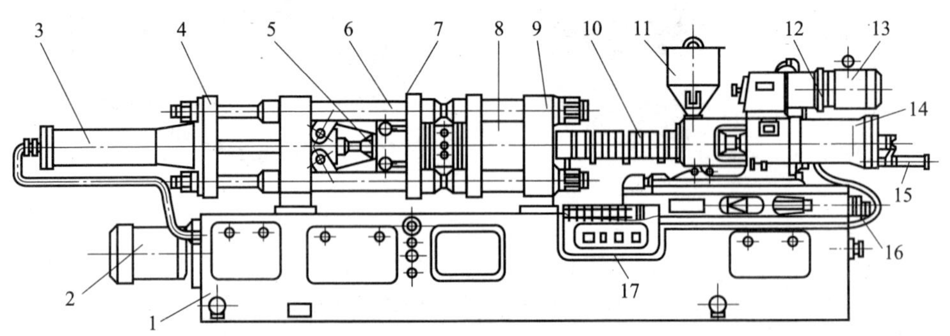

图 10—1—3　卧式塑料注射机的结构

1—机身　2—液压系统用电动机　3—合模液压缸　4、9—固定模板　5—合模机构　6—拉杆　7—移动模板　8—成型模具　10—料筒、螺杆和电加热装置　11—料斗　12—传动减速箱　13—电动机　14—注射用液压缸　15—计量装置　16—注射座移动液压缸　17—操作台

（1）注射系统

注射系统是塑料注射机的主要部分，其作用是使塑料均匀地塑化熔融并达到流动状态，在很高的压力和较快的速度下，通过螺杆或柱塞的推挤注射入模。注射系统包括料斗、加热装置、螺杆及喷嘴等部件，如图 10—1—4 所示。

（2）合模系统

合模系统的作用是保证模具闭合、开启及顶出制品。同时，在模具闭合后，供给模具足够的锁模力，以抵抗熔融塑料进入模腔产生的模腔压力，防止模具开缝。合模系统包括合模装置、调模机构、顶出机构、固定模板、移动模板、合模液压缸和安全保护机构。合模装置可分为直压式和肘节式两种。肘节式合模系统如图 10—1—5 所示。

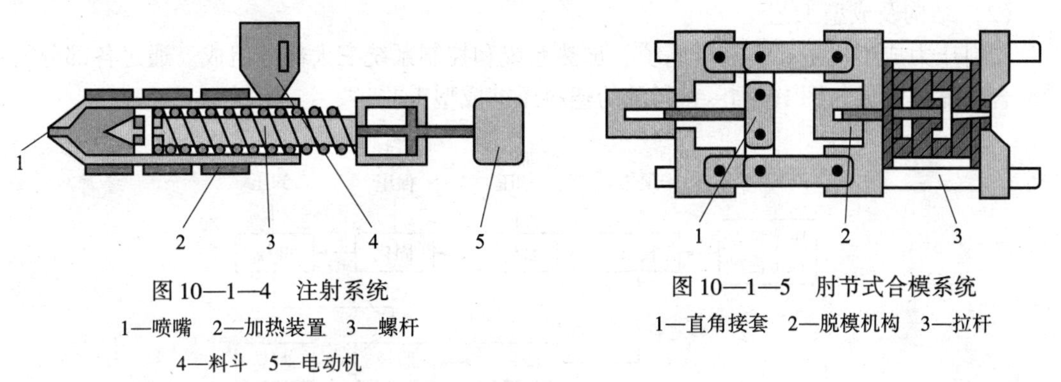

图 10—1—4　注射系统
1—喷嘴　2—加热装置　3—螺杆
4—料斗　5—电动机

图 10—1—5　肘节式合模系统
1—直角接套　2—脱模机构　3—拉杆

（3）液压系统

液压系统的作用是为塑料注射机实现工艺过程所要求的各种动作提供动力，并满足注射机各部分所需压力、速度等的要求。它主要由各种液压元件和液压辅助元件组成，其中液压泵和电动机是注射机的动力来源。各种阀控制油液压力和流量，从而满足注射成型工艺的各项要求。

（4）电气控制系统

电气控制系统与液压系统合理配合，可实现注射机的工艺过程要求（压力、温度、速度、时间）和各种程序动作。电气控制系统主要由电器、电子元件、仪表、加热器、传感器等组成，一般有四种控制方式，即手动、半自动、全自动、调整。

2. 工作原理

塑料注射机的工作原理是将粒状或粉状的塑料从注射机的料斗送进已加热的具有一定温度的料筒中，经过加热熔化呈液体状态后，由螺杆或柱塞推动而通过料筒前段的喷嘴，并注入温度较低的闭合塑料模具中，液态塑料在受压的情况下，经过冷却固化后，即成为塑料制品。

注射成型是一个循环过程，每一周期主要包括定量加料、熔融塑化、施压注射、充模冷却、开模取件。取出塑件后再合模，进行下一个循环。

三、其他塑料成型机

1. 塑料压力成型机

塑料压力成型机是将热固性塑料经压缩成型工艺制成塑件的主要设备。按生产方式分为基本型塑料压力成型机、多层塑料压力成型机和多工位塑料压力成型机；按结构分为框式和四柱式；按顶出方式分为无顶出装置和有顶出装置两种形式。

(1) 型号规格

塑料压力成型机的型号由类代号、组代号、品种代号和规格参数组成。其中，类代号用“S”表示塑料；组代号用“L”表示压力；品种代号用“C”表示多层，用“W”表示多工位，基本型不标注品种代号。

基本型塑料压力成型机的规格用总压力表示，单位为 kN；多层塑料压力成型机的规格用总压力（kN）×层数表示；多工位塑料压力成型机的规格用总压力（kN）×工位数表示。

例如，SLC—3000×4 的含义是总压力为 3 000 kN 的四层塑料压力成型机。

(2) 结构及成型工艺

塑料压力成型机主要由液压系统、加热系统和控制系统三大部分组成。通过各部分的功能配合压缩模完成如图 10—1—6 所示的塑料压缩成型工艺。

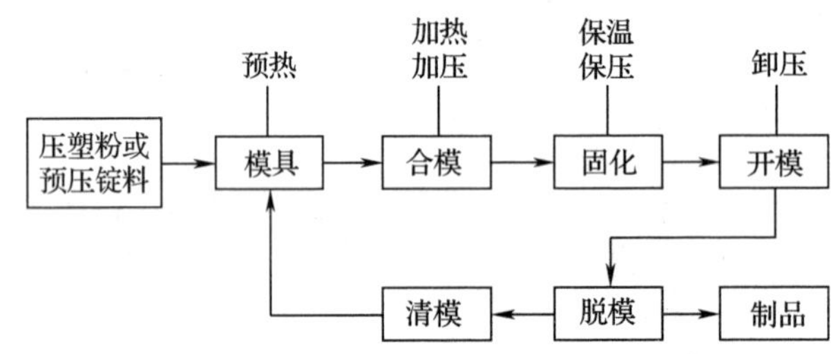

图 10—1—6　塑料压缩成型工艺示意图

2. 塑料挤出成型机

在塑料挤出成型设备中，塑料挤出成型机通常称为主机，而与其配套的后续设备则称为辅机。随着塑料加工行业的迅速发展，塑料挤出成型机（主机）已由原来的单螺杆衍生出双螺杆、多螺杆，甚至无螺杆等多种机型。它可以与管材、薄膜、棒材、单丝、板（片）材、异型材等各种塑料成型辅机匹配，组成各种塑料挤出成型生产线，生产各种塑料制品。

(1) 型号规格

塑料挤出成型机（主机）的品种繁多，常用的有基本型（单螺杆）塑料挤出成型机和双螺杆塑料挤出成型机，其型号由类代号、组代号、品种代号和规格参数组成。其中，类代号用“S”表示塑料；组代号用“J”表示挤出；品种代号用“S”表示双螺杆，基本型不标注品种代号。

基本型塑料挤出成型机和双螺杆塑料挤出成型机的规格均用螺杆直径（mm）×长径比表示，其中 20∶1 的长径比可不标注。

例如，SJS—65×30 的含义是螺杆直径为 65 mm、长径比为 30∶1 的塑料挤出成型机。

(2) 结构及成型工艺

塑料挤出成型机由挤出装置、传动机构、加热系统、冷却系统等主要部分组成。挤出装置是挤出机的基础部分，其基本结构主要包括传动装置、加料装置、料筒、螺杆、机头和口模等。挤出机的辅助装置有挤出原料的预处理装置（如原料输送与干燥）和挤出制品处理装置（如制品定型、冷却、牵引、切料或辊卷等）。

塑料挤出成型工艺示意图如图 10—1—7 所示，塑料原料自料斗 1 进入料筒，在螺杆 5 旋转作用下，通过料筒内壁和螺杆表面摩擦剪切作用向前输送到压缩段，由于螺杆的螺旋槽由深变浅，在此将松散固体原料向前输送的同时进一步压实，通过料筒加热以及原料与螺杆和料筒内壁摩擦剪切作用，使料温升高开始熔融，并将熔融后的塑料经机头 2 定温、定量地从口模连续挤出，然后经定型得到成型制品。

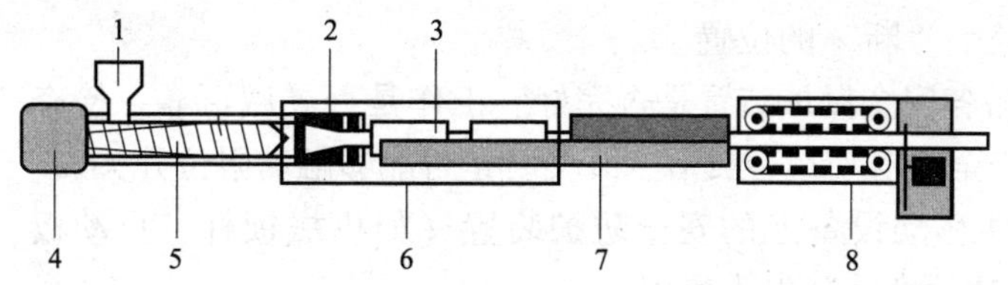

图 10—1—7　塑料挤出成型工艺示意图

1—料斗　2—机头　3—定型模　4—传动装置　5—螺杆　6—挤出模具　7—冷却装置　8—牵引切割装置

3. 吹塑中空成型机

中空塑料制品绝大多数是采用吹塑成型工艺制成的，它是一种发展迅速的塑料加工方法，用于完成吹塑成型工艺的设备称为吹塑中空成型机。吹塑成型由两个基本步骤构成，一是将塑料熔融后制成型坯；二是利用压缩空气将吹塑模型腔内的型坯吹胀，使之紧贴型腔壁，经冷却后得到所需要的制品。

（1）型号规格

吹塑中空成型机按型坯制作方法主要分为塑料挤出吹塑中空成型机和塑料注射吹塑中空成型机两大类，其型号由类代号、组代号、品种代号和规格参数组成。其中，类代号用“S”表示塑料；组代号用“C”表示吹塑；品种代号用“J”表示挤出，用“Z”表示注射。

塑料挤出吹塑中空成型机和塑料注射吹塑中空成型机的规格均用制品容器容积（L）×工位数表示。

例如，SCJ—500×2 的含义是制品容器容积为 500 L、双工位的塑料挤出吹塑中空成型机。

（2）结构及成型工艺

塑料挤出吹塑中空成型机和塑料注射吹塑中空成型机的不同之处是制造型坯的方法不同，吹塑过程基本上是相同的。吹塑中空成型机除注射机或挤出机外，主要是吹塑用的模具。吹塑模通常由两半合成，并设有冷却系统，在分型面上通常有一可插入吹气管的小孔。吹塑中空成型机主要由挤出机（或注射机）、液压系统、合模系统、电气控制系统、充气系统等部分组成。其塑料挤出吹塑成型工艺示意图如图 10—1—8 所示。

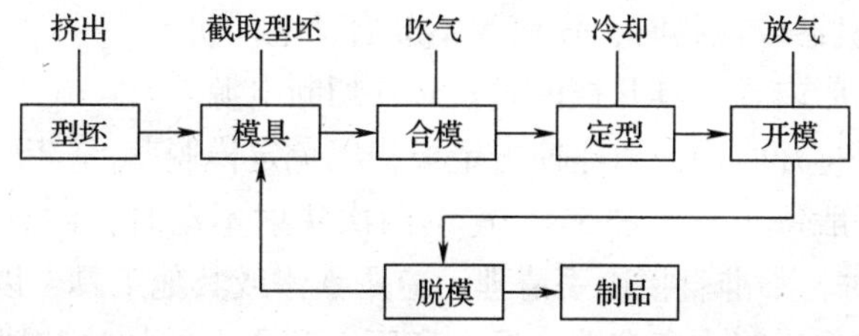

图 10—1—8　塑料挤出吹塑成型工艺示意图

四、塑料注射机安全操作规程

1．开机前的准备工作

（1）清理设备周围环境，不允许存放与生产无关的物品。

（2）清理工作台及设备内外杂物，用干净棉纱擦拭注射导座及合模部分拉杆。

（3）检查设备各控制开关、按钮、电气线路、操作手柄、手轮等有无损坏或失灵现象。各开关、手柄应处于“断”的位置。

（4）检查设备各安全保护装置是否完好、工作是否灵敏可靠。检查“紧急停止”按钮是否有效可靠，安全门滑动是否灵活，开关时是否能够触动限位开关。

（5）不准随便移动设备上的安全防护装置（如机械锁杆、止动板、各安全防护开关等），更不许改装或故意使其失去作用。

（6）检查各部位螺纹连接是否拧紧，有无松动现象。如发现零部件异常或有损坏现象，应向设备管理人员报告，由设备管理人员处理或通知维修人员处理。

（7）检查各冷却水管路，试通水，查看水流是否通畅，是否有堵塞或滴漏现象。

（8）检查料斗内是否有异物，料斗上方不许存放任何物品，料斗盖应盖好，防止灰尘、杂物落入料斗。

2．开机

（1）合上机床总电源开关，检查设备是否漏电，按设定的工艺温度要求给料筒、模具预热，在料筒温度达到工艺温度时必须保温 20 min 以上，确保料筒各部位温度均匀。

（2）打开油冷却器冷却水阀门，对液压油进行冷却，点动启动液压泵，无任何异常现象方可正式启动液压泵，待显示器上显示“马达开”后才能运转动作，检查安全门工作是否正常。

（3）手动启动螺杆转动，查看螺杆转动声响有无异常及是否卡死。

（4）操作工必须使用安全门，如安全门行程开关失灵则不准开机，严禁不使用安全门操作。

（5）运转设备的电器、液压及转动部分的各种盖板、防护罩等要盖好并固定好。

（6）非当班操作者，未经允许不准操作各按钮、手柄，不许两人或两人以上同时操作同一台塑料注射机。

（7）安放模具、嵌件时要准确、可靠，合模过程中如发现异常应立即停车，通知相关人员排除故障。

（8）修理机器或清理模具时间较长（10 min 以上）时，一定要先将注射座后退，使喷嘴离开模具，关掉电动机。维修人员修理机器时，操作人员不准脱岗。

（9）有人在处理机器或模具时，任何人不准启动电动机。

（10）身体进入机床内或模具开档内时，必须切断电源。

（11）避免在模具打开时用注射座撞击定模，以免定模脱落。

（12）对空注射一般每次不超过 5 s，连续两次注射不动时，注意通知邻近人员避开危险区。清理喷嘴胶头时，不准直接用手清理，应用铁钳或其他工具，以免烫伤。

（13）熔胶筒在工作过程中存在着高温、高压以及通电的加热装置，禁止在熔胶筒上踩踏、攀爬及搁置物品，以防烫伤、电击及火灾。

(14) 在料斗不下料的情况下，不准使用金属棒、金属杆粗暴地捅料斗，避免损坏料斗内分屏、护屏罩及磁铁架。在螺杆转动状态下极易发生金属棒卷入料筒的严重事故。

(15) 机床运行中发现设备有异响、异味、火花、漏油等异常情况时，应立即停机，并立即向有关人员报告，说明故障现象及可能原因。

3. 停机

(1) 关闭料斗闸板，正常生产至料筒内无料或手动操作对空注射，反复数次，直至喷嘴无熔料射出。

(2) 若是生产具有腐蚀性的材料（如 PVC），停机时必须将料筒、螺杆清洗干净。

(3) 使注射座与固定模板脱离，模具处于开模状态。

(4) 关闭冷却水管路，把各开关旋至“断开”位置，最后一班要将机床总电源开关关闭。

(5) 清理机床工作台及地面杂物、油渍及灰尘，保持工作场所干净、整洁。

课题二 塑料成型模具的装配

塑料成型模具是型腔模具的一种，虽然成型的方式各有不同，但是从原理上都是使塑料经过熔化、流动、固化三阶段成型为产品的。

塑料注射成型工艺具有以下优点：

(1) 注射成型工艺可由机床自动按照一定程序完成，便于实现自动化，生产效率较高，适于大批量生产。

(2) 一般可一次注射成型，减少制品再加工程序。

(3) 可以制作形状较复杂的塑料制品。

(4) 模具操作简单，制品成本较低。

(5) 注射成型后的废品及废料可以重新加热注射，节约材料。

(6) 操作易于掌握，不需要技术等级较高的操作人员。

以注射模为例进行介绍。

一、注射模的基本类型

注射模的分类方法有很多，按模具的型腔数量可分为单型腔和多型腔注射模；按分型面的数量可分为单分型面和双分型面或多分型面注射模；按浇注系统的形式可分为普通浇注系统和热流道浇注系统注射模；按基本结构一般可分为二板注射模（两块模板、一次分型模具，如图 10—2—1 所示）和三板注射模（三块模板、二次分型模具，如图 10—2—2 所示），只有个别的是四板注射模。

1. 二板注射模

(1) 工作原理

二板注射模（单分型面模具）一般是在分型面处分成定模板和动模板。如图 10—2—3

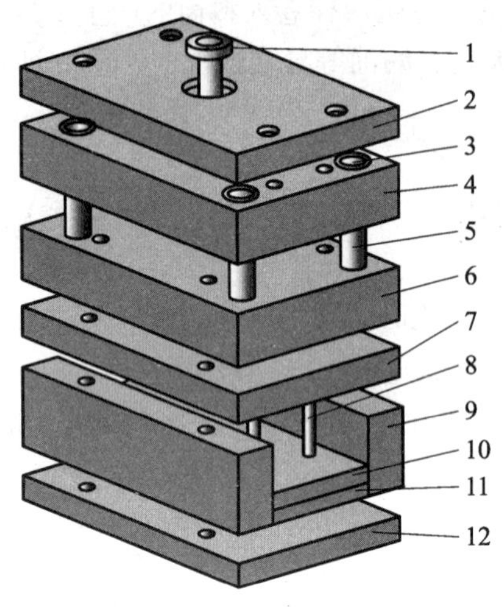

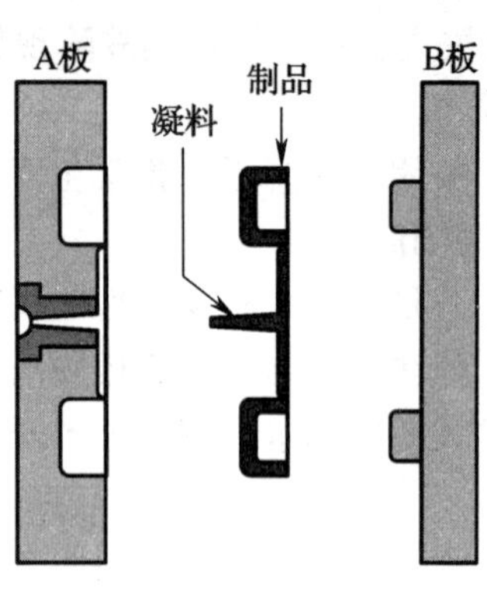

图 10—2—1　二板注射模结构示意图

1—浇口套　2—定模座板　3—导套　4—定模板　5—导柱
6—动模板　7—支承板　8—复位杆　9—垫块
10—推杆固定板　11—推板　12—动模座板

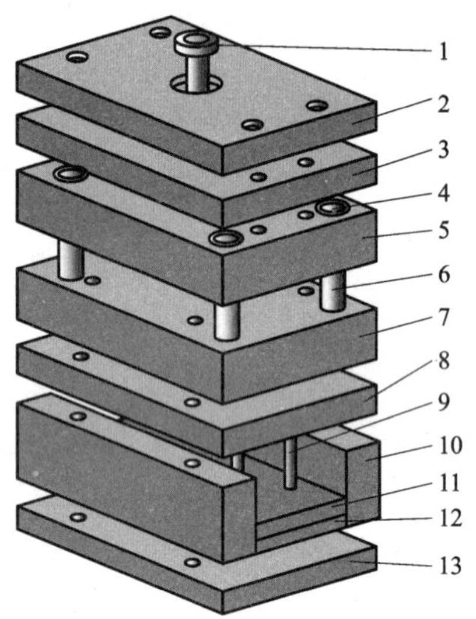

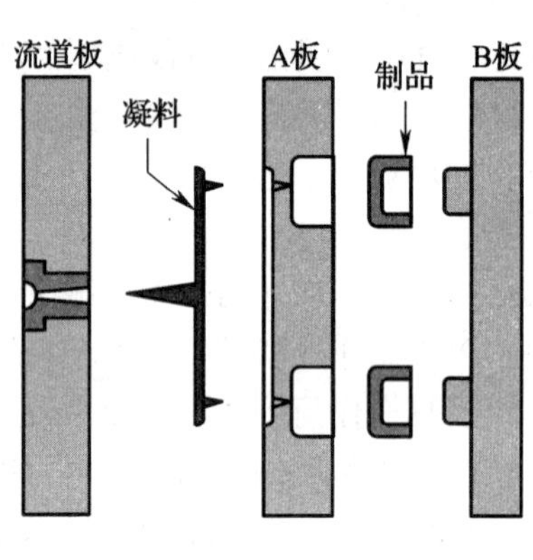

图 10—2—2　三板注射模结构示意图

1—浇口套　2—定模座板　3—推料板　4—导套　5—定模板
6—导柱　7—动模板　8—支承板　9—复位杆　10—垫块
11—推杆固定板　12—推板　13—动模座板

所示，开模时，动模后退，模具从分型面分开，塑料制件包紧在型芯 7 上随动模部分一起向左移动而脱离定模板 2。同时，浇注系统凝料在拉料杆 15 的作用下，和塑料制件一起向左移动。当注射机顶杆 21 接触推板 13 时，脱模机构开始动作，推杆 18 推动塑料制件从型芯 7 上脱下来。合模时，在导柱 8 和导套 9 的导向定位作用下，动、定模闭合。在闭合过程中，定模板 2 推动复位杆 19 使脱模机构复位。然后，注射机开始下一次注射。

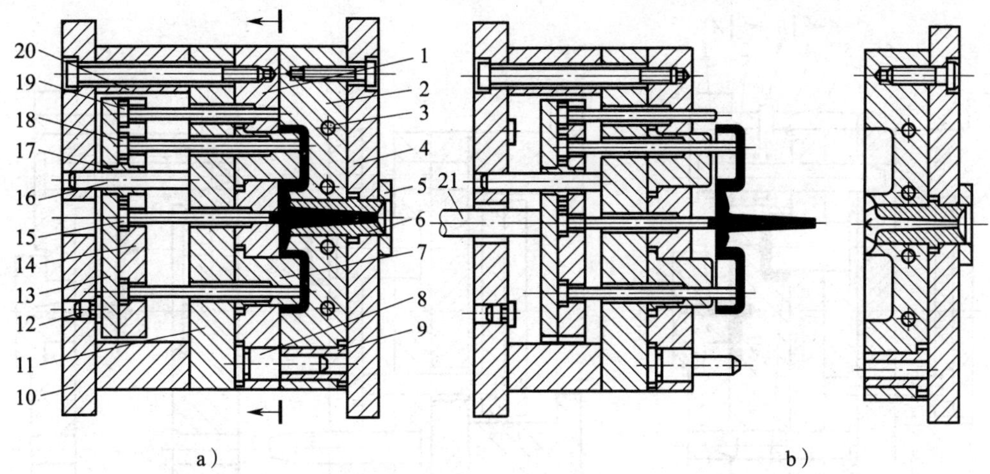

图 10—2—3　二板注射模结构

a）闭合状态　b）开模状态

1—动模板　2—定模板　3—冷却水道　4—定模座板　5—定位圈　6—浇口套　7—型芯
8—导柱　9—导套　10—动模座板　11—支承板　12—限位钉　13—推板
14—推杆固定板　15—拉料杆　16—推板导柱　17—推板导套
18—推杆　19—复位杆　20—垫板　21—注射机顶杆

（2）特点

1）成型后将制件和注入口切断，并进行加工。

2）结构简单，便于使用。

3）适合于制件自动落下。

4）故障少，价格便宜。

2．三板注射模

（1）工作原理

三板注射模（双分型面模具）是在二板注射模的基础上，在定模部分增加了一块可以局部移动的中间板，从而形成了两个分型面。如图 10—2—4 所示，开模时，动模部分后退，在弹簧 2 的作用下，型腔板 13 随动模一起后移，模具首先从 *A—A* 分型面分开。当动模部分移动一定距离后，固定在型腔板 13 上的限位销 3 被定距拉板 1 拉住，使型腔板 13 停止移动。动模继续后退，*B—B* 分型面分开。因塑件包紧在型芯 14 上，这时浇注系统凝料在浇口处被自行拉断。动模继续后移，当注射机的推杆 11 接触推板 9 时，脱模机构开始工作，由推杆推动推板 5 将塑件从型芯上推出。

（2）特点

1）由于可采用点浇口，故不需要对浇口位进行后处理。

2）结构复杂，需分别取出制件和浇注系统凝料。

3）可将浇口置于制件的任意位置。

4）故障比二板注射模多，模具费用也较高。

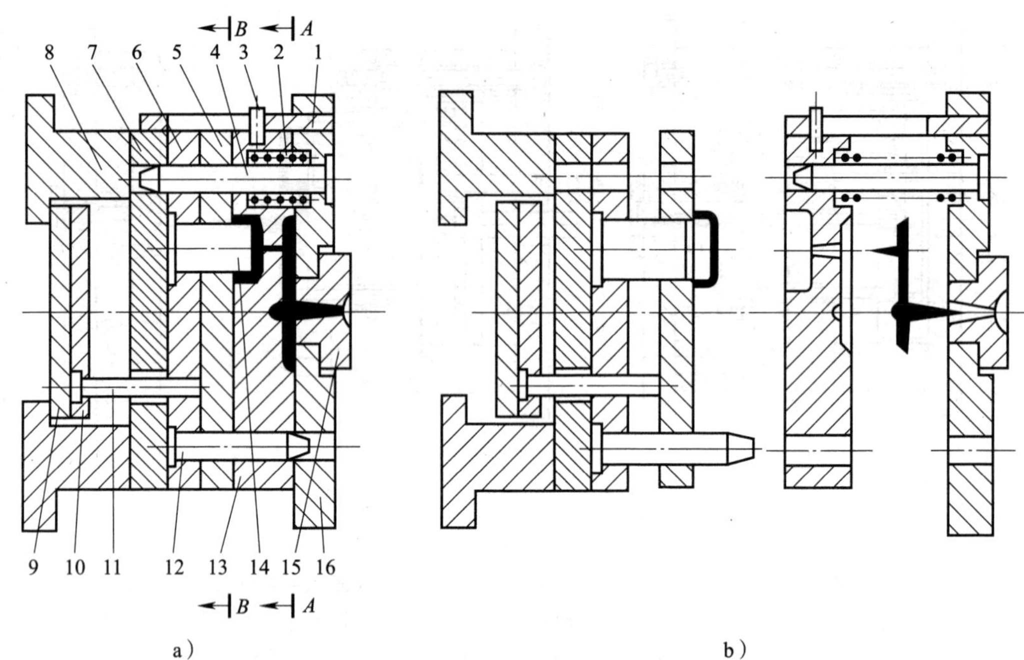

图 10—2—4　三板注射模结构

a）闭合状态　b）开模状态

1—定距拉板　2—弹簧　3—限位销　4、12—导柱　5、9—推板　6—型芯固定板　7—动模垫板　8—动模座板　10—推杆固定板　11—推杆　13—型腔板　14—型芯　15—浇口套　16—定模座板

3．侧向抽芯注射模

当塑件具有与开模方向不同的侧孔或侧凹时，除极少数情况可以强制脱模外，一般都必须将成型侧孔或侧凹的型芯部分做成可动的结构，在塑件脱模前，先将侧型芯抽出，然后从型腔中和型芯上脱出塑件，这样的模具称为侧向抽芯注射模，如图 10—2—5 所示。

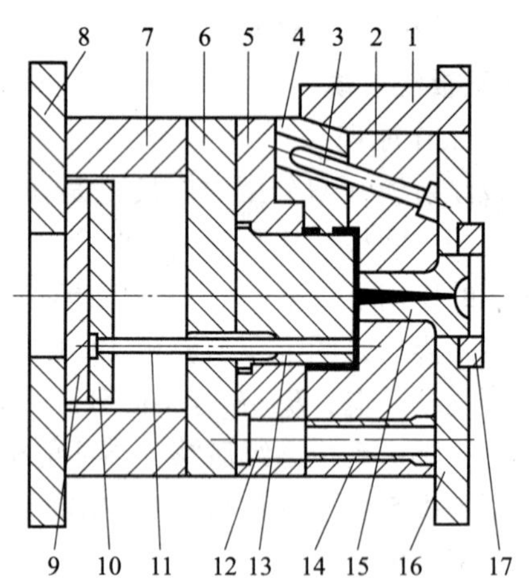

图 10—2—5　侧向抽芯注射模结构

1—楔紧块　2—定模板　3—斜导柱　4—滑块　5—动模板　6—支承板　7—垫块　8—动模座板　9—推板　10—推杆固定板　11—推杆　12—导柱　13—型芯　14—导套　15—浇口套　16—定模座板　17—定位圈

抽芯机构按功能划分，一般由成型组件、运动组件、传动组件、锁紧组件和限位组件五部分组成。

（1）成型组件

成型组件形成制品上侧孔、侧凹或侧台，包括侧型芯、型块等。

（2）运动组件

运动组件连接并带动侧型芯或型块在滑槽内做往复运动，包括滑块 4、斜滑块等。

(3) 传动组件

传动组件带动运动组件做抽芯和插芯动作，包括斜导柱 3、齿条、液压抽芯机构等。

(4) 锁紧组件

锁紧组件合模后锁紧运动组件，防止注射时受到反压力而产生位移，包括楔紧块 1 等。

(5) 限位组件

限位组件使运动组件在开模后停留在所要求的位置上，保证合模时传动组件工作顺利，包括限位块、限位钉等。

由于塑料制件的结构形式各异，故抽芯机构的形式也有所不同。常用侧向抽芯机构的种类、特点及应用范围见表 10—2—1。

表 10—2—1　　常用侧向抽芯机构的种类、特点及应用范围

种类	特点	应用范围
斜导柱抽芯机构	(1) 以注射机的开模力作为抽芯力 (2) 结构简单，对于中、小型芯的抽芯使用较为普遍 (3) 用于抽出接近分型面抽芯力不太大的型芯 (4) 抽芯距和抽芯力的大小与斜导柱的倾斜角 α 有关，抽芯所需开模距离较大 (5) 抽出方向一般要求与分型面平行 (6) 延时抽芯距离较短	抽芯距离小于50 mm
弯销抽芯机构	(1) 用于抽出离分型面垂直距离较远的型芯 (2) 与斜导柱相比，相同截面的弯销所能承受的抽芯力较大 (3) 延时抽芯距离大 (4) 弯销可设在模具外侧，结构紧凑	开模行程短，抽芯距离大，抽芯阻力大，活动型芯离分型面较远
齿轮、齿条抽芯机构	(1) 抽出与分型面成任何角度且抽芯力不大的型芯 (2) 抽芯行程等于抽芯距离，能抽出较长的型芯 (3) 可实现长距离延时抽芯 (4) 模具结构复杂	活动型芯与分型面成夹角，需要同时抽出几个不同方向的型芯
斜滑块抽芯机构	(1) 适合抽出侧面成型深度较浅、面积较大的凹凸表面 (2) 抽芯与推出的动作同时完成 (3) 斜滑块分型处有利于改善溢流、排气条件 (4) 斜滑块通过模套锁紧，锁紧力与锁模力有关	同时抽出几个型芯的特殊情况

4. 带活动镶块注射模

(1) 工作原理

带活动镶块注射模是指由于塑件有侧孔或侧凸，有螺纹孔或外螺纹等特殊要求时，模具上设有活动的螺纹型芯或螺纹型环，活动的侧向型芯或半块（哈夫块）等的注射模，其结构如图 10—2—6 所示。开模时，这些部件必须在塑件脱模时连同塑件一起移出模外，然后通过手工或简单工具使它与塑件相分离。

工作原理：开模时，塑件包在活动镶块 1 和型芯 2 上随动模部分向左移动而脱离定模板 4，分离到一定距离，脱出机构开始工作，设置在活动镶块上的推杆 10 将活动镶块连同塑件一起推出型芯脱模。合模时，推杆在弹簧 11 的作用下复位，推杆复位后模板停止移动，然后人工将活动镶块重新插入镶件定位孔中，再合模后进入下一次注射过程。

（2）特点

优点：省去了斜导柱、滑块等复杂结构的设计和制造，模具结构简单，大大降低了制造成本，特别是可以用在某些无法设置侧向抽芯机构的场合。

缺点：生产效率较低，操作时安全性较差，无法实现自动化生产。

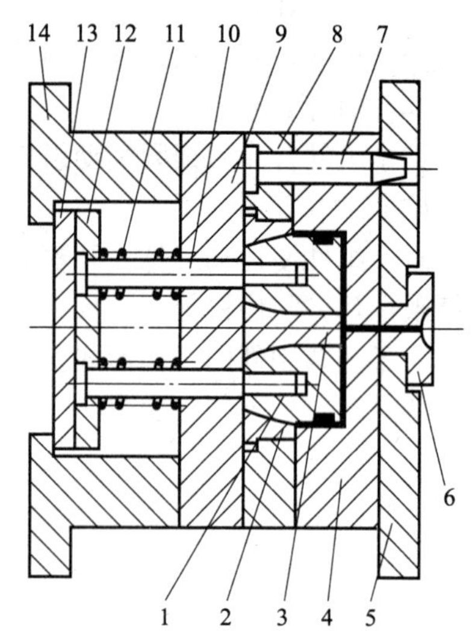

图 10—2—6　带活动镶块注射模结构

1—活动镶块　2—型芯　3—导向块　4—定模板　5—定模座板　6—浇口套　7—导柱　8—动模板　9—动模垫板　10—推杆　11—弹簧　12—推杆固定板　13—推板　14—动模座板

5. 自动卸螺纹注射模

自动卸螺纹注射模是利用机床的旋转运动或往复运动，或者利用专门的驱动和传动装置，带动螺纹型芯或型环转动，使制件脱出的塑料模具。自动卸螺纹角式注射模结构如图 10—2—7 所示。其工作原理：该模具用于角式注射机，主螺纹型芯由注射机开合模丝杠带动旋转，使其与制件相脱离。

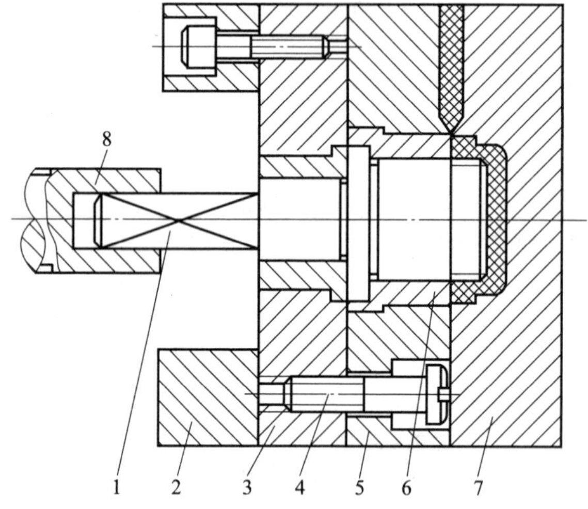

图 10—2—7　自动卸螺纹角式注射模结构

1—螺纹型芯　2—垫块　3—支承板　4—定距螺钉　5—动模板　6—衬套　7—定模板　8—注射机开合模丝杠

6. 热流道注射模

热流道注射模是指连续成型作业中，通过加热和温度控制使流道内的热塑性塑料始终保持熔融状态的注射模，其结构如图 10—2—8 所示。

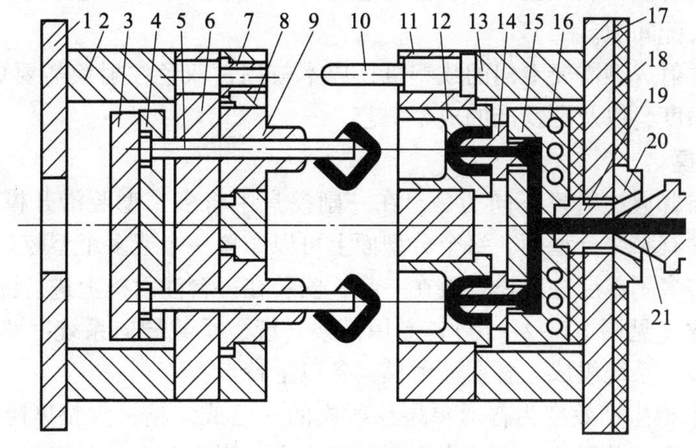

图 10—2—8　热流道注射模结构

1—动模座板　2—垫块　3—推板　4—推杆固定板　5—推杆　6—动模垫板　7—导套
8—动模板　9—型芯　10—导柱　11—定模板　12—型腔　13—支架　14—喷嘴
15—热流导板　16—加热器孔道　17—定模座板　18—绝热层
19—浇口套　20—定位圈　21—注射机喷嘴

（1）工作原理

通过采用对流道加热或绝热的办法使从注射机喷嘴到浇口之间的塑料保持熔融状态，每次注射成型后流道内均没有塑料凝料。

（2）特点

优点：提高生产率，节约塑料，保证注射压力在流道中的传递，利于改善制件的质量，实现全自动操作。

缺点：模具成本高，浇注系统和控温系统要求高，对制件形状和塑料有一定的限制。

7. 双色注射模

双色注射模是在一台成型机上通过旋转或滑移动模部分，与不同的定模部分合模成型。成型机分别注射同一材质不同颜色或者不同材质的塑料，从而成型出多样性的产品。双色模具也可以看成是一套普通模具外加一套嵌件模。两种颜色模具一般都是两套凹模，一套凸模。滑移式双色注射模结构如图 10—2—9 所示。

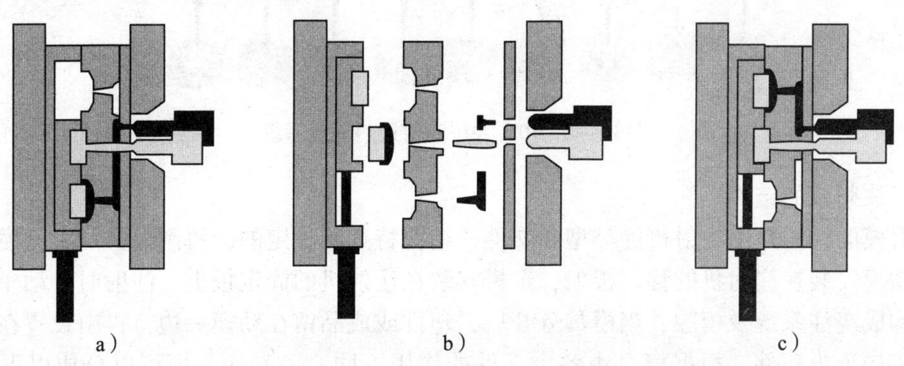

图 10—2—9　滑移式双色注射模结构

a）第一次合模注射　b）动模（凸模）滑移　c）第二次合模注射

优点：双色注射模可以成型两种以上的塑料，可以为多色；双色注射模成型产品比组装件更美观，没有装配间隙。

缺点：双色注射成型需要专门的成型机，成本较高；双色注射模需要更高的加工精度、定位精度、安装精度，以及更精准的成型工艺。

8. 叠层注射模

叠层注射模与普通注射模不同的是，在一副模具中将多个型腔沿开模方向重叠排列布置。这种模具通常有多个分型面，每个分型面上可以布置一个或多个型腔。简单地说，叠层注射模就相当于将多副单层注射模叠放在一起，安装在一台注射机上进行注射生产。叠层注射模由热流道系统（见图 10—2—10）、专用模架系统、承载导向系统、双向顶出系统、开合模联动系统等多个系统组成。叠层注射模具备以下特点：

（1）叠层注射模生产效率为普通单层注射模的一倍或多倍，大幅度降低了注射生产成本。从结构特点来看，叠层注射模将多副型腔组合在一副模具中，利用普通注射设备便可满足生产。模具的充模、保压和冷却时间与单层注射模相同，这就决定了叠层注射模的生产效率将为普通单层注射模的一倍甚至多倍，大大提高制品单位时间的产量，一般医疗产品和生活用品模具常采用此结构。

（2）叠层注射模可安装在与单层注射模相同的注射机上，无须投资购买额外的机器和设备，从而节约机器、设备、厂房和新增劳动力的成本。

（3）叠层注射模制造要求基本上与普通注射模相同。一副双层叠层注射模的制造周期比两副单层注射模的制造周期短 5% ~10%。

（4）叠层注射模适合于大批量生产形状扁平的大型制品、小型多腔薄壁制品，批量越大，制品生产成本越低。

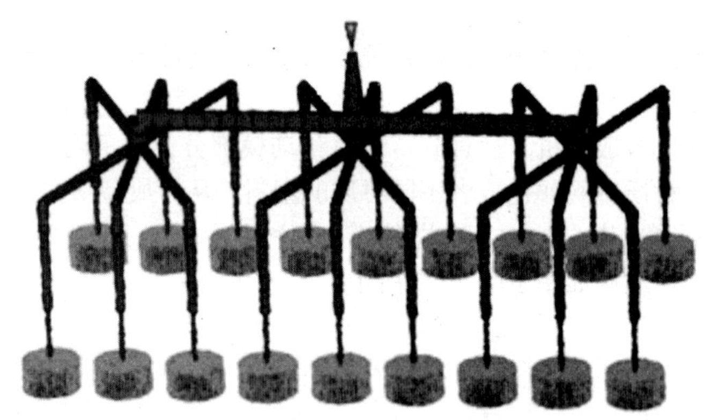

图 10—2—10　叠层注射模热流道系统

二、注射模的结构

注射模的结构是由注射机的类型和塑件的结构特点所决定的，每副模具均由动模和定模组成。动模安装在注射机的移动板上，定模安装在注射机的固定板上。注射时，动模与定模闭合后构成浇注系统及模腔，当模具分开后，塑件或成品留在动模一边，再由设置在动模内的脱模机构顶出塑件。根据模具中各个部件的作用不同，一套注射模可以分成以下几个部分。

1. 成型部分

成型部分是赋予成型材料形状、结构、尺寸的零件，通常由型芯（凸模，又叫公模）、型腔（凹模，又叫母模）、螺纹型芯、镶块等构成，如图 10—2—3 中的件 7 等。

2. 浇注系统

它是将熔融塑料由注射机喷嘴引向闭合模腔的通道，通常由主流道、分流道、浇口和冷料井组成，如图 10—2—11 所示。

3. 导向部件

导向部件是为了保证动模与定模闭合时能够精确对准而设置的，起导向定位作用，它由导柱和导套组成，如图 10—2—3 中的件 8、件 9 等。有的模具还在顶出板上设置了导向部件，保证脱模机构运动平稳可靠。

4. 推出机构

推出机构是实现塑件和浇注系统脱模的装置，其结构形式很多，最常用的有顶杆、顶管、顶板及气动顶出等推出机构，一般由推杆、复位杆、推杆固定板、推板、顶杆等组成，如图 10—2—3 中的件 18、件 19、件 14、件 13、件 21 等。

5. 抽芯机构

对于有侧孔或侧凹的塑件，在被顶出脱模之前，必须先进行侧向抽芯或分开滑块（侧向分型），方能顺利脱模。侧向抽芯机构如图 10—2—12 所示。

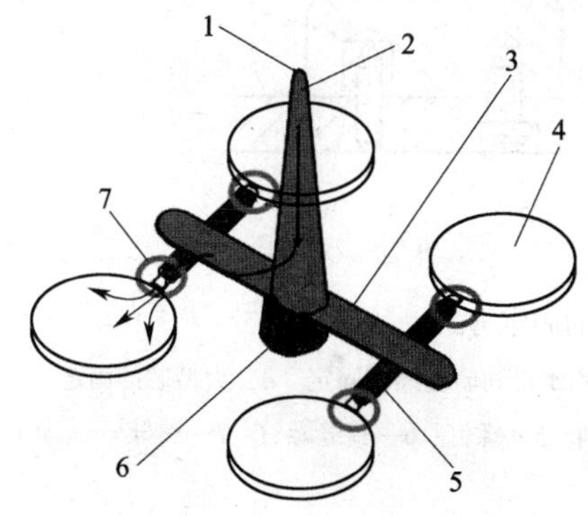

图 10—2—11　注射模浇注系统

1—进料口　2—竖流道　3—主流道　4—成型产品
5—分流道　6—冷料井　7—冷浇口

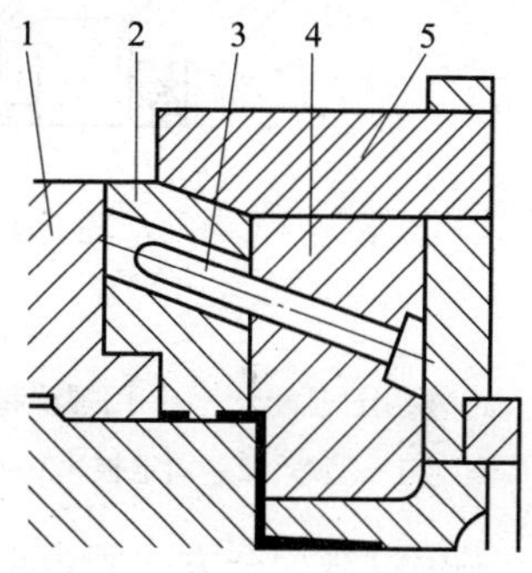

图 10—2—12　侧向抽芯机构

1—动模板　2—滑块　3—斜导柱
4—定模板　5—楔紧块

6. 模温调节系统

为了满足注射成型工艺对模具温度的要求，需要有模温调节系统（如冷却水、热水、热油及电热系统等）对模具温度进行调节。一般根据塑料的种类决定加热或冷却模具，如成型 ABS、聚苯乙烯、聚乙烯、聚丙烯等塑料制件时，模具应有冷却系统；成型聚碳酸酯、聚苯醚、聚砜等塑料制件时，模具应有加热系统。

7. 排气系统

为了将模腔内的气体顺利排出，常在模具分型面处开设排气槽。许多模具的推杆或其他活动部件（如滑块）之间的间隙也可起到排气作用。因此，在保养模具时，一定注意不要将润滑油加得太多。

8. 其他结构零件

其他结构零件是指为满足模具结构的要求而设置的零件，如固定板、动模板、定模板、垫块、支承板及连接螺钉等。

三、注射模的装配方法

注射模等塑料模装配与冷冲压模具装配有许多相似之处，但在某些方面要求更为严格，如塑料模闭合后要求分型面均匀密合。在有些情况下，动模和定模上的型芯也要求在合模后保持紧密接触。类似这些要求常常会增加修配的工作量。

1. 型芯的固定方式及装配

由于塑料模的结构不同，型芯在固定板上的固定方式也不相同，常见的固定方式如图 10—2—13 所示。

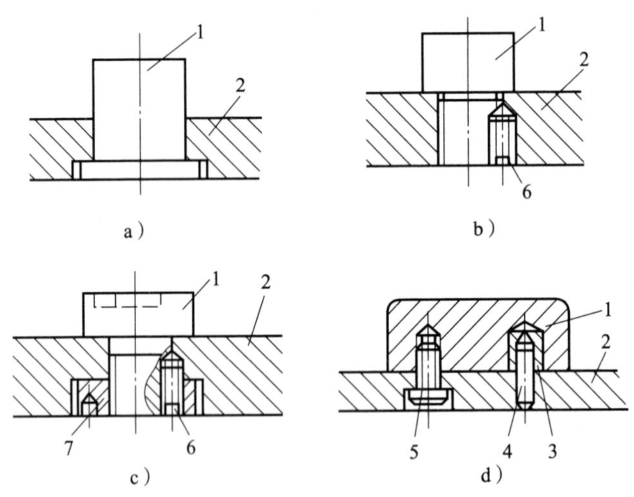

图 10—2—13　型芯的固定方式

a）采用过渡配合　b）用螺纹和骑缝螺钉固定　c）用螺母和骑缝螺钉固定　d）大型芯的固定

1—型芯　2—固定板　3—定位销套　4—定位销　5—螺钉　6—骑缝螺钉　7—螺母

（1）采用过渡配合方式固定型芯

如图 10—2—13a 所示，过渡配合的型芯通常采用压入式固定，与压入式凸模装配的方法相同，一般用于圆形小型芯。

为保证装配要求应注意下列几点：

1）检查型芯高度及固定板厚度（装配后能否达到设计尺寸要求），型芯台肩平面应与型芯轴线垂直。

2）固定板通孔与沉孔平面的相交处一般为 90°角，而型芯上与之相应的配合部位往往呈圆角（磨削时砂轮损耗形成），装配前应将固定板的上述部位倒角，使之不对装配产生不良影响。

（2）采用螺纹和骑缝螺钉方式固定型芯

采用螺纹和骑缝螺钉方式固定的型芯常用于热固性塑料压缩模，如图 10—2—13b 所示。

对圆形型芯，装配时，先拧紧螺纹，再用骑缝螺钉定位；对非圆形型芯，螺纹拧紧后型芯的实际位置与理想位置之间常常出现误差，必须先修磨型芯与固定板的贴合面，调整好型芯的位置后再用骑缝螺钉定位。如图 10—2—14 所示，α 是理想位置与实际位置之间的夹角。型芯的位置误差可以通过修磨 a 或 b 面来消除。为此，应先进行预装并测出角度 α 的大小，其修磨量按下式计算：

$$\Delta_{修磨} = \frac{P}{360°}\alpha$$

式中 $\Delta_{修磨}$——修磨量，mm；

P——连接螺纹的螺距，mm；

α——误差角，(°)。

（3）采用螺母和骑缝螺钉方式固定型芯

螺母固定时，型芯与固定板连接段采用 H7/k6 或 H7/m6 配合，对非圆形型芯，可不用修磨来调整安装位置。

对螺钉紧固时，型芯与固定板采用 H7/h6 或 H7/m6 配合，型芯压入并调整好位置后用螺钉紧固（型芯压入端的棱边应修磨成小圆弧）。

图 10—2—13c 所示螺母和骑缝螺钉固定方式适用于某些有方向要求的型芯，装配时只需按设计要求将型芯调整到正确位置后，用螺母固定，装配过程简便。这种固定形式适合于固定外形为任何形状的型芯，以及在固定板上同时固定几个型芯的场合。

图 10—2—13c 所示型芯固定方式，在型芯位置调好并紧固后要用骑缝螺钉定位。骑缝螺钉孔应安排在型芯淬火之前加工。

（4）大型芯的固定

如图 10—2—13d 所示，大型芯的固定可按下列顺序进行：

1）在加工好的型芯上压入预埋销钉。

2）根据型芯在固定板上的位置要求将定位块用平行夹头夹紧在固定板上，如图 10—2—15 所示。

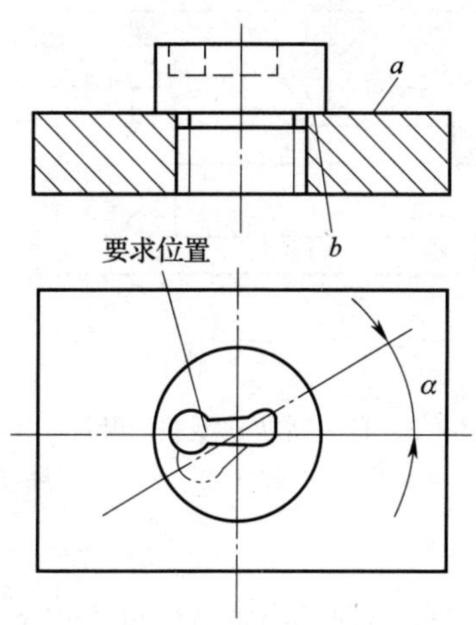

图 10—2—14 螺纹固定的型芯修磨示意图

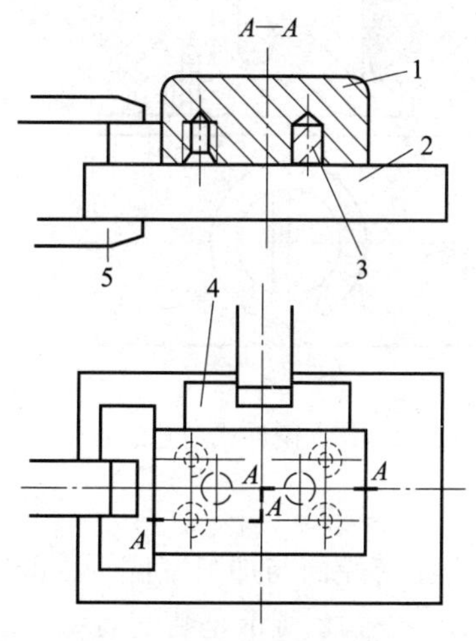

图 10—2—15 大型芯与固定板的装配

1—型芯 2—固定板 3—预埋销钉

4—定位块 5—平行夹头

3）在型芯螺钉孔口部抹红丹粉，把型芯和固定板合拢，将螺钉孔位置复印到固定板上，取下型芯，在固定板上钻螺钉过孔及锪沉孔；用螺钉将型芯初步固定。

4）通过导柱、导套将卸料板、型芯和支承板装合在一起，将型芯调整到正确位置后拧紧固定螺钉。

5）在固定板的背面划出销孔位置线，固定板与型芯同钻、铰销孔，打入销钉。

2. 型腔的装配

塑料模型腔多采用镶件式或拼块式。装配后要求动、定模板分型面接合紧密、无缝隙，且与模板平面一致。

（1）镶件式型腔的装配

图 10—2—16 所示是镶件式型腔的装配。型腔和动、定模板镶合后，其分型面上要求紧密无缝。

1）对于压入式配合的型腔，其压入端一般不允许有斜度；如果需要，压入斜度设在模板孔入口处。

2）型腔与模板之间应保持 0.01 ~ 0.02 mm 的配合间隙，对非圆形型腔，在装配过程中应调整好位置。

3）装配后，钻、铰销孔，打入止转销，然后与模板一起磨平上、下端面。

（2）拼块式型腔的装配

型腔拼合面在热处理后进行磨削加工。拼块两端都应留有加工余量，待装配完毕，再将两端和模板一起磨平。

为了不使拼块结构的型腔在压入模板的过程中，各拼块在压入方向上产生错位，应在拼块的压入端放一块平垫板，通过平垫板推动各拼块一起移动，如图 10—2—17 所示。

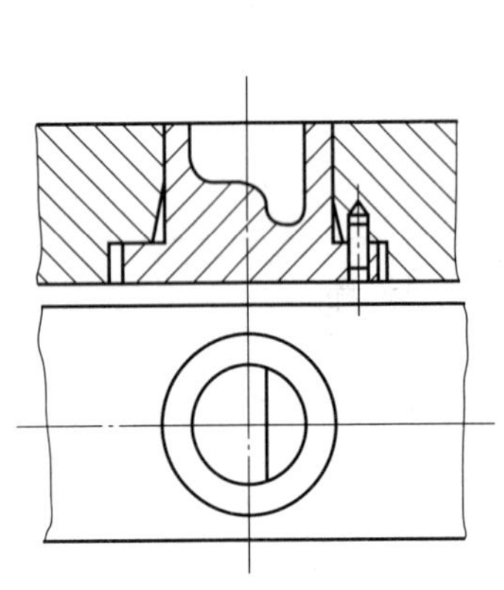

图 10—2—16　镶件式型腔的装配

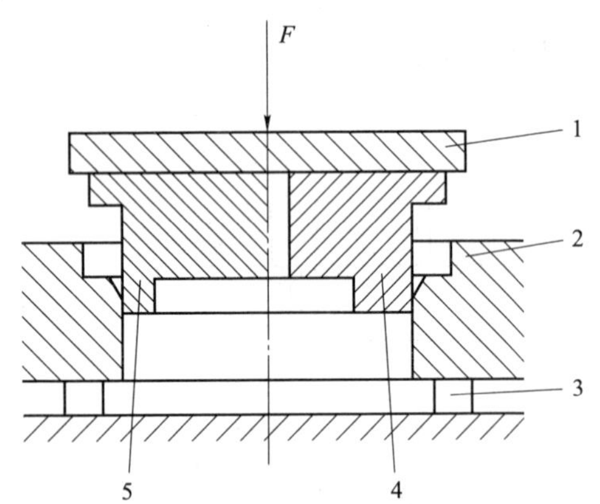

图 10—2—17　拼块式型腔的装配

1—平垫板　2—模板　3—等高垫板　4、5—型腔拼块

（3）型芯端面与加料室底平面间的间隙消除

图 10—2—18 所示是装配后型芯端面与型腔底平面之间出现了间隙 Δ，可采用下列方法消除：

1）修磨固定板平面 *A*。修磨时需拆下型芯，磨去金属层厚度等于间隙值 Δ。

2）修磨型腔上平面 *B*。修磨时不需拆卸零件，比较方便。

3）修磨型芯（或固定板）台肩面 C。适用于多型芯模具，应在型芯装配合格后再将固定板上支承面 D 磨平。

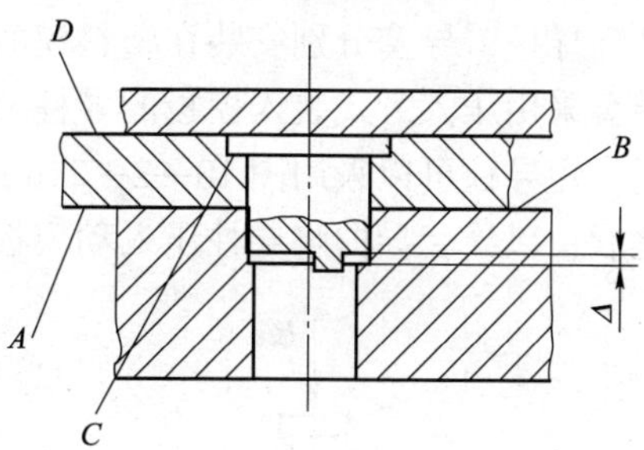

图 10—2—18　型芯端面与型腔底平面间出现间隙

（4）型腔端面与型芯固定板间的间隙消除

图 10—2—19 所示是装配后型腔端面与型芯固定板间有间隙 Δ。为了消除间隙，可采用以下修配方法：

1）如图 10—2—19a 所示，如工作面 A 是平面时，修磨型芯工作面。

2）如图 10—2—19b 所示，在型芯和固定板定位台肩处垫入厚度等于间隙 Δ 的垫片，再一起磨平固定板和型芯端面，此法一般用于小型模具。

3）如图 10—2—19c 所示，在型腔上表面与固定板下表面之间增加垫片，此法一般用于大、中型模具，垫片厚度一般大于 2 mm。

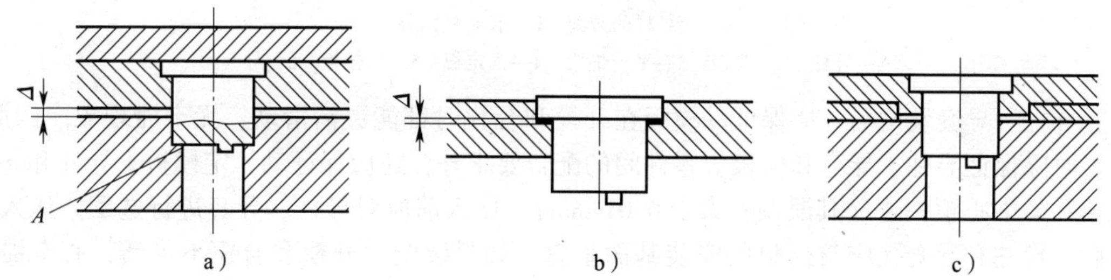

图 10—2—19　型腔端面与型芯固定板间有间隙

3. 浇口套的装配

浇口套与定模板的配合一般采用 H7/m6。要求装配后浇口套与模板孔配合紧密、无缝隙，浇口套和模板孔的台肩应紧密贴合，浇口套要高出模板平面 0.02 mm。在浇口套加工时应留有去除圆角的修磨余量 Z，压入后使圆角凸出在模板之外，如图 10—2—20a 所示。然后在平面磨床上磨平，如图 10—2—20b 所示。最后把修磨后的浇口套稍微退出，将固定板磨去 0.02 mm，重新压入后成为图 10—2—20c 所示的形式。台肩对定模板的高出量 0.02 mm 亦可采用修磨来保证。

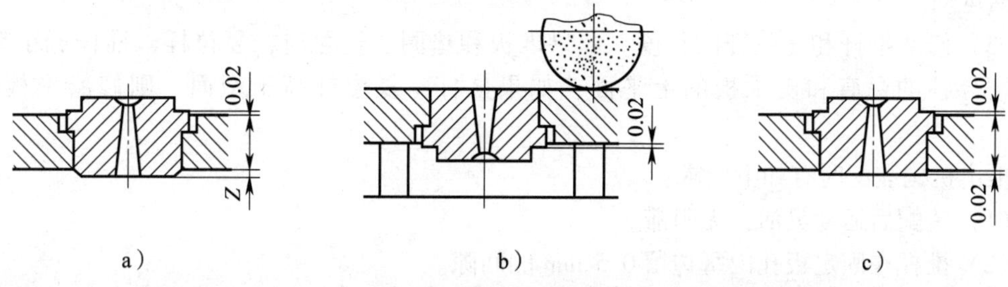

图 10—2—20　浇口套的装配

a）压入后的浇口套　b）修磨浇口套　c）装配好的浇口套

4. 导柱和导套的装配

导柱、导套分别安装在塑料模的动模和定模上，是模具合模和开模的导向装置。导柱、导套采用压入方式装入模板的导柱和导套孔内。对于不同结构的导柱所采用的装配方法也不同。短导柱可以采用图 10—2—21a 所示的方法压入。长导柱应在定模板上的导套装配完成之后，以导套导向将导柱压入动模板内，如图 10—2—21b 所示。

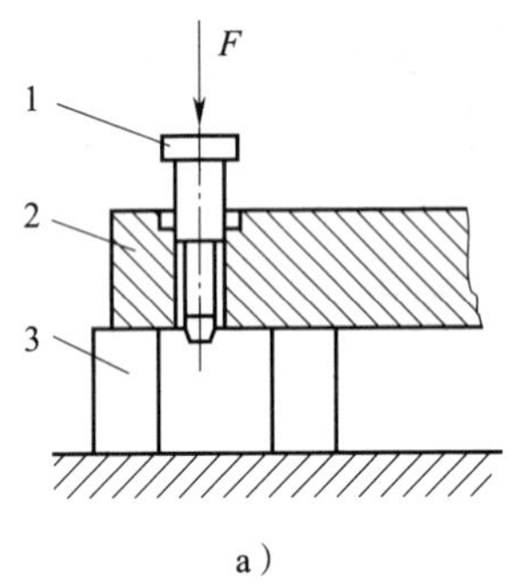

a）

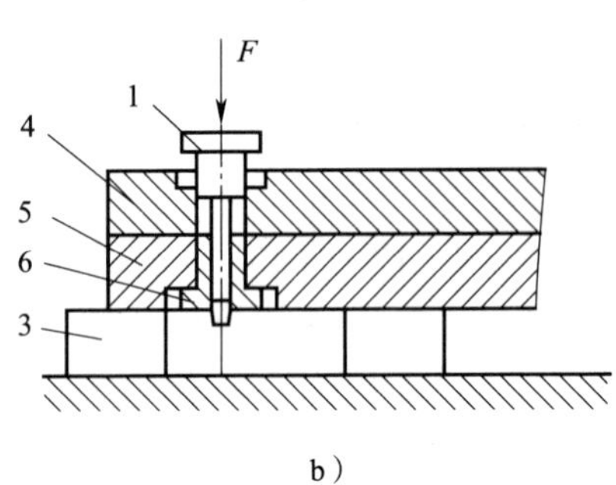

b）

图 10—2—21　导柱的装配

a）短导柱的装配　b）长导柱的装配

1—导柱　2—模板　3—平行垫块　4—固定板　5—定模板　6—导套

导柱、导套装配后，应保证动模板在开模和合模时都能灵活滑动，无卡滞现象。因此，加工时除保证导柱、导套和模板等零件间的配合要求外，还应保证动、定模板上导柱和导套安装孔的中心距一致（其误差不大于 0. 01 mm）。压入前应对导柱、导套进行选配。压入模板后，导柱和导套孔应与模板的安装基面垂直。如果装配后开模和合模不灵活，有卡滞现象，可用红丹粉涂于导柱表面，往复拉动动模板，观察卡滞部位，分析原因，然后将导柱退出，重新装配。在两根导柱装配合格后再装配第三、第四根导柱。每装入一根导柱均应做上述观察。最先装配的应是距离最远的两根导柱。

5. 推出机构的装配

推出机构一般由推杆、复位杆、推杆固定板、推板、导柱、导套等组成，如图 10—2—22 所示。推出机构的装配顺序如下：

（1）导柱 5 垂直压入支承板 9，磨平端面。

（2）将装有导套的推杆固定板 7 套装在导柱上，并将推杆 8、复位杆 2 穿入推杆固定板、支承板和型腔镶板 11 的配合孔中，盖上推板 6，用螺钉拧紧，调整后使推杆、复位杆能灵活运动。

（3）修磨推杆和复位杆的长度。如果推板和垫圈 3 接触时，复位杆、推杆低于型面，则修磨导柱的台肩和支承板的上平面；如果推杆、复位杆高于型面，则修磨推板的底面。

推出机构装配时有如下要求：

（1）装配后运动灵活，无阻滞。

（2）推杆在固定板孔内每边留 0. 5 mm 的间隙。

（3）推杆工作端面应高出型面 0. 05 ~0. 1 mm。

（4）复位杆的端面应低于型面 0. 02 ~0. 05 mm。

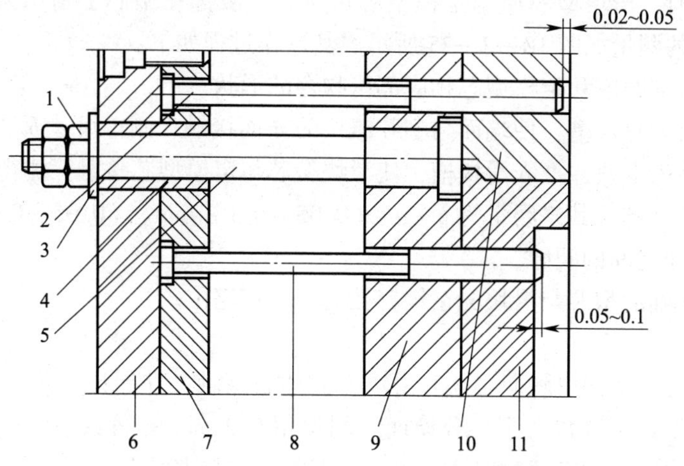

图 10—2—22　推出机构的装配

1—螺母　2—复位杆　3—垫圈　4—导套　5—导柱　6—推板　7—推杆固定板
8—推杆　9—支承板　10—动模板　11—型腔镶板

（5）推杆能在合模后自动复位。

6. 抽芯机构的装配

抽芯机构装配后，应保证滑块型芯与凹模达到所要求的配合间隙；滑块运动灵活，有足够的行程、正确的起止位置。

滑块装配常常要以凹模的型面为基准，因此，它的装配要在凹模装配后进行。其装配顺序如下：

（1）装配凹模（或型芯）

将凹模镶块压入固定板，磨上、下平面并保证尺寸 *A*，如图 10—2—23 所示。

（2）加工滑块槽

将凹模镶块退出固定板，精加工滑块槽，其深度按 *M* 面确定，如图 10—2—23 所示。*N* 面为槽的底面，T 形槽按滑块台肩实际尺寸精铣后，钳工最后修正。

（3）钻型芯固定孔

利用定中心工具在滑块上压出圆形印迹，如图 10—2—24 所示。按印迹找正，钻、铰型芯固定孔。

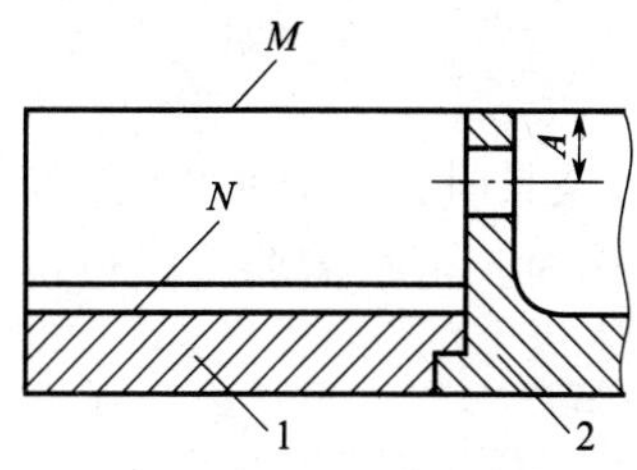

图 10—2—23　凹模装配

1—凹模固定板　2—凹模镶块

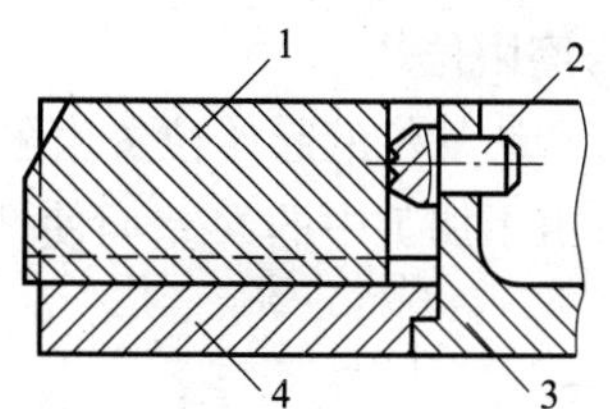

图 10—2—24　型芯固定孔压印

1—侧型芯滑块　2—定中心工具
3—凹模镶块　4—凹模固定板

(4) 装配滑块型芯

在模具闭合时，滑块型芯应与定模型芯接触。一般都在型芯上留出余量通过修磨来达到，型芯修磨量的测量如图 10—2—25 所示。其操作过程如下：

1) 将型芯端部磨成和定模型芯相应部位吻合的形状。

2) 将滑块装入滑块槽，使端面与型腔镶块的 A 面接触，测得尺寸 b。

3) 将型芯装入滑块并推入滑块槽，使滑块型芯与定模型芯接触，测得尺寸 a。

4) 修磨滑块型芯，其修磨量为 $b-a-(0.05\sim0.1)$ mm。$(0.05\sim0.1)$ mm 为滑块端面与型腔镶块 A 面之间的间隙。

5) 将修磨正确的型芯与滑块配钻销钉孔后用销钉定位。

(5) 装配楔紧块

在模具闭合时，楔紧块斜面必须和滑块斜面均匀接触，并保证有足够的锁紧力。为此，在装配时要求在模具闭合状态下，分模面之间保留 0.2 mm 的间隙，如图 10—2—26 所示，此间隙靠修磨滑块斜面的修磨量保证。此外，楔紧块在受力状态下不能向合模方向松动，所以，楔紧块的后端面应与定模板处于同一平面。

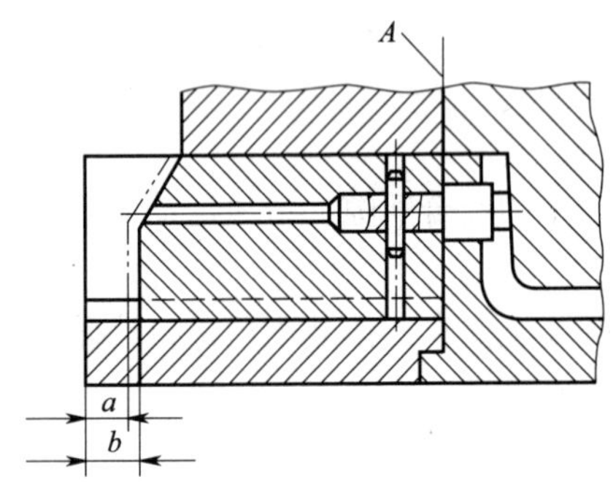

图 10—2—25 型芯修磨量的测量

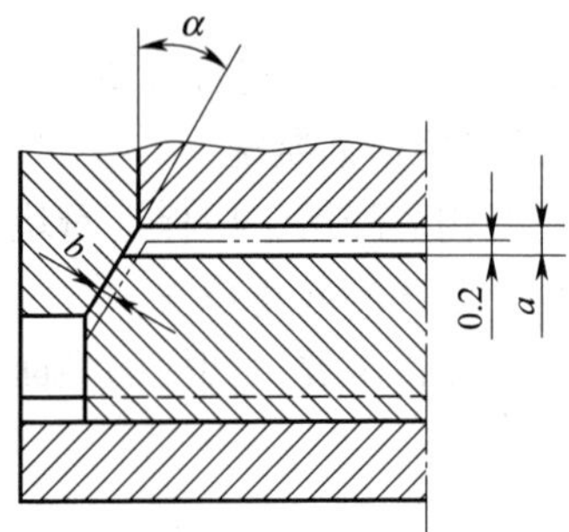

图 10—2—26 滑块斜面的修磨量

根据上述要求，楔紧块的装配方法如下：

1) 用螺钉紧固楔紧块。

2) 修磨滑块斜面，使其与楔紧块斜面密合。其修磨量为 $b=(a-0.2)\sin\alpha$。

3) 楔紧块与定模板一起钻、铰定位销孔，装入定位销。

4) 将楔紧块后端面与定模板一起磨平。

(6) 加工斜导柱孔。

(7) 修磨限位块

开模后滑块复位的起始位置由限位块定位。在设计模具时，一般使滑块后端面与定模板外形齐平，由于加工中的误差而使两者不处于同一平面时，可按需要将限位块修磨成台阶形。

7. 总装

塑料模一般的总装顺序如下：

(1) 确定装配基准（型芯或型腔为第一基准，动模板或定模板两侧面为第二基准）。

(2) 装配前要对零件进行测量，合格零件必须去磁并擦拭干净。

（3）调整各零件组合后的累积误差，如各模板的平行度要校验修磨，以保证模板组装密合，分型面处吻合面积不得小于80%，防止产生飞边。

（4）装配中尽量保持原加工尺寸的基准面，以便总装合模调整时检查。

（5）组装导向机构，并保证开模、合模动作灵活，无松动和卡滞现象。

（6）组装、调整推出机构，并调整好复位及推出位置等。

（7）组装、调整型芯、镶件，保证配合面间隙达到要求。

（8）组装冷却或加热系统，保证管路畅通，不漏水、漏电，阀门动作灵活。

（9）组装液压或气动系统，保证运行正常。

（10）紧固所有连接螺钉，装配定位销。

（11）试模，合格后打上模具标记。

例 图10—2—27是热塑性塑料注射模的装配示意图，其装配要求如下：

（1）装配后模具安装平面的平行度误差不大于0.05 mm。

（2）模具闭合后分型面应均匀密合。

（3）导柱、导套滑动灵活，推件时推杆和卸料板动作必须保持同步。

（4）合模后，动模部分和定模部分的型芯必须紧密接触。

在进行总装前，模具已完成导柱、导套等零件的装配并检查合格。请确定此模具的装配方法。

答：本套模具的总装顺序如下：

（1）装配动模部分

1）装配型芯。在装配前，应先修光动模板18的型孔，并与型芯做配合检查，要求滑动灵活，然后将导柱5穿入动模板导套8的孔内，将动模支承板6和动模板合拢。在型芯上的螺孔口部涂红丹粉后放入动模板型孔内，在动模支承板上复印出螺孔的位置。取下动模板和型芯，在动模支承板上加工螺钉通孔。

把销钉套压入型芯并装好拉料杆19后，将动模支承板、动模板和型芯重新装合在一起，调整好型芯的位置后，用螺钉紧固。按动模支承板背面的划线钻、铰定位销孔，打入定位销。

2）配作动模支承板上的推杆孔。先通过型芯上的推杆孔，在动模支承板上钻锥坑；拆下型芯，按锥坑钻出动模支承板上的推杆孔。

将矩形推杆穿入推杆固定板、动模支承板和型芯（板上的方孔已在装配前加工好）。用平行夹头将推杆固定板和动模支承板夹紧，通过动模支承板配钻推杆固定板上的推杆孔。

3）配作限位螺杆孔和复位杆孔。首先在推杆固定板上钻限位螺杆通孔和复位杆孔。用平行夹板将动模支承板与推杆固定板23夹紧，通过推杆固定板的限位螺杆孔和复位杆孔在动模支承板上钻锥坑，拆下推杆固定板，在动模支承板上钻孔并对限位螺杆孔攻螺纹。

4）装配推杆及复位杆。将推板24和推杆固定板贴合对齐，配钻限位螺钉通孔及推杆固定板上的螺孔并攻螺纹。将推杆、复位杆22装入推杆固定板后盖上推板，用螺钉紧固，并将其装入动模，检查及修磨推杆、复位杆的顶端面。

5）装配垫块。先在垫块3上钻螺钉通孔，锪沉孔。再将垫块和推板侧面接触，用平行夹头把垫块和动模支承板夹紧，通过垫块上的螺钉通孔在动模支承板上钻锥坑，并钻、铰销钉孔。拆下垫块，在动模支承板上钻孔并攻螺纹。

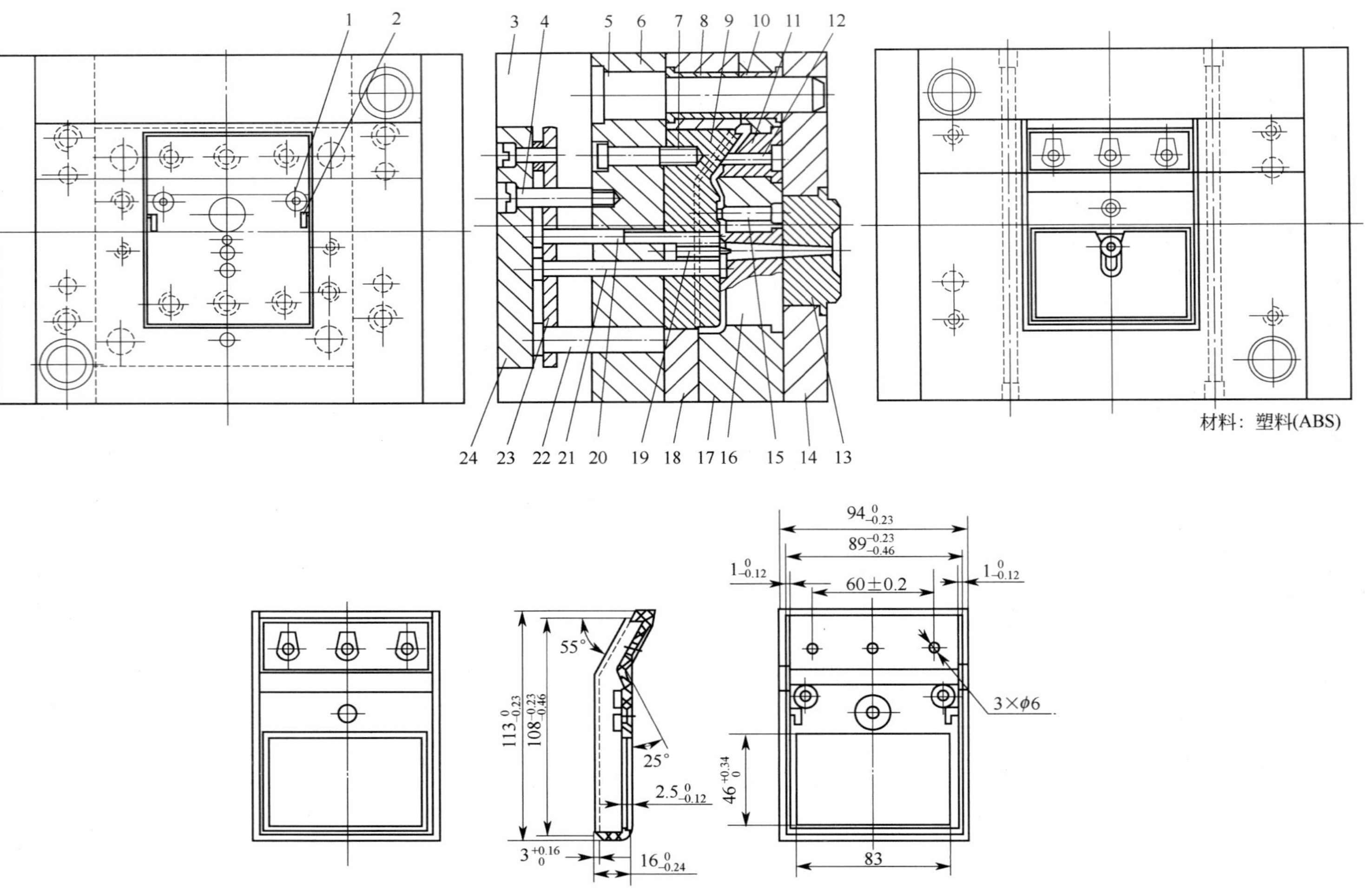

图 10—2—27　热塑性塑料注射模装配示意图

1—嵌件螺杆　2—矩形推杆　3—垫块　4—限位螺杆　5—导柱　6—动模支承板　7—销钉套　8、10—导套　9、12、15—型芯　11、16—镶块　13—浇口套　14—定模座板　17—定模板　18—动模板　19—拉料杆　20、21—推杆　22—复位杆　23—推杆固定板　24—推板

（2）装配定模部分

1）镶块 11、16 与定模板 17 的装配。先将镶块 16、型芯 15 装入定模板，测量两者凸出型面的实际尺寸。退出定模板，按型芯 9 的高度和定模板深度的实际尺寸，单独对型芯和镶块进行修磨，再装入定模板，检查镶块 16、型芯 15 和型芯 9，看定模板与动模板是否同时接触。将型芯 12 装入镶块 11 中，用销孔定位。以镶块外形和斜面作基准，预磨型芯斜面。将经过上述预磨的型芯、镶块装入定模板，再将定模板和动模板合拢，测量出分型面的间隙尺寸后，将镶块 11 退出，按测出的间隙尺寸，精磨型芯的斜面至要求尺寸。将镶块 11 装入定模板后，磨平定模的支承面。

2）定模板和定模座板的装配。在定模板和定模座板 14 装配前，浇口套 13 与定模座板已组装合格。因此，可直接将定模板与定模座板贴合，使浇口套上的流道孔和定模板上的流道孔对正，用平行夹头将定模板和定模座板夹紧，通过定模座板孔在定模板上钻锥坑及钻、铰销孔。然后将两者拆开，在定模板上钻孔并攻螺纹。再将定模板和定模座板合拢，装入销钉后将螺钉拧紧。

课题三
塑料成型模具的安装、调试与维修

一、塑料成型模具在注射机上的安装与调试

塑料成型模具在注射机上的安装与调试包括预检、吊装与紧固、顶出距离的调整、合模松紧程度的调整、模具配套部分的安装和试模。模具装配完成以后，在交付生产之前，应进行试模，试模的目的有两个：一是检查模具在制造上存在的缺陷，查明原因并加以排除；二是对模具设计的合理性进行评定，并对成型工艺条件进行探索，这有益于模具设计和成型工艺水平的提高。安装与调试的顺序如下：

1. 预检

在模具装上注射机之前，应按设计图样对模具进行检验，以便及时发现问题，进行修理，减少不必要的重复安装和拆卸。在对模具的固定部分和活动部分进行分开检查时，要注意方向标记，以免合拢时搞错。

2. 吊装与紧固

首先将注射机全部功能置于手动控制状态，根据模具图上标示出的吊装位置和方向，按规定的吊装方式吊起模具（尽量将模具整体吊起）。

（1）模具吊装方向

模具吊装方向的选择遵照如下几项原则：

1）模具有侧向分型抽芯机构时，尽量将滑块置于水平位置，在水平面内左右移动。

2）模具长度与宽度方向尺寸相差较大时，使较长边与水平方向平行，可以有效地减轻导柱拉杆在开模时的负载，并使因模具重量而造成的导向件弹性变形控制在最小范围内。

3）模具带有液压油路接头、气动接头、热流道元件接线板时，尽可能放置在非操作面

侧面，以方便操作。

（2）吊装方式

一般将模具从注射机上方吊进拉杆模座之间。当模具水平或竖直方向尺寸大于拉杆间的距离时，吊装方式如下：

1）当模具长方向尺寸大于拉杆间水平距离时，采用从拉杆侧面滑进的方法，这种方法适用于中小型模具。

2）将模具长方向平行于拉杆轴线（模具高度小于拉杆水平距离，模具宽方向尺寸小于拉杆竖直距离），从拉杆上方滑进拉杆之后，旋转90°即可。

（3）紧固方法

整体吊装到位后，将定模座板上的定位圈对正注射机固定模板的定位孔，用注射机的活动模板压紧动模，并用螺钉或压板螺钉初步固定定模和动模，依靠导柱、导套将动模、定模两部分开合几次，检查模具在开合过程中是否平稳、灵活、无卡住现象，最后压紧动模和定模。

分体吊装与整体吊装相似，不同之处在于动模部分是在定模吊装初步固定之后再吊装紧固。

人工吊装适用于中小型模具，一般从注射面侧面装入，在拉杆上垫两块木板将模具滑入拉杆中。

模具尽可能整体安装，吊装时要注意安全，操作者要协调一致、密切配合。当模具定位圈装入注射机的定位孔后，应以极慢的速度合模，由活动模板将模具轻轻压紧，然后装上压板。通过调节螺钉，将压板调整到与模具的安装基面基本平行后压紧，如图10—3—1所示。压板位置绝不允许像图中双点画线所示。压板的数量根据模具的大小进行选择，一般为4～8块。

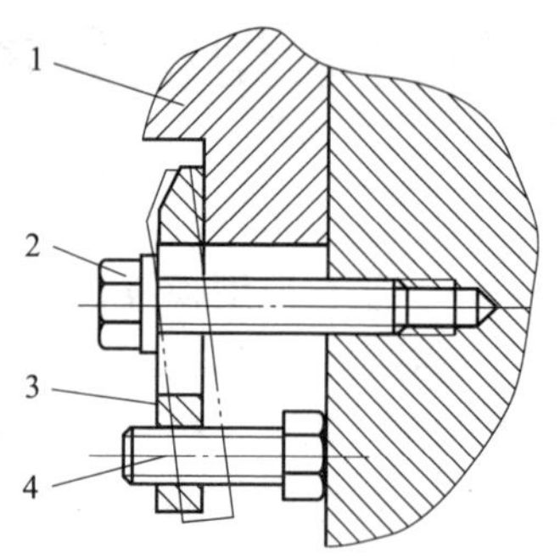

图10—3—1　模具的紧固

1—座板　2—压紧螺钉

3—压板　4—调节螺钉

3. 顶出距离的调整

模具紧固后，慢速开启模具，达到模座行程时，动模板停止后退，调节注射机顶杆顶出距离，使模具上推杆固定板和动模支承板之间的间隙不小于5 mm，既能顶出塑件，又能防止损坏模具。

4. 合模松紧程度的调整

为防止制件溢边，又保证型腔能适当排气，合模的松紧程度很重要。对于全液压式锁模机构，合模松紧程度只要观察合模力是否在预定的工艺范围内即可；对于液压肘杆式锁模机构，目前主要凭经验和目测来调节，即在开模时，肘杆先快后慢，既不很自然又不太勉强地伸直，合模松紧正好合适。对于需要加热的模具，应在模具达到规定温度后再调整合模的松紧程度。

5. 模具配套部分的安装

配套部分的安装包括：热流道元件及电气元件的接线、电控部分的调整、液压回路连接、气压回路连接、冷却水路的连接等辅助部分的安装。

6. 试模

试模前必须对设备的油路、水路及电路进行检查，并按规定保养设备，做好开机前的准备。

（1）模具预热

模具预热方法大致有两种：一是利用模具本身的冷却水孔，通入热水进行加热；二是外加热法，即将铸铝加热板安装在模具外部，从外向内进行加热，这种方法加热快，但消耗能量大。对中小型模具无须进行模具预热。

（2）料筒和喷嘴的加热

根据工艺手册中推荐的工艺参数将料筒和喷嘴加热，与模具预热同时进行。由于制件大小、形状和壁厚的不同，以及设备上热电偶位置的深度和温度表的误差也各有差异，因此资料上介绍的加工某一塑料的料筒和喷嘴温度只是一个大致范围，还应根据具体条件调试。判断料筒和喷嘴温度是否合适的最好办法是将喷嘴和主流道脱开，用较低的注射压力使塑料自喷嘴中缓慢地流出，观察料流。如果没有硬头、气泡、银丝、变色，且料流光滑明亮，说明料筒和喷嘴温度是比较合适的，可以开机试模。

（3）工艺参数的选择和调整

根据工艺手册中推荐的工艺参数初选温度、压力、时间参数，调整工艺参数时按压力、时间、温度这样的先后顺序变动。

在开始注射时，原则上选择在低压、低温和较长的时间条件下成型。如果制件未充满，通常是先增加注射压力。当大幅度提高注射压力仍无效果时，才考虑改变时间和温度。延长时间实质上是使塑料在料筒内的受热时间增长，注射几次后若仍然未充满，最后才提高料筒温度。但料筒温度的上升以及它与塑料温度达到平衡需要一定的时间（一般约15 min），需要耐心等待，不要过快地把料筒温度升得太高，以免塑料过热，甚至发生降解。

注射成型时可选用高速和低速两种工艺。一般在制件壁薄而面积大时，采用高速注射，而壁厚、面积小的塑件采用低速注射。在高速和低速都能充满型腔的情况下，除玻璃纤维增强塑料外，均宜采用低速注射。

对黏度高和热稳定性差的塑料，采用较慢的螺杆转速和略低的背压加料及预塑，而对黏度低和热稳定性好的塑料，可采用较快的螺杆转速和略高的背压。在喷嘴温度合适的情况下，采用喷嘴固定形式可提高生产率。但是，当喷嘴温度太低或太高时，需要采用每次注射后向后移动喷嘴的形式。喷嘴温度低时，由于后加料时喷嘴离开模具，减少了散热，故可使喷嘴温度升高；而喷嘴温度太高时，后加料时可挤出一些过热的塑料。

（4）试注射

当料筒中的塑料和模具达到预热温度时，就可以进行试注射，观察注射塑件的质量缺陷，分析产生缺陷的原因，调整工艺参数和其他技术参数，直至达到最佳状态。试注射过程中，应详细记录模具状态和工艺参数，对不合格的模具应及时进行返修。

在试模过程中应详细记录，并将结果填入试模记录卡，注明模具是否合格。如需返修，应提出返修意见。在记录卡中应摘录成型工艺条件及操作注意要点，最好能附上注射成型的制件，以供参考。

对试模后合格的模具，应清理干净，涂上防锈油后入库。

注射模试模时常见问题、产生原因及调整方法见表10—3—1，应及时调整、消除后再交付使用。

表 10—3—1　　注射模试模时常见问题、产生原因及调整方法

常见问题	产生原因	调整方法
制品尺寸精度发生变化，不稳定	（1）注射机系统不稳定 （2）模具发生变形或磨损 （3）锁模力不符合要求 （4）原材料质量较差	（1）调整注射机，使其电气部分、液压系统工作时稳定可靠；严格控制注射温度、压力、速度等成型条件，使每个制品成型周期一致；多型腔注射时，浇口大小一致，进料均衡 （2）提高模具强度，对于定位杆弯曲或磨损的应更换；调整模具精度，使活动零件动作稳定、平稳，定位零件定位准确 （3）检查模具合模后的锁模力。合模后的锁模力要大，防止时松时紧，锁模应稳定可靠 （4）塑料应颗粒均匀，收缩率要稳定
制品产生气泡，影响使用	（1）塑料所含水分太大，料温过高 （2）注射压力小，模温低，模具排气不良 （3）注射速度太快及柱塞或螺杆回程太早 （4）模具型腔内有水、油污	（1）试模前应将塑料烘干或更换新塑料；减少塑料加热时间 （2）加大注射压力；检查排气系统，若排气不良，在模内设冷料穴，使其排气良好；提高模具温度 （3）降低注射速度；延长柱塞及螺杆回程时间 （4）清除模具型腔内的水分和油污，合理使用脱模剂
制品充填不足，不能成型	（1）注射量不足 （2）加料量不足 （3）塑化能力不足 （4）熔料填充不良 （5）排气不好	（1）加大注射量 （2）加大加料量 （3）设法增加塑化能力；提高喷嘴、料筒温度，提高模温 （4）加大喷嘴直径，提高温度，增加熔料的流动性；增大主流道和分流道的直径；设置辅助流道或浇口；开设大的冷料穴；提高注射压力，延长注射及保压时间 （5）可降低注射速度，或在型芯上开设通气孔，或在分型面处开设排气槽
制品表面产生凹痕或塌坑	（1）浇口太小或数量不足 （2）浇口的位置不当 （3）模温不合适 （4）注射压力或速度太小，或保压时间短，供料不足	（1）增大浇口截面积或浇口数量 （2）改进塑件设计，使壁厚均匀；改进浇口位置 （3）严格控制模温 （4）加大注射压力、速度；增长保压时间；加大供料量，减小溢流槽面积

续表

常见问题	产生原因	调整方法
塑件周围飞边过大	（1）合模不严，间隙过大 （2）锁模力不足 （3）塑料流动性差 （4）成型条件差	（1）调整模具分型面，减小型腔、型芯部分滑动零件的间隙值；修整模具，加大模具强度和刚度，使各支承面相互平行；清除分型面的异物和油污 （2）减小注射压力，增加锁模力 （3）更换塑料或重新调整注射速度，提高料温、模温 （4）适当调整加料量
塑件表面出现细缝	（1）料温、模温太低 （2）注射速度较慢，注射压力小 （3）料的进口位置不当 （4）嵌件温度太低 （5）塑料流动性差 （6）排气不良	（1）改善工艺条件，提高料温、模温 （2）加快注射速度，加大注射压力 （3）改进塑件设计，调整进料口和流道系统 （4）预热嵌件 （5）更换流动性好的塑料，改善填料；改变模具冷却流道，使其冷却均匀 （6）清除模腔水分，适量使用润滑剂和脱模剂；增设冷却槽，使之充分排除气体
塑件表面出现波纹，影响美观	（1）料温、模温、喷嘴温度低 （2）注射力偏小，注射速度慢 （3）塑料流动性差 （4）流道太长 （5）供料不足	（1）改进注射工艺，提高料温、模温、喷嘴温度 （2）增加注射力和注射速度 （3）使用前烘干及清除杂质，如有必要更换流动性较好的塑料 （4）调整模具，改进浇注系统 （5）加大供料量；改进冷料穴、模具冷却系统、浇注系统
塑料表面沿流动方向产生银色针状条纹或片状云母纹	（1）注射时塑料温度太高 （2）含水分及挥发物较多 （3）注射压力小，模温太高 （4）浇口太小及排气不良 （5）配料不当或混入异物	（1）改进注射工艺，适当降低料温、模温 （2）烘干水分，清除油污，并合理进行润滑和使用脱模剂 （3）加大注射压力，适当降低模温；改善塑件设计，使其薄厚均匀过渡 （4）调整模具，使浇口适当增大及增设排气机构 （5）改善塑料质量，避免异物混入
塑件成型后产生翘曲变形	（1）冷却时间不足，模温太高，脱模太早 （2）浇口位置不合理，尺寸小；料温、模温太低；注射压力小，注射速度快，保压补缩时间不足，冷却不均匀 （3）模具强度不够，精度低，定位不可靠	（1）延长冷却时间，加快冷却速度，待成型固化后再脱模 （2）调整或改进浇口位置；合理控制模温，动、定模模温趋于一致；适当增加注射压力，延长保压补缩时间 （3）调整顶出机构，使其受力均匀；重新精修模具；重新设计塑件，使其形状设计合理，嵌件分布均匀

续表

常见问题	产生原因	调整方法
塑件制品有裂纹	（1）脱模顶出力不均匀 （2）模具受热不均或模温太低 （3）冷却过快或过慢 （4）型腔脱模斜度小 （5）混入杂质，或脱模剂使用不当	（1）调整顶出机构，使制品脱模时受力均匀、动作可靠 （2）合理控制成型工艺，使模温升高时各部件温度一致 （3）适当控制冷却速度 （4）改进浇口尺寸及形状；在不影响质量的前提下，尽量使脱模斜度大 （5）使用塑料要干净，严防杂质；采用填料的，应搅拌均匀后使用；嵌件安装前要预热并清除表面杂物和油污；合理使用脱模剂
塑件表面产生黑点或变色	（1）料筒清洗不干净或混有杂物 （2）塑料或模具型腔表面有可燃性挥发物 （3）塑料质量不佳，受潮，水解变黑	（1）试模前，认真清洗料筒，避免杂物混入 （2）试模前，认真清洗塑料或模具型腔表面 （3）塑料使用前，应清除杂质并经烘干后使用
塑件成型后难以脱模，塑件粘模，取不出来	（1）型腔表面粗糙 （2）型腔脱模斜度太小 （3）模具镶块处缝隙太大 （4）模温太高或太低 （5）顶杆太短 （6）拉料杆失灵 （7）活动型芯脱模不及时 （8）塑料发脆 （9）收缩率太大 （10）料温、喷嘴温度、模温较低，且喷嘴与浇口套不吻合或喷嘴与模具间有漏出的熔料	（1）对模腔进行抛光，使之光洁 （2）调整模具结构，加大脱模斜度 （3）修整模具，尽量使镶块处的缝隙减小 （4）改善成型工艺条件，合理控制模具温度与成型时间，降低注射压力 （5）在模具型芯内增设进气孔，调整或更换顶杆，使其动作可靠 （6）修整拉料杆，使其动作灵活、可靠 （7）调整活动型芯脱模机构，使其动作同步、灵活、可靠 （8）更换更好的塑料 （9）延长冷却时间 （10）提高料温、喷嘴温度、模温，调整喷嘴与浇口套，尽量使其在同一轴线上，并使喷嘴在工作时尽量与模具紧密贴合，不留有缝隙，防止熔料溢出；改善浇口套强度或更换新浇口套，使浇口套直径加大
塑件表面不光洁或有划痕和擦伤	（1）模具型腔表面不光洁 （2）熔料注射后与模具表面不密合接触 （3）料温与模温调节不当 （4）模具型腔表面有擦伤或划痕	（1）抛光或镀硬铬，使表面质量提高 （2）检查熔料流动性，如熔料一接触型腔表面就冷凝硬化，则应立即提高料温、模温及注射速度，增强熔料流动性；扩大模具排气孔 （3）调节料温和模温达到适宜的温度 （4）修复模具型腔表面的擦伤和划痕

二、塑料成型模具的使用与维护

塑料成型模具同其他模具相比，结构一般更加复杂、精密，对操作和维护的要求也更高。因此，在整个生产过程中，正确地使用和维护，对维持企业正常生产、提高企业经济效益有着十分重要的意义。

1. 选择合适的成型设备，确定合理的成型工艺条件

塑料模在安装使用前，一定要根据模具结构及成型条件，按工艺规程选择合适的成型设备。如使用注射模时，选用的注射量不能太大或太小：若太小，则满足不了注射要求，制品难以成型；若太大，则“大马拉小车”，有时会因锁模力调节不当而使模具损坏，同时使效率降低。故选择注射机时，应按最大注射量、拉杆有效间距、模板上模具安装尺寸、最大或最小模厚、模板行程、推出方式、推出行程、注射压力、锁模力等各项进行核查，满足要求后方可安装使用模具。同时，工艺条件的合理性也是正确使用模具的关键之一。工艺条件一般在模具试模时确定，并编写成工艺规程，如锁模力、压力及注射速度、模温等，都要合理确定，操作时按此工艺规程操作，避免损坏模具，延长其使用寿命。

2. 模具要安装合理，牢固可靠

模具在安装到压力机或注射机上时，一定要安装牢固，并在装机后进行空模运转，观察其各部位动作是否灵活，移动行程是否到位，合模时分型面是否吻合严密，动、定模（凸、凹模）是否对正、配合正确，装模螺钉是否拧紧及有无松动等。

3. 正确使用模具

模具在使用时，要严格按工艺规程操作，模具的温度要保持正常，不可忽冷忽热；要经常检查模具的滑动零件如导柱、导销、推杆、型芯、滑槽等是否工作正常，有无弯曲、损坏，并要时常擦洗，加注润滑油；在每次合模前，要把型腔清理干净；对于型腔表面有特殊要求的，如表面粗糙度值不大于 $Ra0.2$ μm 的光亮镜面表面，绝不能用手抹或用棉纱擦，应用压缩空气吹拂，或用高级餐巾纸和高级脱脂棉蘸酒精轻轻擦抹，同时，型腔表面要定期进行清洗，清洗时可采用醇类或酮类制剂，擦洗后要及时吹干。

模具在临时停歇时，应将其闭合，防止型腔、型芯等工作零件暴露在外，以防损伤。若停机超过 24 h，要在型腔、型芯表面喷上防锈剂或脱模剂，待再开机使用时，擦干净后再使用。

4. 随机对模具产生的微小毛病进行修整

模具在使用过程中会产生磨损，有时还会产生不正常的损坏，若是微小毛病，可不必将模具从成型设备上卸下，应随机进行修整后再继续使用。如镶件未放稳就合模导致型腔局部损坏，可将型腔在成型设备上进行抛磨；若由于长期磨损使分型面不严密，致使制品溢边太厚，可以分别卸下，把分型面磨平，再把型腔加工到原来的深度；对于细小型芯，顶杆折断或弯曲而影响制件质量及脱模时，要进行修整、更换后，再继续使用。

5. 认真检查各控制部件的工作状态

模具在工作过程中，要严防辅助系统发生异常。如在每一个生产周期结束后，都应对加热器、冷却水道进行检测，使其处于完好状态，并对抽芯机构进行检查与调整。在生产中，若模具或设备发出异响或出现异常情况，要立即停机检查、修整。

6. 正确拆除模具

模具在使用后，要按正确的拆卸方式将模具从成型设备上卸下，要轻拆轻放。使用后的模具，在型腔内要加注防锈剂、防蚀剂进行保护后再入库存放。

三、塑料成型模具的修理工艺及操作要点

模具在使用过程中，会产生正常的磨损或不正常的损坏。不正常损坏绝大多数是由于操作不当所致，例如嵌件没放稳就合模，致使型腔被损伤，或是型芯较细，当塑件无法脱模时，用锤子敲击而使型芯弯曲。塑料成型模具经过一段时间的使用，出现故障的情况是多种多样的，应根据不同的情况具体分析，并采取不同的修理方法。

1. 导向与定位件的损坏

（1）导柱磨损或拉伤

中小型塑料成型模具均以导柱为定、动模之间的定位件，在长期使用中，会导致导柱与导套磨损、间隙过大、定位精度超差。常见的磨损或拉伤情况及修理方法如下：

1）导柱、导套周边均匀磨损。可更换新导套，重新配置，达到精度要求。

2）导柱、导套之间出现一侧磨损过重或导柱固定部位尺寸超差，因此产生松动。此时需要更换导柱或导套。

3）导柱、导套局部有拉伤现象，产生的原因有配合过紧、表面有污物或两者之间中心距有误差等。轻者可局部研磨、抛光，重者需要更换导柱、导套，重新找正并进行定位。

（2）定位块、定位止口磨损

在大中型塑料成型模具中，导柱前段起导向杆作用，动、定模之间的梯形止口或定位斜键起定位作用。这种定位装置研合面积大、定位精度高，是大中型注射模常用的定位方式。然而，在长期使用过程中，也会产生磨损使定位精度降低，主要修复方式如下：

1）定位块修复。定位块在长期使用中磨损，尺寸变小，定位精度超差。可在其下端面垫上厚垫片，使尺寸复原，再将表面磨到原始尺寸，即可达到修复的目的。另一种办法是将磨损面电镀一层硬金属后，用磨床磨削到原始尺寸，这种方法修复量为 0 ~ 1 mm 较为合适。

2）止口修复。止口部位装有耐磨板，可在模面上垫厚垫片，恢复原始尺寸，尺寸视磨损情况而定；若没有耐磨板，加垫又比较困难时，可将磨损面电镀硬金属增厚，然后磨削到原始尺寸。

2. 分型面的磨损

塑料成型模具经过一段时间使用后，由于反复开闭及制件脱模对局部的磨损或不当操作造成的撞击，分型面上原本很清晰的型腔边缘尖角会变得圆滑，使制件产生飞边、飞刺，影响制件质量。不同的磨损形式及修复方法如下：

（1）分型面上型腔周边大面积磨损。可采取将分型面磨去 0.2 ~ 0.4 mm 厚的方法进行修复，此时制件在开模方向上的尺寸将变小，如果不妨碍制品功能要求则可行，否则需同时修改型腔深度。

（2）分型面上局部磨损。可视情况采用挤胀、镶块等方法进行修补。所谓挤胀方法就是在离损伤部位 3 mm 左右的地方用錾子敲击，使凹痕隆起，敲击点尽量离得远些，敲击范围大些，然后将隆起的部分用锉刀锉平，再用油石研磨，砂纸打光。

（3）破损严重无法修复的，应更换新件。

3. 型腔表面的磨损

塑料成型模具在使用过程中，型腔表面不断受到高温、高压及腐蚀影响，致使表面硬度降低、磨损加快，使得制件尺寸变大超差，甚至出现表面破裂的现象。这时，一方面要正确选择模具材料及合理的表面硬化处理，另一方面则需对其进行必要的检修。如发现整体磨损

严重，可采用将型腔和型芯进行刷镀的方法进行修复，即利用电刷镀笔，在表面上进行无槽电镀后形成一层镀层，修磨后即可使用。如表面磨损或磕碰特别严重，则需采用焊接、镶拼、更换新件等方法进行修复。

4. 镶块松动或模具开裂

镶块一般是以过盈配合的方式镶入模体内，但模具长期使用后，接合缝易产生间隙与松动，使制品产生飞边，致使脱模困难。要从根本上解决问题，应更换镶块，重新研配，以达到原来的尺寸。但应注意镶件材质与塑料成型模具基体一致或线膨胀系数接近。

5. 塑料成型模具咬伤

模具咬伤是塑料成型模具滑动件之间磨损增大，或滑动件的硬度太低而导致的局部划伤咬合在一起。其修复方法如下：

（1）将咬合部分清理干净，小心地取下被卡住的部件，用砂纸磨光毛刺。产生凹痕的，将凹陷边缘磨成圆角，以免再次咬合。若滑动件表面硬度低，则需要进行表面硬化处理。此时可将整个部件放入水中，将需要硬化的表面露出水面，进行火焰淬火。也可采用扩散渗碳、渗氮处理。对销类滑动件，最好采用高频淬火。

（2）将咬合部分切除后再进行堆焊修补，但焊接材质必须相同。壁厚太薄的地方不能采用焊接修补。

（3）滑块型芯上产生卡住现象时，可用细锉、油石、砂纸打光。卡伤严重时，采用粉末堆焊修补，卡伤不严重时可用电镀方法镀平。

（4）角销卡伤时，应更换。

6. 塑料成型模具裂纹

当塑料成型模具刚度不足时，由于成型时反复变形产生疲劳，往往在型腔拐角处产生裂纹。对产生裂纹的塑料成型模具可采用在模具外侧加镶框的办法来增强刚度，以免裂纹扩展，这样，在塑件表面上留下的裂纹就不会十分明显。注射模的材质与裂纹的产生也有一定的关系，最好采用韧性较好的材料。

7. 推杆折断

塑料模在使用过程中，经常出现推杆折断的现象。这可能有三种情况：一是由于多根推杆配合松紧不一致，使得推出力不平衡，造成个别推杆偏载而折断；二是由于推杆孔磨损后与分型面不垂直，推杆因推出的运动方向偏斜而折断；三是推杆“丁”字头为焊接而成，因热处理效果差、焊接应力未消除而产生断裂。

若断杆留在型腔内没有及时清除，则在合模时会碰撞型腔。轻者导致型腔受损，需采用镶块焊补、电镀、敲击等方法修复；重者可使注射模报废。因此，必须更换新的推杆。

8. 异物掉入损坏型腔

如果掉入物为残余料，则受损情况较轻；若掉入的是金属物，则会严重破坏型腔，尤其是仿真纹面型腔或抛光面型腔，给修复带来困难。

若型腔轻微损伤，可用敲击法（即在型腔损伤部位的背面开一个合适的盲孔，然后在孔内插入一根金属棒，用锤子敲击，使损伤面隆起后磨平、抛光）予以修复。如果型腔损伤严重，则主要靠镶拼、堆焊、电镀的方法来修复。

针对这种情况，应做好以下预防工作：

（1）模具上方不可放置任何工具、杂物、零件等。

（2）型腔修整后，禁止不进行清理而直接合模，以防铁屑、废件、杂物留在型腔内。

（3）经过长途运输进厂的注射模或放置一段时间后重新使用的注射模，要先开模，将型腔清理干净后，再投入生产。

（4）型腔内的残余料要清理干净。

9. 辅助机构失灵

在成型过程中，注射模的开模、抽芯及顶出等动作应按规定顺序进行，互相协调，相应的运动机构不得互相干涉。然而，由于零件长期工作中发生疲劳或因结构不可靠，可能使某机构突然断裂失效，继而使注射模其他部位受损。

出现这种情况时，需根据具体情况进行修复，多数情况下需更换结构件。模具的型腔受损可能是致命的，修复的可能性不大。因此，为预防这种事故的发生，应做好如下预防工作：

（1）操作者应经常观察模具结构的灵活性、滑动的顺畅性、复位的精确性，以防患于未然。

（2）对液压和气动辅助机构的附件（如油管、水管、气管、接头、插座、行程开关、电线等）要进行定期检查和维修，使注射模始终处于良好的工作状态，以保证注射模的使用寿命。

技能训练

任务一　单分型面注射模的装配与调试

1. 训练要求

（1）能根据装配图样分析单分型面注射模的结构、工作原理及各零部件之间的配合关系。

（2）掌握注射模的装配技术要求和调试方法，并能按相关技术要求完成中等复杂程度注射模的装配与调试。

2. 训练准备

（1）设备：钻床等。

（2）工具、量具：游标卡尺、直角尺、塞尺、麻花钻、丝锥、铰刀、扳手等。

（3）材料：单分型面注射模的所有零部件。

（4）单分型面注射模装配图样，如图 10—3—2 所示。

3. 训练要点

装配前，应分析该注射模的结构、工作原理及各零部件之间的配合关系，制定装配工艺，并按各零件图样检查待装配零件精度（特别是型芯、型腔以及分型面接合面积等）。装配时应按部件装配、总装、调试的步骤进行，具体步骤如下：

（1）精修定模及型腔

用油石修光型腔表面，控制型腔深度，修磨分型面。

（2）装配型芯

将型芯与动模板组装。装配后，型芯外露部分应符合图样要求。

（3）装配导柱、导套

将导柱、导套分别压入定模板、推件板、支承板和动模板。检查导柱、导套配合的松紧程度。

(4) 装配浇口套

用压力机将浇口套压入定模座板。

(5) 装配推出机构

将推杆或复位杆与推杆固定板及推板进行组装。

(6) 总装

1) 装配定模部分。总装前，浇口套、导套都已装配结束并经检验合格。装配时，将定模板6套装在导柱上并与已装浇口套的定模座板5合拢，找正位置，用平行夹头夹紧。以定模座板上的螺钉孔定位，对定模板钻锥坑。然后拆开，在定模板上钻孔、攻螺纹，再重新合拢，用螺钉拧紧固定。最后，钻、铰定位销孔并打入定位销。经以上装配后，检查定模板和浇口套的流道锥孔是否对正。如果在接缝处有错位，则需进行铰削修整，使其光滑一致。

2) 装配动模部分

①装配动模板、支承板、垫块和动模座板。装配前，已完成型芯3，导柱17、21，拉料杆18与动模板8及支承板9的装配，并检验合格。装配时，将动模板8、支承板9、垫块12和动模座板13按其工作位置合拢，找正后，用平行夹头夹紧。以动模板上的螺孔、推杆孔定位，在支承板上钻出螺孔、推杆孔的锥坑。拆下动模板，以锥坑为定位基准钻出螺钉过孔、推杆过孔，锪出螺钉沉孔，最后用螺钉拧紧固定。

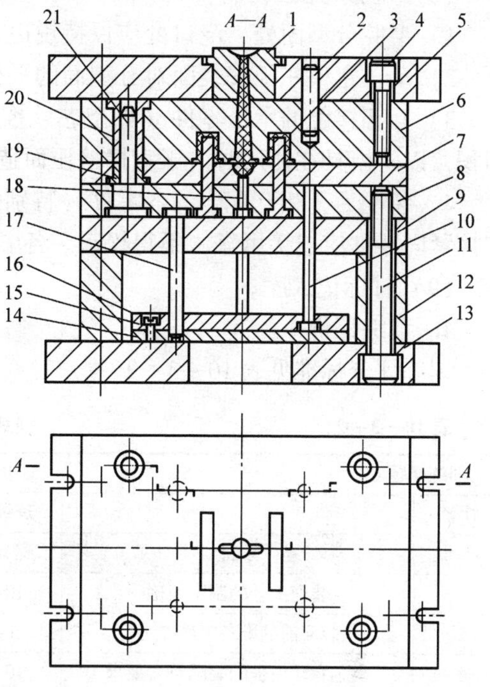

图10—3—2　单分型面注射模装配图样

1—浇口套　2—定位销　3—型芯　4、11—内六角螺栓　5—定模座板　6—定模板　7—推件板　8—动模板　9—支承板　10—推杆　12—垫块　13—动模座板　14—推板　15—螺钉　16—推杆固定板　17、21—导柱　18—拉料杆　19、20—导套

②装配推件板。推件板7在总装前已压入导套19并检验合格。总装前应先对推件板7的型孔进行修光，并且与型芯做配合检查，要求滑动灵活、间隙均匀并达到配合要求。然后，将推件板套装在导柱和型芯上，以推件板平面为基准测量型芯高度尺寸：如果型芯高度尺寸大于设计要求，则进行调整或修磨，使其达到要求；如果型芯高度尺寸小于设计要求，则需将推件板平面在平面磨床上磨去相应的厚度，以保证型芯高度尺寸。

③总装推出机构。将推板14放在动模座板上，推杆10套装在推杆固定板上的推杆孔内，并穿入动模板8的推杆孔内，再套装到推板导柱17上，使推板和推杆固定板重合。在推杆固定板螺孔内涂上红丹粉，将螺钉孔位置复印到推板上。然后，取下推杆固定板，在推板上钻孔并攻螺纹，再重新合拢并拧紧螺钉固定。装配后，进行滑动配合检查，经调整使其滑动灵活、无卡阻现象。最后，将推件板拆下，把推板放到最大极限位置，检查推杆在动模板上平面露出的长度，将其修磨到和动模板上平面平齐或低0.02 mm的位置。

(7) 安装其他零部件

按装配图要求安装其他零部件。

（8）检验与调试

1）型腔分型面处、浇口处应保持锐边，一般不准修成圆角。

2）动、定模座板安装面对分型面的平行度误差在300 mm范围内不大于0.05 mm。

3）互相接触的承压零件（如型芯、推杆等），在装配时应有适当的间隙或合理的承压面积，以防模具在使用时由于直接挤压而造成零件的损坏。

4）装配后，相互配合的各零件（特别是成型零件）相对位置精度应达到图样要求。各连接紧固零件应连接可靠，不得松动。各紧固螺钉、销钉要拧紧。

（9）打标记入库。

4. 训练评价

训练评分标准见表10—3—2。

表10—3—2　　训练评分标准

训练课题	单分型面注射模的装配与调试				
姓名		班级		总得分	
序号	项目	配分	评分标准	实测结果	得分
1	装配工艺的制定正确	10	不正确不得分		
2	装配前的准备工作充分	5	准备不充分不得分		
3	型芯和动模板的装配符合要求	10	每处不符合要求扣5分		
4	导柱、导套的装配符合要求	10	每处不符合要求扣2分		
5	浇口套的装配符合要求	5	不符合要求不得分		
6	推出机构的装配符合要求	10	每处不符合要求扣5分		
7	定模部分的装配符合要求	10	每处不符合要求扣5分		
8	动模部分的装配符合要求	20	每处不符合要求扣5分		
9	其他零部件装配符合要求	5	每处不符合要求扣1分		
10	装配精度检测与调试正确、规范	10	每处不正确扣2分		
11	安全文明生产	5	酌情扣分		
现场记录					

任务二　注射模的安装与调试

1. 训练要求

（1）熟悉常用塑料成型设备的结构、工作原理及使用操作规范。

（2）能正确、规范地安装、调试注射模，并按要求完成试模工作。

2. 训练准备

（1）设备：卧式塑料注射机、注射模等。

（2）工具：压板、扳手等。

（3）材料：热塑性塑料颗粒。

（4）注射模（动模部分）安装参考图，如图 10—3—3 所示。

3. 训练要点

在安装与调试过程中，一定要注意安全，必须在教师的指导和监督下进行，具体步骤如下：

（1）准备工作

1）分析图样，掌握模具的结构及工作特点，熟悉有关的工艺文件以及塑料成型设备的主要技术参数和使用规范。

2）检查模具各运动零件的配合、起止位置是否正确，整个模具连接是否紧固可靠，模具的闭合高度、脱模距离、安装槽（孔）位置是否与成型设备相适应。

3）检查设备的油路、水路以及电路是否能正常工作，把注射机操作的选择开关调到点动或手动位置上，把液压系统的压力调到低压，调整好所有行程开关的位置，使动模板运行顺畅。调节动模板与定模板的距离，使其在闭合状态下大于模具闭合高度 1 ~ 2 mm。

4）检查吊装设备是否安全可靠，工作范围是否满足要求。同时，将成型设备和模具的安装面擦拭干净。

（2）安装定模与动模

1）定模的安装主要是通过模具上的定位圈与注射机固定模板定位孔的配合来对准定心的，如图 10—3—4 所示，可将定模座板紧紧地贴在注射机的固定模板上，然后用螺栓或螺钉、压板、垫块将定模部分压紧、固定。

图 10—3—3　注射模（动模部分）安装参考图

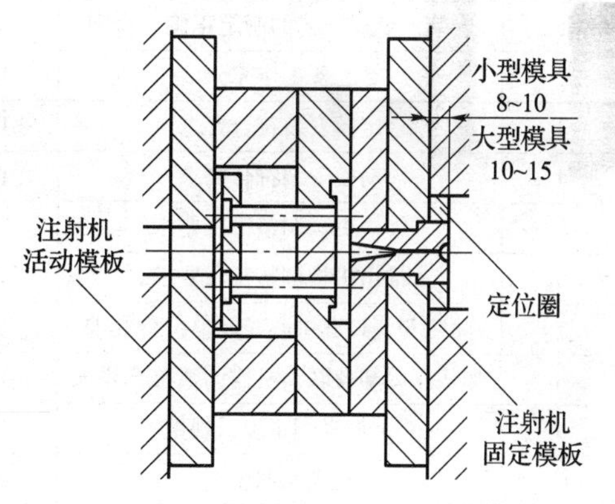

图 10—3—4　定模与动模安装

2）在定模安装后可及时安装动模，先调整好注射机的活动模板，使其与模具的动模座板底面贴合，然后用相应的螺栓、压板、垫块等连接固定。

3）当模具主体部分安装好，并通过空载运行确认一切正常后，便可进行配套部分的安装。这部分的安装主要是根据要求接通冷却系统、加热系统、液压回路、气压回路及电气控制回路等。

（3）调整注射模

1）按模具闭合高度、脱模距离来调节锁模机构，以保证模具有足够的开模行程和锁模力，使模具闭合后松紧适当，分型面之间的间隙保持在 0.02 ~ 0.04 mm 之间，以防止制件严重溢边，并保证模具型腔的排气正常。

2）调整推出距离、推出速度、推出压力等，使推出机构动作灵活、平稳、可靠。

3）调整料筒机座，使喷嘴中心与模具浇口套中心一致，并拧紧料筒机座定位螺钉。

4）模具安装紧固后，调整加热系统、冷却系统以及联动机构。

（4）试模

开始试模时，应先选择低压、低温和较长时间条件下注射成型，然后对注射压力、成型时间和温度进行调节。调节时先取一个因素进行变动，观察其效果，以便分析和判断情况。若效果不显著，再取两个因素进行综合变动，变动按压力、时间、温度的顺序进行，当提高料筒温度时，应注意料筒温度的上升以及物料温度达到平衡时所需要的时间。

在试模过程中，应注意对整个试模状态的控制，确定制件的注射量、注射压力、锁模力的最佳值，并将成型工艺条件、操作要点和模具质量等情况进行详细登记。模具如需返修，应提出返修意见。若在塑件注射成型过程中，模具动作灵活、操作正常、制品合格，则试模工作完成。

4. 训练评价

训练评分标准见表 10—3—3。

表 10—3—3　　训练评分标准

训练课题	注射模的安装与调试				
姓名		班级		总得分	
序号	项目	配分	评分标准	实测结果	得分
1	安装、试模工艺的制定正确、合理	10	不正确不得分		
2	准备工作充分	10	准备不充分不得分		
3	定模安装符合要求	10	每处不符合要求扣 5 分		
4	动模安装符合要求	10	每处不符合要求扣 5 分		
5	锁模机构调整符合要求	10	每处不符合要求扣 5 分		
6	推出机构调整符合要求	10	每处不符合要求扣 5 分		
7	喷嘴与浇口套中心线调整符合要求	10	每处不符合要求扣 5 分		
8	加热、冷却及联动机构调整符合要求	10	每处不符合要求扣 5 分		
9	试模操作正确、规范	10	每处不正确扣 5 分		
10	安全文明生产	10	酌情扣分		
现场记录					

任务三　衬套注射模的制作

1．训练要求

（1）能根据衬套注射模结构示意图，分析各零件的功用及技术要求。

（2）掌握衬套注射模各零件的加工工艺及方法，能正确、规范地制作各零件。

（3）掌握衬套注射模的装配技术要求、装配工艺，能正确、规范地进行安装和试模操作。

2．训练准备

（1）设备：钻床等。

（2）工具、量具：麻花钻、丝锥、内六角扳手、游标卡尺、千分尺、塞尺等。

（3）材料：各零件毛坯。

（4）衬套注射模结构示意图、衬套图样、动模板图样、支承板图样、定模板图样、定模座板图样、推杆固定板图样、推板图样、型芯图样、导柱图样、导套图样、垫块图样，分别如图 10—3—5 至图 10—3—16 所示。

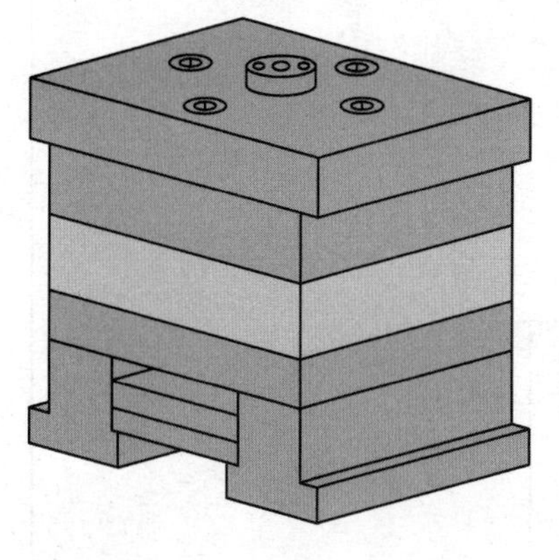

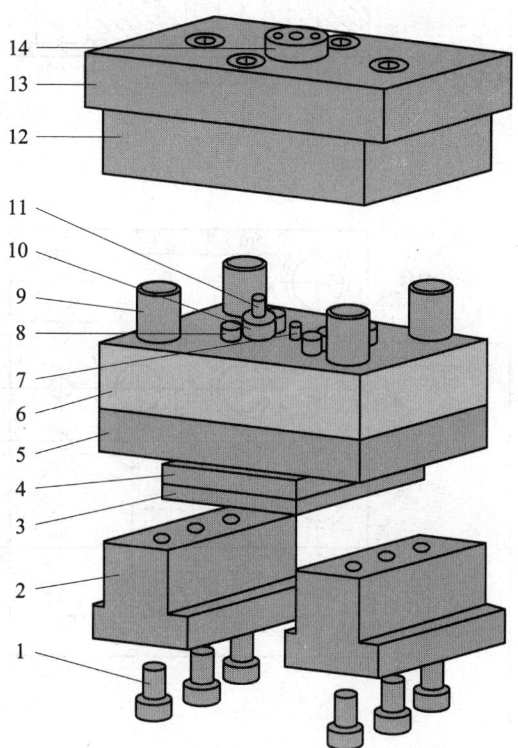

图 10—3—5　衬套注射模结构示意图

1—螺钉　2—垫块　3—推板　4—推杆固定板　5—支承板　6—动模板
7—拉料杆　8—复位杆　9—导柱　10—型芯　11—推杆
12—定模板　13—定模座板　14—浇口套

材料:ABS。
收缩率:0.05%。

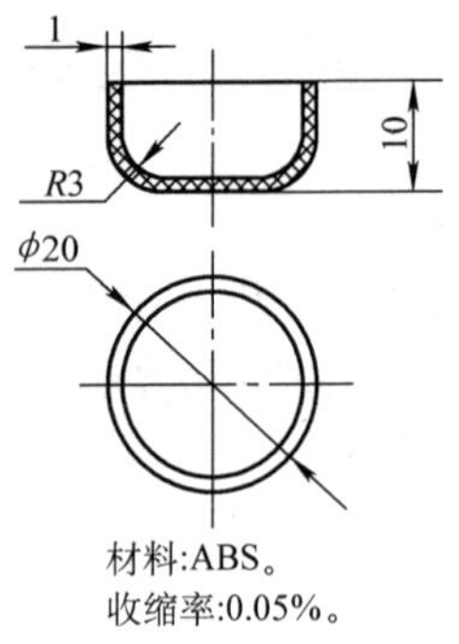

图 10—3—6　衬套图样

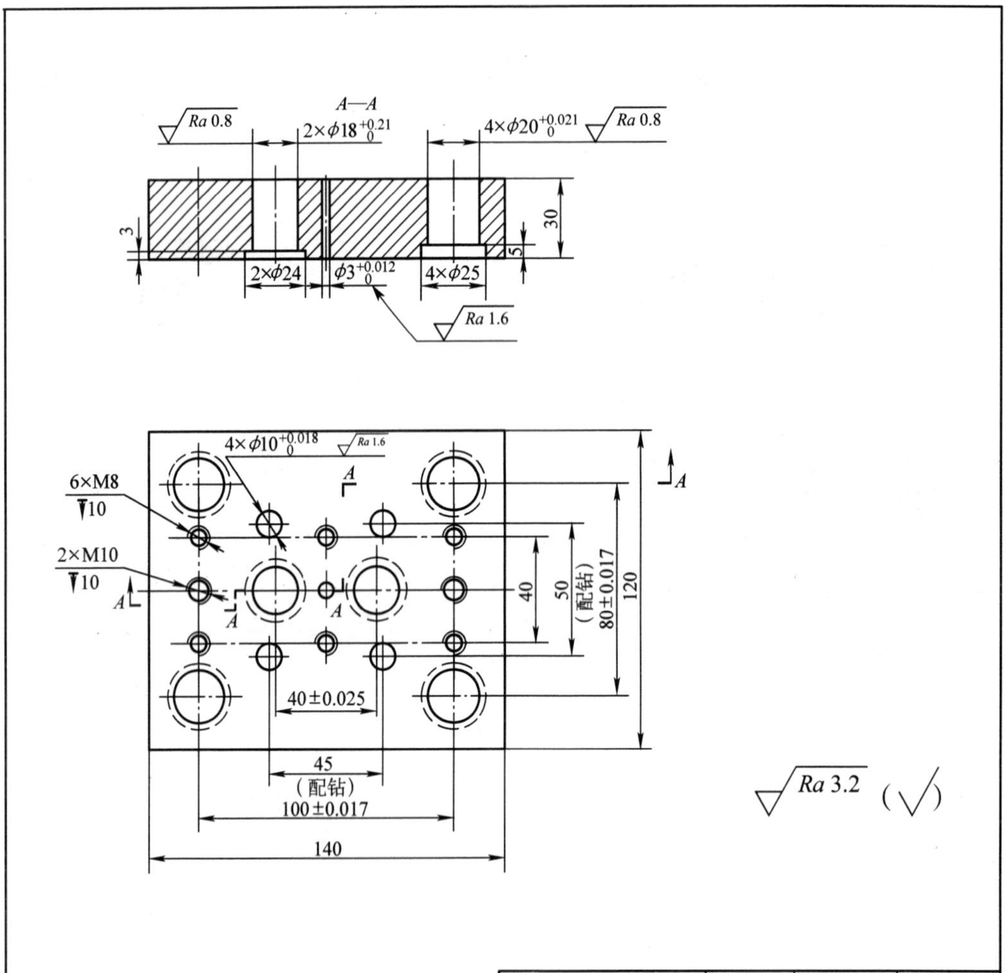

名称	等级	材料	工时
动模板	中级	45	3h

图 10—3—7　动模板图样

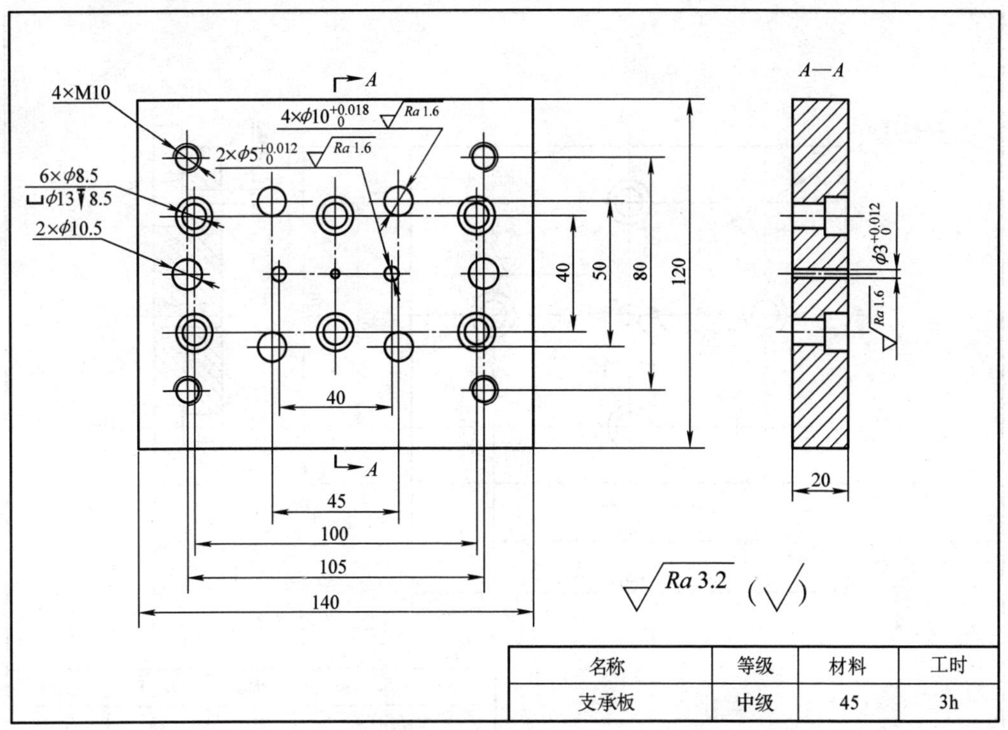

图 10—3—8　支承板图样

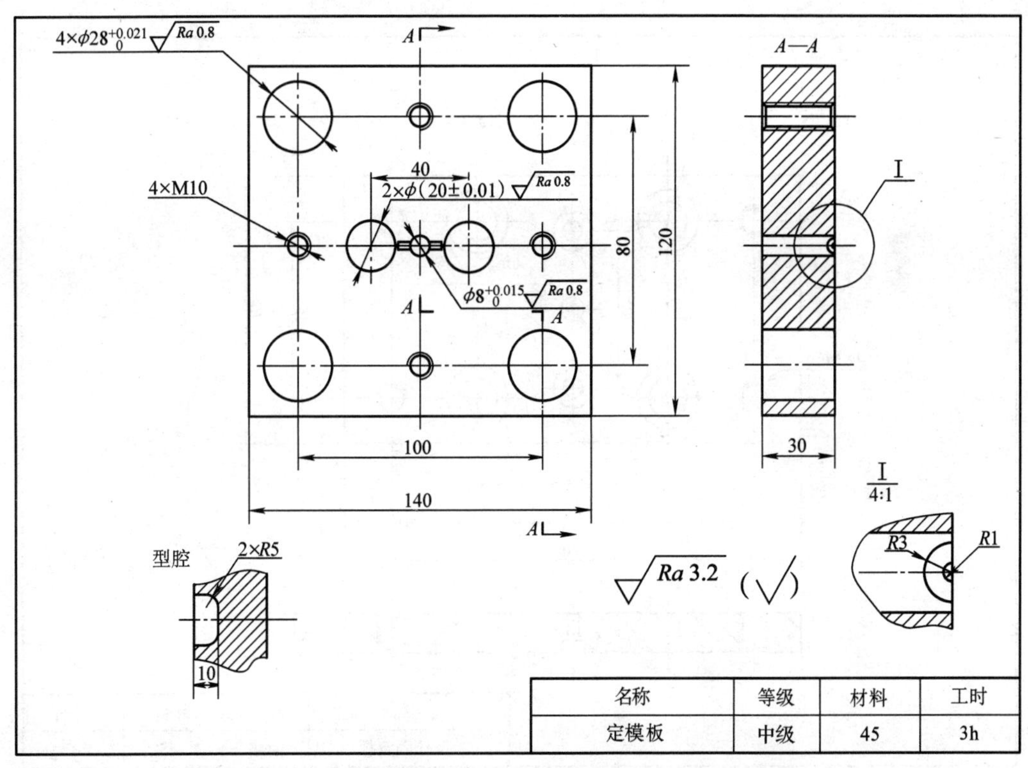

图 10—3—9　定模板图样

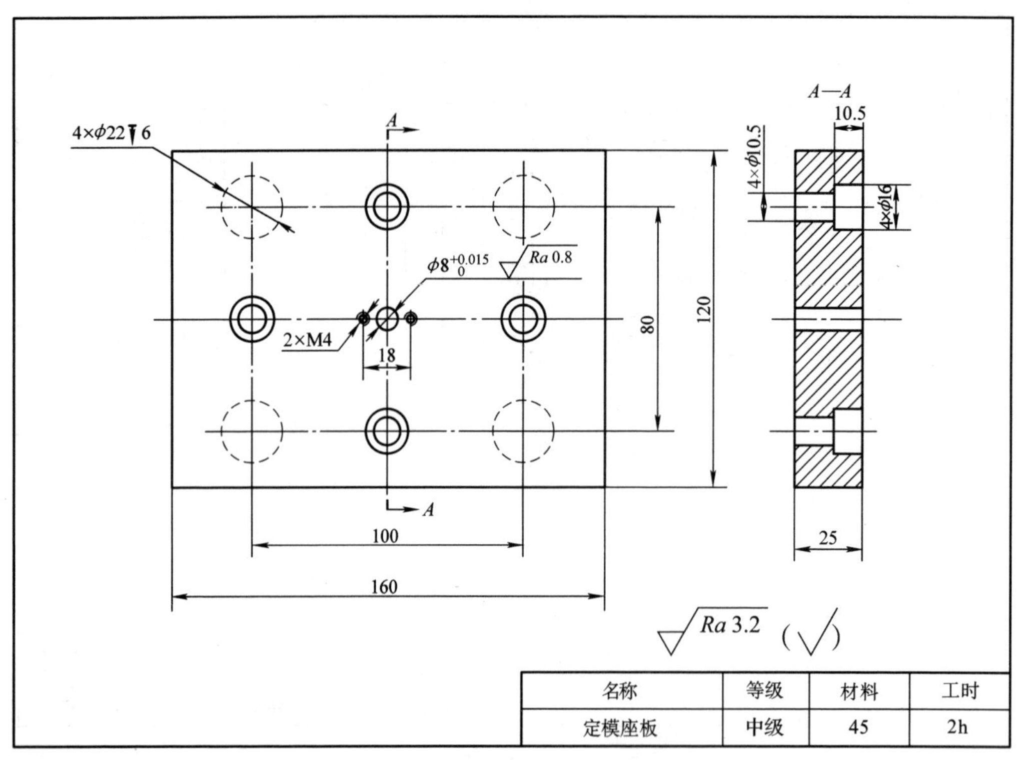

名称	等级	材料	工时
定模座板	中级	45	2h

图 10—3—10　定模座板图样

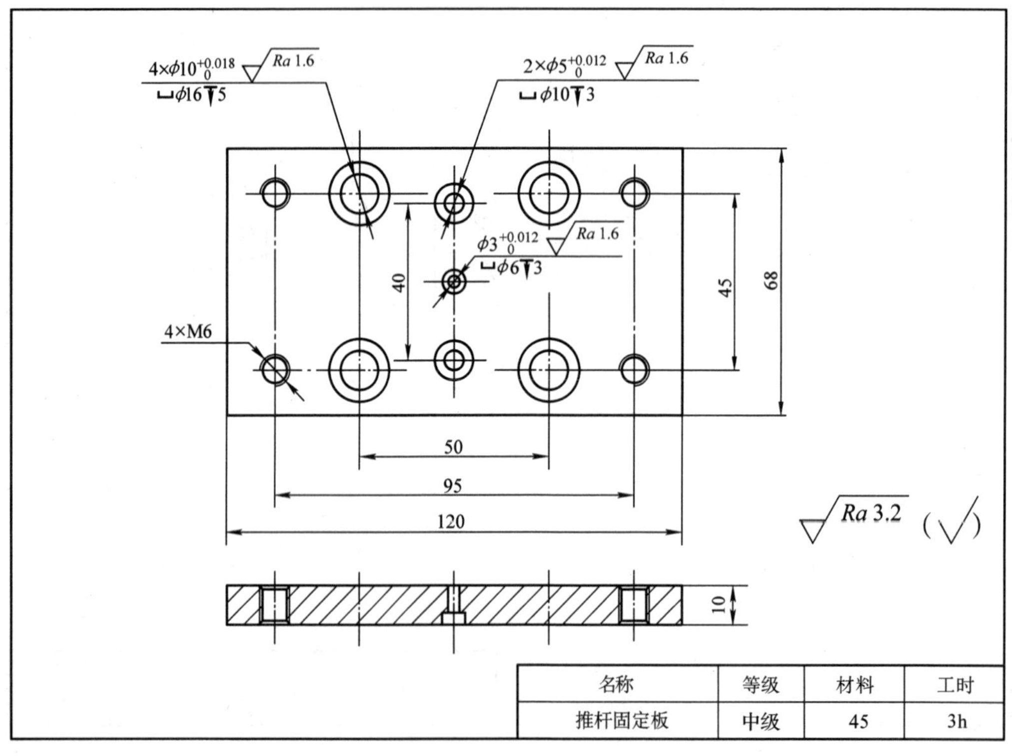

名称	等级	材料	工时
推杆固定板	中级	45	3h

图 10—3—11　推杆固定板图样

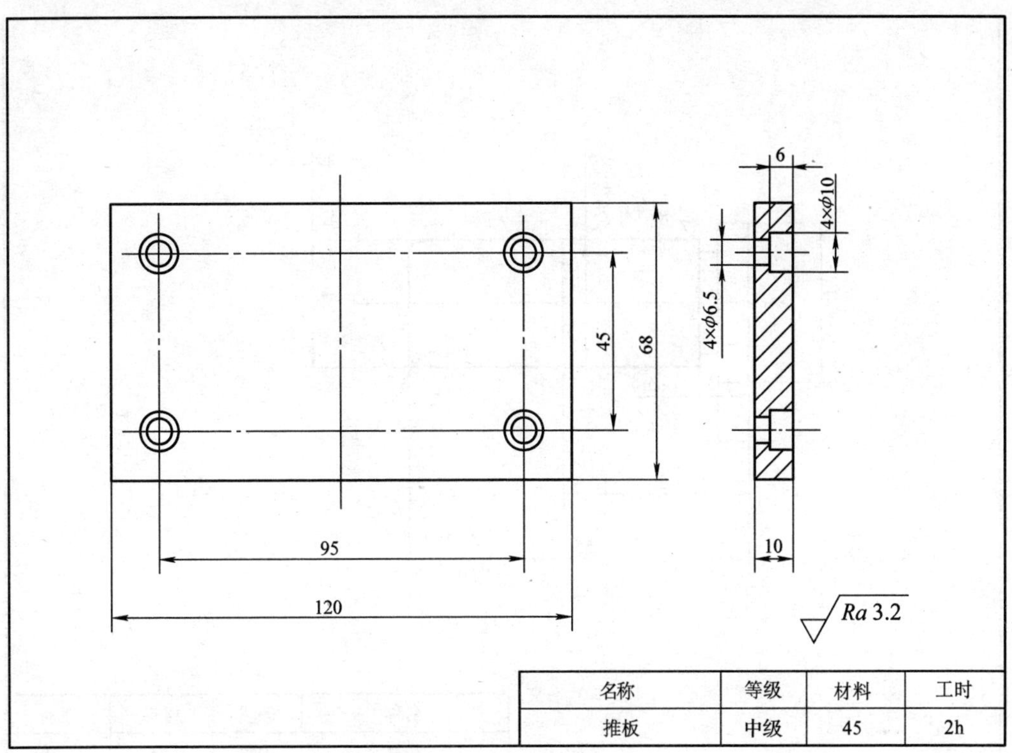

图 10—3—12　推板图样

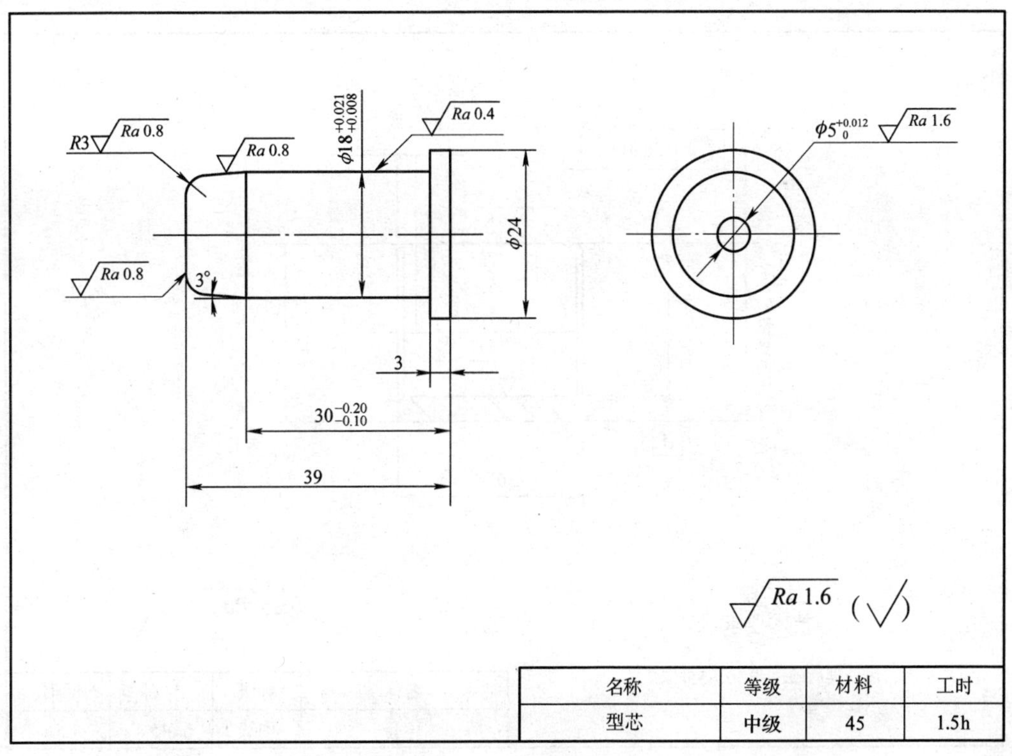

图 10—3—13　型芯图样

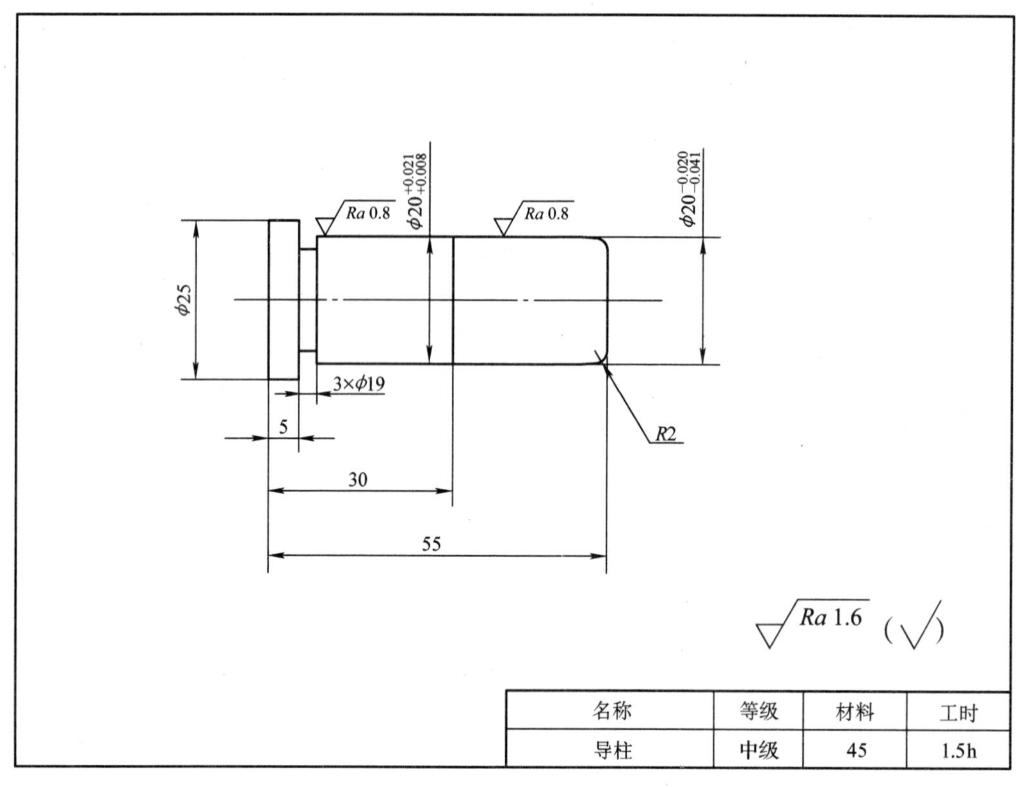

图 10—3—14　导柱图样

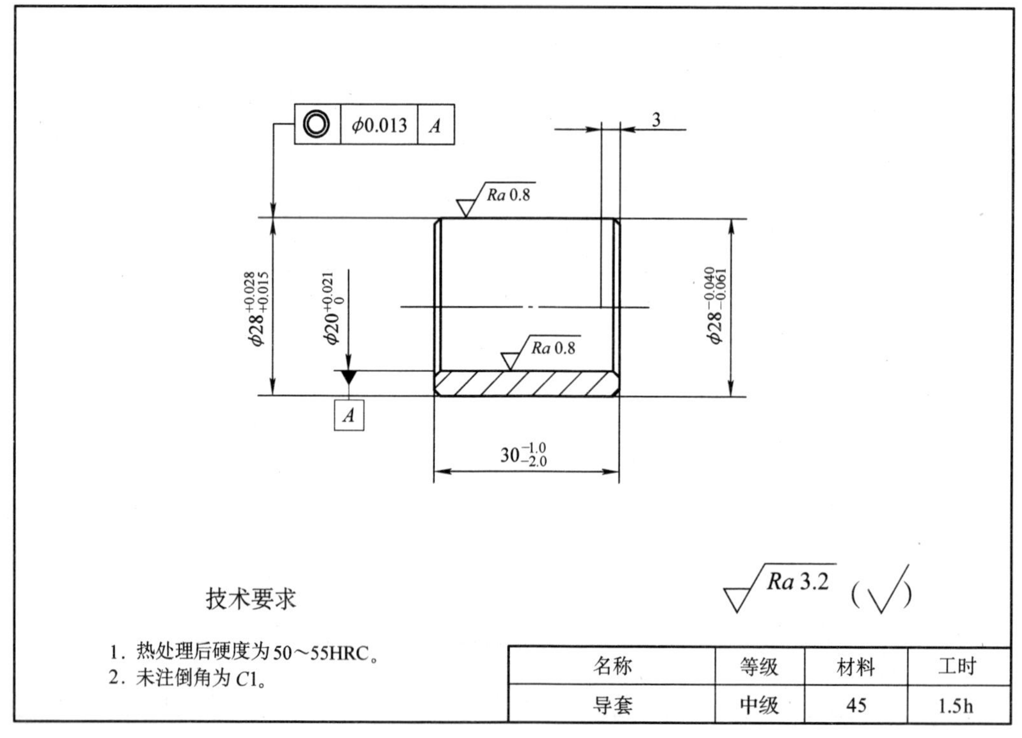

图 10—3—15　导套图样

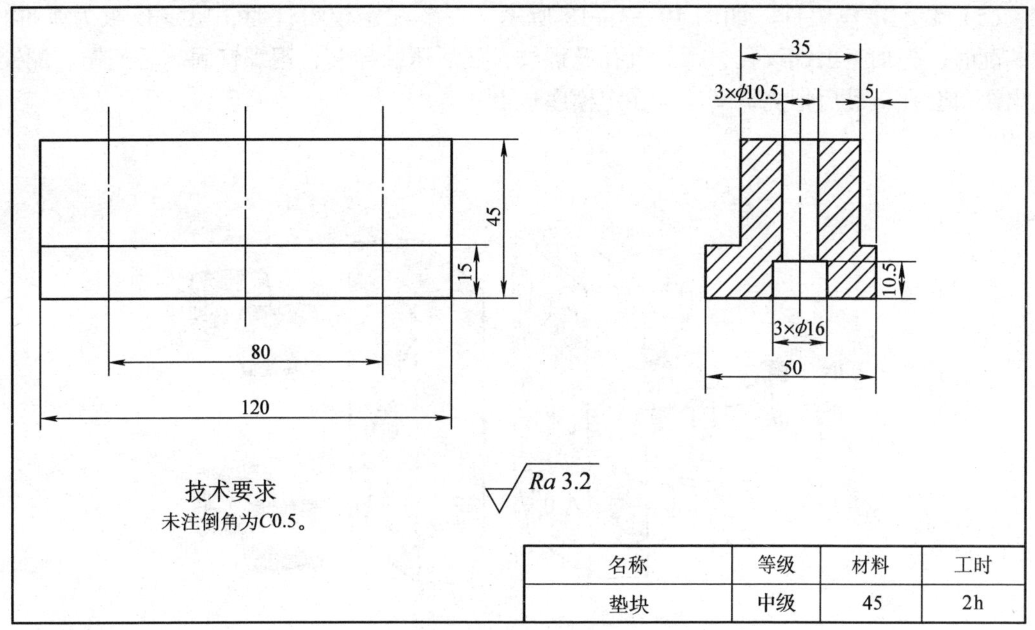

图 10—3—16　垫块图样

3. 训练要点

衬套注射模的具体制作步骤如下：

（1）根据衬套注射模结构示意图及各零件图样，分析模具的工作原理、各零件的功用和技术要求，制定制作工艺。

（2）选择基准，加工各零件的外形及型芯和型腔。

（3）抛光型芯和型腔，达到图样要求。

（4）装配动模组件。如图 10—3—17 所示，以动模板为基准，组装动模组件。在装配前，先以配钻的方法加工出固定螺钉的螺纹底孔及螺钉沉孔，并加工出螺纹。在压装型芯及导柱时，注意型芯及导柱与动模板大平面的垂直度要求。

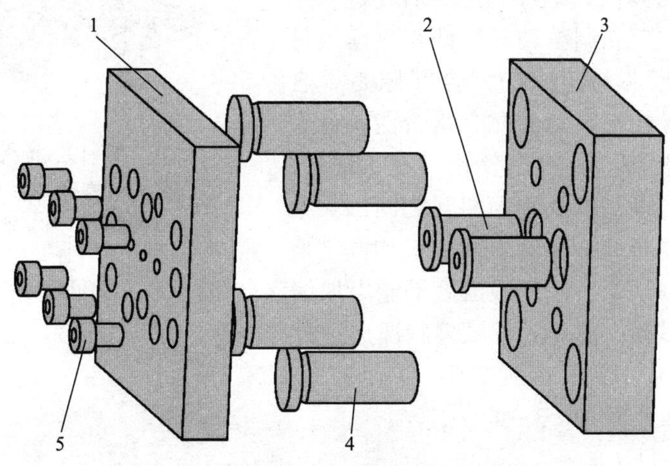

图 10—3—17　动模组件的装配

1—支承板　2—型芯　3—动模板　4—导柱　5—螺钉

（5）装配定模组件。如图 10—3—18 所示，在装配定模组件时，以定模板为基准件。在装配时，先加工出螺纹孔、螺纹沉孔及螺纹，然后压装导套，用螺钉固定后配钻、配铰加工出浇口套孔，最后把浇口套固定在定模座板上。

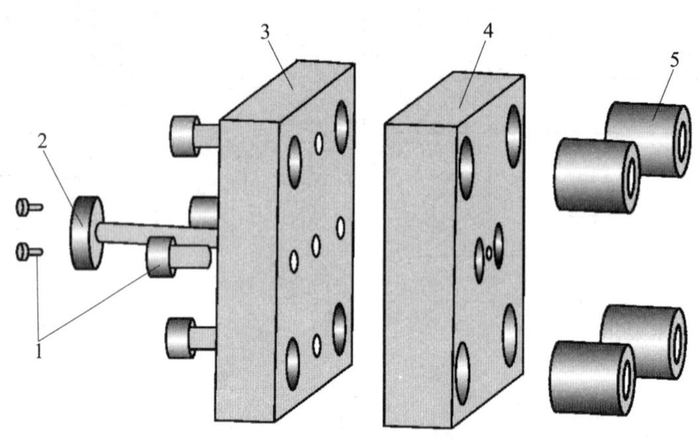

图 10—3—18　定模组件的装配

1—螺钉　2—浇口套　3—定模座板　4—定模板　5—导套

（6）装配推板组件。如图 10—3—19 所示，在装配推板组件时，以推杆固定板为基准件，而推杆固定板上的拉料孔及推杆孔应以动模板为基准进行加工，一般是在数控机床上同时加工完毕。

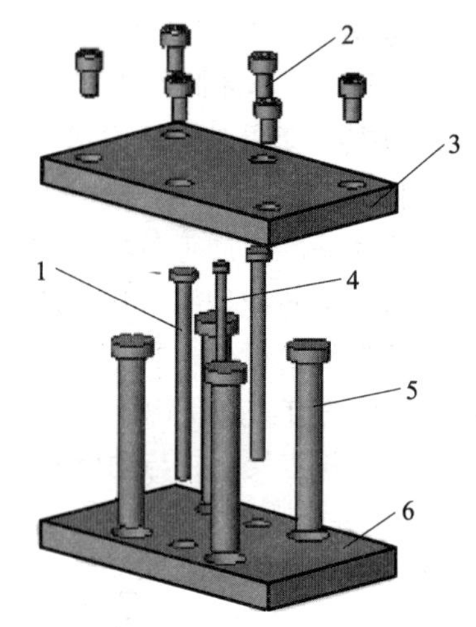

图 10—3—19　推板组件的装配

1—推杆　2—螺钉　3—推板　4—拉料杆

5—复位杆　6—推杆固定板

在加工推板时，应与支承板及动模板一起配钻、配铰完成。推板与推杆固定板上的螺纹固定孔一起配钻完成，分开后分别加工螺纹及沉孔。

（7）总装配与调试。组件装配完后，进入总装配与调试阶段。首先调整动模组件与定模组件的配合，主要看型芯与型腔的配合间隙是否合理、正确，以及导柱与导套的配合是否能正确引导型芯与型腔的配合。其次调整拉料杆、推杆、复位杆的长度至合理，以及它们相互之间的关系正确。开、合模时导柱、导套、顶出机构等不应有阻滞及松紧不一现象，制件顶出后不能出现偏移、错位及锁紧处松动现象。调整完毕，装配垫块并进行试模，然后根据试模状况进行再次调整。

4. 训练评价

训练评分标准见表 10—3—4。

表 10—3—4　　训练评分标准

训练课题	衬套注射模的制作				
姓名		班级		总得分	
序号	项目	配分	评分标准	实测结果	得分
1	准备工作充分	5	准备不充分不得分		
2	制作工艺制定正确	10	每处不正确扣 2 分		
3	零件加工符合要求	20	每处不符合要求扣 4 分		
4	动模组件装配符合要求	10	每处不符合要求扣 5 分		
5	定模组件装配符合要求	10	每处不符合要求扣 5 分		
6	推板组件装配符合要求	10	每处不符合要求扣 5 分		
7	总装配符合要求	10	每处不符合要求扣 5 分		
8	模具安装与调整正确、规范	10	每处不正确扣 5 分		
9	试模操作正确、规范	10	每处不正确扣 5 分		
10	安全文明生产	5	酌情扣分		
现场记录					

任务拓展

图 10—3—20 所示为密封垫注射模的结构图及注射零件图。密封垫注射模的零件基本加工完成，现需完成该模具的装配与调试工作。动模板零件图如图 10—3—21 所示，定模板零件图如图 10—3—22 所示，推板零件图如图 10—3—23 所示，型芯零件图如图 10—3—24 所示，导柱零件图如图 10—3—25 所示，球头拉料杆零件图如图 10—3—26 所示，浇口套零件图如图 10—3—27 所示，定位圈零件图如图 10—3—28 所示。密封垫注射模的装配与调试评分标准见表 10—3—5。

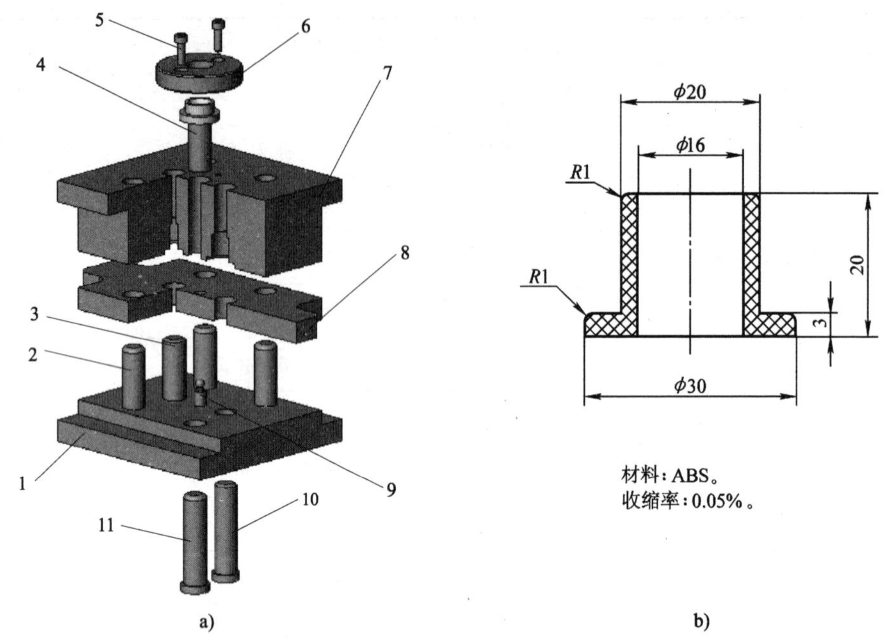

图 10—3—20　密封垫注射模的结构图及注射零件图

a）注射模结构图　b）注射零件图

1—动模板　2—导柱　3、10—型芯　4—浇口套　5—螺钉　6—定位圈

7—定模板　8—推板　9—球头拉料杆　11—导柱

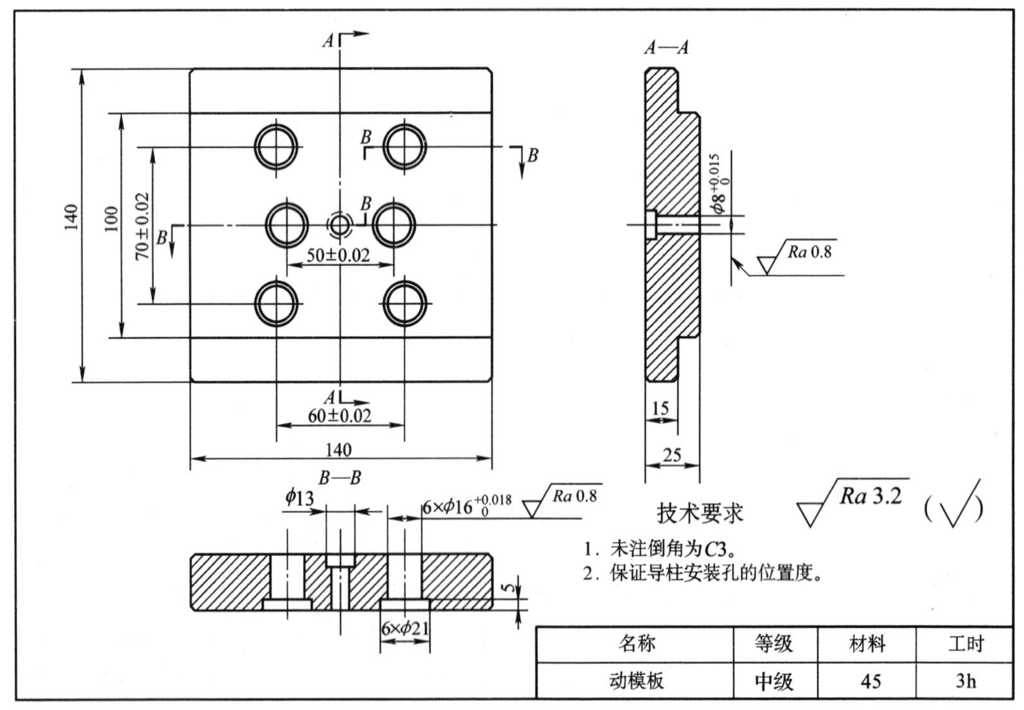

名称	等级	材料	工时
动模板	中级	45	3h

图 10—3—21　动模板零件图

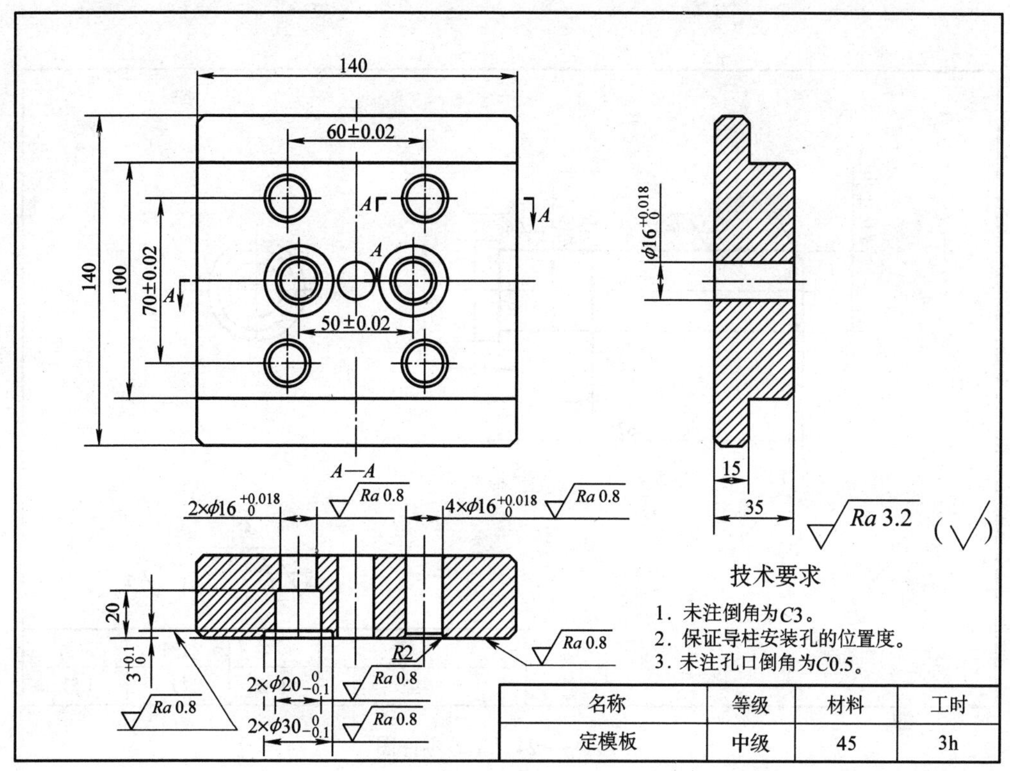

图 10—3—22　定模板零件图

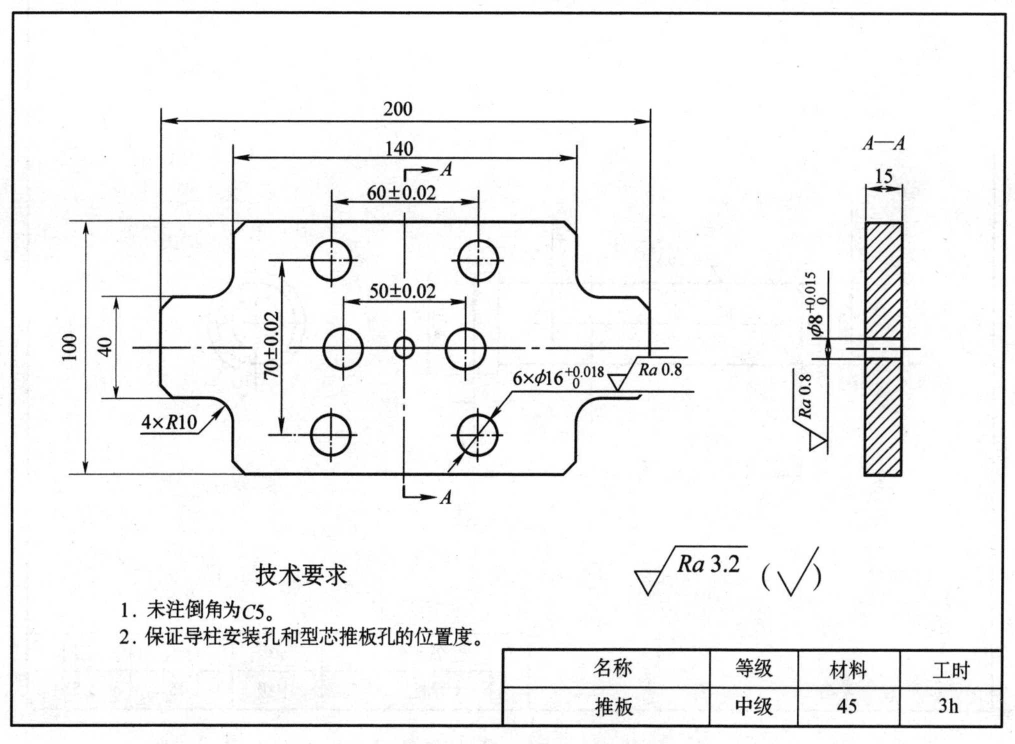

图 10—3—23　推板零件图

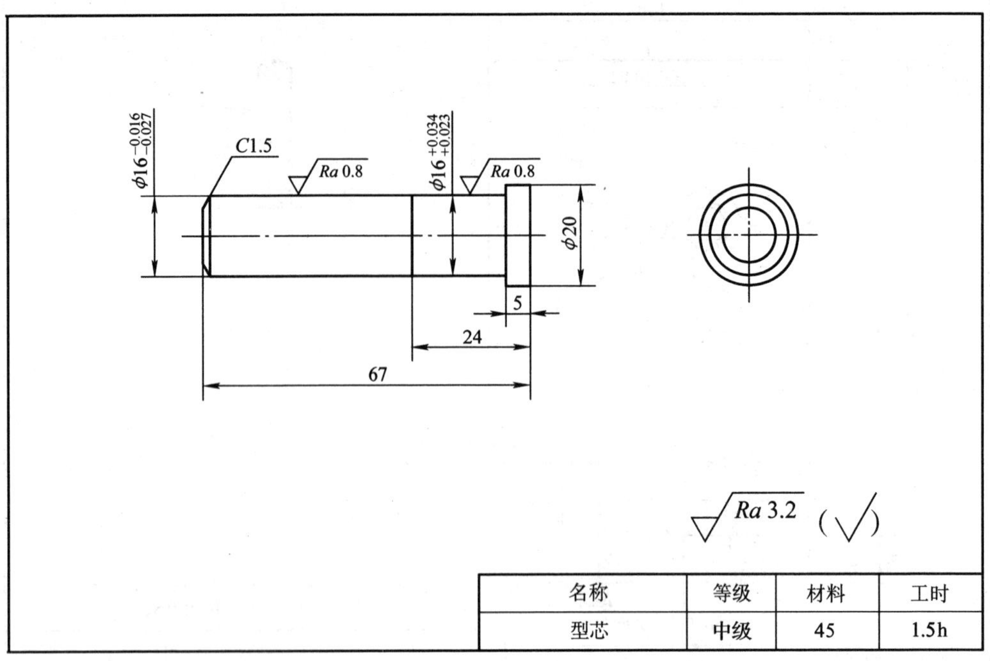

图 10—3—24　型芯零件图

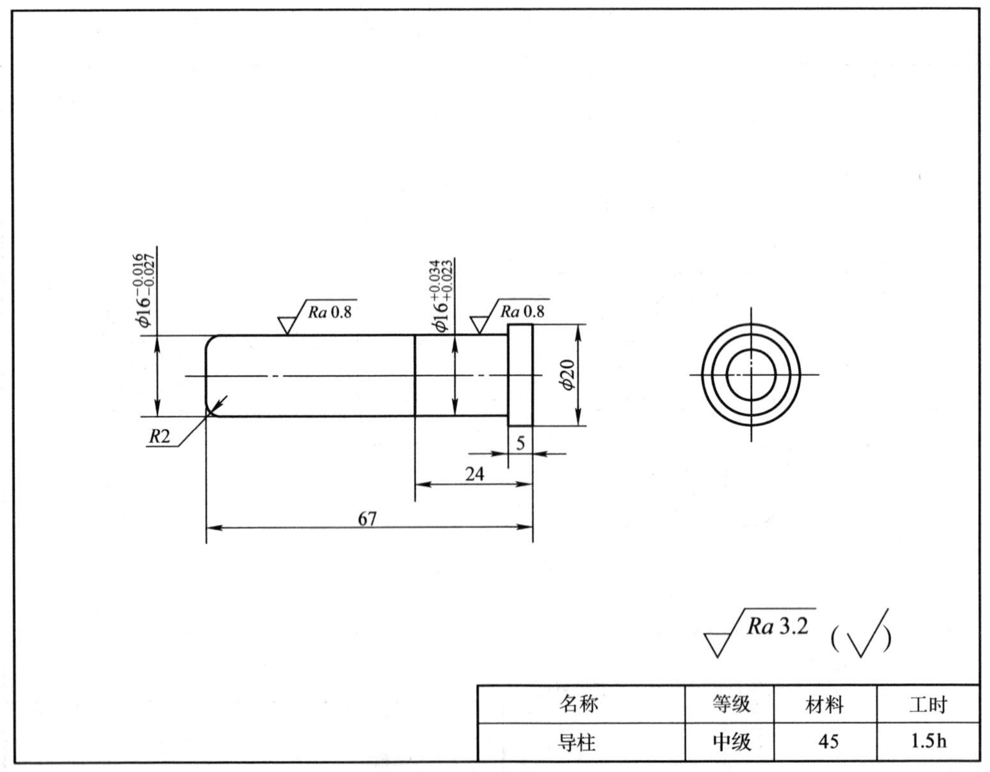

图 10—3—25　导柱零件图

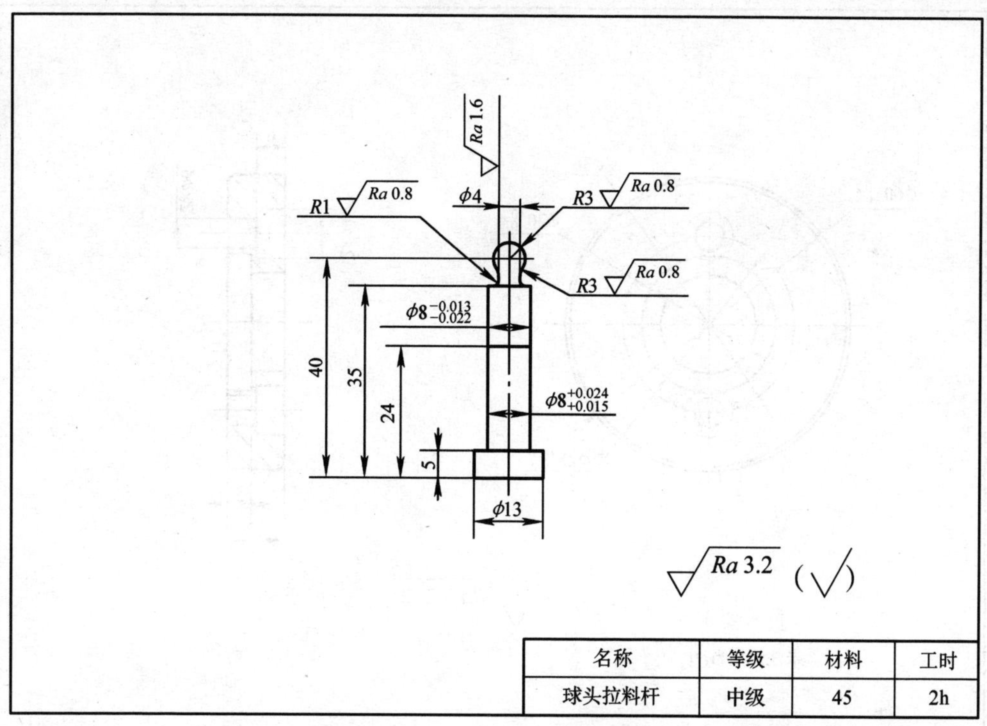

名称	等级	材料	工时
球头拉料杆	中级	45	2h

图 10—3—26　球头拉料杆零件图

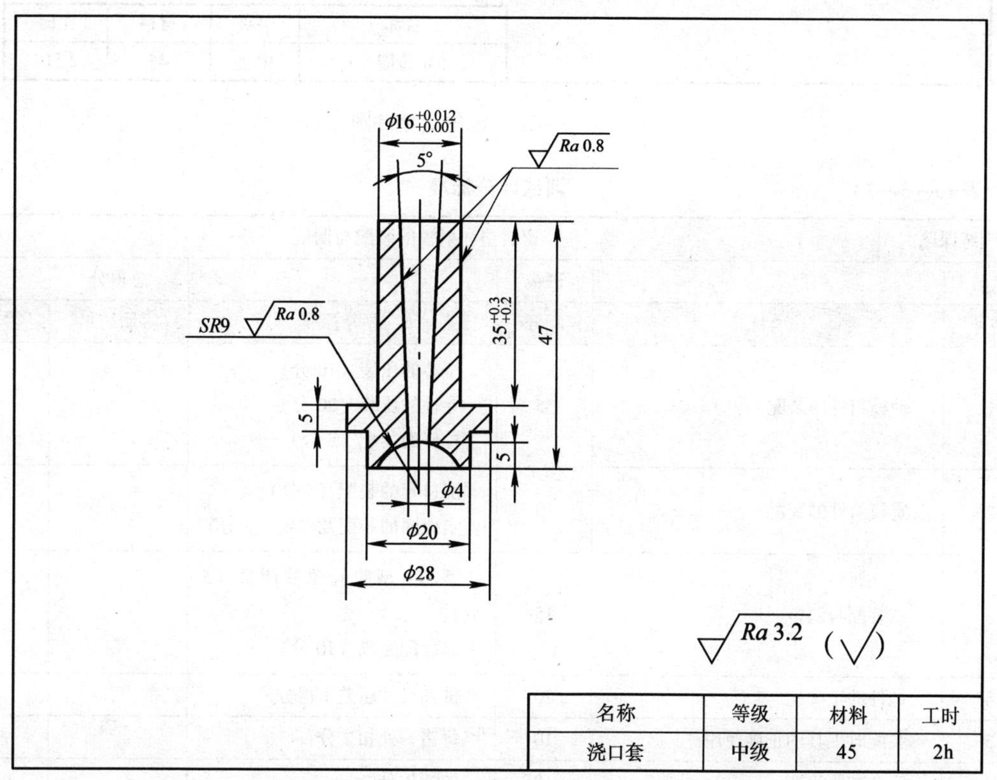

名称	等级	材料	工时
浇口套	中级	45	2h

图 10—3—27　浇口套零件图

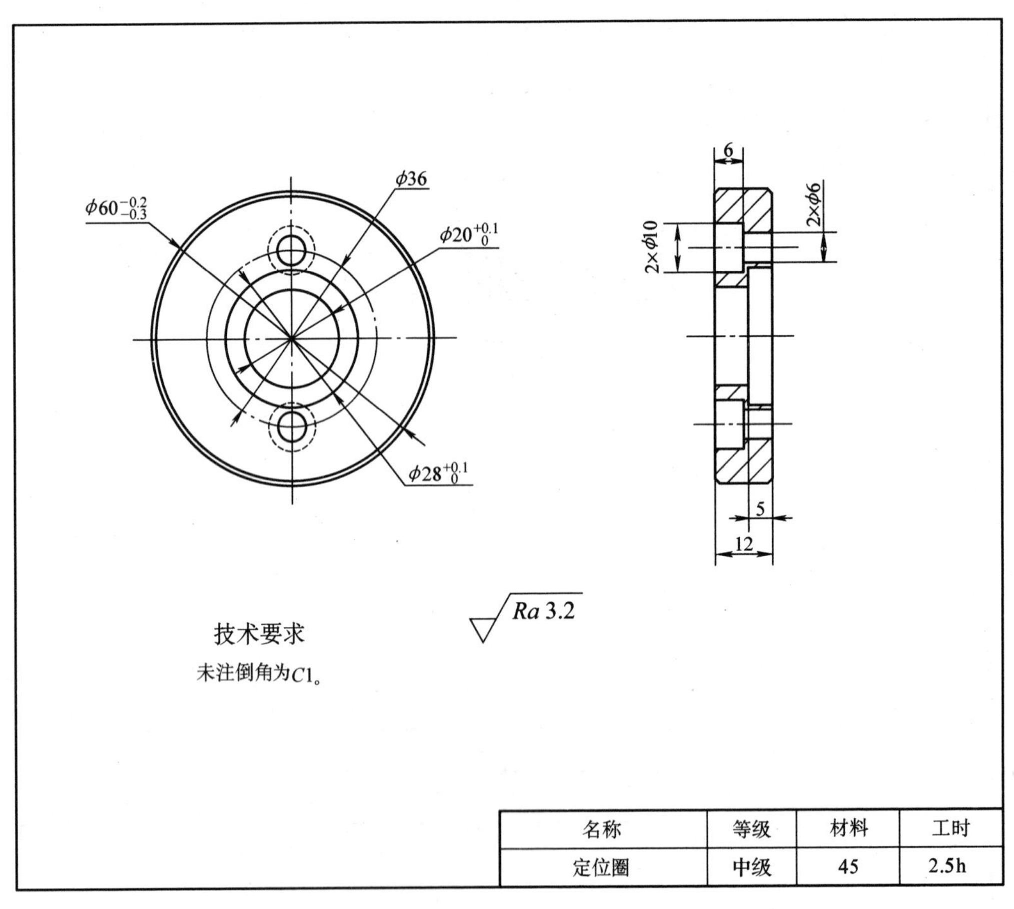

图 10—3—28　定位圈零件图

表 10—3—5　　　　**训练评分标准**

训练课题	密封垫注射模的装配与调试				
姓名		班级		总得分	
序号	项目	配分	评分标准	实测结果	得分
1	动模组件的装配	35	型芯的压装（10 分） 导柱的压装（20 分） 拉杆的装配（5 分）		
2	定模组件的装配	10	浇口套的装配（5 分） 定位圈的装配及固定（5 分）		
3	总装配与调整	15	型芯、型腔间隙的调整（5 分） 总装配完成（10 分）		
4	试件的正确性	20	试件尺寸超差不得分		
5	装配时工具的正确使用	10	每错一处扣 2 分		
6	安全文明生产	10	酌情扣分		

附录

附表 1　常用金属切削机床统一名称和类、组、系划分（摘自 GB/T 15375—2008）

钻床类 Z					
组		系		主参数	
代号	名称	代号	名称	折算系数	名称
0		0			
		1			
		2			
		3			
		4			
		5			
		6			
		7			
		8			
		9			
1	坐标镗钻床	0	台式坐标镗钻床	1/10	工作台面宽度
		1			
		2			
		3	立式坐标镗钻床	1/10	工作台面宽度
		4	转塔坐标镗钻床	1/10	工作台面宽度
		5			
		6	定臂坐标镗钻床	1/10	工作台面宽度
		7			
		8			
		9			
2	深孔钻床	0			
		1	深孔钻床	1/10	最大钻孔直径
		2			
		3			
		4			
		5			
		6			
		7			
		8			
		9			

续表

代号	名称	代号	名称	折算系数	名称
3	摇臂钻床	0	摇臂钻床	1	最大钻孔直径
		1	万向摇臂钻床	1	最大钻孔直径
		2	车式摇臂钻床	1	最大钻孔直径
		3	滑座摇臂钻床	1	最大钻孔直径
		4	坐标摇臂钻床	1	最大钻孔直径
		5	滑座万向摇臂钻床	1	最大钻孔直径
		6	无底座式万向摇臂钻床	1	最大钻孔直径
		7	移动万向摇臂钻床	1	最大钻孔直径
		8	龙门式钻床	1	最大钻孔直径
		9			
4	台式钻床	0	台式钻床	1	最大钻孔直径
		1	工作台台式钻床	1	最大钻孔直径
		2	可调多轴台式钻床	1	最大钻孔直径
		3	转塔台式钻床	1	最大钻孔直径
		4	台式攻钻床	1	最大钻孔直径
		5			
		6	台式排钻床	1	最大钻孔直径
		7			
		8			
		9			
5	立式钻床	0	圆柱立式钻床	1	最大钻孔直径
		1	方柱立式钻床	1	最大钻孔直径
		2	可调多轴立式钻床	1	最大钻孔直径
		3	转塔立式钻床	1	最大钻孔直径
		4	圆方柱立式钻床	1	最大钻孔直径
		5	龙门型立式钻床	1	最大钻孔直径
		6	立式排钻床	1	最大钻孔直径
		7	十字工作台立式钻床	1	最大钻孔直径
		8	柱动式钻削加工中心	1	最大钻孔直径
		9	升降十字工作台立式钻床	1	最大钻孔直径
6	卧式钻床	0			
		1			
		2	卧式钻床	1	最大钻孔直径
		3			
		4			
		5			
		6			
		7			
		8			
		9			

续表

代号	名称	代号	名称	折算系数	名称
7	铣钻床	0	台式铣钻床	1	最大钻孔直径
		1	立式铣钻床	1	最大钻孔直径
		2			
		3			
		4	龙门式铣钻床	1	最大钻孔直径
		5	十字工作台立式铣钻床	1	最大钻孔直径
		6	镗铣钻床	1	最大钻孔直径
		7	磨铣钻床	1	最大钻孔直径
		8			
		9			
8	中心孔钻床	0			
		1	中心孔钻床	1/10	最大工件直径
		2	平端面中心孔钻床	1/10	最大工件直径
		3			
		4			
		5			
		6			
		7			
		8			
		9			
9	其他钻床	0	双面卧式玻璃钻床	1	最大钻孔直径
		1	数控印刷板钻床	1	最大钻孔直径
		2	数控印刷板铣钻床	1	最大钻孔直径
		3			
		4			
		5			
		6			
		7			
		8			
		9			

附表 2　常用铰刀推荐直径及加工 H7、H8、H9 级孔的铰刀直径公差（摘自 GB/T 1131.1—2004 和 GB/T 1132—2017）

mm

手用铰刀直径 d	机用直柄铰刀直径 d	机用莫氏锥柄铰刀		极限偏差		
		直径 d	锥柄号	H7 级	H8 级	H9 级
2.0	2.0	—	—	+0.008 +0.004	+0.011 +0.006	+0.021 +0.012
2.2	2.2	—	—			
2.5	2.5	—	—			
2.8	2.8	—	—			
3.0	3.0	—	—			

续表

手用铰刀直径 d	机用直柄铰刀直径 d	机用莫氏锥柄铰刀		极限偏差		
		直径 d	锥柄号	H7 级	H8 级	H9 级
—	3.2	—	—	+0.010 +0.005	+0.015 +0.008	+0.025 +0.014
3.5	3.5	—	—			
4.0	4.0	—	—			
4.5	4.5	—	—			
5.0	5.0	—	—			
5.5	5.5	5.5	1			
6.0	6.0	6.0				
7.0	7.0	7.0		+0.012 +0.006	+0.018 +0.010	+0.030 +0.017
8.0	8.0	8.0				
9.0	9.0	9.0				
10	10	10				
11	11	11		+0.015 +0.008	+0.022 +0.012	+0.036 +0.020
12	12	12				
(13)	(13)	(13)				
14	14	14				
(15)	(15)	15	2			
16	16	16				
(17)	(17)	(17)				
18	18	18				
(19)	(19)	(19)		+0.017 +0.009	+0.028 +0.016	+0.044 +0.025
20	20	20				
(21)	—	—				
22	—	22				
(23)	—	—	3			
(24)	—	(24)				
25	—	25				
(26)	—	(26)				
(27)	—	—				
28	—	28				
(30)	—	(30)				
32	—	32	4	+0.021 +0.012	+0.033 +0.019	+0.050 +0.030
(34)	—	(34)				
(35)	—	(35)				
36	—	36				
(38)	—	(38)				

续表

手用铰刀直径 d	机用直柄铰刀直径 d	机用莫氏锥柄铰刀		极限偏差		
		直径 d	锥柄号	H7 级	H8 级	H9 级
40	—	40	4	+0.021 +0.012	+0.033 +0.019	+0.050 +0.030
(42)	—	(42)				
(44)	—	(44)				
45	—	(45)				
(46)	—	(46)				
(48)	—	(48)				
50	—	50				

注：括号内的尺寸尽量不采用。

附表 3　　普通螺纹直径与螺距标准组合系列（摘自 GB/T 193—2003）　　mm

公称直径 D、d			螺距 P										
第 1 系列	第 2 系列	第 3 系列	粗牙	细牙									
				3	2	1.5	1.25	1	0.75	0.5	0.35	0.25	0.2
1			0.25										0.2
	1.1		0.25										0.2
1.2			0.25										0.2
	1.4		0.3										0.2
1.6			0.35										0.2
	1.8		0.35										0.2
2			0.4									0.25	
	2.2		0.45									0.25	
2.5			0.45								0.35		
3			0.5								0.35		
	3.5		0.6								0.35		
4			0.7							0.5			
	4.5		0.75							0.5			
5			0.8							0.5			
		5.5								0.5			
6			1						0.75				
	7		1						0.75				
8			1.25					1	0.75				
		9	1.25					1	0.75				

续表

公称直径 D、d			螺距 P										
第 1 系列	第 2 系列	第 3 系列	粗牙	细牙									
				3	2	1. 5	1. 25	1	0. 75	0. 5	0. 35	0. 25	0. 2
10			1. 5				1. 25	1	0. 75				
		11	1. 5			1. 5		1	0. 75				
12			1. 75				1. 25	1					
	14		2			1. 5	1. 25[a]	1					
		15				1. 5		1					
16			2			1. 5		1					
		17				1. 5		1					
	18		2. 5		2	1. 5		1					
20			2. 5		2	1. 5		1					
	22		2. 5		2	1. 5		1					
24			3		2	1. 5		1					
		25			2	1. 5		1					
		26				1. 5							
	27		3		2	1. 5		1					
		28			2	1. 5		1					
30			3. 5	(3)	2	1. 5		1					
		32			2	1. 5							
	33		3. 5	(3)	2	1. 5							
		35[b]				1. 5							
36			4	3	2	1. 5							
		38				1. 5							
	39		4	3	2	1. 5							
		40		3	2	1. 5							

注：优先选用第 1 系列直径，其次选择第 2 系列直径，最后选择第 3 系列直径；尽可能避免选用括号内的螺距；a 仅用于发动机的火花塞，b 仅用于轴承的锁紧螺母。

附表 4　　常用普通螺纹丝锥螺纹尺寸极限偏差（摘自 GB/T 968—2007）

公称直径 d（mm）	螺距 P（mm）	大径 d（μm）		中径 d_2（μm） 公差带 H1		H2		H3		H4		小径 d_1（μm）	螺距偏差（μm） 测量牙个数	H1 H2 H3	H4
		下	上	下	上	下	上	下	上	下	上	上 下			
>1.0 ~1.4	0.2	+20	自行规定	+5	+15	—	—	—	—	+8	+33	自行规定	12	±8	±20
	0.25	+22		+6	+17					+9	+39				
	0.3	+24			+18	+18	+30								
>1.4 ~2.8	0.2	+21			+17	—	—								
	0.25	+24			+18										
	0.35	+27		+7	+20	+20	+34			+11	+46				
	0.4	+28			+21	+21	+36								
	0.45	+30		+8	+23	+23	+38			+12	+52				
>2.8 ~5.6	0.35	+28		+7	+21	+21	+36			+11	+46				
	0.5	+32		+8	+24	+24	+40	+40	+56	+12	+52				
	0.6	+36		+9	+27	+27	+45	+45	+63	+14	+59				
	0.7	+38		+10	+29	+29	+48	+48	+67	+15	+65		9		±25
	0.75	+38													
	0.8	+40			+30	+30	+50	+50	+70	+15	+65				
>5.6 ~11.2	0.5	+36		+9	+27	+27	+45	+45	+63	+14	+59		12		±20
	0.75	+42		+11	+32	+32	+53	+53	+74	+16	+69		9		±25
	1	+47		+12	+35	+35	+59	+59	+83	+18	+77				
	1.25	+50		+13	+38	+38	+63	+63	+88	+19	+81				
	1.5	+56		+14	+42	+42	+70	+70	+98	+21	+91		7		±35
>11.2 ~22.4	1	+50		+13	+38	+38	+63	+63	+88	+19	+81		9		±25
	1.25	+56		+14	+42	+42	+70	+70	+98	+21	+91				
	1.5	+60		+15	+45	+45	+75	+75	+105	+23	+98		7		±35
	1.75	+64		+16	+48	+48	+80	+80	+112	+24	+104			±9	
	2	+68		+17	+51	+51	+85	+85	+119	+26	+111			±10	
	2.5	+72		+18	+54	+54	+90	+90	+126	+27	+117				±50
>22.4 ~40	1	+53		+13	+40	+40	+66	+66	+92	+20	+86		9	±8	±25
	1.5	+64		+16	+48	+48	+80	+80	+112	+24	+104		7		±35
	2	+72		+18	+54	+54	+90	+90	+126	+27	+117			±10	
	3	+85		+21	+64	+64	+106	+106	+148	+32	+138			±12	±50
	3.5	+90		+22	+67	+67	+112	+112	+157	—	—			±13	—
	4	+94		+24	+71	+71	+118	+118	+165					±14	

注：各级丝锥小径 d_1 均小于被加工内螺纹的最小小径，而且丝锥牙底圆弧也不应超过内螺纹的最小小径。

附表 5　攻普通粗牙螺纹时麻花钻直径及螺纹小径极限值（摘自 GB/T 20330—2006）　mm

螺纹						麻花钻直径
公称直径	螺距	下列等级的小径				
		5H 最大	6H 最大	7H 最大	5H、6H、7H 最小	
1. 0	0. 25	0. 785	—	—	0. 729	0. 75
1. 1	0. 25	0. 885	—	—	0. 829	0. 85
1. 2	0. 25	0. 985	—	—	0. 929	0. 95
1. 4	0. 30	1. 142	1. 160	—	1. 075	1. 10
1. 6	0. 35	1. 301	1. 321	—	1. 221	1. 25
1. 8	0. 35	1. 501	1. 521	—	1. 421	1. 45
2. 0	0. 40	1. 657	1. 679	—	1. 567	1. 60
2. 2	0. 45	1. 813	1. 838	—	1. 713	1. 75
2. 5	0. 45	2. 113	2. 138	—	2. 013	2. 05
3. 0	0. 50	2. 571	2. 599	2. 639	2. 459	2. 50
3. 5	0. 60	2. 975	3. 010	3. 050	2. 850	2. 90
4. 0	0. 70	3. 382	3. 422	3. 466	3. 242	3. 30
4. 5	0. 75	3. 838	3. 878	3. 924	3. 688	3. 70
5. 0	0. 80	4. 294	4. 334	4. 384	4. 134	4. 20
6. 0	1. 00	5. 107	5. 153	5. 217	4. 917	5. 00
7. 0	1. 00	6. 107	6. 153	6. 217	5. 917	6. 00
8. 0	1. 25	6. 859	6. 912	6. 982	6. 647	6. 80
9. 0	1. 25	7. 859	7. 912	7. 982	7. 647	7. 80
10. 0	1. 50	8. 612	8. 676	8. 751	8. 376	8. 50
11. 0	1. 50	9. 612	9. 676	9. 751	9. 376	9. 50
12. 0	1. 75	10. 371	10. 441	10. 531	10. 106	10. 20
14. 0	2. 00	12. 135	12. 210	12. 310	11. 835	12. 00
16. 0	2. 00	14. 135	14. 210	14. 310	13. 835	14. 00
18. 0	2. 50	15. 649	15. 744	15. 854	15. 294	15. 50
20. 0	2. 50	17. 649	17. 744	17. 854	17. 294	17. 50
22. 0	2. 50	19. 649	19. 744	19. 854	19. 294	19. 50
24. 0	3. 00	21. 152	21. 252	21. 382	20. 752	21. 00
27. 0	3. 00	24. 152	24. 252	24. 382	23. 752	24. 00
30. 0	3. 50	26. 661	26. 771	26. 921	26. 211	26. 50
33. 0	3. 50	29. 661	29. 771	29. 921	29. 211	29. 50
36. 0	4. 00	32. 145	32. 270	32. 420	31. 670	32. 00

附表 6 圆板牙套螺纹时的圆杆直径 mm

普通粗牙螺纹				圆柱管螺纹		
公称直径	螺距	圆杆直径		公称直径	管子直径	
		最小	最大		最小	最大
M6	1	5.8	5.9	$\frac{1}{8}$	9.4	9.5
M8	1.25	7.8	7.9	$\frac{1}{4}$	12.7	13
M10	1.5	9.75	9.85	$\frac{3}{8}$	16.2	16.5
M12	1.75	11.75	11.9	$\frac{1}{2}$	20.5	20.8
M14	2	13.7	13.85	$\frac{5}{8}$	22.5	22.8
M16	2	15.7	15.85	$\frac{3}{4}$	26	26.3
M18	2.5	17.7	17.85	$\frac{7}{8}$	29.8	30.1
M20	2.5	19.7	19.85	1	32.8	33.1
M22	2.5	21.7	21.85	$1\frac{1}{8}$	37.4	37.7
M24	3	23.65	23.8	$1\frac{1}{4}$	41.4	41.7
M27	3	26.65	26.8	$1\frac{3}{8}$	43.8	44.1
M30	3.5	29.6	29.8	$1\frac{1}{2}$	47.3	47.6
M36	4	35.6	35.8	—	—	—
M42	4.5	41.55	41.75	—	—	—
M48	5	47.5	47.7	—	—	—